# AV1
## 视频编解码标准
### 原理与算法实现

高敏 陈靖 ◎著

图书在版编目（CIP）数据

AV1 视频编解码标准：原理与算法实现 / 高敏，陈靖著. -- 北京：机械工业出版社，2025.3. -- ISBN 978-7-111-78083-0

I. TN762

中国国家版本馆 CIP 数据核字第 202501PJ53 号

机械工业出版社（北京市百万庄大街 22 号　邮政编码 100037）

策划编辑：刘　锋　　　　　　　　责任编辑：刘　锋　章承林
责任校对：王文凭　马荣华　景　飞　责任印制：刘　媛
三河市骏杰印刷有限公司印刷
2025 年 5 月第 1 版第 1 次印刷
186mm×240mm・21 印张・453 千字
标准书号：ISBN 978-7-111-78083-0
定价：79.00 元

电话服务　　　　　　　　网络服务
客服电话：010-88361066　　机　工　官　网：www.cmpbook.com
　　　　　010-88379833　　机　工　官　博：weibo.com/cmp1952
　　　　　010-68326294　　金　书　网：www.golden-book.com
封底无防伪标均为盗版　　　机工教育服务网：www.cmpedu.com

FOREWORD

# 推荐序一

2015年，一批来自视频应用、服务、设备和芯片等不同领域的全球技术领先企业聚集在一起，成立了开放媒体联盟（Alliance for Open Media，AOM）。尽管这些公司中有很多是竞争对手，但它们达成了一个在当时看来有些不可思议的目标：合作开发下一代视频编解码器。不仅如此，AOM还进一步寻求扩大标准制定者的范围，鼓励那些可能不擅长新编码工具开发但拥有丰富行业经验的公司参与。因为这些公司不仅可以为新标准提供需求，还可以推广新标准的应用。

在当时，对新视频编解码器的需求是显而易见的：互联网上多媒体内容的持续增长以及新媒体体验的涌现，都需要一个新的更加高效的视频编解码标准。然而，同样重要的是，现有的商业模式正在阻碍传统标准制定组织所制定标准的广泛应用。

这次史无前例的合作成果就是AV1，它见证了共享愿景和开源开发的力量。AV1代表了相对前一代视频编解码器的重大飞跃，在保持可控复杂性的同时提供了卓越的压缩效率。

如今，AV1的影响力不容置疑。领先的视频流服务、视频会议和设备制造商等已经大规模部署了AV1。这些都凸显了AV1的变革潜力。AOM并没有止步于AV1的开发，它还开发了其他重要的媒体技术，并已在努力研发下一代视频编解码器和其他媒体技术。

我非常高兴可以见证这本由高敏和陈靖撰写的AV1技术书籍与中国读者见面。中国充满活力的科技行业已经在AOM中发挥着至关重要的作用。中国公司不仅在使用AV1，它们的研究人员还积极为AOM做出贡献，参与AOM的指导委员会，担任工作组主席，并做出重大的技术贡献。

对于任何想要了解AV1技术的人来说，这本书都是很有价值的资源。我们十分期待向新用户和研究人员介绍AV1。

Matt Frost
开放媒体联盟主席，谷歌产品管理总监

FOREWORD

# 推 荐 序 二

数字视频技术在过去 30 年中经历了飞速的发展，已成为我们日常生活和工作中不可或缺的一部分。视频信息传输在消费类互联网总流量中的占比不断攀升，截至 2023 年已超过 82%。其中，视频直播流量的增长速度尤为惊人，且未来五年仍将以超过两位数的增速持续扩张。与此同时，视频内容的表征和消费方式也在经历翻天覆地的变化。

20 世纪 90 年代中期，数字电视广播（包括机顶盒）和 DVD⊖ 的问世，促使模拟电视信号向数字信号全面转型，视频内容从标清起步，逐渐演进到 21 世纪前 10 年高清内容涌现，再到近几年来超高清内容越来越多。与此同时，互联网上视频流媒体服务也经历了清晰的演进轨迹：从标清到高清，再到超高清 /4K，消费方式则从视频点播（Video On Demand，VOD）发展到直播，再到实时互动（Real-Time Engagement，RTE）。显示设备的演变更令人瞩目，从桌面到手机，再到如今的 AR/VR（Augmented Reality / Virtual Reality，增强现实 / 虚拟现实）眼镜。新的视频观看方式不断涌现，360° 全景视频、多视角视频和立体 3D 视频为用户带来了沉浸式体验。视频分辨率和帧率进一步向更高的清晰度和流畅度迈进，对 8K、16K、32K 以及 120 帧 / 秒、240 帧 / 秒内容的需求与日俱增。这一切也意味着数据量的急剧增加，视频传输和存储亟需更先进、更高压缩率的编解码技术和标准来支撑。

在这些进步背后，视频编解码技术和标准一直是关键的支撑。1995 年，MPEG-2 视频标准的出台迅速推动了数字电视广播和 DVD 的普及。随后，2003 年定标的 H.264/AVC 标准又为高清电视广播和蓝光 DVD 的兴起奠定了基础，它至今仍广泛应用于大多数视频传输，包括短视频和 RTE 视频。然而，视频编解码标准的演进并非一帆风顺。例如，2013 年推出的 H.265/HEVC 标准相比于 H.264/AVC 实现了约 50% 的码率节省，但由于复杂的专利池收费机制，其推广应用受到较大限制。本书介绍的 AV1 视频编解码技术和标准以解决这一困扰、免除版税作为重要目标。AV1 于 2018 年定标，相较于 H.265/HEVC，它通常能够提供更高的压缩效率，为视频传输和消费开辟了新的可能性。

近年来，AV1 已经有不少实际应用并展示出了强大的潜力，例如谷歌已将 AV1 作为

---

⊖ DVD 在最初的全称是 Digital Video Disc，即数字视频光盘，后来被称为 Digital Versatile Disc，即数字通用光盘。

YouTube 视频流媒体服务的编码格式，W3C 的实时传输标准 WebRTC 也支持 AV1 格式的视频编解码。我的团队对 AV1 编码器算法做了大量深入的研究和探索，成功将 AV1 落地应用于声网音视频 RTE 系统中，在很多型号的手机上都可以实现高清视频实时软件编码。这也完全改变了我对 AV1 编码器复杂度与编码效率关系的认知。通常，新一代编解码标准以大约 10 倍（甚至更多倍）于上一代标准的计算复杂度来换取 40%～50% 的编解码效率提升。AV1 标准采纳了大量新颖的编码工具（算法），通过采用多种智能快速算法以及对各个工具和编码器系统架构进行深度的工程优化，有效地降低了计算复杂度并保留了可观的编码压缩效率，有的工具还可以利用合适的 AI 机器学习/深度学习算法来实现。RTE 应用场景很多时候发生在手机、Pad 等这类算力和电量都有限的设备上，以比较低的计算量支出来换取较好的编码效率提升是必要的约束。最终，对比业界广泛使用的 X264（very_fast 档次）实时编码器，AV1 软件编码器做到了计算量减少近 20% 而编码效率提升了 38%；对比业界优秀的商用 H.265/HEVC 实时软件编码器，AV1 软件编码器在计算量和编码效率两个方面也都更优秀，这使得它在 RTE 系统中应用时能够为用户带来更好的视频观看体验，受到客户欢迎。这反映了 AV1 优秀的能力和潜力。我相信这对利用芯片来加速 AV1 编码也是利好消息，高效的 AV1 编码芯片的面积和功耗可以得到较好的控制和优化。

从算法层面来看，这几代视频标准都遵循了基于块的混合视频编码的基本方法（Block-based Hybrid Video Coding Method），利用帧间运动补偿和帧内预测方法来消除帧间和帧内的冗余信息。新一代的标准（如 AV1）采用了更细致的块划分方式，允许更多种形状的子块，增强了匹配和编码的灵活性，同时，AV1 引入了更先进的预测方式，比如支持沿更多方向进行插值，通过变换对有形变的内容做运动估计等，有效改善了预测的效果。此外，AV1 还引入了更有效的处理方法，包括利用不同频率响应的滤波器生成子像素，提供更丰富频域变换和量化方式，以及更高效的熵编码方法；在环路滤波中，AV1 利用维纳滤波和导向滤波来恢复量化损失；超分辨率模式和参考缩放模式的引入，使得同一码流中的视频分辨率可以变化。所有这些创新使新一代视频编解码标准能够实现更高的压缩比。本书对这些技术原理和细节都做了详细的介绍。

视频标准文档通常以句法（Syntax）为主进行编写，往往对语义（Semantic）和底层原理的解释较为欠缺，因而不易阅读，也较难理解。本书对 AV1 标准做了深入而全面的诠释，尤其对语义和底层原理做了充分的解释，文字精准流畅，易于理解。此外，本书包含大量较为直观的框图和深入浅出的公式推导，还配以必要的伪代码，这对阅读和理解尤其有帮助。本书不仅对深入学习视频编解码技术大有裨益，还能作为理解和掌握 AV1 标准各个细节的实用手册，同时也可以为理解其他视频编解码标准——如 H.266/VVC（定标于 2020 年）和 AV2（预计于 2025 年定标）——奠定基础。作者对复杂的技术标准进行过多次推敲，描写得恰到好处，确保了内容的准确性与可读性。仔细阅读本书对我而言是一个学习和享受并举的过程，这本书很值得推荐。

钟声

声网首席科学家和首席技术官

# PREFACE
# 前　　言

在数字化时代，短视频已经深入我们的日常生活，成为我们分享生活、获取信息的重要方式。短视频之所以在社交媒体和内容分享平台上迅速流行，是因为它易于制作和分享，满足了快节奏生活中人们对即时信息的需求。

然而，随着短视频内容的爆炸性增长，我们面临着一个挑战：如何在有限的带宽和存储资源下，有效地传输高质量的视频内容？解决这一问题的关键在于视频编解码标准的制定和应用。

视频编解码标准采用了一系列高效的编码工具，这些工具能够在不降低观看体验的前提下，显著降低视频文件的码率。这不仅降低了存储和传输视频所需的资源成本，也使得视频内容能够更快速、更经济地分发到更广泛的受众用户。此外，视频编解码标准还提供了一套统一的规范和协议，确保不同设备和平台都能够无缝识别和处理视频数据。这种统一性对于实现视频内容在多样化设备和平台上的兼容性至关重要，它保障了用户无论使用何种设备，都能享受到相同质量的视频体验。

在这样的背景下，AV1 标准以其开源和免版税的优势展现出巨大的潜力。AV1 不仅能够提供与现有标准相媲美甚至更优的压缩效率，还因其开放的特性，得到了业界的广泛支持和采用。这使得 AV1 有望在未来的视频编解码技术领域发挥重要作用，推动视频技术的进一步发展和创新。

## 撰写本书的目的

鉴于 AV1 视频编解码标准与现有的国际视频编解码标准（如 H.265/HEVC）存在显著差异，并且关于 AV1 的公开资料相对有限，这可能给希望系统学习和掌握 AV1 的开发者带来诸多不便。为此，我们精心撰写了本书。在本书中，我们对 AV1 视频编解码标准的各个关键模块进行了深入且细致的介绍，旨在帮助开发者全面理解 AV1 标准的核心概念、技术细节以及它对视频编解码领域带来的影响。本书目的如下：

1）详尽阐述 AV1 视频编解码标准中的各个技术模块，对其设计方案和原理进行深入探讨，确保读者能够获得对 AV1 标准的全面认识。

2）通过提供直观的图表和代码注释，帮助读者直观地理解 AV1 标准中各个编码工具的原理。

3）给出各个编码工具的算法原理和与这些算法相关的数学推导。如果读者直观地理解了算法原理，便容易理解这些复杂的编码算法和与这些算法相关的数学推导。

4）通过介绍各个编码算法的原理，帮助读者在实际工作中选择合适的编码工具，并根据应用场景对编码工具进行优化。

简而言之，本书不仅是学习 AV1 的入门书籍，也可作为专业人士在实际工作中随时查阅的参考资料。

## 本书主要内容

本书深入分析了已发表的、与 AV1 标准相关的文献资料，并仔细参考了 SVT-AV1（commit id: 903ff3add827）编码器，期望能够全面地介绍 AV1 标准的各个模块。书中不仅详尽阐述了 AV1 标准的关键技术组件，还介绍了 AV1 标准的核心技术方案及其原理，希望能够帮助开发者深入理解 AV1 标准，以及 AV1 标准对整个视频编码行业及技术发展所带来的影响。以下是本书的章节布局：

- 第 1 章介绍 AV1 标准的起源和当前发展态势，不仅阐述了 AV1 标准的诞生背景和它在视频编码领域的重要作用，还详细介绍了基于 AV1 标准开发的多款开源软件编解码器，这些开源编码器和解码器正在加速 AV1 标准在应用行业的普及和发展。
- 第 2 章描述 AV1 标准的高层语法。高层语法提供了一个健壮、灵活且可扩展的框架，用于传输编码后的视频及相关信息，以使视频内容能够以尽可能有效的方式，在许多不同的应用环境中使用。
- 第 3 章介绍 AV1 块划分结构。AV1 块划分结构组成了 AV1 编码框架的基础，它们不仅影响编码效率，还对解码性能和整个视频编码系统的复杂度有重要影响。通过引入高效灵活的块划分结构，AV1 能够提供比 VP9 标准更高的压缩效率，同时保持或提升视频质量。
- 第 4 章描述 AV1 的帧内预测技术。帧内预测是一种常用的图片编码技术，它利用图像内部的空域冗余来减少所需的编码数据量。在视频编码中，帧内预测通常用于编码关键帧或帧内预测帧，这些帧独立于视频序列中的其他帧，不依赖于其他帧的数据即可完成解码。正是这种独立性，使得关键帧或帧内预测帧在实现视频的随机访问以及防止错误在视频序列中传播方面扮演着关键角色。因此它们的编码效率对于整体视频文件的大小至关重要。为了适应不同的图像纹理方向，AV1 提供了 56 种方向帧内预测模式。除此之外，AV1 还支持非方向帧内预测模式，以适应图像块中的平滑区域，引入递归帧内预测模式，用以深入挖掘图像块内部区域的相关性，特别针对色度分量引入了基于亮度值的预测模式，用以挖掘色度分量和亮度分量之间的相关性。

❑ 第5章描述AV1的帧间预测技术。帧间预测是一种常用的视频编码技术，它利用视频帧之间的时域冗余来减少所需的编码数据量。在AV1中，帧间预测技术得到了显著的增强和扩展。AV1支持一套丰富的预测工具和算法，比如：AV1使用具有不同截止频率的插值滤波器，以提高不同内容视频的帧间预测效果；AV1引入了基于仿射变换的运动估计和运动补偿技术，以准确描述视频内容的复杂运动；AV1引入了复合楔形预测，以适应具有不规则形状的物体；AV1使用动态运动向量预测方案，以挖掘、利用不同运动向量之间的相关性。

❑ 第6章介绍AV1的变换和量化模块。AV1采用了多种变换核，包括离散余弦变换（Discrete Cosine Transform，DCT）、离散正弦变换（Discrete Sine Transform，DST）以及它们的翻转形式，以适应不同种类的视频内容。在量化阶段，AV1提供了256个不同的量化步长选项，这允许编码器在不同的码率要求下，更好地平衡视频质量和文件大小。另外，由于变换之后的直流系数和交流系数的统计特性相差较大，因此AV1为它们提供了不同的量化步长。

❑ 第7章描述AV1的熵编码模块，包括AV1的算术编码引擎和变换量化系数的熵编码方案。熵编码模块位于整个编码过程的最后一个环节，其功能是对编码过程中生成的各种语法元素进行高效的组织，以形成最终的压缩码流。为了提高各种语法元素的编码效率，AV1采用了多元算术编码方案。在众多语法元素中，变换量化系数所消耗的比特在整个码流中占据主导地位，其编码效率对整体视频压缩性能有着重要影响。为此，AV1为变换量化系数设计了复杂但高效的编码方案，包括设计高效的语法元素和上下文建模过程。

❑ 第8章介绍AV1的环路滤波模块。为了提高解码视频的重构质量，AV1标准定义了3种环路滤波器，分别是去块效应滤波器（Deblocking Filter）、约束方向增强滤波器（Constrained Directional Enhancement Filter，CDEF）和环路恢复滤波器（Loop Restoration Filter）。去块效应滤波器用于减少预测编码块或变换编码块中像素之间的不连续性，约束方向增强滤波器用于去除边缘附近的振铃效应和底层噪声，环路恢复滤波器用于恢复编码过程中丢失的图像信息。经过环路滤波器处理过的解码图像将保存至解码图像缓冲区，用作帧间预测的参考帧。

❑ 第9章介绍AV1的参考缩放模式（Reference Scaling Mode）和超分辨率模式（Super-Resolution Mode）。为了在低码率下保持视频帧的视觉质量，AV1引入了参考缩放模式和超分辨率模式，以使得同一个码流能够包含不同分辨率的视频帧，实现对不同视频帧的自适应分辨率编码。对于纹理内容复杂的视频帧，编码器可以执行下采样操作，以减少这些帧的码率消耗，而对纹理内容较为简单的视频帧则保持原有分辨率。在低码率下，这种分辨率自适应的编码策略使得 AV1 编码器不但能够维持高复杂度纹理视频帧的视觉质量，同时也能保持纹理简单区域的视频帧质量。
- 第 10 章介绍 AV1 标准中一个具有创新性的功能——电影颗粒合成工具（Film Grain Synthesis Tool）。在电影和电视制作领域，胶片颗粒作为一种常见的视觉效果，被视为视频内容创意和艺术表达的重要组成部分。然而，胶片颗粒具有独特的信号特性，它在传统的视频编码过程中往往难以实现高效的压缩，导致码率需求较高。为了解决这一问题，AV1 标准特别引入了电影颗粒合成这一编码工具。该工具的设计旨在有效减少胶片颗粒效果所需的码率，同时保持其视觉效果的完整性和真实感。
- 第 11 章介绍 AV1 标准中专门针对屏幕视频内容而设计的编码工具。这些工具包括帧内块拷贝（Intra Block Copy，IntraBC）和调色板模式（Palette mode）。IntraBC 技术允许编码器在关键帧或帧内预测帧使用运动估计和运动补偿技术，从而减少屏幕内容视频中常见的重复纹理结构和图案的编码码率。IntraBC 技术特别适用于文本、图表和用户界面等屏幕视频内容，这些内容通常包含大量静态和重复元素。调色板模式适用于颜色变化不大，但是存在大量重复图案或纹理的屏幕内容。通过构建一个颜色索引表（又名调色板），编码器能够以更少的比特数来编码图像块，从而提高编码效率。

笔者将上述各个模块汇集成一本书，旨在为开发者提供全面、细致的 AV1 概览。我们希望本书不仅能够帮助读者深刻理解 AV1 标准的设计原理和技术细节，还能够推动 AV1 标准在行业内被广泛地应用。

## 本书面向的读者

本书旨在深入剖析 AV1 标准，不仅覆盖其技术原理，还会详尽地介绍 AV1 的方案细节。在算法原理上，本书包含视频编解码标准中通用的技术原理和 AV1 特有的技术实现。在方案描述上，本书以通俗易懂的语言详尽地介绍了 AV1 的各个编码模块。基于这样的内容设置，本书应该能够为多种类型的读者提供帮助。
- 视频编码工程师：对于需要快速了解 AV1 标准的从业人员来说，本书提供的直观、详细的方案描述可以迅速帮助读者理解算法。
- 学生：对于在计算机科学、电子工程或相关技术领域深造，且对视频编码技术有学习需求的学生，本书针对各个编码工具提供了直观的图表和代码注释，这有助于读者迅速理解编码算法的原理。结合本书提供的与编码算法相关的数学推导，读者会更加深入地理解编码算法的原理，为将来在视频编码领域的研究或职业生涯打下坚实的基础。
- 业余爱好者：技术爱好者和自学者是一群充满好奇心和学习热情的个体，他们对视频编码技术有着浓厚的兴趣，并希望通过自学来提升自己的技术水平。对于这样的读者群体，本书的图表等可视化工具、代码注释以及详细的数学推导，将帮助他们更好地理解 AV1 中的编码算法。

## 本书内容特色

针对不同的读者群体，本书有以下特色和优势：

1. 模块化的章节组织方式

本书按照混合编码框架组织各个章节，使读者能够系统地理解 AV1 标准的全部流程。混合编码框架是 H.264/AVC、H.265/HEVC、VP9 和 AV1 等现代视频编解码标准的基础。在混合编码框架下，编码过程可以分为如下几个模块：块划分、帧内预测、帧间预测、变换与量化、熵编码和环路滤波。除此之外，AV1 还首次引入了参考缩放模式、超分辨率模式、电影合成工具，以及屏幕视频编码工具。本书把上述每个技术模块设置成独立的章，便于读者根据自己的兴趣和需要选择阅读。

2. 图表和可视化工具

在描述视频编码技术原理的过程中，本书提供了大量的图表、流程图和示意图等辅助性视觉材料。比如，为了帮助读者更好地理解帧内预测方向，本书使用了一系列示意图，把帧内预测方向以图形化的方式呈现出来；为了清晰地描述 AV1 引入的楔形划分预测，本书使用了一系列示意图来呈现不同角度下的楔形分割线；为了直观地向读者呈现变换模块中不同变换核的作用，本书使用了一系列示意图来展示不同变换核的处理效果。

3. 示例和代码注释

为了清晰、准确地描述 AV1 的各个编码模块，本书提供了大量示例和代码注释。例如，在探讨 AV1 的块划分模块时，为了帮助读者直观地理解图像边界处理的机制，本书不仅提供详尽的划分示例，还逐步介绍块划分模块如何处理图像边界，使读者能够跟随这一流程，深化认识。再如，在解释熵编码模块中的算术编码引擎时，本书通过一个具体的符号序列编码案例，借助图表生动地展示了编码过程中算术编码引擎状态的变化，从而使读者对算术编码的工作原理有一个直观的理解。特别地，考虑到变换、量化和熵编码模块在视频编解码中的复杂性，本书注重将理论推导与算法实现相结合。为此，我们对 SVT-AV1 参考软件中的相关模块进行了深入的分析，并提供详细的代码注释，以展示这些复杂概念在实际编码过程中的应用。

4. 详尽的数学推导

在众多参考文献中，由于篇幅限制，作者往往直接给出了数学公式的推导结果，省略了详细的推导过程。为了帮助读者更好地理解这些公式背后的逻辑和原理，对于关键的数学公式，本书给出了详细的推导过程，确保读者能够跟随推导过程理解每一个步骤。此外，本书使用图表来辅助解释抽象的数学概念和公式变换，使其更加形象化。

通过上述章节组织形式和写作方式，本书旨在提供更加直观的阅读体验，帮助读者深入理解 AV1 标准中的各个技术模块，并掌握核心技术原理。

## 如何使用本书

本书的设计初衷是详细且全面地介绍 AV1 标准的各个技术模块以及基本原理，但是在使用过程中，读者不需要按照顺序从头到尾地阅读。本书可以作为一本用户手册：在需要的时候，可以从中查找对应编码工具的技术原理、实现流程以及对应的语法元素。读者在使用本书时，应当结合 AV1 标准文档，以准确地理解 AV1 标准的技术细节。

## 本书勘误

AV1 标准包含了众多复杂的模块，撰写过程中难免有所遗漏，我们已尽力确保内容的准确性和完整性，但是准确地描述 AV1 标准的各个模块仍然是具有挑战性的工作，书中难免存在疏漏，希望各位读者能够理解。我们对此表示衷心的感谢，并欢迎读者提出宝贵的意见和建议。对于本书，如果有任何意见或疑问，请按以下方式联系作者：mgaohitcs@gmail.com。

## 致谢

在撰写本书的过程中，我们得到了许多支持和帮助，在此，我想表达最诚挚的感谢。

首先，我要感谢参与本书审校的技术专家许耀武博士以及谷歌 AV1 团队的技术专家。特别感谢谷歌技术专家李翔博士，他真诚的鼓励、关键的沟通以及实用的写作建议，给予我们极大的支持和帮助。我们对他的贡献表示衷心的感激，并期待未来有更多的合作机会。这些参与审校的技术专家以专业的视角和严谨的态度，对书中的内容进行了细致的审查，确保了本书的学术质量和实用性。

也特别感谢机械工业出版社给予我们这个难得的机会，使本书得以呈现在读者面前。非常感谢本书的出版团队，他们的精心审校使得本书在章节组织和逻辑结构方面更加清晰。

在此，还要感谢陈莹女士，在制订写作计划期间，她所承担的组织工作至关重要。陈莹女士的协调和努力确保了整个讨论工作顺利进行。

最后，我要感谢我的家人，是他们在背后默默支持，提供了无尽的爱与力量，让这段写作旅程得以顺利完成。他们的理解和鼓励是我最宝贵的财富，也是我不断前进的动力。每一次挑战和困难，都有家人的陪伴和支持，让我能够专注于工作并追求卓越。对于他们的付出和支持，我心存感激，这份感激之情无以言表。再次感谢他们，是他们让一切成为可能。

高敏

2024 年 5 月 22 日

# CONTENTS

# 目 录

推荐序一
推荐序二
前言

## 第1章 绪论 ························· 1
### 1.1 AV1的背景和现状 ············· 1
### 1.2 档次和级别 ···················· 2
### 1.3 AV1编码器和解码器现状 ······ 5

## 第2章 高层语法 ····················· 7
### 2.1 编码顺序和输出顺序 ··········· 8
### 2.2 AV1比特流结构 ················ 9
#### 2.2.1 序列头信息 ··············· 11
#### 2.2.2 帧头信息 ·················· 12
#### 2.2.3 元数据信息 ··············· 13
#### 2.2.4 时间分隔符信息 ········· 14
#### 2.2.5 切片组信息 ··············· 14
### 2.3 时间单元 ······················ 14
### 2.4 随机访问点 ··················· 16
### 2.5 解码器模型 ··················· 18
#### 2.5.1 图像缓冲区管理 ········· 18
#### 2.5.2 平滑缓冲区 ··············· 21

#### 2.5.3 帧时序定义 ··············· 22
#### 2.5.4 视频帧解码时间 ········· 26
#### 2.5.5 视频帧显示时间 ········· 28
#### 2.5.6 解码器模型参数的传输 ·· 29
#### 2.5.7 解码器模型描述 ········· 29

## 第3章 块划分 ······················ 33
### 3.1 超级块和编码块 ··············· 34
### 3.2 位于图像边界的超级块划分 ·· 41
### 3.3 编码块的预测约束条件 ······· 46
### 3.4 变换块划分 ··················· 48

## 第4章 帧内预测 ···················· 54
### 4.1 参考像素的获取和填充 ······· 55
#### 4.1.1 判断参考像素是否可用 ·· 56
#### 4.1.2 参考像素填充 ············ 56
### 4.2 方向帧内预测 ················· 59
#### 4.2.1 预测方向定义 ············ 59
#### 4.2.2 参考像素的滤波过程 ···· 60
#### 4.2.3 参考像素上采样 ········· 63
#### 4.2.4 预测像素生成 ············ 65
### 4.3 非方向帧内预测 ··············· 68

| | | |
|---|---|---|
| 4.4 | 递归帧内预测 | 71 |
| 4.5 | 基于亮度的色度预测模式 | 73 |
| 4.6 | 帧内预测模式的编码顺序 | 76 |

## 第 5 章 帧间预测 … 78

| | | |
|---|---|---|
| 5.1 | 参考帧系统 | 79 |
| | 5.1.1 参考帧的存储和访问 | 79 |
| | 5.1.2 替代参考帧 | 80 |
| 5.2 | 单参考帧预测和复合帧间预测 | 83 |
| | 5.2.1 参考帧组合方案 | 83 |
| | 5.2.2 语法元素 | 84 |
| 5.3 | 运动估计和运动补偿 | 85 |
| | 5.3.1 平移运动补偿 | 86 |
| | 5.3.2 畸变运动补偿 | 91 |
| | 5.3.3 重叠块运动补偿 | 101 |
| | 5.3.4 复合预测 | 104 |
| 5.4 | 运动向量编码 | 113 |
| | 5.4.1 候选运动向量预测值列表的构建 | 114 |
| | 5.4.2 动态运动向量预测 | 128 |
| | 5.4.3 运动信息存储 | 133 |
| 5.5 | 语法元素编码顺序 | 134 |

## 第 6 章 变换与量化 … 136

| | | |
|---|---|---|
| 6.1 | 变换 | 137 |
| | 6.1.1 变换核 | 137 |
| | 6.1.2 变换核的编码性能 | 140 |
| | 6.1.3 变换核的蝶形实现 | 148 |
| | 6.1.4 变换核的选择与编码 | 167 |
| 6.2 | 量化 | 169 |
| | 6.2.1 量化参数和量化步长 | 169 |
| | 6.2.2 反量化 | 171 |

| | | |
|---|---|---|
| | 6.2.3 量化器 | 172 |
| | 6.2.4 量化参数推导 | 174 |

## 第 7 章 熵编码 … 178

| | | |
|---|---|---|
| 7.1 | 算术编码引擎 | 179 |
| | 7.1.1 符号表示 | 179 |
| | 7.1.2 算术编码的概念 | 179 |
| | 7.1.3 AV1 算术编码引擎 | 185 |
| | 7.1.4 SVT-AV1 算术编码引擎的实现方案 | 190 |
| 7.2 | 变换量化系数编码 | 197 |
| | 7.2.1 扫描方式 | 198 |
| | 7.2.2 编码流程 | 199 |
| | 7.2.3 上下文建模过程 | 203 |
| | 7.2.4 SVT-AV1 变换量化系数编码的实现方案 | 216 |

## 第 8 章 环路滤波 … 229

| | | |
|---|---|---|
| 8.1 | 去块效应滤波器 | 230 |
| | 8.1.1 AV1 中的块效应 | 230 |
| | 8.1.2 去块效应滤波器滤波原理 | 231 |
| 8.2 | 约束方向增强滤波器 | 244 |
| | 8.2.1 振铃效应 | 244 |
| | 8.2.2 约束方向增强滤波器滤波原理 | 245 |
| | 8.2.3 语法元素 | 255 |
| 8.3 | 环路恢复滤波器 | 257 |
| | 8.3.1 维纳滤波器 | 258 |
| | 8.3.2 基于子空间映射的自我导向滤波器 | 262 |
| | 8.3.3 参考像素的取值 | 265 |

8.3.4 语法元素 ·········· 267

## 第 9 章 参考缩放模式和超分辨率模式 ·········· 270

9.1 采样过程中的位置映射关系 ·········· 272
9.2 缩放预测模块 ·········· 273
9.3 采样比率约束 ·········· 275
9.4 上采样滤波器 ·········· 276
9.5 环路恢复滤波器 ·········· 277
9.6 语法元素 ·········· 278
9.7 参考缩放模式和超分辨率模式的实现 ·········· 281

## 第 10 章 电影颗粒合成 ·········· 282

10.1 电影颗粒合成算法 ·········· 283
    10.1.1 电影颗粒模板模型 ·········· 284
    10.1.2 电影颗粒强度模型 ·········· 286
    10.1.3 电影颗粒合成的实现 ·········· 288

10.2 电影颗粒模型估计 ·········· 295
    10.2.1 图像内容分析 ·········· 296
    10.2.2 图像去噪 ·········· 297
    10.2.3 分段线性函数估计 ·········· 299

## 第 11 章 屏幕视频编码工具 ·········· 302

11.1 帧内块拷贝 ·········· 302
    11.1.1 运动向量和参考像素区域 ·········· 302
    11.1.2 禁用环路滤波器 ·········· 305
    11.1.3 语法元素 ·········· 305
    11.1.4 基于哈希的运动估计 ·········· 307
11.2 调色板模式 ·········· 309
    11.2.1 调色板和颜色索引图 ·········· 309
    11.2.2 语法元素 ·········· 311

**参考文献** ·········· 317

CHAPTER 1

# 第 1 章

# 绪　　论

AV1（AOMedia Video 1）[1]是一种开放的、免版税的视频编码标准，由开放媒体联盟开发。该标准的最初设计目的是用于互联网上的视频传输，同时提供一个对所有用户开放且无须支付版税的视频压缩解决方案。作为VP9[2]的下一代视频编码标准，AV1旨在超越VP9，提供更高的视频压缩效率，同时保持或提升视频质量。在技术方面，AV1是一种基于传统混合编码框架的视频编码标准，它在继承谷歌的VP9编解码标准的基础上，引入了一系列新技术并加以改进，以提高编码效率和视频质量。由于开放性和免费性质，AV1已经得到了广泛的支持，并且被认为是未来视频编码的主流标准之一。本书根据公开发表的文献资料和AV1标准文档[8]，参考编码器SVT-AV1对AV1标准的各个模块进行了详细介绍，期望能够帮助开发者了解AV1标准本身及其影响。

## 1.1　AV1的背景和现状

随着高分辨率视频内容的日益普及以及虚拟现实和360°全景视频等沉浸式技术的兴起，主流视频内容提供商对于一个高效、技术先进且开放的编解码器的需求变得尤为迫切。然而，国际视频编码标准H.265/HEVC[3]所涉及的高昂专利授权费用和专利许可策略的不确定性使得内容提供商无法轻松便利地使用HEVC编码标准。HEVC虽然提供了比前一代编解码标准H.264/AVC[7]更好的压缩效率，但其专利许可的复杂性和成本一直是业界的痛点。作为HEVC专利的管理者，HEVC Advance宣布的版税结构对于内容提供商和设备制造商来说可能过于昂贵，特别是对于那些需要大规模部署编解码技术的公司。此外，HEVC专利池的许可条款缺乏透明度，导致潜在的用户和开发者面临不确定性，担心未来可能出现的专利诉讼，进而产生额外的部署成本。这种不确定性和成本问题限制了HEVC技术的广泛采用，尤其是在开放和自由的互联网环境中。

在这种背景下，全球多家知名科技公司于 2015 年共同成立了 AOM。AOM 是一个非营利性的行业联盟，其目标是开发开放的、免版税的多媒体传输技术。AOM 采用开放网络标准开发的理念和原则来制定视频编码标准，作为迄今为止主导市场的 MPEG（Moving Picture Experts Group，动态图像专家组）和 VCEG（Video Code Experts Group，视频编码专家组）标准的替代品。AOM 的董事会成员包括亚马逊、苹果、ARM、思科、Facebook、谷歌、华为、英特尔、微软、Mozilla、奈飞（Netflix）、Nvidia、三星电子和腾讯。

AOM 的首个项目就是制定 AV1 标准，这是一种新的、开放的视频编解码标准。AV1 项目建立在 AOM 联盟成员的先前研究工作基础之上，包括 Xiph/Mozilla 的 Daala[4]、谷歌的 VP10[5] 以及思科的 Thor[6] 等实验性技术平台。这些平台的研究成果为 AV1 提供了坚实的技术基础。AV1 参考编解码器的第一个版本于 2016 年发布，随后在 2017 年进行了软特性冻结。尽管在标准制定期间存在一些关键错误和需要进一步改进的地方，AV1 标准规范最终还是在 2018 年发布，并在同年晚些时候发布了经过验证的规范版本 1.0.0。与 VP9 相比，AV1 引入了 100 多项创新的编码技术。比如，AV1 引入了一种基于四叉树的编码块划分机制，并且允许使用多种形状的编码块划分模式，从而能够根据图像内容自适应地把图像划分为大小合适的编码块。此外，不同于以往只允许正方形或矩形等规则形状划分，AV1 首次引入了 Wedge-based 的楔形划分技术，使得运动估计和运动补偿能够适应多样化的形状划分，更贴合实际物体的运动轨迹，进一步提升了帧间预测的准确性。再比如，除了传统平移运动补偿之外，AV1 首次引入了基于仿射变换的运动补偿，这不仅能够处理图像的平移运动，还能更精确地捕捉旋转和缩放等复杂运动，从而显著提高编码效率。AV1 还在编解码标准中集成了屏幕内容编码（Screen Content Coding，SCC），并且首次引入电影颗粒合成工具。这意味着所有符合 AV1 标准的解码器都能够支持屏幕内容编码和胶片颗粒合成工具。这些技术的引入使 AV1 成了一个功能全面且高效的视频编码解决方案，适用于各种不同类型的视频内容和应用场景。

自 2018 年 AV1 标准发布以来，它已经赢得了业界的广泛支持。众多知名企业，包括三星、Vimeo、AMD、Nvidia、ARM、Facebook、Hulu、VideoLAN、Adobe 和苹果公司等，都是 AOM 的成员。苹果公司作为 AOM 董事会成员之一，虽然在联盟成立后才加入，但对 AV1 的发展做出了积极的贡献。AV1 格式已被正式纳入 Coremedia⊖可管理的视频类型之中，这不仅标志着 AV1 格式的标准化，也反映了它在行业内已被广泛认可和接纳。随着越来越多的公司和组织加入 AV1 生态系统中，这一开放、免版税的视频编码标准正迅速成为视频流媒体和内容分发的首选格式。

## 1.2　档次和级别

考虑到通用应用场景的多样化，如不同的比特率、分辨率、视频质量，在制定标准时，标准制定组织综合考虑了各种典型应用场景的需求，开发了必要的编码算法，并将它们整

---

⊖　https://developer.apple.com/documentation/coremedia/kcmvideocodectype_av1/。

合到一套统一的语法规则中。因此，标准规范有利于视频数据在不同应用之间的交换、兼容。

考虑到实现一个标准规范完整语法的可操作性，标准规范定义了不同的档次（Profile）和级别（Level）。档次指的是完整码流语法的一个子集，通常包含一组特定的编码工具和技术，用于满足特定应用需求的编解码器功能集。不同档次支持不同的编码特性，以适应不同的应用场景。然而，在给定档次的语法限制下，编码器和解码器的性能可能存在较大差异，这取决于语法元素的取值，如解码图像的大小等。目前，许多应用中的解码器能够处理一个档次下的所有情况，但这种做法既不实用又不经济。为了解决这个问题，标准规范在每个档次下还定义了若干级别，级别是对语法元素和参数值的限定集合，定义了编解码器在处理视频数据时的最大操作参数，如分辨率、帧率和比特率。级别确保了即使在不同的设备和网络条件下，符合特定级别的编码内容也能被相应级别的解码器处理。

AV1 为解码器定义了三个档次：主要档次（Main Profile）、高级档次（High Profile）和专业档次（Professional Profile）。主要档次允许输入视频位宽（BitDepth）为 8 比特或 10 比特，并且支持 4:0:0 和 4:2:0 的色度采样格式。高级档次在主要档次的基础上，进一步增加了对 4:4:4 色度采样格式的支持。专业档次则全面支持 4:0:0、4:2:0、4:2:2 和 4:4:4 等色度采样格式，以及允许输入视频位宽为 8 比特、10 比特和 12 比特。表 1-1 所示为 AV1 标准的各个档次所支持的编码工具集合。

表 1-1 AV1 标准的各个档次所支持的编码工具集合

| 档次（BitDepth）/ 比特 | | 主要档次 | 高级档次 | 专业档次 |
| --- | --- | --- | --- | --- |
| 视频位宽 | | 8, 10 | 8, 10 | 8, 10, 12 |
| 色度采样格式 | 4:0:0 | 支持 | 支持 | 支持 |
| | 4:2:0 | 支持 | 支持 | 支持 |
| | 4:2:2 | 不支持 | 不支持 | 支持 |
| | 4:4:4 | 不支持 | 支持 | 支持 |

级别的数值范围为 2.0～6.3。这些级别旨在量化解码器的硬件处理能力，确保视频内容能够与解码器的性能相匹配。解码器能够实现的级别越高，表明其硬件能力越强，能够处理更复杂的视频编码/解码任务。这种分级制度使得内容提供商可以根据目标用户的设备能力选择适当的编码级别，以确保视频播放的流畅性和兼容性。同时，它也鼓励硬件制造商开发和优化能够支持更高级别 AV1 解码的设备。

表 1-2 所示为 AV1 标准文档[8]在各个级别下规定的部分最大操作参数取值，其中参数 MaxPicSize、MaxHSize 和 MaxVSize 对输出视频的分辨率进行了限制，参数 MaxDisplayRate 和 MaxDecodeRate 对解码器的最大显示速率和解码速率进行了限制。由表 1-2 可知，最低的级别 2.0 对应的视频分辨率和帧率可能是 426×240@30 帧/秒，级别 3.0 对应的是 854×480@30 帧/秒，级别 4.0 对应的是 1920×1080@30 帧/秒，级别 5.1 对应的是 3840×2160@60 帧/秒，级别 5.2 对应的是 3840×2160@120 帧/秒，而最高级别 6.3 对应的是 7680×4320@120 帧/秒。

表 1-2 各个级别下部分最大操作参数取值

| 级别 | MaxPicSize（样本） | MaxHSize（样本） | MaxVSize（样本） | MaxDisplayRate（样本/秒） | MaxDecodeRate（样本/秒） | 示例 |
|---|---|---|---|---|---|---|
| 2.0 | 147 456 | 2048 | 1152 | 4 423 680 | 5 529 600 | 426×240@30 帧/秒 |
| 2.1 | 278 784 | 2816 | 1584 | 8 363 520 | 10 454 400 | 640×360@30 帧/秒 |
| 3.0 | 665 856 | 4352 | 2448 | 19 975 680 | 24 969 600 | 854×480@30 帧/秒 |
| 3.1 | 1 065 024 | 5504 | 3096 | 31 950 720 | 39 938 400 | 1280×720@30 帧/秒 |
| 4.0 | 2 359 296 | 6144 | 3456 | 70 778 880 | 77 856 768 | 1920×1080@30 帧/秒 |
| 4.1 | 2 359 296 | 6144 | 3456 | 141 557 760 | 155 713 536 | 1920×1080@60 帧/秒 |
| 5.0 | 8 912 896 | 8192 | 4352 | 267 386 880 | 273 715 200 | 3840×2160@30 帧/秒 |
| 5.1 | 8 912 896 | 8192 | 4352 | 534 773 760 | 547 430 400 | 3840×2160@60 帧/秒 |
| 5.2 | 8 912 896 | 8192 | 4352 | 1 069 547 520 | 1 094 860 800 | 3840×2160@120 帧/秒 |
| 5.3 | 8 912 896 | 8192 | 4352 | 1 069 547 520 | 1 176 502 272 | 3840×2160@120 帧/秒 |
| 6.0 | 35 651 584 | 16 384 | 8704 | 1 069 547 520 | 1 176 502 272 | 7680×4320@30 帧/秒 |
| 6.1 | 35 651 584 | 16 384 | 8704 | 2 139 095 040 | 2 189 721 600 | 7680×4320@60 帧/秒 |
| 6.2 | 35 651 584 | 16 384 | 8704 | 4 278 190 080 | 4 379 443 200 | 7680×4320@120 帧/秒 |
| 6.3 | 35 651 584 | 16 384 | 8704 | 4 278 190 080 | 4 706 009 088 | 7680×4320@120 帧/秒 |

## 1.3 AV1 编码器和解码器现状

AV1 标准的软件实现目前处于不断发展和完善的阶段。对于编码器来讲，AOM 及其会员基于 AV1 标准先后推出了多款开源软件编码器，其中包括：

- libaom[一]：该软件是 AV1 标准的参考实现，它包括一个编码器（aomenc）和一个解码器（aomdec）。作为以研究为目的的编解码器，libaom 的优势在于能够充分展示每个编码工具的编码特性，但这通常是以牺牲编码速度为代价的。在 AV1 标准刚刚发布时，libaom 的编码速度非常慢。但随后，AOM 会员对其进行了优化，显著地提高了编码速度，并且对编码效率影响很小。

- SVT-AV1[二]：该软件是由英特尔和奈飞合作启动的开源 AV1 编码器，是可扩展视频技术（Scalable Video Technology，SVT）系列编码器的一部分。SVT-AV1 几乎支持所有能显著提高压缩效率的 AV1 编码工具，并且利用了现代多核 CPU 的并行处理能力，以提高编码速度。2020 年 8 月，AOM 软件实现工作组采纳 SVT-AV1 作为其生产编码器。SVT-AV1 的 1.0.0 版本于 2022 年 4 月 22 日发布，而 2.0.0 版本则于 2024 年 3 月 13 日发布。

- rav1e[三]：该软件是一个开源的 AV1 视频编码器，由 Rust 编程语言编写而成，它利用 Rust 的内存安全性和现代并发特性，旨在提供一个高性能、跨平台的编码解决方案。rav1e 致力于与 AV1 标准保持一致，同时提供灵活的配置选项，以满足不同用户对编码速度和视频质量的需求。

在 AV1 解码器方面，除了 AOM 会员联合开发的 libaom/aomdec 解码器外，还有三款主要的开源软件解码器，它们分别由不同的组织或公司主导开发，以满足实际应用场景的需求。这三款 AV1 解码器包括：

- SVT-AV1 解码器：SVT-AV1 是一个全面的编解码器解决方案，它不仅包含了编码器，也包含了解码器。SVT-AV1 特别注重多线程性能，因此非常适合在服务器端进行点播和直播内容的转码处理。

- dav1d[四]：dav1d 是一个专注于速度和性能的 AV1 解码器，由 VideoLan 和 FFmpeg 组织主导，并且得到了 AOM 的资助。它已被业界公认为性能优秀的 AV1 解码器，并且已经被谷歌 Chrome 浏览器等多个流行平台所集成和采用[五]。

---

[一] https://aomedia.googlesource.com/aom/.
[二] https://gitlab.com/AOMediaCodec/SVT-AV1.
[三] https://github.com/xiph/rav1e.
[四] https://code.videolan.org/videolan/dav1d.
[五] https://caniuse.com/?search=av1.

- libgav1[⊖]：由谷歌主导开发的 libgav1 解码器，特别优化了对 Android 平台的支持。libgav1 的推出进一步扩展了 AV1 编解码器在移动设备和基于 Android 的系统中的应用范围。

这些开源解码器的开发和优化展示了 AV1 标准在不同平台和应用中的适应性和灵活性。随着这些解码器的不断进步和集成，AV1 格式的视频内容将会被更广泛的用户群体访问和使用，从而推动 AV1 生态系统的健康发展和快速普及。

---

[⊖] https://chromium.googlesource.com/codecs/libgav1.

CHAPTER 2

# 第 2 章

# 高 层 语 法

高层语法（High Level Syntax，HLS）是视频编解码标准的一个重要组成部分，用于将视频编解码器的通用接口提供给各种网络或应用系统，例如动态自适应流媒体传输协议（Dynamic Adaptive Streaming over HTTP，DASH）、视频会议、电视广播，使得这些系统能够方便地使用视频编解码器。AV1 的高层语法主要包括以下几个方面：

- ❏ 比特流结构和编码数据单元结构：AV1 比特流由一系列名为开放比特流单元（Open Bitstream Unit，OBU）的数据单元组成。
- ❏ 序列级和图片级参数：定义了视频编码的序列和图片级别参数，包括视频序列的分辨率，使用哪些编码工具和编码帧类型等信息。
- ❏ 随机访问和流适应：定义了视频编码的随机访问和流适应机制，包括关键帧随机访问点、延迟随机访问点和关键帧依赖恢复点。
- ❏ 解码图片管理机制：定义了视频编码的解码图片管理机制，包括参考图片管理、解码顺序等。
- ❏ 档次和级别规范的定义和传输：定义了视频编码的档次和级别规范，用于指定视频编码的性能限制和兼容性。
- ❏ 解码器模型：定义了视频编码的缓冲模型，包括解码器缓冲区和显示器缓冲区等。

Andrey Norkin 在其技术博客⊖上对 AV1 比特流的高层结构和解码器模型进行了介绍。本章参考 Andrey Norkin 的介绍，并结合 AV1 标准文档从上述几个方面介绍 AV1 的高层语法。有关高层语法的更多详细信息，读者可以参考 AV1 标准文档。

---

⊖ https://norkin.org/research/av1_decoder_model/index.html.

## 2.1 编码顺序和输出顺序

在视频编码过程中,编码器会按照特定的顺序对视频帧进行编码,这个顺序通常与图像在比特流中出现的顺序以及解码的顺序相同。而输出顺序则是指从解码图片缓冲区(Decoded Picture Buffer,DPB)输出图像的顺序,通常也是视频帧在播放时应该呈现的顺序。

为了提高视频编码效率,视频帧的编码顺序和输出顺序往往是不同的。在实际编码场景中,编码器经常使用金字塔分层预测编码结构[9]来提高视频的编码效率。在金字塔分层预测编码结构中,图片组(Group Of Picture,GOP)中的每个图片被分为不同的时域层(Temporal Layer),高时域层的视频帧通常以低时域层的视频帧作为参考帧。在编码过程中,编码器通常使用相对较低的量化步长来编码低时域层的视频帧,以优化整个 GOP 的率失真性能。这种编码结构可以提高视频编码效率,并在不同的网络带宽下提供适当的视频质量。图 2-1 所示为 GOP 长度等于 4 帧的金字塔预测编码结构中的编码顺序和输出顺序,其中每个矩形框表示一个视频帧,矩形框中的数字表示该帧的编码顺序;下方的横轴表示时间轴,对应的数字是每个视频帧的输出顺序。带有箭头的直线表示参考关系,该直线从参考帧指向编码帧,比如帧 3 的参考帧包括帧 0 和帧 2。

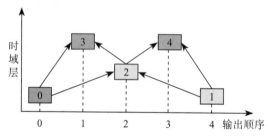

图 2-1 长度为 4 帧的金字塔预测编码结构中的编码顺序和输出顺序

当视频帧的编码顺序和输出顺序不同时,在解码过程中,解码器需要缓存已经完成解码的帧,然后再按照输出顺序逐一输出每个帧。为了表示每个帧的输出顺序,对于总帧数等于 $n$ 的视频,每个帧的输出顺序可以用 $0 \sim n-1$ 之间的整数来表示。所以,表示每个帧的输出顺序将需要花费 $\log_2 n$ 比特。$n$ 越大,用于表示输出顺序的比特数越多。例如,一个时长为 2 小时,帧率是 30 帧/秒的视频,共有 2×3600 秒 ×30 帧/秒 = 216 000 帧。由于 $\log_2(216\,000) = 18$,因此这个视频中每个帧的输出顺序将需要 18 比特来表示。所以,表示整个视频中所有帧的输出顺序将需要近 4 兆比特。另外,$n$ 越大,输出顺序的表示位宽越大,操作位宽如此高的输出顺序也会增加解码器的硬件设计复杂度。为了高效地表示帧的输出顺序,同时降低解码器的硬件设计复杂度,AV1 只表示输出顺序的 $n$ 个最低有效位(Least Significant Bit,LSB)。为此,AV1 使用变量 OrderHintBits 来表示 $n$。也就是说,AV1 只表示输出顺序的 OrderHintBits 个最低有效位,并且定义了语法元素 order_hint_bits_minus_1 来表示 OrderHintBits - 1。所以,AV1 中的每个视频帧都有一个顺序计数值 OrderHint，其取值范围是 $0 \sim 2^{OrderHintBits}-1$。一般来讲，OrderHint 有以下用途：
- 在某段编码视频中，OrderHint 可以唯一地标识一个视频帧。
- 在解码过程中，OrderHint 可用于执行运动向量缩放（参见 AV1 标准文档 7.9.2 节）。

这里需要注意的是，AV1 标准文档并不要求 OrderHint 必须反映真实的输出顺序。因为对于永远不会被显示的帧，AV1 允许编码器自由选择任何 OrderHint 的值，以获得最佳的压缩效果。比如，AV1 广泛使用了替代参考帧（Alternate Reference Frame，ARF），而 ARF 可能是一个永远不会被显示的帧。当 ARF 不被显示时，编码器可以自由地为 ARF 选择任何 OrderHint 值。

## 2.2 AV1 比特流结构

AV1 比特流是由一系列名为开放比特流单元（OBU）的数据单元组成。每个 OBU 由一个可变长度的字节串（Byte String）组成。具体来讲，OBU 包含一个头部信息（Header）和一个有效载荷（Payload）。头部信息用于识别 OBU 类型并指定有效载荷的大小。OBU 头部信息包含 obu_forbidden_bit、obu_type、obu_extension_flag、obu_has_size_field 和 obu_reserved_1bit。其中 obu_forbidden_bit 占用 1 比特，其值必须设置为 0；obu_type 占用 4 比特，所以 obu_type 共有 16 种取值；obu_extension_flag、obu_has_size_field 和 obu_reserved_1bit 各占用 1 比特。图 2-2 所示为 AV1 中 OBU 的组成结构。

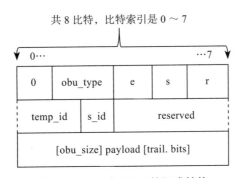

图 2-2　AV1 中 OBU 的组成结构

在图 2-2 中，0 表示 obu_forbidden_bit；e、s 和 r 分别表示 obu_extension_flag、obu_has_size_field 和 obu_reserved_1bit；temp_id 表示语法元素 temporal_id，占用 3 比特；s_id 表示语法元素 spatial_id，占用 2 比特；reserved 表示语法元素 extension_header_reserved_3bits，占用 3 比特；obu_size 表示以字节为单位指定 OBU 的大小，但是不包括 obu_header 中的字节或 obu_size 语法元素中的字节，它是可选的，即 OBU 不需要必须包含 obu_size；trail、bits 包括语法元素 trailing_one_bit 和 trailing_zero_bit。

OBU 头部信息中的 obu_type 指定 OBU 有效载荷中包含的数据结构类型。表 2-1 所示为 obu_type 的取值以及其代表的含义。其中,"保留值"是为将来使用而保留的,AV1 解码器应该忽略它们。

表 2-1 obu_type 的取值以及其代表的含义

| obu_type 取值 | 含义 | obu_type 取值 | 含义 |
| --- | --- | --- | --- |
| 0 | 保留值 | 6 | OBU_FRAME |
| 1 | OBU_SEQUENCE_HEADER | 7 | OBU_REDUNDANT_FRAME_HEADER |
| 2 | OBU_TEMPORAL_DELIMITER | 8 | OBU_TILE_LIST |
| 3 | OBU_FRAME_HEADER | 9~14 | 保留值 |
| 4 | OBU_TILE_GROUP | 15 | OBU_PADDING |
| 5 | OBU_METADATA | | |

根据 obu_type 的取值,OBU 可以分为序列头部 OBU(OBU_SEQUENCE_HEADER)、帧头部 OBU(OBU_FRAME_HEADER)、元数据信息 OBU(OBU_METADATA)、时间分隔符 OBU(OBU_TEMPORAL_DELIMITER)和切片组 OBU(OBU_TILE_GROUP)。

OBU 头部信息中的 obu_extension_flag 用于指明可选的 OBU 扩展头信息(OBU Extension Header)是否存在。当 obu_extension_flag 等于 1 时,表示存在 OBU 扩展头信息。此时,解码器将从 OBU 扩展头信息读取当前 OBU 的时域索引 temporal_id 和空域索引 spatial_id。OBU 的 temporal_id 指定了 OBU 所包含数据的时域层(Temporal Level)。OBU 的 spatial_id 则指定了 OBU 所包含数据的空域层(Spatial Level)。如果当前 OBU 的 temporal_id 或 spatial_id 不存在,那么解码器将把其 temporal_id 或 spatial_id 设置为 0。如果使用了扩展性编码(Scalable Coding),则 temporal_id 和 spatial_id 都等于 0 的切片组 OBU 称为基础层(Base Layer),而 spatial_id 大于 0 或者 temporal_id 大于 0 的切片组 OBU 称为增强层(Enhancement Layer)。如果一个编码视频序列包含至少一个增强层,那么所有与基础层和增强层数据相关的帧头 OBU 和切片组 OBU 都必须包括 OBU 扩展头信息。也就是说,当编码视频序列包含增强层时,需要用 OBU 扩展头信息来指明 OBU 的 spatial_id 和 temporal_id。这是因为 AV1 利用压缩视频数据的 spatial_id 和 temporal_id 来决定它们之间的参考关系。假设有 2 个压缩视频数据 A 和 B,其中 A 的 temporal_id 和 spatial_id 分别是 $T$ 和 $S$,B 的 temporal_id 和 spatial_id 分别是 $T'$ 和 $S'$,那么,只有当 $T \geq T'$ 并且 $S \geq S'$ 时,A 才能够参考 B。

在 AV1 中,要解码的空域层或时域层称为操作点(Operating Point,OP)。所有的操作点组成了编码视频序列(Coded Video Sequence)。如果没有使用扩展性编码,则可以视为整个编码视频序列只包含一个操作点。

### 2.2.1 序列头信息

序列头部 OBU 的内容是序列头信息（Sequence Header）。类似于 HEVC 中的序列级参数集（Sequence Parameter Set，SPS），序列头信息包含适用于整个编码序列的参数信息。这些参数在编码视频序列中的每个图像之间不会发生改变。序列头信息中的一些参数提供了编码序列的关键描述，这对于系统接口非常有用，其他参数则描述了编码工具的使用状态，或者提供了编码工具参数，这可以提高编码效率。除此之外，序列头信息还可以选择性地包含视频可用性信息数据。这些信息虽然不会直接影响解码过程，但提供了两类有价值的数据。第一类与解码图片的显示有关，比如色度配置（Color Config Syntax）等信息。第二类包括假设参考解码器（Hypothetical Reference Decoder，HRD）使用的时间信息（Timing Info Syntax）、解码模型信息（Decoder Model Info Syntax）以及解码操作参数信息（Operating Parameters Info Syntax）。比如：

- 语法元素 `still_picture` 用于指示编码视频序列是否仅由单一编码帧组成。
  - 当 `still_picture` 设置为 1 时，意味着整个编码视频序列仅由单一的编码帧组成，这通常用于静态图像或类似于图片的场景。
  - 当 `still_picture` 设置为 0 时，表示编码视频序列由一系列视频帧组成。
- 语法元素 `operating_points_cnt_minus_1` 用于指示编码视频序列包含多少个操作点，它的数值等于操作点的总数减去 1。所以，实际的操作点数量需要在该值的基础上加 1 来得到。例如，如果 `operating_points_cnt_minus_1` 的值为 3，那么视频序列中就有 4 个操作点。
- 语法元素 `operating_point_idc[i]` 包含一个位掩码（Bit Mask），用于指示操作点 i 应该解码哪些空域层和时域层。在这个位掩码中，低 8 位（索引为 0～7）表示时域层，高 4 位（索引为 8～11）表示空域层。每一位的值（0 或 1）决定了对应的层是否应该被解码器处理。具体来讲，如果要解码时域层 k，则把第 k 位设置为 1，其中 k 的范围是 0～7。如果要解码空域层 j，则把第 j+8 位设置为 1，其中 j 的范围是 0～3。

描述编码序列特性的关键参数也包含在序列头信息中。语法元素 `seq_profile` 和 `seq_level_idx` 指明编码视频所使用的档次和级别。档次和级别指定了解码比特流所需的能力限制。档次指定了支持的视频位宽和色度下采样格式，而级别定义了分辨率和性能特征，比如对最大采样率、图片大小和解码图片缓冲区等能力施加限制。

在序列头信息中，可以设置各种编码工具的启用或禁用选项，以及对这些工具的限制。例如，如果将序列头中的 `use_128x128_superblock` 参数设置为 0，那么编码器就不会使用 128×128 像素的超级块进行编码。同样，如果将 `enable_warped_motion` 参数设置为 0，那么在帧间预测时就不会使用畸变运动补偿技术。这样做的结果是，编码器无须传输与畸变运动补偿相关的语法元素，从而简化了编码过程。

## 2.2.2 帧头信息

帧头 OBU 的内容是帧头（Frame Header）信息。类似于 HEVC 中的帧级参数集（Picture Parameter Set，PPS），帧头信息包含的参数可能在同一编码视频序列中的不同图片之间发生变化。下面介绍几个常用的帧头信息的语法元素。

帧头信息中的语法元素 show_frame 在 AV1 中用于控制解码后的视频帧是否立即显示。当 show_frame 的值设置为 1 时，表示一旦该视频帧完成解码，它就应该立即显示；相反，如果 show_frame 的值设置为 0，则意味着该帧在解码后不会立即显示。此外，如果后续接收到的帧头信息中包含语法元素 show_existing_frame，并且其值被设置为 1，那么之前那些解码完成但 show_frame 为 0 的帧就可能被展示。在视频编码的特定应用场景中，这些语法元素用于控制解码视频帧的输出顺序。比如，在带有 B 帧（双向预测帧）的编码配置（图 2-1 所示编码结构）下，编码顺序等于 1 的视频帧在解码后不会立即展示，而是通过后续的指令才会被展示。所以，正如 Andrey Norkin 在其技术博客中所描述的，根据帧头信息中的语法元素 show_existing_frame 的取值，AV1 的帧头信息可以分为两种类型：show_existing_frame 等于 0 的帧头表示当前帧是需要正常解码的常规帧；show_existing_frame 等于 1 的帧头指定了一个操作命令，该操作命令用于在该帧头指定的显示时间显示一个之前已经解码过的帧，这个待显示的帧由语法元素 frame_to_show_map_idx 指明。图 2-3 所示为显示帧与语法元素 frame_to_show_map_idx 之间的关系，其中 FrameHdr2 是一个帧头信息，该帧头信息中的语法元素 show_existing_frame 等于 1，并且语法元素 frame_to_show_map_idx 指向之前已经解码过的显示顺序为 2 的帧。因此，一个显示帧（Shown Frame）可以是 show_frame 等于 1 的帧，也可以是 show_existing_frame 等于 1 的帧。基于 show_frame 和 show_existing_frame 的视频帧显示机制，AV1 解码器在解码顺序与输出顺序不同时，可以进行帧重排序，以使解码视频帧按照输出顺序显示。

帧头信息中的语法元素 frame_type 用于指明视频图片的帧类型。AV1 定义了 4 种帧类型：KEY_FRAME、INTER_FRAME、INTRA_ONLY_FRAME 和 SWITCH_FRAME。表 2-2 所示为 frame_type 的取值及帧类型。

表 2-2 frame_type 的取值及帧类型

| 语法元素 frame_type 的取值 | 帧类型 |
| --- | --- |
| 0 | KEY_FRAME |
| 1 | INTER_FRAME |
| 2 | INTRA_ONLY_FRAME |
| 3 | SWITCH_FRAME |

语法元素 refresh_frame_flags 用于指明 DPB 的更新机制。具体来讲，当一个视频帧编码结束后，编码器根据该帧头信息中 refresh_frame_flags 的取值来决定把

当前视频帧放入 DPB 中的哪个位置。当帧头信息中的 `frame_type=KEY_FRAME` 并且 `show_frame=1` 时，`refresh_frame_flags` 被设置为 `0xFF`，这个关键帧将占 DPB 中的所有位置。从这个角度来看，AV1 中的 `KEY_FRAME` 类似于 HEVC 中的 IDR 帧，因为它们都会重新设置 DPB 状态。

下面再总结一下不同帧类型之间的区别。如果当前帧的语法元素 `frame_type=KEY_FRAME`，则当前帧通常被称为关键帧。关键帧中的所有编码块只能使用帧内预测模式，并且当关键帧的语法元素 `show_frame=1` 时，关键帧将会重新设置 DPB 状态。所以，当关键帧的语法元素 `show_frame=1` 时，任何编码顺序位于此关键帧之后的视频帧都不能把编码顺序位于它之前的视频帧作为参考帧。这样的规则确保了在关键帧之后编码的视频帧仅依赖于关键帧本身，而不依赖于在关键帧之前编码的任何视频帧，从而保持了关键帧的随机访问特性。

如果当前帧的 `frame_type=INTRA_ONLY_FRAME`，则当前帧通常又称为普通帧内预测帧。与关键帧类似，普通帧内预测帧中的所有编码块也只能使用帧内预测模式。然而，与关键帧不同的是，普通帧内预测帧不会重新设置 DPB 状态。因此，在普通帧内预测帧之后编码的视频帧均可以把在该普通帧内预测帧之前编码的视频帧作为参考帧。这样的设计允许视频编码过程中的后续帧利用先前帧的信息，以优化预测效果并提高编码效率。

如果当前帧的语法元素 `frame_type=INTER_FRAME`，则当前帧的编码块不但可以使用帧内预测模式，还可以使用帧间预测模式。如果当前帧的语法元素 `frame_type=SWITCH_FRAME`，则表示当前帧的分辨率将发生变换，即当前帧的分辨率不再等于序列头传输的视频帧分辨率。对于语法元素 `frame_type=SWITCH_FRAME` 的视频帧，其编码块可以使用帧内预测模式，也可以帧间预测模式。当编码块使用帧间预测时，由于当前帧与参考帧之间的分辨率可能不同，因此要使用缩放帧间预测（关于缩放帧间预测，请参考第 9 章）。另外需要注意的是，语法元素 `frame_type=SWITCH_FRAME` 的视频帧也能够重新设置 DPB 状态。所以，`frame_type=SWITCH_FRAME` 的帧具备重新设置 DPB 状态的能力，而无须强制进行帧内预测，从而使视频编码更加灵活。

### 2.2.3 元数据信息

元数据信息 OBU 的作用是传输视频编码过程中的元数据信息。元数据包括色彩空间信息、高动态范围（High Dynamic Range，HDR）信息、可扩展性编码信息以及时间信息。为了区分元数据中的信息，AV1 定义了语法元素 `metadata_type`，以指明元数据存储的数据类型。表 2-3 所示为 `metadata_type` 的取值及元数据类型。

这里需要注意的是，当 `metadata_type` 等于 3 时，即元数据类型是 `METADATA_TYPE_SCALABILITY`，此时元数据 OBU 是可扩展性编码信息。可扩展性编码信息旨在让中间处理模块不需要解码单独帧，就能了解视频比特流的结构。为了使这些中间处理模块能够尽早了解视频序列的可扩展性结构，可扩展性编码信息应紧跟在序列头之后放置。

表 2-3 metadata_type 的取值及元数据类型

| 语法元素 metadata_type 的取值 | 元数据类型 |
| --- | --- |
| 0 | AOM 保留值 |
| 1 | METADATA_TYPE_HDR_CLL |
| 2 | METADATA_TYPE_HDR_MDCV |
| 3 | METADATA_TYPE_SCALABILITY |
| 4 | METADATA_TYPE_ITUT_T35 |
| 5 | METADATA_TYPE_TIMECODE |
| 6～31 | 未注册用户私有（Unregistered User Private） |
| 大于或等于 32 | AOM 保留值 |

### 2.2.4 时间分隔符信息

时间分隔符 OBU 用于传输时间分隔符信息。时间分隔符用于指明帧在显示过程中的时间戳。所有在时间分隔符 OBU 之后显示的帧都将使用这个时间戳，直到下一个时间分隔符 OBU 到达。这意味着从时间分隔符 OBU 开始，所有后续的帧都会根据这个时间戳来同步播放，直到遇到下一个时间分隔符 OBU，这时可能会开始一个新的时间戳序列。

### 2.2.5 切片组信息

在 AV1 编码中，一个视频帧可以被分割成多个尺寸更小、更易于处理的切片（Tile）。每个切片包含视频帧的一部分数据，并且可以单独解码。所有切片都完成解码并且经过环路滤波器处理之后会被组合起来，形成完整的重构图像。切片组包含了一帧图像中所有切片的数据，用于解码和呈现整个帧。比如，编码块的帧内预测模式、运动向量和残差数据等信息都属于切片组信息。为了提高效率，帧头 OBU 和切片组 OBU 会打包成一个 OBU，在这种情况下，帧头信息后面紧跟着的是切片组信息。包含帧头信息和切片组信息的 OBU 又称为帧 OBU（Frame OBU）。

## 2.3 时间单元

为了更加清晰地描述 AV1 比特流，AV1 引入了时间单元（Temporal Unit，TU）的概念。如 AV1 标准文档 7.5 节所述，符合 AV1 规范的比特流由一个或多个编码视频序列组成。一个编码视频序列由一个或多个时间单元构成。而时间单元则是由一个时间分隔符 OBU 和所有在此之后并且在下一个时间分隔符 OBU 之前的 OBU 组成。这些 OBU 包含时间分隔符 OBU、序列头 OBU、元数据 OBU、帧头 OBU、切片组 OBU 以及填充 OBU。其中，时间分隔符 OBU 用于指示时间单元的开始，序列头 OBU 和元数据 OBU 包含了与整个序列相关的信息，帧头 OBU 和切片组 OBU 包含了与单个帧相关的信息，填充 OBU 用于填充数据以满足特定的编码要求。

时间单元始终按照递增的显示顺序排列。如果不使用可扩展性编码,则时间单元恰好包含一个显示帧,即 show_existing_frame 等于 1 或 show_frame 等于 1 的帧。如果使用可扩展性编码,则一个时间单元可能包含来自不同扩展层(Scalable Layer)的所有显示帧,这些显示帧具有相同的显示时间。这里需要注意的是,时间单元必须包含显示帧,同时也可以包含语法元素 show_frame 等于 0 的视频帧。由于重叠帧的 show_frame 等于 1,因此时间单元中的显示帧可以是重叠帧(Overlay Frame)。关于重叠帧的详细介绍,请参考第 4 章。因此,可以认为一个时间单元由一个显示帧和 0 个或多个非显示帧组成。

图 2-3 所示为比特流中时间单元划分示例。图 2-3a 展示了 GOP 长度等于 4 帧的金字塔预测编码结构,其中矩形框中的数字表示编码顺序,横坐标轴表示显示顺序。图 2-3b 展示了图 2-3a 的码流结构中的时间单元划分方式,其中 TD 表示时间分隔符,TU 表示时间单元,SeqHdr 表示序列头信息。在图 2-3b 中,标记"帧 x/y"的矩形表示编码帧数据,x 是编码顺序,y 是显示顺序。"帧 0/0"和"帧 3/1"的语法元素 show_frame 等于 1,表示解码之后立即输出。"帧 0/0"使用 TU0 的时间分隔符所指示的时间戳,而"帧 3/1"使用 TU1 的时间分隔符所指示的时间戳。"帧 1/4"和"帧 2/2"的语法元素 show_frame 等于 0,表示解码之后不能立即输出。FrameHdr2 是一个帧头信息,其中的 show_existing_frame 等于 1 并且 frame_to_show_map_idx 指向先前已经解码的"帧 2/2"。这种操作表示,此时要输出"帧 2/2",它使用的是 TU2 的时间分隔符所指示的时间戳。

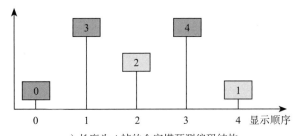

a)长度为 4 帧的金字塔预测编码结构

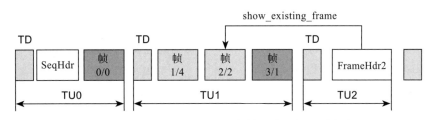

b)长度为 4 帧的金字塔预测编码结构的时间单元划分方式

图 2-3 比特流中时间单元划分示例

关于时间单元,有以下几点需要注意:

❏ 在一个时间单元内,帧头和与之相关的切片组 OBU 必须使用相同的 obu_extension_

flag 值。也就是说，如果一个帧头包括可选的 OBU 扩展头信息，那么与之相关的所有切片组 OBU 也必须包括可选的 OBU 扩展头信息；如果一个帧头不包含可选的 OBU 扩展头信息，那么与之相关的所有切片组 OBU 也不能包含可选的 OBU 扩展头信息。

- 对于位于同一个时间单元之内的所有 OBU 扩展头，当这些 OBU 扩展头的 spatial_id 都相同时，它们的 tempotal_id 也必须相同。
- 并不是每个包含关键帧的时间单元都必须包含序列头，只是要求序列头在第一个关键帧之前已经发送。但是，没有序列头 OBU 的时间单元不被视为随机访问点（Random Access Point）。

基于时间单元的概念，每个新的编码视频序列都定义为从满足以下两个条件的每个时间单元开始：

- 第一个帧头 OBU 之前包含一个或多个序列头 OBU。
- 第一个帧头信息中的语法元素 frame_type = KEY_FRAME、show_frame = 1、show_existing_frame = 0 和 temporal_id = 0。

如果不使用可扩展性编码，则所有视频帧都是操作点的一部分。此时，操作点必须满足以下约束条件：

- 第一个帧头信息中的语法元素 frame_type = KEY_FRAME、show_frame = 1。
- 每个时间单元恰好包含一个显示帧，即 show_existing_frame = 1 或 show_frame = 1。

如果使用了可扩展性编码，此时会有多个操作点。每个操作点必须满足以下约束条件：

- 即将解码的第一个帧头信息必须包含语法元素 frame_type 和 show_frame，并且 frame_type = KEY_FRAME, show_frame = 1。
- 在一个时间单元中，每个具有编码帧的层必须有一个显示帧，该显示帧是该层在时间单元中的最后一帧。

## 2.4 随机访问点

一般来说，随机访问点是比特流中可以开始解码的位置。在视频编码中，随机访问点是一种特殊的编码帧，它可以使解码器在这个位置开始解码，而不需要解码之前的数据。这样可以提高视频的随机访问性能，使用户可以快速地跳转到视频的任意位置进行播放。

AV1 定义了 3 种随机访问点。为了满足最基本的功能要求，解码器必须支持这 3 种随机访问点。但是，在实现过程中，解码器可以选择支持更多类型的随机访问点。AV1 定义的 3 种随机访问点包括：关键帧随机访问点（Key Frame Random Access Point，KFRAP）、延迟随机访问点（Delayed Random Access Point，DRAP）和关键帧依赖恢复点（Key Frame Dependent Recovery Point，KFDRP）。它们的定义如下：

- 关键帧随机访问点是一个满足下述条件的帧：
  - `frame_type = KEY_FRAME`。
  - `show_frame = 1`。
  - 包含关键帧随机访问点的时间单元包含序列头 OBU。
- 延迟随机访问点是一个满足下述条件的帧：
  - `frame_type = KEY_FRAME`。
  - `show_frame = 0`。
  - 包含延迟随机访问点的时间单元包含序列头 OBU。
- 关键帧依赖恢复点是一个满足下述条件的帧：
  - `show_existing_frame = 1`。
  - `frame_to_show_map_idx` 指定了一个要输出的帧，这个帧是一个延迟随机访问点。

从上述定义可见，延迟随机访问点和关键帧依赖恢复点需要搭配使用才可以实现随机访问。从关键帧随机访问点开始解码是很简单的，因为如果关键帧随机访问点之前的时间单元被丢弃，剩余的时间单元仍然构成一个有效的比特流。但是，从延迟随机访问点开始解码的行为却很难定义。这是因为：

1）如果在关键帧依赖恢复点之前的所有时间单元都被丢弃了，那么在这种情况下，由于关键帧依赖恢复点依赖于其前面的延迟随机访问点，并且相关的延迟随机访问点已经被丢弃，因此不能正常解码。

2）如果在延迟随机访问点之前的所有时间单元都被丢弃了，那么，对位于延迟随机访问点和关键帧依赖恢复点之间的帧应该如何处理并没有明确规定，比如有些应用可能希望丢弃这些帧，而其他应用可能希望保留这些帧。

综合这两种情况，由于从延迟随机访问点开始解码并不是从一个显示关键帧开始解码，因此剩余的时间单元不构成一个有效的比特流。为了支持不同的操作模式，需要一个符合规范的解码器来解码下面的比特流：

- 包含一个延迟随机访问点的时间单元。
- 包含相关的关键帧依赖恢复点的时间单元。
- 可选的额外时间单元。

也就是说，符合规范的解码器要能够解码上述结构的比特流。这将是否丢弃中间时间单元（位于延迟随机访问点和关键帧依赖恢复点之间的时间单元）的操作从规范定义的解码过程中转移到了特定应用的行为上。这允许应用程序根据应用场景和特定解码器实现的能力选择使用哪种行为。

实际上，预期解码器实现能够在中间时间单元仍然存在的情况下，从延迟随机访问点开始解码比特流。解码器应该从下一个关键帧或关键帧依赖恢复点开始，正确地解码产生所有要输出的帧。而下一个关键帧或关键帧依赖恢复点之前的视频帧则由具体的编码器实现来决定如何处理。例如，当参考帧不可用时，由于流媒体解码器能够容忍输出视频有一些错误，因此流媒体解码器可能选择解码并显示所有帧。而低延迟解码器可能选择解码并显示所有保证正确的帧，即输出那些仅以关键帧依赖恢复点为参考帧的帧间预测帧。媒体播放器解码器可能选择仅从关键帧或关键帧依赖恢复点开始解码和显示帧，以保证流畅播放。

## 2.5 解码器模型

解码器模型用于验证比特流是否遵守了某个编码级别所定义的规则和限制，以确保比特流可以被正确解码。除此之外，解码器模型还用于评估和确认解码器实现是否满足了某个编码级别的标准，从而验证解码器实现的合规性。在连续帧解码过程中，解码器模型将考虑解码器等待空闲帧缓冲区所需的时间、解码帧所需的时间，以及确保在预期时间内缓冲区卡槽被正确占用的多项基本检查。

### 2.5.1 图像缓冲区管理

AV1 定义了一个存放视频帧的缓冲区，用于存储解码后的视频帧。因此，这个缓冲区往往称为 DPB。DPB 最多允许存储 8 个视频帧。为此，AV1 定义一个缓冲池（BufferPool）用于存储解码过程需要的视频帧。除了 DPB，AV1 解码器还需要存储显示视频帧以及正在解码的视频帧，所以 AV1 标准文档要求解码器支持存储 10 个帧的物理帧缓冲区（Physical Frame Buffer），因此缓冲池的大小是 10。在缓冲池中，每个帧的存储区域 `BufferPool[i]` 又称为帧缓冲区插槽（Slot）。插槽应该能够以相应级别规定的最大分辨率来存储帧。在帧间预测过程中，AV1 使用虚拟缓冲区索引（Virtual Buffer Index，VBI）来引用 DPB 中的不同解码帧。VBI 可以存储缓冲池中 8 个帧的索引，`VBI[i]` 表示第 $i$ 个 VBI 条目，其中 $i$ 大于或等于 0，小于 8。假设缓冲池中的插槽使用索引 `idx` 来表示，那么，`VBI[i] = idx` 表示第 $i$ 个 VBI 条目指向了索引为 `idx` 的插槽。AV1 允许不同的 VBI 条目指向同一个帧缓冲区插槽，即 `VBI[i] = VBI[j] = idx`，其中 $i \neq j$。当某个 VBI 条目为 $-1$ 时，表示这个 VBI 条目为空，即不指向任何帧缓冲区插槽。当前帧缓冲区索引（Current Frame Buffer Index，CFBI）表示正在解码的当前帧的插槽索引。VBI 和 CFBI 一共可以覆盖 9 个缓冲池插槽，剩余的一个插槽可以保存用于显示视频帧。

AV1 标准文档定义了函数 `initialize_buffer_pool` 初始化缓冲池和 VBI 数组，该过程描述如下：

```
initialize_buffer_pool( ) {
        // BUFFER_POOL_MAX_SIZE 等于 10。
    for ( i = 0; i < BUFFER_POOL_MAX_SIZE; i++ ) free_buffer( i )
    for ( i = 0; i < 8; i++ ) VBI[ i ] = -1
}
```

```
free_buffer( idx ) {
    DecoderRefCount[ idx ] = 0
    PlayerRefCount[ idx ] = 0
    // PresentationTimes[i] 是一个与缓冲池 Framebuffers[i] 关联的数组，
    // 它记录了在该插槽中存储的解码帧的最后一次展示时间。
    PresentationTimes[ idx ] = -1
}
```

随着解码过程的进行，解码器需要对缓冲池进行管理。为此，AV1 标准文档定义了两个数组变量 DecoderRefCount[10] 和 PlayerRefCount[10]；分别用于跟踪解码过程和显示过程中每个帧缓冲区插槽的使用状态。图 2-4 为 AV1 中 DPB 的管理示意图，其中 FrameBuffers[10] 表示 10 个物理帧缓冲区，该物理帧缓冲区由 f0～f9 表示帧缓冲区插槽组成。

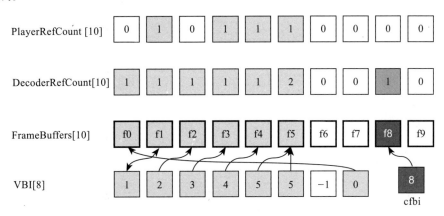

图 2-4　AV1 中 DPB 管理示意图

变量 DecoderRefCount[idx] 表示在解码过程中位于缓冲池中索引为 idx 的槽位被引用的次数。它初始化为 0，并且每次解码器将缓冲池的卡槽 idx 添加到 VBI 索引槽时，该变量的值会增加 1。相应地，每次解码器从 VBI 索引槽中移除卡槽 idx 时，该变量的值会减少 1。这个参数由语法元素 refresh_frame_flags 更新。根据 refresh_frame_flags 的取值，解码器可能会使用缓冲池中的同一个卡槽 idx 更新多个 VBI 索引槽，如 VBI[i]=VBI[j]=idx，i ≠ j，因此计数器 DecoderRefCount[idx] 可能会多次增加。

只有在当前视频帧完全解码后，解码器使用 refresh_frame_flags 来更新 VBI 索引时，计数器 DecoderRefCount[idx] 才会按照上述方式修改。当计数器 DecoderRefCount[idx] = 0 时，表示缓冲池索引为 idx 的卡槽所存储的像素数据将永久失效，并且解码过程不应再使用这些数据。

在 AV1 标准文档中，函数 update_ref_buffers 用于在更新 DPB 时，更新数组 VBI

和 `DecoderRefCount`。该函数定义的更新过程如下：

```
// 当前帧解码完毕后，解码器需要调用 update_ref_buffers 来用 VBI 记录当前解码帧的插槽位置，所以
// 这里的 idx 一般是 cfbi。
update_ref_buffers(idx, refresh_frame_flags) {
// 遍历 VBI 中的每个位置，寻找语法元素 refresh_frame_flags 指示的位置。
    for (i = 0; i < 8; i++) {
            if (refresh_frame_flags & (1 << i)) {
            if (VBI[i] != -1)
                DecoderRefCount[VBI[i]]--
// 把语法元素 refresh_frame_flags 指示的位置设置为当前帧的插槽索引。
            VBI[i] = idx
            DecoderRefCount[VBI[i]]++
        }
    }
}
```

变量 `PlayerRefCount[idx]` 是一个计数器，用于指示解码过程中缓冲池中索引为 `idx` 的插槽所存储的解码帧是否仍然需要用于显示过程。它在初始化时被设置为 0，并且每当解码器确定某个帧是一个展示帧（即需要被显示的帧）时，这个计数器的值就会增加 1。当帧最后一次被展示后，`PlayerRefCount[idx]` 会被重置为 0。因此，当 `show_frame` 等于 1 或者 `show_existing_frame` 等于 1 时，解码器需要设置对应的 `PlayerRefCount[idx]`。该过程位于解码器模型函数 `decode_process` 之中，其描述如下：

```
if ( InitialPresentationDelay != 0 && ( show_existing_frame == 1 ||
    show_frame == 1 )) {
    // displayIdx 即此处的 idx，表示待显示帧在缓冲池 BufferPool 中的卡槽索引。
    // displayIdx = VBI[ frame_to_show_map_idx ] 或者 displayIdx = cfbi。
    // ShownFrameNum 是显示帧的数量，即每显示一帧 ShownFrameNum 将加 1。
    PresentationTimes[ displayIdx ] = PresentationTime[ ShownFrameNum ]
    PlayerRefCount[ displayIdx ]++
}
```

当解码帧在其最后呈现时间已经显示了，则将 `PlayerRefCount[idx]` 设置为 0。在 AV1 标准文档中，函数 `start_decode_at_removal_time` 描述了 `PlayerRefCount[idx]` 设置为 0 的过程。

```
// removal 是缓冲区的删除时间。
start_decode_at_removal_time(removal) {
// 遍历缓冲区的各个插槽，把显示时间小于 remove 的插槽重新放回到内存池，
// 并把对应的 PlayerRefCount[idx] 设置为 0。
    for ( i = 0; i < BUFFER_POOL_MAX_SIZE; i++ ) {
```

```
            if ( PlayerRefCount[ i ] > 0) {
                if ( PresentationTimes[ i ] < removal ) {
                    PlayerRefCount[ i ] = 0
                    if ( DecoderRefCount[ i ] == 0 )
                        free_buffer( i )
                }
                break
            }
        }
    return removal
}
```

对于解码的每一帧视频数据，解码器都必须从缓冲池中找到一个尚未被使用的帧缓冲区插槽来存储解码后的数据。分配的帧缓冲区插槽用于临时保存解码过程中生成的帧数据，直到它们被用于显示或进一步的处理。函数 get_free_buffer 的作用是在缓冲池中搜索尚未被分配使用的帧缓冲区。在解码过程中，解码器需要统计存储在缓冲池中的解码帧数量，来计算显示帧的显示时间。函数 frames_in_buffer_pool 的作用是统计并返回缓冲池中已经被使用的帧缓冲区插槽总数。函数 get_free_buffer 和 frames_in_buffer_pool 的定义如下：

```
get_free_buffer( ) {
    // 遍历缓冲池，从中选择 DecoderRefCount 和 PlayerRefCount 均为 0 的插槽。
    for (i = 0; i < BUFFER_POOL_MAX_SIZE; i++) {
        if ( DecoderRefCount[i] == 0 && PlayerRefCount[i] == 0 )
            return i
    }
    return -1
}
frames_in_buffer_pool( ) {
    framesInPool = 0
    // 遍历缓冲池，统计 DecoderRefCount 或 PlayerRefCount 不为 0 的插槽
    for (i = 0; i < BUFFER_POOL_MAX_SIZE; i++)
        if (DecoderRefCount[i] != 0 || PlayerRefCount[i] != 0)
            framesInPool++

    return framesInPool
}
```

### 2.5.2 平滑缓冲区

除了缓冲池之外，AV1 解码器还包含平滑缓冲区（Smoothing Buffer）。平滑缓冲区用

于存储还未被解码的比特流。在解码过程中，平滑缓冲区要确保解码器具有足够的内部存储器来存储到达（或读取）的比特流数据，并且还要确保下一帧的压缩数据在解码器需要时已经在缓冲区中。

### 2.5.3　帧时序定义

为了描述平滑缓冲区的状态变化，解码器模型对帧时序进行了定义。AV1 解码器模型以 DFG（Decodable Frame Group，可解码帧组）为单位来描述平滑缓冲区的状态。索引为 $i$ 的 DFG（DFG $i$）是指由所有位于帧 $i-1$ 的最后一个 OBU 与帧 $i$ 的最后一个 OBU 之间的 OBU。这里需要注意的是，DFG $i$ 除了包含构成帧 $i$ 的 OBU 之外，还可能包含位于帧 $i-1$ 和帧 $i$ 之间的 show_existing_frame 等于 1 的帧头 OBU。此外，DFG 的索引 $i$ 仅在 show_existing_frame 标志为 0 的帧中递增，这意味着只有在需要进行解码操作的帧中，DFG 的索引才会更新。这是因为，当 show_existing_frame 标志为 1 时，表示输出已经解码完成的帧。在这种情况下，解码器并不会解码新的视频帧，而只是输出已经解码完成的帧，所以 DFG 的索引 $i$ 不会被更新。

#### 1. 到达开始和结束时间

在 AV1 的解码器模型中，比特流到达平滑缓冲区的速率只有两种：以恒定速率 BitRate 到达缓冲区，或者以速率 0 到达缓冲区，其中 BitRate 是峰值比特率，BitRate = MaxBitrate * BitrateProfileFactor，其中 MaxBitrate 和 BitrateProfileFactor 由 Profile 来确定。参数 BitRate 的具体设置方式请参考 AV1 标准文档 A.3 节。AV1 解码器模型使用变量 FirstBitArrival[i] 表示 DFG $i$ 的第一个比特到达平滑缓冲区的时间，使用变量 LastBitArrival[i] 表示 DFG $i$ 最后一个比特到平滑达缓冲区的时间，使用变量 ScheduledRemoval[i] 表示计划把 DFG $i$ 从平滑缓冲区删除的时间。

对于 DFG $i$，其第一个比特必须在最迟的截止时间之前到达平滑缓冲区，这样才能保证 DFG $i$ 中的所有比特能够在 DFG $i$ 所对应的帧预定解码时间之前被完整接收。因此，FirstBitArrival[i] 的计算方式如下：

```
FirstBitArrival[i] = max (LastBitArrival[i - 1], LatestArrivalTime[i])
```

其中，LatestArrivalTime[i] 是指 DFG $i$ 的第一个比特必须到达平滑缓冲区的最晚时间，以确保在预定的移除时间 ScheduledRemoval[i] 来到时，整个 DFG 处于完整可用状态。默认情况下，这个时间是以秒为单位的。当接收到一组新的解码模型参数时，这个时间是以解码模型参数定义的解码时钟周期 DecCT 为单位的。因此，LatestArrivalTime[i] 的计算方式如下：

```
LatestArrivalTime[i] = ScheduledRemoval[i] - (encoder_buffer_delay + decoder_buffer_delay) ÷ 90000
```

其中，语法元素 decoder_buffer_delay 指定了第一个比特到达平滑缓冲区时刻和第一个编码帧数据从平滑缓冲区被移除时刻之间的时间间隔；语法元素 encoder_buffer_delay 指定了解码帧的第一个比特到达平滑缓冲区的时间。

DFG $i$ 最后一个比特到达缓冲区的时间 LastBitArrival[i] 的计算方式如下：

```
LastBitArrival[i] = FirstBitArrival[i] + CodedBits[i] ÷ BitRate
```

其中，CodedBits[i] 表示编码 DFG $i$ 所花费的比特总数。

### 2. 移除时间

每个 DFG 都会有一个从平滑缓冲区预计移除时间 ScheduledRemoval[i] 和从平滑缓冲区实际移除时间 Removal[i]。解码器模型在 DFG $i$ 从平滑缓冲区移除的那一刻开始解码一个视频帧。所以，实际移除时间 Removal[i] 也可以视为一个视频帧的解码时刻。AV1 有两种不同的模式来确定 ScheduledRemoval[i]，分别是解码调度模式（Decoding Schedule Mode）和资源可用性模式（Resource Availability Mode）。

#### （1）解码调度模式

在解码调度模式下，编码器使用语法元素 buffer_removal_time[i] 来编码传输 DFG $i$ 从平滑缓冲区预计移除时间。假设 ScheduledRemovalTiming[i] 是 DFG $i$ 从平滑缓冲区预计移除时间，buffer_removal_time[i] 与 ScheduledRemovalTiming[i] 之间的关系如下：

```
ScheduledRemovalTiming[0] = decoder_buffer_delay ÷ 90 000
ScheduledRemovalTiming[i] = ScheduledRemovalTiming[0] + buffer_removal_time[i] *
    DecCT
```

其中，decoder_buffer_delay 是第一个 DFG 从平滑缓冲区移除的时间，因此 buffer_removal_time[i] 可以视为 DFG $i$ 从平滑缓冲区预计移除时间 ScheduledRemovalTiming[i] 相对于 ScheduledRemovalTiming[0] 的时间偏移量，即：

```
buffer_removal_time[i]=(ScheduledRemovalTiming[i] - ScheduledRemovalTiming[0]) /
    DecCT
```

在解码调度模式下，实际移除时间 Removal[i] 和预计移除时间 ScheduledRemoval[i] 可能是不同的。解码调度模式有两种模式来确定实际移除时间 Removal[i]。具体来讲：

- 当操作点的 low_delay_mode_flag 设置为 0 时，解码器将按照严格到达模式（Strict Arrival Mode）进行操作。在这种模式下，DFG 会在预计移除时间 ScheduledRemoval[i] 准时从平滑缓冲区中移除，即：

```
Removal[i] = ScheduledRemovalTiming[i]
```

☐ 当操作点的 low_delay_mode_flag 设置为1时，解码器将进入低延迟模式（Low-Delay Mode）。在此模式下，DFG 数据可能无法在预定的移除时间 ScheduledRemovalTiming[i] 之前完全到达平滑缓冲区，也就是说，最后一个比特的到达时间 LastBitArrival[i] 会晚于预计移除时间，即 ScheduledRemovalTiming[i] 小于 LastBitArrival[i]。因此，DFG i 的移除操作将被延后。直到整个 DFG 数据完全加载到平滑缓冲区之后的下一个解码时钟周期，解码器才开始把 DFG i 从平滑缓冲区移除。因此，实际移除时间 Removal[i] 计算如下：

```
Removal[i] = ceil (LastBitArrival[i] ÷ DecCT) * DecCT
```

如果整个 DFG 在预定移除时间 ScheduledRemovalTiming[i] 之前已经在平滑缓冲区中可用，即 ScheduledRemovalTiming[i] 大于 LastBitArrival[i]，那么 DFG 将在预定移除时间 ScheduledRemovalTiming[i] 从平滑缓冲区移除。即：

```
Removal[i] = ScheduledRemovalTiming[i]
```

从中可见，解码调度模式灵活地定义了何时从平滑缓冲区中移除 DFG，何时开始解码帧以及何时显示帧。除了使用恒定的帧率外，解码调度模式还可以通过显式编码传输解码帧的呈现时间来支持变化的帧率。AV1 标准文档 E.3.2 节描述了解码调度模式的参数设置方法。为了使用解码调度模式，编码器需要在比特流中传输以下参数：

```
timing_info_present_flag = 1、decoder_model_info_present_flag = 1、decoder_model_
    present_for_this_op = 1
```

除了上述参数之外，编码器还需要传输 decoder_buffer_delay、encoder_buffer_delay，以及解码器时钟周期相关语法元素 num_units_in_decoding_tick。另外，编码器还需要为每帧传输 ScheduledRemoval、和呈现时间相关的语法元素 buffer_removal_time 和 frame_presentation_time。

（2）资源可用性模式

在资源可用性模式下，对于 DFG i，解码器不再根据语法元素 buffer_removal_time[i] 来确定 DFG i 从平滑缓冲区预计移除时间 ScheduledRemoval[i]，而是根据缓存池的可用状态来确定 ScheduledRemoval[i]。具体来讲，第一帧（索引为 0 的帧）的 ScheduledRemoval[0] 时间由 decoder_buffer_delay 确定。对于 DFG i，当具有 show_existing_frame 标志等于 0 的前一帧解码完成并且缓存池有空闲帧缓冲区时，解码器把这个时间设置为 ScheduledRemoval[i]。

换句话说，在资源可用性模式下，如果缓冲池有可用的空闲插槽，则在前一帧解码完成后立即解码下一帧；否则，这个帧将在缓冲池有空闲插槽时才进行解码。如果比特流低于解码器的最大级别限制，则帧将一个接一个地进行解码，直到它们填满所有可用的帧缓冲区，之后解码速度会放缓。下一帧的解码仅在已解码帧缓冲区插槽空闲时才会发生。AV1

标准文档 E.3.1 节描述了资源可用性模式的参数设置方式。为了使用资源可用性模式，编码器需要在比特流中设置以下参数：

```
timing_info_present_flag = 1、decoder_model_info_present_flag = 0、equal_picture_
    interval = 1
```

其中，`equal_picture_interval` =1 表示使用恒定帧率，所以不需要在比特流中编码传输呈现时间（Presentation Time）。在这种情况下，呈现时间是从帧率和 `initial_display_delay_minus_1` 推导出来的。由于解码时刻 Removal[i] 由已解码帧缓冲区可用时刻确定，因此也不需要在比特流中对其进行传输。

在资源可用性模式下，某些解码器模型参数采用默认值，例如 `encoder_buffer_delay` = 20000、`decoder_buffer_delay` = 70000 和 `low_delay_mode_flag` = 0。解码过程调用函数 `time_next_buffer_is_free` 来计算 DFG *i* 的 Removal[i] 和 ScheduledRemovalResource[i]。ScheduledRemoval[i] = ScheduledRemovalResource[i]。

```
time_next_buffer_is_free (i, time){
    if(i==0){
        time = decoder_buffer_delay ÷ 90000
    }
    foundBuffer = 0
    // 遍历缓冲池，检查是否有可用的插槽。
    for (k = 0; k < BUFFER_POOL_MAX_SIZE; k++) {
        if(DecoderRefCount[k] == 0) {
            if (PlayerRefCount[k] == 0) {
                // 缓冲池有可用的插槽，则把当前时间设置为 ScheduledRemovalResource[i]
                ScheduledRemovalResource[i] = time
                return time
            }
            if (!foundBuffer || PresentationTimes[ k ] < bufFreeTime){
                // 如果 DecoderRefCount[k] 为 0，但是 PlayerRefCount[k]
                // 不为 0，则 bufFreeTime 保存了缓冲池中存在的最小显示时间。
                bufFreeTime = PresentationTimes[k]
                foundBuffer = 1
            }
        }
    }
    // 把缓冲池中存在的最小显示时间设置为 ScheduledRemovalResource[i]。
    ScheduledRemovalResource[i] = bufFreeTime
    return bufFreeTime
}
```

### 3. 平滑缓冲区填充度

基于 `FirstBitArrival[i]`、`LastBitArrival[i]`、`ScheduledRemoval[i]` 以及 `Removal[i]`，解码器模型可以估计平滑缓冲区填充度（Smooth Buffer Fullness）。图 2-5 所示为平滑缓冲区填充度随时间的变化。当第 0 帧的第一个比特到达缓冲区时，时钟开始计时。斜线的斜率对应于比特到平滑达缓冲区的速率。`Removal[i]` 表示 DFG $i$ 从平滑缓冲区的实际移除时间，它对应于从平滑缓冲区中删除第 $i$ 帧的数据并且开始解码第 $i$ 帧的时刻。这里需要注意，并不是所有时刻都会有新比特达到缓冲区。可能会存在一个时间段，在这段时间内，没有新的比特进入缓冲区。在图 2-5 中 `Removal[1]` 之后的一段时间内，就没有新比特进入缓冲区。这段时间对应着编码器没有比特发送的时间段，即编码器缓冲区为空的时间段。

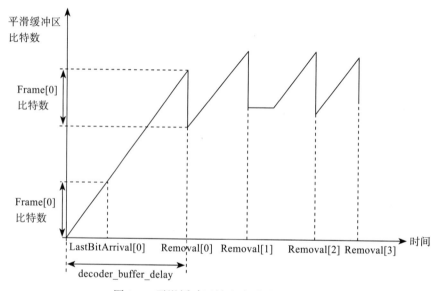

图 2-5 平滑缓冲区填充度随时间的变化

在图 2-5 中，语法元素 `decoder_buffer_delay` 指定了平滑缓冲区中第一个比特到达缓冲区的时刻和第一个编码帧数据从缓冲区被移除的时刻之间的时间间隔。所以，解码开始时间，即 `Removal[0]` 由 `decoder_buffer_delay` 来决定。这里需要注意的是，在 `decoder_buffer_delay` 所指定的时间段内，平滑缓冲区可能已经缓存了不止 1 个编码帧。在图 2-5 中 `decoder_buffer_delay` 所指定的时间段内，DFG 0 和 DFG 1 都已经到达平滑缓存区。

### 2.5.4 视频帧解码时间

AV1 解码过程把平滑缓冲区与解码器帧缓冲区之间的操作相互关联。具体来说，解码器模型将控制帧解码的开始时刻以及比特流从平滑缓冲区中移除的时刻，这一过程会迅速降低平滑缓冲区填充度。此外，解码器模型还负责计算解码过程的完成时间，并将解码后的帧及时存入解码器帧缓冲区中。同时，它还决定何时将帧输出至显示器，并将该帧从解码器帧缓冲区中移除。

AV1 的一个特点是广泛使用 ARF，ARF 只用作帧间预测的参考帧，而不是用于显示的帧（关于 ARF 的详细描述，请参考第 4 章）。此外，AV1 在主要档次中支持参考帧的缩放（参考帧与编码帧的分辨率不同，参考第 9 章）和可扩展编码。所以，AV1 解码模型要适应不同类型帧的解码过程所需要的时间，并支持不同分辨率的帧解码和显示速率。为了支持 ARF 和不同分辨率的帧，AV1 解码器模型引入了以下功能：

- 解码时钟周期 DecCT 和显示时钟周期 DispCT 是不同的，但是它们使用相同的时间尺度，并且这些时钟是同步的。这意味着解码过程和显示过程在处理视频帧时的时间基准是一致的。
- 解码一帧图像并非瞬间完成，其所需时间会根据图像的分辨率以及其他因素而有所差异。这也意味着解码过程的持续时间可能会因帧的复杂度、编码参数、硬件性能等因素而变化。

图 2-6 所示为 AV1 中的解码过程和显示过程。该图展示了 GOP 长度为 4 帧的金字塔预测编码结构，其中矩形框表示视频帧，上面的数字表示该视频帧的显示顺序。带有箭头的曲线和直线表示参考关系，比如，帧 2 的参考帧是帧 0 和 ARF，帧 1 的参考帧是帧 0 和帧 2。白色矩形表示 ARF，ARF 不会显示。通常，ARF 是同一时间位置上帧的滤波版本，可以提高帧间预测的准确性。为了在 ARF 的时间位置显示一帧，编码器可以重新编码一个重叠帧（图 2-6 中的 OL）。相比于 ARF，重叠帧添加了高频和纹理信息。在编码过程中，重叠帧可以使用 ARF 作为参考帧。

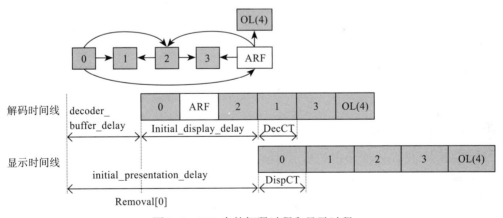

图 2-6　AV1 中的解码过程和显示过程

可以看出，图 2-6 中的解码时间线和显示时间线使用了不同的时钟周期。因为视频帧在显示之前必须完成解码，所以 AV1 标准引入了语法元素 initial_display_delay_minus_1，用于明确缓冲池在首次帧显示前应缓存多少个已经解码完成的帧。这个设置确保了在首次帧展示之前，有足够的解码帧可供即时播放，从而保障视频播放的流畅性。

通过语法元素 initial_display_delay_minus_1 可调整显示过程相对于解码过程的时间偏差。如果不在比特流中指定 initial_display_delay_minus_1，那么 initial_display_delay_minus_1 被设置为 BUFFER_POOL_MAX_SIZE - 1，其中 BUFFER_POOL_MAX_SIZE=10，即缓冲区所能存储的最大帧数。

从图 2-6 可见，显示过程的整体显示延迟 initial_presentation_delay（即第一个比特到达平滑缓冲区时刻与帧 0 的显示时刻之间的时间间隔）包含了 decoder_buffer_delay（即第一个比特到达平滑缓冲区时刻与帧 0 开始解码时刻之间的时间间隔）。

AV1 标准文档 E.4.6 描述了如何计算解码一帧图像所需要的时间。其定义如下：

```
time_to_decode_frame( ) {
   if (show_existing_frame == 1) {
      lumaSamples = 0
   } else if (frame_type == KEY_FRAME ||
      frame_type == INTRA_ONLY) {
      // 对于使用超分辨率模式的帧，UpscaledWidth 是超分辨率之后的帧宽度；
      // 否则，UpscaledWidth 是输入帧宽度 FrameWidth
      lumaSamples = UpscaledWidth * FrameHeight
   } else {
      if (spatial_layer_dimensions_present_flag)
         lumaSamples = (spatial_layer_max_width[ spatial_id ]) *
            (spatial_layer_max_height[ spatial_id ])
      else
         lumaSamples = (max_frame_width_minus_1 + 1) *
            (max_frame_height_minus_1 + 1)
   }
   // MaxDecodeRate 是给定 Level 所允许的最大解码速率，其定义参考标准文档 A.3 节
   return lumaSamples ÷ MaxDecodeRate
}
```

### 2.5.5 视频帧显示时间

每个显示帧 j 都有一个预定的显示时间点。AV1 使用变量 PresentationTime[j] 表示显示帧 j 的显示时间，并且 PresentationTime[j] 必须是显示时钟周期 DispCT 的整数倍。AV1 使用语法元素 frame_presentation_time 传输显示帧的显示时间。当 equal_picture_interval 等于 0 时，解码器以可变帧率模式运行。在这种模式下，对于显示帧 j，其 PresentationTime[j] 计算如下：

```
PresentationTime[0] = InitialPresentationDelay
PresentationTime[j] = InitialPresentationDelay + (frame_presentation_time[j] -
   frame_presentation_time[0]) * DispCT
```

当 `equal_picture_interval` 等于 1 时，解码器以恒定帧率模式运行。在这种模式下，对于显示帧 $j$，其 `PresentationTime[j]` 计算如下：

```
PresentationTime[0] = InitialPresentationDelay
PresentationTime[j] = PresentationTime[j - 1] + (num_ticks_per_picture_minus_1
    + 1) * DispCT
```

无论 `equal_picture_interval` 等于 0 还是等于 1，`PresentationTime[j]` 都依赖于初始显示时间延迟 `InitialPresentationDelay`，其计算如下：

```
InitialPresentationDelay = Removal[initial_display_delay_minus_1] + TimeToDecode
    [initial_display_delay_minus_1]
```

语法元素 `initial_display_delay_minus_1` 指定了在开始显示帧之前，解码器需要提前解码并存储在缓冲区中的帧的数量。

### 2.5.6 解码器模型参数的传输

解码器模型参数大多在序列和帧级别进行传输。序列头可能包括一个 `timing_info()` 结构（标准文档 5.5.3），包含显示时序信息。解码器模型的基本信息在 `decoder_model_info()` 结构（标准文档 5.5.4）中。`timing_info()` 结构包含了时间单位 `time_scale` 和显示时钟周期中的时间单位数 `num_units_in_display_tick`。而 `decoder_model_info()` 结构包含解码时钟周期的时间单位数 `num_units_in_decoding_tick` 以及其他解码器模型语法元素的长度。这两个语法元素定义了显示时钟周期 DispCT 和解码时钟周期 DecCT 的持续时间，如下所示：

```
DispCT = num_units_in_display_tick ÷ time_scale,
DecCT = num_units_in_decoding_tick ÷ time_scale.
```

`operating_parameters_info()` 结构包含操作点的 `encoder_buffer_delay`、`decoder_buffer_delay` 以及低延迟模式标志 `low_delay_mode_flag`。如果使用解码器模型，则可以在帧头信息中为选定的操作点传输以解码时钟周期为单位的 `buffer_removal_time`，以计算 `ScheduledRemovalTiming[i]`。

帧头中的 `temporal_point_info()` 结构包含 `frame_presentation_time` 语法元素，该语法元素用于计算显示帧的显示时间。

### 2.5.7 解码器模型描述

根据上面描述的等待空闲帧缓冲区所需的时间、解码帧所需的时间和视频帧显示时间等信息，解码器模型将会对比特流进行一致性检查。如果比特流不符合规范要求，将通过调用 `bitstream_non_conformant` 函数来报告问题。AV1 标准文档 E.5.2 节定义了函数 `decode_process` 以描述解码器模型。

```
decode_process () {
    // 初始化缓冲池和 VBI 数组。
    initialize_buffer_pool( )
    time = 0
    frameNum = -1
    DfgNum = -1
    ShownFrameNum = -1
    cfbi = -1
InitialPresentationDelay = 0
// 函数 get_next_frame 按照解码顺序解码操作点的一帧。
    while((frameNum = get_next_frame(frameNum)) != - 1) {
        // 解码一帧图片。
        if (!show_existing_frame) {
            // show_existing_frame 等于 0,表示当前帧是需要正常解码的常规帧。
            if (UsingResourceAvailabilityMode)
                // 函数 time_next_buffer_is_free 确定下一个 DFG 的 Removal[i],
                // 并生成 ScheduledRemovalResource[i] 的值。
                Removal[DfgNum] = time_next_buffer_is_free(DfgNum, time)
            // 函数 start_decode_at_removal_time 的作用是,在解码或显示过程中,一旦缓冲区
            // 完成了它们的作用,就将这些缓冲区重新放回内存池中,以便重新分配和使用。
            time = start_decode_at_removal_time(Removal[DfgNum])
            // PresentationTime[i] 记录了第 i 个显示帧的最晚展示时间;
            // show_frame == 1 表示当前帧是显示帧。
            if (show_frame == 1 && time > PresentationTime[ShownFrameNum])
                bitstream_non_conformant(DECODE_BUFFER_AVAILABLE_LATE)
            // 函数 get_free_buffer 的作用是在缓冲池中搜索尚未被分配使用的帧缓冲区;
            cfbi = get_free_buffer()
            if (cfbi == -1)
                bitstream_non_conformant(DECODE_FRAME_BUF_UNAVAILABLE)
            // 函数 time_to_decode_frame 用于估计解码器解码一个帧所需的时间。
            time += time_to_decode_frame()

            // 当视频解码过程中的参考帧发生变更时,函数 update_ref_buffers 负责更新
            // 与这些参考帧相关的 VBI 和 DecoderRefCount。
            update_ref_buffers (cfbi, refresh_frame_flags)
            displayIdx = cfbi
            if (InitialPresentationDelay == 0 &&
                (frames_in_buffer_pool() >= initial_display_delay_minus_1[operatingPoint] + 1))
                InitialPresentationDelay = time
        } else {
            // show_existing_frame 等于 1 的帧头指定了一个命令,用于在该帧头指定的显示时间
```

```
            // 显示一个之前已经解码过的帧。
            // 这个待显示的帧由语法元素 frame_to_show_map_idx 指明。
            displayIdx = VBI[frame_to_show_map_idx]
        if (displayIdx == -1)
            bitstream_non_conformant(DECODE_EXISTING_FRAME_BUF_EMPTY)
        if (RefFrameType[ frame_to_show_map_idx ] == KEY_FRAME)
            update_ref_buffers( displayIdx, 0xFF )
        }
        // show_existing_frame 等于 1 或者 show_frame 等于 1 表示当前帧是显示帧。
        if (InitialPresentationDelay != 0 &&
            (show_existing_frame == 1 || show_frame == 1)) {
            if (time > PresentationTime[ShownFrameNum])
                bitstream_non_conformant(DISPLAY_FRAME_LATE)
            // 使用缓冲池中索引为 displayIdx 的卡槽存储当前显示帧,并把当前显示帧的显示时间
            // 赋值给 PresentationTimes[displayIdx]。这是因为在资源可用模式下,
            // 一旦有空闲的参考缓冲区可用,解码器就可能开始解码下一帧。
            // 如果没有空闲的帧缓冲区可用,就可能使用 PresentationTimes[i] 来
            // 计算何时会有一个空闲的缓冲区变得可用。
            PresentationTimes[displayIdx]=PresentationTime[ShownFrameNum]
            PlayerRefCount[displayIdx]++
            }
        }
    }
```

在函数 decode_process 中,变量 UsingResourceAvailabilityMode 用于确定如何计算 DFG i 的平滑缓冲区预计移除时间 ScheduledRemoval[i]。当使用资源可用性模式时,UsingResourceAvailabilityMode 设置为 1;当使用解码调度模式时,该变量设置为 0。

函数 decode_process 的不符合 AV1 规范的错误代码符号包括:
- DECODE_BUFFER_AVAILABLE_LATE、DECODE_FRAME_BUF_UNAVAILABLE
- DECODE_EXISTING_FRAME_BUF_EMPTY、DISPLAY_FRAME_LATE

表 2-4 所示为不符合规范的错误代码符号的类型及描述。

表 2-4　不符合规范的错误代码的类型及描述

| 错误代码类型 | 描述 |
| --- | --- |
| DECODE_BUFFER_AVAILABLE_LATE | 一个空闲的帧缓冲区仅在应该展示该帧的时间点之后才对解码器变得可用 |
| DECODE_FRAME_BUF_UNAVAILABLE | 所有的帧缓冲区都在使用中 |
| DECODE_EXISTING_FRAME_BUF_EMPTY | 由一个具有 show_existing_frame=1 的帧指定展示的帧缓冲区索引是空的 |

| 错误代码类型 | 描述 |
| --- | --- |
| DISPLAY_FRAME_LATE | 该帧被解码得太晚了,以至于无法在与帧相关联的显示时间 PresentationTime[i] 及时显示 |

函数 get_next_frame 按照解码顺序解码操作点的一帧,其定义如下:

```
get_next_frame(frameNum) {
    // 读取帧头信息
    if (read_frame_header( )) {
        frameNum++
        if (!show_existing_frame) {
            // 帧头信息中的 show_existing_frame 等于 0,则把 DfgNum 加 1。
            DfgNum++
        }
        // show_frame 等于 1 或者 show_existing_frame 等于 1 表示显示帧,则 ShownFrameNum 加 1。
        if (show_frame || show_existing_frame) {
            ShownFrameNum++
        }
        return frameNum
    } else {
        return -1
    }
}
```

CHAPTER 3

# 第 3 章

# 块 划 分

与 H.264/AVC[7]、H.265/HEVC[3, 10] 和 VP9[2] 相似，AV1 标准也遵循着以像素块为单位的预测 + 变换的混合编码框架。在这种框架下，输入图像首先被分割成一系列互不重叠的像素块。然后，每个像素块通过使用帧内预测模式或帧间预测模式来进行预测。在帧内预测或帧间预测中，原始像素块与其预测块之间的差值形成预测残差。预测残差经过变换、量化、熵编码形成码流输出。同时，变换量化后的预测残差进行反量化、反变换，与预测块相加即可得到像素块的重构值。当整帧中的所有像素块编码完成之后，整帧的重构像素值经过环路滤波器去除块效应，存储在解码图像缓冲区中用于后续帧进行帧间预测。图 3-1 所示为 AV1 标准使用的混合编码框架，其中包含了 AV1 引入的高效灵活的编码块划分方案。

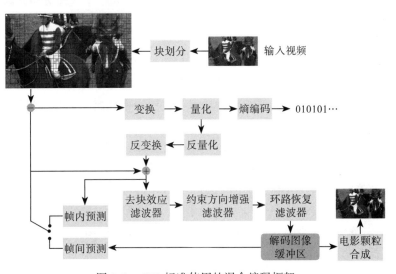

图 3-1　AV1 标准使用的混合编码框架

在 AV1 的块划分方案中，输入的视频帧首先被分割成尺寸相同、互不重叠的正方形块，这些正方形块通常被称为**超级块**（Super Block，SB）。超级块是第一层块划分结构的根节点。然后，沿着编码树结构，利用四叉树和多形态划分方式，超级块可以进一步被划分为不同大小和不同形状的**编码块**（Coding Block，CB）。在 AV1 中，编码块是进行帧内预测或帧间预测的基本单元。换句话说，编码器需要决定每个编码块是采用帧内预测还是帧间预测。当编码块采用帧内预测时，编码器需要为该编码块确定最优的帧内预测模式。当编码块采用帧间预测模式时，编码器需要为该编码块确定其最优运动信息，如运动向量和参考帧索引等信息。

在编码块级别对预测残差进行变换编码时，AV1 引入了预测残差块划分方案，以充分挖掘预测残差之间的空域相关性。也就是说，在预测残差的变换编码过程中，为了充分去除预测残差之间的空域相关性，AV1 允许预测残差编码块被进一步划分为多个变换块（Transform Block，TB）。

本章深入探讨了 AV1 标准的块划分技术。3.1 节阐述了如何将图像分割成超级块，并将这些超级块进一步划分为编码块。3.2 节和 3.3 节讨论了与块划分相关的一些特定规则，这些规则的制定旨在简化硬件设计，降低其复杂性。3.3 节和 3.4 节介绍了如何把预测残差编码块进一步划分为多个变换块的过程。

## 3.1 超级块和编码块

随着硬件处理能力的大幅提升，AV1 标准得以采用一系列先进的编码技术。AV1 标准的制定特别考虑了高分辨率和超高分辨率视频编码需求的日益增长。为了更高效地处理高分辨率视频，AV1 支持使用较大的编码块尺寸，这有助于提高运动补偿和变换编码的性能。同时，为了更精细地捕捉图像的细节，AV1 也支持使用较小的块尺寸，以更好地适应图像的局部特征。AV1 通过引入一种基于四叉树和多形态的编码块划分机制，允许对编码块进行多种形状的划分。这种灵活的划分方式使得 AV1 能够根据图像的具体内容，自适应地将图像划分为大小合适的编码块。这种基于内容的自适应块划分机制，使得 AV1 在保持编码效率的同时能够更好地捕捉图像的细节，从而在高分辨率和超高分辨率视频编码方面表现出色。

与 H.264/AVC 中的宏块（MacroBlock，MB）以及 H.265/HEVC 中的编码树单元（Coding Tree Unit，CTU）类似，超级块是尺寸固定的正方形块。尺寸固定是指在一个视频序列中，所有视频帧的超级块尺寸是相同的。AV1 允许用户根据需求配置超级块的尺寸，超级块的尺寸可以是 $128 \times 128$ 或 $64 \times 64$ 亮度像素<sup>⊖</sup>。这里需要注意的是，超级块的尺寸通常以其包含的亮度像素个数来表示，但超级块的实际组成包括一个亮度像素块和两个色度像素块。在 4:2:0 色度采样格式中，色度分量的水平分辨率和垂直分辨率分别是亮度分量的

---

⊖ 为便于表述，部分单位会被省略。

一半。这意味着，对于一个尺寸是 $N×N$ 的亮度像素块，其对应的色度像素块尺寸将会是 $(N/2) × (N/2)$。

为了表示整个视频序列中的超级块尺寸，AV1 引入了序列级语法元素 `use_128x128_superblock`。当语法元素 `use_128x128_superblock` 等于 1 时，表示超级块的尺寸是 128×128。当 `use_128x128_superblock` 等于 0 时，表示超级块的尺寸是 64×64。为了阐释超级块的划分方法，图 3-2 提供了一个示例。该图展示了一张分辨率为 832×480 的图片被划分成两种不同尺寸的超级块：图 3-2a 是 64×64 亮度像素的超级块，图 3-2b 是 128×128 亮度像素的超级块。

为了充分地挖掘视频帧的局部纹理特征，AV1 引入四叉树（QuadTree，QT）和多形态划分机制，以把每个超级块分割成尺寸合理、形状合适的编码块。类似于 HEVC 的预测单元（Prediction Unit，PU），AV1 以编码块为基本单元来进行帧内和帧间预测。也就是说，在 AV1 中，每个编码块使用相同的帧内预测模式或者帧间预测参数（如运动向量、参考帧索引等）来告诉解码器如何生成当前编码块的亮度像素和色度像素的预测值。为了能够根据超级块的纹理特征，自适应地把超级块划分成合适的编码块，AV1 引入了 10 种块划分模式，其取值及含义如表 3-1 所示。它们分别是：

- `PARTITION_NONE`：不再继续划分。
- `PARTITION_SPLIT`：四叉树划分。
- `PARTITION_HORZ`、`PARTITION_VERT`：长宽比是 1:2 或者 2:1 的矩形划分。
- `PARTITION_HORZ_A`、`PARTITION_HORZ_B`、`PARTITION_VERT_A`、`PARTITION_VERT_B`：T 形划分。
- `PARTITION_HORZ_4`、`PARTITION_VERT_4`：长宽比是 1:4 或者 4:1 的矩形划分。

a）把图片划分成尺寸为 64×64 的超级块

图 3-2　分辨率为 832×480 亮度像素的图片的超级块分割示例

b) 把图片划分成尺寸为 128×128 的超级块

图 3-2　分辨率为 832×480 亮度像素的图片的超级块分割示例（续）

表 3-1　划分模式的取值及其含义

| 模式取值 | 划分模式 | 含义 |
| --- | --- | --- |
| 0 | PARTITION_NONE | 不再继续划分，整个块作为一个编码块 |
| 1 | PARTITION_HORZ | 沿着水平方向，把块划分成 2 个 $N \times \left(\dfrac{N}{2}\right)$ 的编码块 |
| 2 | PARTITION_VERT | 沿着竖直方向，把块划分成 2 个 $\left(\dfrac{N}{2}\right) \times N$ 的编码块 |
| 3 | PARTITION_SPLIT | 使用四叉树划分模式把块划分成 4 个 $\left(\dfrac{N}{2}\right) \times \left(\dfrac{N}{2}\right)$ 的编码块 |
| 4 | PARTITION_HORZ_A | 水平 T 形划分，把块划分成 3 个编码块，上方是 2 个 $\left(\dfrac{N}{2}\right) \times \left(\dfrac{N}{2}\right)$ 的编码块，下方包含 1 个 $N \times \left(\dfrac{N}{2}\right)$ 的编码块 |
| 5 | PARTITION_HORZ_B | 水平 T 形划分，把块划分成 3 个编码块，上方包含 1 个 $N \times \left(\dfrac{N}{2}\right)$ 的编码块，下方包含 2 个 $\left(\dfrac{N}{2}\right) \times \left(\dfrac{N}{2}\right)$ 的编码块 |
| 6 | PARTITION_VERT_A | 竖直 T 形划分，把块划分成 3 个编码块，左侧包含 2 个 $\left(\dfrac{N}{2}\right) \times \left(\dfrac{N}{2}\right)$ 的编码块，右侧包含 1 个 $\left(\dfrac{N}{2}\right) \times N$ 的编码块 |

(续)

| 模式取值 | 划分模式 | 含义 |
|---|---|---|
| 7 | PARTITION_VERT_B | 竖直T形划分，把块划分成3个编码块，左侧包含1个 $\left(\dfrac{N}{2}\right) \times N$ 的编码块，右侧包含2个 $\left(\dfrac{N}{2}\right) \times \left(\dfrac{N}{2}\right)$ 的编码块 |
| 8 | PARTITION_HORZ_4 | 沿着水平方向，把块划分成4个 $N \times \left(\dfrac{N}{4}\right)$ 的编码块 |
| 9 | PARTITION_VERT_4 | 沿着竖直方向，把块划分成4个 $N \times \left(\dfrac{N}{4}\right)$ 的编码块 |

图 3-3 所示为每种划分模式的分割方式。图 3-4 所示为不同尺寸的四叉树节点的候选划分模式，其中 128×128 是四叉树的根节点。

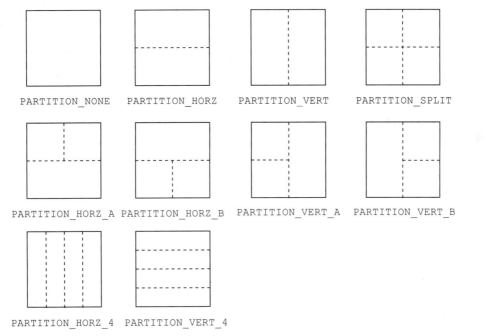

图 3-3 AV1 中划分模式的分割方式

在所有划分模式中，只有使用划分模式 PARTITION_SPLIT 产生的子块才允许被继续递归地划分。使用其他划分模式产生的子块不能再被进一步划分。这里需要注意的是，虽然 T 形分割也会产生正方形块，但是这些正方形块是不允许被进一步划分的，例如 128×128 超级块利用 T 形划分模式 PARTITION_HORZ_B 生成一个 128×64 块和两个 64×64 块，虽然这两个 64×64 块是正方形块，但是它们也无法被进一步划分。作为特例，在 AV1 中，尺寸为 128×128 和 8×8 的编码块不能使用长宽比为 1:4 和 4:1 的划分模式，尺寸为 8×8 的块不能使用 T 形划分。所以，在图 3-4 中，128×128 块没有长宽比为 1:4 和 4:1 的划分模式，而 8×8 块没有长宽比为 1:4 和 4:1 的划分模式以及 T 形划分模式。为了描述方便，PARTITION_SPLIT 也称为**递归四叉树划分模式**，其余划分模式统称为**多形态划分模式**。

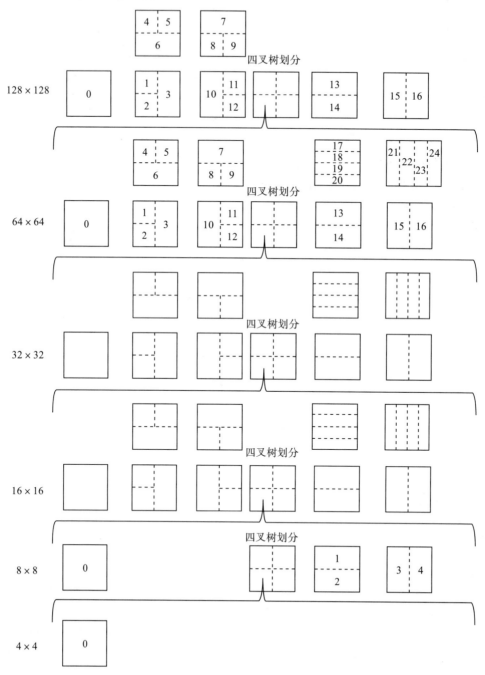

图 3-4　AV1 中不同尺寸的四叉树节点的候选划分模式

为了清晰地描述 AV1 的块划分过程，本书约定，使用划分模式 PARTITION_SPLIT 产生的正方形子块称为四叉树节点。每个四叉树节点均是正方形块。表 3-1 定义的划分模式是每个四叉树节点的候选划分模式。一个四叉树节点使用 PARTITION_SPLIT 生成的子块称为该四叉树节点的子节点。四叉树节点对应一个图像区域，而不是编码块。四叉树节点使用多形态划分模式生成的子块才是编码块。因此，每个四叉树节点利用其候选划分模式可以生成多个编码块。在图 3-4 中，128×128 节点共有 17 个编码块，每个 64×64/32×32/16×16 四叉树节点有 25 个编码块，每个 8×8 四叉树节点共有 5 个编码块，每个 4×4 四叉树节点共有 1 个编码块。在这种情况下，当超级块的尺寸是 128×128 时，所有四叉树节点将产生总数量是 4421 的编码块。其计算方法如下：按照四叉树划分模式，根节点 128×128 可以划分成 4 个 64×64 节点，或者划分成 16 个 32×32 节点，或者划分成 64 个 16×16 节点，或者划分成 256 个 8×8 节点，或者是划分成 1024 个 4×4 节点。由于 128×128 节点共有 17 个编码块，图中索引是 0～16 的编码块；每个 64×64/32×32/16×16 节点有 25 个编码块，图中索引为 0～24 的编码块；每个 8×8 节点共有 5 个编码块，图中索引为 0～4 的编码块；每个 4×4 节点共有 1 个编码块，因此所有编码块的数量为 17+4×25+16×25+64×25+256×5+1024×1=4421。

这里需要注意，由于 PARTITION_SPLIT 和 T 形划分均会产生正方形编码块，所以，在 AV1 块划分过程中，不同的编码块可能表示相同的图像区域，这种现象通常被称为块划分的编码块冗余，如图 3-5 所示。一个四叉树节点（或者图像块）首先利用 PARTITION_SPLIT 产生四个子节点，然后上方的两个子节点分别使用 PARTITION_NONE 生成编码块 A0 和 B0。同一个四叉树节点利用水平 T 型划分 PARTITION_HORZ_A 生成编码块 A1、B1 和 C1。显而易见，编码块 A0 和 A1 表示相同的图像区域；编码块 B0 和 B1 也表示相同的图像区域。在编码器设计中，人们通常利用编码块冗余现象来加速块划分搜索过程。比如，如果编码块 A0/B0 已经通过模式决策和运动估计找到了最优模式和运动信息，那么，编码块 A1/B1 可以直接复用 A0/B0 的最优模式和运动信息来加速 A1/B1 的块划分搜索过程。

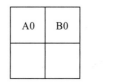 

图 3-5　AV1 块划分过程中的编码块冗余

在超级块的递归划分过程中，AV1 使用语法元素 partition 表示每个四叉树节点的最优划分模式，其取值为表 3-1 中给出的划分模式值 0～9。为了表示超级块的划分过程，编码器首先在四叉树根节点（即超级块层）编码一个 partition 语法元素，表示该节点是利用 PARTITION_SPLIT 模式被分割成四个子节点，还是利用多形态划分模式被分割成一个或多个编码块。如果根节点的语法元素 partition 等于 PARTITION_SPLIT，则继续为每个子节点编码一个 partition 语法元素，表示当前子节点是利用 PARTITION_SPLIT 模式继续被分割成四个子节点，还是利用多形态划分模式继续被分割成一个或多个编码块。这种递归划分过程一直持续到所产生的子节点不能继续细分为止。在递归划分过程中，当子节点的尺寸等于 4×4 时，则不再为该节点编码任何划分语法元素，而是强制这些块不会被进一步划分。

超级块内部的编码块以深度优先编码顺序进行编码，编码过程从四叉树的根节点超级块开始，沿着树的深度方向进行，即从上层到下层，逐个访问每个节点。这意味着在访问完一个节点的所有子节点之前，不会跳转到兄弟节点。深度优先编码顺序的流程如下：

1）从根节点（通常是超级块）开始。

2）如果当前四叉树节点采用四叉树划分模式，则按照从左往右、从上往下的顺序，以深度优先顺序递归遍历其各个子节点。

3）否则，如果当前四叉树节点的尺寸等于 4×4，则把当前四叉树节点视为一个编码块，并处理该编码块。处理完毕后，回溯至上一层节点，并继续遍历下一个兄弟四叉树节点。

4）否则，即当前四叉树节点采用多形态划分模式，则按照从左往右、从上往下的顺序处理各个编码块。当所有编码块都处理完毕，回溯到其父节点，并继续遍历下一个兄弟四叉树节点。

图 3-6 为超级块的划分过程示意图及树状结构，其中图 3-6a 是超级块的划分过程示意图，图 3-6b 是对应的树状结构。图 3-6a 中的数字是每个编码块按照深度优先编码顺序的索引。图 3-6b 中的 SPLIT、HORZ_B、HORZ_A、VERT_4、VERT 以及 NONE 分别表示 PARTITION_SPLIT、PARTITION_HORZ_B、PARTITION_HORZ_A、PARTITION_VERT_4、PARTITION_VERT 和 PARTITION_NONE。图 3-6b 中叶子节点下面的数字对应图 3-6a 中的编码块索引号。

这种深度优先编码顺序确保了每个编码块在开始编码之前，当前编码块上方和左侧的所有编码块都已经完成编码，因此该编码块可以利用其上方和左侧的重构像素进行帧内预测，也可以利用上方和左侧编码块的编码参数（如运动向量、参考帧索引等）来预测当前编码块的编码参数。

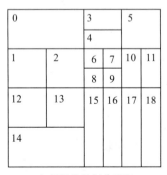

a）超级块的划分过程

图 3-6 超级块的划分过程示意图以及对应的树状结构

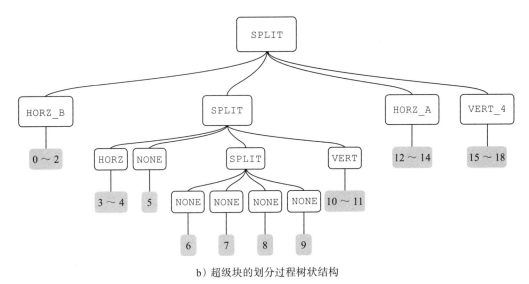

b）超级块的划分过程树状结构

图 3-6　超级块的划分过程示意图以及对应的树状结构（续）

## 3.2　位于图像边界的超级块划分

在实际的视频编码过程中，图像的宽度和高度可能不是 128 或 64 的整数倍，这会导致图像的右侧和底部的超级块可能会超出图像的实际边界。为了解决这个问题，当超级块的任何部分超出图像的底部或右侧边界时，这些超级块被强制进行划分，直到所有的编码像素块完全包含在图像的边界之内。在图 3-2 的示例中，由于该图片的分辨率是 832×480，因此，当超级块大小是 128×128 时，右侧和底部的超级块都超出了图像边界；而当超级块大小是 64×64 时，仅底部超级块超出了图像边界。

对于这些超出图像边界的超级块，AV1 标准会使用四叉树划分模式 PARTITION_SPLIT，或者长宽比为 1:2 的水平划分模式 PARTITION_HORZ，或者长宽比是 2:1 的垂直划分模式 PARTITION_VERT，强制对这些超级块进行划分。在超级块强制划分过程中，如果生成的四叉树节点仍存在一部分区域位于图像边界之外，那么该四叉树节点将继续被强制划分，直到每个编码块的所有像素都位于图像边界内部。AV1 使用语法元素 split_or_horz 和 split_or_vert 表示每个四叉树节点的划分模式。具体来讲：

- 如果当前四叉树节点的左上角四叉树子节点超出了图像的底部边界，那么 AV1 使用语法元素 split_or_horz 表示其划分模式。此时，split_or_horz 等于 0 表示使用划分模式 PARTITION_HORZ 划分当前节点；否则，表示使用划分模式 PARTITION_SPLIT 划分当前节点。
- 如果当前四叉树节点的左上角四叉树子节点超出了图像的右侧边界，那么 AV1 使用语法元素 split_or_vert 表示其划分模式。split_or_vert 等于 0 表示使用 PARTITION_VERT 划分当前节点；否则，使用 PARTITION_SPLIT 划分当前节点。

❏ 如果当前四叉树节点的左上角四叉树子节点既超出了图像的右侧边界，又超出了图像的底部边界，那么 AV1 使用划分模式 PARTITION_SPLIT 对该四叉树节点进行划分。此时，不需要编码任何语法元素。

假设变量 r 和 c 分别表示当前四叉树节点的行坐标和列坐标，r 和 c 均以 4 亮度像素为基本单位；变量 bSize 表示四叉树节点的大小；函数 parse(symbol) 是解析语法元素 symbol 的函数。那么 AV1 标准文档定义的编码块划分流程 decode_partition 如下所示：

```
decode_partition(r, c, bSize){
    // 如果当前四叉树节点的起始行坐标 r 或列坐标 c 超过图片边界，则退出。
    if (r >= MiRows || c >= MiCols)
        return 0
    AvailU = is_inside(r - 1, c)
    AvailL = is_inside(r, c - 1)
    // 根据当前四叉树节点的尺寸 bSize 获取节点的宽度。
    num4x4 = Num_4x4_Blocks_Wide[bSize]
    // halfBlock4x4 是当前四叉树节点宽度的一半，quarterBlock4x4 是宽度的 1/4。
    halfBlock4x4 = num4x4 >> 1
    quarterBlock4x4 = halfBlock4x4 >> 1
    // hasRows 和 hasCols 分别表示四叉树节点的左上角四叉树子节点是否超过底部边界
    // 和右侧边界，hasRows 和 hasCols 取值 false 表示超过了图像边界。
    hasRows = (r + halfBlock4x4) < MiRows
    hasCols = (c + halfBlock4x4) < MiCols
    if (bSize < BLOCK_8X8) {
        // 尺寸 bSize 小于 8x8 时，不需要继续分割。
        partition = PARTITION_NONE
    } else if (hasRows && hasCols) {
        // 左上角四叉树子节点位于图像内部，则解析语法元素 partition。
        parse(partition)
    } else if (hasCols) {
        // 左上角四叉树子节点超过图像底部边界，则解析语法元素 split_or_horz，
        // 并据此对 partition 进行赋值。
        parse(split_or_horz)
        partition = split_or_horz ? PARTITION_SPLIT : PARTITION_HORZ
    } else if ( hasRows ) {
        // 左上角四叉树子节点超过图像右侧边界，则解析语法元素 split_or_vert，
        // 并据此对 partition 进行赋值。
        parse(split_or_vert)
        partition = split_or_vert ? PARTITION_SPLIT : PARTITION_VERT
    } else {
        // 左上角四叉树子节点同时超过图像底部和右侧边界，则把 partition
```

```
        // 赋值为PARTITION_SPLIT。
        partition = PARTITION_SPLIT
}
subSize = Partition_Subsize[partition ][bSize]
splitSize = Partition_Subsize[PARTITION_SPLIT][bSize]
if (partition == PARTITION_NONE) {
    // 当节点不再继续划分，则解码重构当前节点。
    decode_block(r, c, subSize)
} else if (partition == PARTITION_HORZ) {
    // 解码重构上方的编码块。
    decode_block(r, c, subSize)
    // 当下侧的编码块位于图像内部时，则解码重构下方编码块。
    if (hasRows)
        decode_block(r + halfBlock4x4, c, subSize)
} else if (partition == PARTITION_VERT) {
    // 解码重构左侧编码块。
    decode_block(r, c, subSize)
    // 当右侧编码块位于图像内部时，则解码重构右侧编码块。
    if (hasCols)
        decode_block(r, c + halfBlock4x4, subSize)
} else if (partition == PARTITION_SPLIT) {
    // 按照四叉树划分模式，递归解码子节点。
    decode_partition(r, c, subSize)
    decode_partition(r, c + halfBlock4x4, subSize)
    decode_partition(r + halfBlock4x4, c, subSize)
    decode_partition(r + halfBlock4x4, c + halfBlock4x4, subSize)
} else if (partition == PARTITION_HORZ_A) {
    // 解码重构上方两个方形编码块。
    decode_block(r, c, splitSize)
    decode_block(r, c + halfBlock4x4, splitSize)
    // 解码重构下方一个矩形编码块。
    decode_block(r + halfBlock4x4, c, subSize)
} else if (partition == PARTITION_HORZ_B) {
    // 解码重构上方一个矩形编码块。
    decode_block(r, c, subSize)
    // 解码下方两个方向编码块。
    decode_block(r + halfBlock4x4, c, splitSize)
    decode_block(r + halfBlock4x4, c + halfBlock4x4, splitSize)
} else if (partition == PARTITION_VERT_A) {
    // 解码左侧两个方形编码块。
```

```
        decode_block(r, c, splitSize)
        decode_block(r + halfBlock4x4, c, splitSize)
        // 解码右侧一个矩形编码块。
        decode_block(r, c + halfBlock4x4, subSize)
    } else if (partition == PARTITION_VERT_B) {
        // 解码左侧一个方形编码块。
        decode_block(r, c, subSize)
        // 解码右侧两个方形编码块。
        decode_block(r, c + halfBlock4x4, splitSize)
        decode_block(r + halfBlock4x4, c + halfBlock4x4, splitSize)
    } else if (partition == PARTITION_HORZ_4) {
        decode_block(r + quarterBlock4x4 * 0, c, subSize)
        decode_block(r + quarterBlock4x4 * 1, c, subSize)
        decode_block(r + quarterBlock4x4 * 2, c, subSize)
        // 当最后一个编码块位于图像内部时,则解码重构最后一个编码块。
        if (r + quarterBlock4x4 * 3 < MiRows)
            decode_block(r + quarterBlock4x4 * 3, c, subSize)
    } else {
        decode_block(r, c + quarterBlock4x4 * 0, subSize)
        decode_block(r, c + quarterBlock4x4 * 1, subSize)
        decode_block(r, c + quarterBlock4x4 * 2, subSize)
        // 当最后一个编码块位于图像内部时,则解码重构最后一个编码块。
        if (c + quarterBlock4x4 * 3 < MiCols)
            decode_block(r, c + quarterBlock4x4 * 3, subSize)
    }
}
```

根据 AV1 标准文档定义的编码块划分流程 decode_partition,如果当前四叉树节点仅仅超出了图像的底部边界但是没有超出图像的右侧边界,那么当前节点的 split_or_vert 似乎在任何条件下都能被赋值为 PARTITION_VERT,而与当前节点所在图像内部区域的大小无关。但是,根据笔者观察,只有当四叉树节点所在图片内部区域正好可以通过划分模式 PARTITION_VERT 产生时,该节点的 split_or_vert 才能被赋值为 PARTITION_VERT;否则,该节点不能被正确解码。同理,对于超出图像的右侧边界但是没有超出图像底部边界的超级块,只有当四叉树节点所在图片内部区域正好可以通过划分模式 PARTITION_HORZ 产生时,其 split_or_horz 才能被赋值为 PARTITION_HORZ。图 3-7 为图像边界处的超级块划分示意图。

在图 3-7 中,图片分辨率是 $832 \times 480$,超级块的尺寸是 $128 \times 128$。对于图 3-7 中的超级块 A/B/C/D 中的节点 1/2/3/4,按照编码块划分函数 decode_partition() 的执行流程,对应的语法元素取值可描述如下:

图 3-7 图像边界处的超级块划分示意图

- 对于图像底部边界处的超级块 A，其所在图片内部区域的大小是 128×96。此时，变量 hasRows 和 hasCols 均为 true，所以，编码器将使用语法元素 partition 来表示超级块 A 的划分状态。在这种情况下，超级块 A 的语法元素 partition 只能等于 PARTITION_SPLIT。这是因为，如果语法元素 partition 等于其他值，如 PARTITION_HORZ，超级块 A 的下方编码块所在图片内部区域的大小是 128×32，而 AV1 解码器无法编码这种尺寸的编码块。当使用 partition = PARTITION_SPLIT 方式分割超级块 A 之后，对于新生成的左下角四叉树节点 N，变量 hasCols 均为 true，而变量 hasRows 为 false，所以，编码器使用语法元素 split_or_horz 表示它的划分状态。由于其所在图片内部区域的大小是 64×32，该区域可以通过 PARTITION_HORZ 来生成。因此，节点 N 的 split_or_horz 可以被设置为 PARTITION_HORZ，也可以被设置为 PARTITION_SPLIT。在这个示例中，编码器把节点 N 的 split_or_horz 设置为 PARTITION_HORZ，生成了编码块 1。编码块 1 完全包含在图片内部并且不再进行划分。

- 对于既超出图像底部边界又超出右侧边界的超级块 B，其所在图片内部区域的大小是 64×96。此时，变量 hasCols 均为 false，而变量 hasRows 为 true。所以，编码器使用语法元素 split_or_vert 表示超级块 B 的划分状态。由于 B 所在图片内部区域的大小是 64×96，这个尺寸的区域无法通过划分模式 PARTITION_VERT 得到，所以，超级块 B 的语法元素 split_or_vert 只能等于 PARTITION_SPLIT。对于新生成的左下角四叉树节点 M，变量 hasCols 均为 true，而变量 hasRows 为 false，所以，编码器使用语法元素 split_or_horz 表示它的划分状态。在这个示例中，节点 M 的 split_or_horz 被设置为 PARTITION_SPLIT，进而得到节点 2。由于节点 2 完全包含在图片内部，所以节点 2 将按照正常节点继续编码，即使用语法元素 partition 来表示其划分模式。

- 对于图像右侧边界处的超级块 C，其所在图片内部区域的大小是 $64 \times 128$。此时，变量 hasCols 均为 false，而变量 hasRows 为 true。所以，编码器使用语法元素 split_or_vert 表示超级块 C 的划分状态。由于超级块 C 所在图片内部区域正好可以通过划分模式 PARTITION_VERT 得到，所以，超级块 C 的 split_or_vert 可以被设置为 PARTITION_VERT，也可以被设置为 PARTITION_SPLIT。在这个示例中，超级块 C 的 split_or_vert 被设置为 PARTITION_VERT，得到了编码块 3。编码块 3 完全包含在图片内部，并且不再进行划分。

- 对于图像右侧边界处的超级块 D，其所在图片内部区域的大小也是 $64 \times 128$。与超级块 C 类似，变量 hasCols 均为 false，而变量 hasRows 为 true。所以，编码器使用语法元素 split_or_vert 表示超级块 D 的划分状态。在这个示例中，超级块 D 的 split_or_vert 被设置为 PARTITION_SPLIT，从而得到节点 4。由于节点 4 完全包含在图片内部，所以节点 4 将按照正常节点继续编码，即使用语法元素 partition 来表示其划分模式。

## 3.3 编码块的预测约束条件

硬件解码器的核心计算单元通常是围绕超级块设计的。如果将超级块的大小从 $64 \times 64$ 增加到 $128 \times 128$，核心计算单元所需的硅面积将增加约 3 倍。为了降低解码器的硬件设计复杂度，只有尺寸小于或等于 $64 \times 64$ 的像素区域才被允许使用帧内预测模式。另外，帧内预测模式虽然是以编码块为基本单元进行编码的，但是真正的帧内预测却不是以编码块为基本单元来进行的。正如即将在 3.4 节介绍的那样，为了捕捉预测残差的空域和频域特性，AV1 允许把编码块分割成多个变换块。当编码块被分割成多个变换块时，以编码块为基本单元进行帧内预测时，待预测像素与参考像素之间的距离有时会跨越多个变换块，从而导致帧内预测的准确性下降。为了提高帧内预测的准确性，AV1 的帧内预测是以变换块为基本单元进行的。所以，当编码块的尺寸是 $128 \times 128$ 时，该编码块会被强制划分为 4 个尺寸为 $64 \times 64$ 的变换块。

图 3-8 是 $8 \times 8$ 的编码块被分割成 4 个 $4 \times 4$ 的变换块在水平帧内预测模式下的参考像素示意图。如果帧内预测以编码块为单位进行，则待预测像素与参考像素之间跨越了一个变换块，如图 3-8a 所示。而在以变换块为单位的帧内预测中，预测像素使用的是与其直接相邻的左侧/上方变换块的重构像素值作为参考像素，所以预测像素与参考像素之间的距离更近，如图 3-8b 所示。因此基于变换块的帧内预测的准确性更高。在图 3-8b 中，预测像素将其左侧相邻变换块的重构像素作为参考像素。从中可见，相比于图 3-8a 中预测像素与参考像素之间的距离，图 3-8b 中预测像素与参考像素的距离更近。

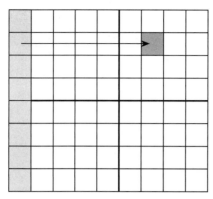 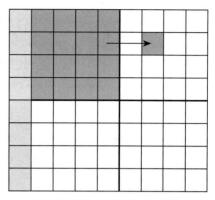

a）以编码块为单位的帧内预测　　　　b）以变换块为单位的帧内预测

图 3-8　包含 4 个变换块的 $8\times 8$ 编码块在水平帧内预测模式下的参考像素示意图

在另一个的极端情况下，如文献 [1] 所述，使用 $4\times 4$ 编码块会增加 YUV420 格式视频的最差编码延迟，这种情况发生在所有编码块都是 $4\times 4$ 亮度像素并且使用帧内预测模式进行编码时。这是因为在 $4\times 4$ 编码块的帧内预测中，每个 $2\times 2$ 色度块都需要经过帧内预测和变换编码。由于帧内预测需要使用相邻块的重构像素作为参考像素，所以，对每个 $2\times 2$ 色度块执行帧内预测会极大地增加色度分量的解码复杂度。为了降低色度分量的解码复杂度，AV1 采用一种基于编码块尺寸限制的色度块编码模式。

对于色度采样格式为 4:2:0 的视频，当编码块的尺寸是 $4\times H$ 或者 $W\times 4$ 时，它所对应的色度块尺寸是 $2\times \frac{H}{2}$ 或者 $\frac{W}{2}\times 2$。在基于编码块尺寸限制的色度块编码模式下，尺寸为 $2\times \frac{H}{2}$ 或者 $\frac{W}{2}\times 2$ 的色度块可以做帧间预测，但是不允许做帧内预测。为此，在编码过程中，AV1 把多个 $2\times \frac{H}{2}$ 或者 $\frac{W}{2}\times 2$ 色度块合并成一个尺寸为 $4\times N$ 或者 $N\times 4$ 的色度块⊖，并且把这个尺寸为 $4\times N$ 或者 $N\times 4$ 的色度块与其中一个亮度编码块绑定在一起进行编码。在这种情况下，只有与色度块绑定的编码块存在色度分量并且其色度分量块大小是 $4\times N$ 或者 $N\times 4$，而其余编码块是没有色度分量的。

在预测过程中，如果每一个 $2\times \frac{H}{2}$ 或者 $\frac{W}{2}\times 2$ 色度块所对应的亮度块是采用帧间预测模式，则这个 $4\times N$ 或者 $N\times 4$ 色度块将以 $2\times \frac{H}{2}$ 或者 $\frac{W}{2}\times 2$ 色度块为基本单位进行帧间预测，每个 $2\times \frac{H}{2}$ 或者 $\frac{W}{2}\times 2$ 色度块使用其对应亮度块的运动信息。否则，即有一个 $2\times \frac{H}{2}$ 或者 $\frac{W}{2}\times 2$ 色度块所对应的亮度块采用帧内预测模式，这个 $4\times N$ 或者 $N\times 4$ 色度块将使用与其绑定的亮度块的预测模式进行预测。在这种情况下，当与其绑定的亮度块是帧间预测时，这个 $4\times N$ 或者 $N\times 4$ 色度块将使用该亮度块的运动信息，以 $4\times N$ 或者 $N\times 4$ 为单位执行帧间预

---

⊖　$N$ 取 $H$、$W$、$H/2$ 或 $W/2$，当 $H/W=4$ 时，$N=4$，否则 $N$ 为 $W/2$ 或 $H/2$。

测。当与其绑定的亮度块是帧内预测时，这个 $4 \times N$ 或者 $N \times 4$ 色度块也将使用帧内预测模式，以 $4 \times N$ 或者 $N \times 4$ 为单位执行帧内预测。下面以一个被分割成 $4 \times 4$ 编码块的 $8 \times 8$ 块为例，来说明这种基于编码块尺寸限制的色度块编码模式的编码方法，如图 3-9 所示，其中黑色圆点表示亮度像素，灰色圆点表示色度像素。

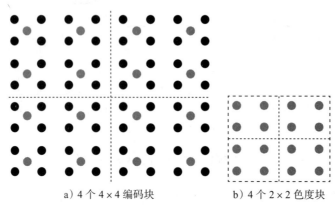

a) 4 个 $4 \times 4$ 编码块　　　　b) 4 个 $2 \times 2$ 色度块

图 3-9　基于编码块尺寸限制的色度块编码模式示意图

在这个示例中，AV1 将把 4 个 $4 \times 4$ 编码块所对应的 4 个 $2 \times 2$ 色度块合并成一个 $4 \times 4$ 的色度块（图 3-9b 黑色边框标记），并把该 $4 \times 4$ 色度块与图 3-9a 右下角的 $4 \times 4$ 编码块绑定在一起进行编码。所以，图 3-9a 中只有右下角的 $4 \times 4$ 编码块存在色度分量并且其色度分量块大小是 $4 \times 4$，而其余 3 个 $4 \times 4$ 编码块是没有色度分量的。这个 $4 \times 4$ 的色度块预测方案可以描述如下：

❑ 如果 4 个 $4 \times 4$ 编码块包含一个或多个帧内预测编码块，那么，该 $4 \times 4$ 色度块使用图 3-9a 右下角的 $4 \times 4$ 编码块的预测模式进行预测。
  • 当图 3-9a 右下角的 $4 \times 4$ 亮度编码块使用帧间预测模式时，这个 $4 \times 4$ 的色度块将使用图 3-9a 右下角的 $4 \times 4$ 亮度编码块的运动信息执行 $4 \times 4$ 块大小的帧间预测。
  • 当图 3-9a 右下角的 $4 \times 4$ 亮度编码块使用帧内预测模式时，这个 $4 \times 4$ 的色度块将执行 $4 \times 4$ 块大小的帧内预测。
❑ 如果 4 个 $4 \times 4$ 编码块都是帧间预测块，则这个 $4 \times 4$ 色度块以 $2 \times 2$ 色度块（图 3-9b 黑色边框中的划分方式）为基本单位进行帧间预测，每个 $2 \times 2$ 色度块使用其对应的 $4 \times 4$ 块大小亮度块的运动信息。

## 3.4　变换块划分

在预测残差的变换编码过程中，预测残差编码块可进一步被划分为多个变换块。通过使用不同大小的变换块，预测残差块划分能够使变换基函数适应残差信号特有的空域和频率特性。具体来讲，由于较大尺寸的变换块允许对预测残差的频率成分进行更完整的分析，所以较大尺寸的变换块能够捕捉到更多关于预测残差的频率内容信息，即较大尺寸的变换块具有较高的频率分辨率。但是，较大尺寸的变换块代表了图像中更大的区域，这意味着其中的变换量化系数对块内的空间变化不太敏感，从而导致空间分辨率降低。相反，较小尺寸的变换块代表图像中的较小区域，使它们对块内的空域变化更敏感，从而产生更高的空间分辨率，因此较小尺寸的变换块提供更好的空域分辨率，但其频率分辨率较低。

所以，在平滑区域，由于相邻像素之间存在高度相关性，因此预测残差通常较小，并且残差的分布和相关性也表现出高度一致性。在这种情况下，变换模块需要对预测残差块进行完备的频率成分分析。由于较大尺寸的变换块具有较高的频率分辨率，所以较大尺寸的变换块往往会取得更好的压缩效率。然而，在包含物体边界的图像区域，预测残差在物体边界附近往往出现突变。在这种情况下，变换模块需要能够捕捉到这种空域中的边界残差突变，而较小尺寸的变换恰好对残差块内的空域变化更敏感，因此较小尺寸的变换块可能具有更好的率失真代价。

图 3-10 为使用 SVT-AV1 编码器产生的预测残差的变换块划分示意图，其中黑色方形框和矩形框表示编码块区域，放大的图片展示了对应的变换块划分方式。从中可见，在物体边界区域，编码块往往被划分为多个变换块。

图 3-10　预测残差的变换块划分示意图

为了充分挖掘不同形状编码块的预测残差的相关性，AV1 引入了不同形状和不同尺寸的变换块。AV1 支持的最大变换块尺寸是 64×64，最小变换块尺寸是 4×4。除了正方形变换块之外，AV1 还支持长宽比为 1:2、1:4、2:1 和 4:1 的矩形变换块。因此，AV1 的变换块尺寸包含：

❑ 正方形变换块：TX_64×64、TX_32×32、TX_16×16、TX_8×8、TX_4×4。
❑ 长宽比为 1:2 的变换块：TX_32×64、TX_16×32、TX_8×16、TX_4×8。
❑ 长宽比为 2:1 的变换块：TX_64×32、TX_32×16、TX_16×8、TX_8×4。
❑ 长宽比为 1:4 的变换块：TX_16×64、TX_8×32、TX_4×16。
❑ 长宽比为 4:1 的变换块：TX_64×16、TX_32×8、TX_16×4。

为了进一步捕捉预测残差的空域和频域特性，AV1 支持把变换块进一步划分为多个更小尺寸的变换块。在划分过程中，变换块的划分方式由变换块的形状决定。表 3-2 所示为变换块划分中相邻层之间的映射关系[11]，即如何根据当前层变换块的形状和尺寸确定下一层变换块。

表 3-2 展示的变换块的划分规则可描述如下：

1）如果当前变换块是正方形变换块，则该变换块将被划分为 4 个正方形变换块。

2）如果当前变换块是长宽比为 1:2 或 2:1 的矩形变换块，则该变换块将被划分为 2 个正方形变换块。

3）如果当前变换块是长宽比为 1:4 或 4:1 的矩形变换块，则该变换块将被划分为 2 个长宽比为 1:2 或 2:1 的矩形变换块。

变换块划分以初始变换块为划分起点，划分深度最多可达两层；而初始变换块由编码块的尺寸决定。具体来讲：

- 如果编码块的尺寸小于或等于 64×64，则初始变换块与编码块相同。
- 如果编码块尺寸大于 64×64（如 128×128、128×64、64×128），则把 64×64 变换块作为初始变换块，即 128×128、128×64 或 64×128 编码块被强制划分成多个 64×64 变换块，这一步划分不需要编码任何语法元素。

表 3-2 变换块划分中相邻层之间的映射关系

| 当前层的变换块 | 当前层变换块的大小 | 下一层的变换块 | 下一层变换块的大小 |
| --- | --- | --- | --- |
| TX_4×4 | 4×4 | — | — |
| TX_8×8 | 8×8 | TX_4×4 | 4×4 |
| TX_16×16 | 16×16 | TX_8×8 | 8×8 |
| TX_32×32 | 32×32 | TX_16×16 | 16×16 |
| TX_64×64 | 64×64 | TX_32×32 | 32×32 |
| TX_4×8 | 4×8 | TX_4×4 | 4×4 |
| TX_8×4 | 8×4 | TX_4×4 | 4×4 |
| TX_8×16 | 8×16 | TX_8×8 | 8×8 |
| TX_16×8 | 16×8 | TX_8×8 | 8×8 |
| TX_16×32 | 16×32 | TX_16×16 | 16×16 |
| TX_32×16 | 32×16 | TX_16×16 | 16×16 |
| TX_32×64 | 32×64 | TX_32×32 | 32×32 |
| TX_64×32 | 64×32 | TX_32×32 | 32×32 |
| TX_4×16 | 4×16 | TX_4×8 | 4×8 |
| TX_16×4 | 16×4 | TX_8×4 | 8×4 |
| TX_8×32 | 8×32 | TX_8×16 | 8×16 |
| TX_32×8 | 32×8 | TX_16×8 | 16×8 |
| TX_16×64 | 16×64 | TX_16×32 | 16×32 |
| TX_64×16 | 64×16 | TX_32×16 | 32×16 |

在 AV1 标准中，帧间编码块和帧内编码块采用不同的变换块划分方法，以适应它们各自的预测残差统计特性。具体来讲，对于帧内编码块的亮度分量，AV1 要求划分得到的所有变换块尺寸必须相同。帧内预测编码块的变换块划分方式如图 3-11 所示。

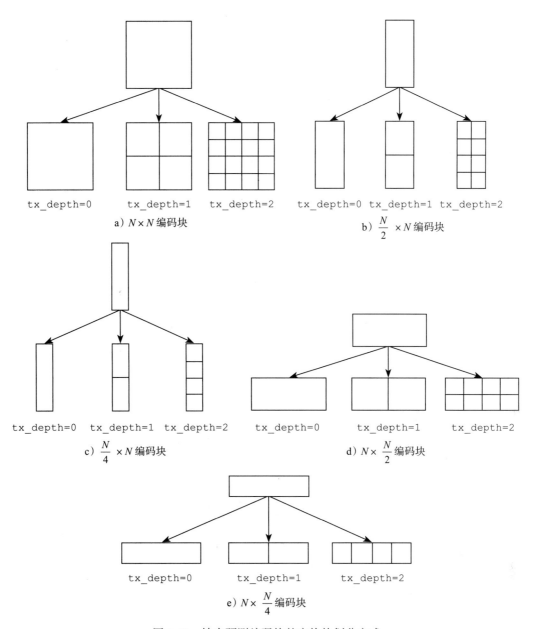

图 3-11 帧内预测编码块的变换块划分方式

从图 3-11 中可见,每一层划分生成的所有变换块的尺寸都相同。为了表示帧内编码块的变换块划分过程,AV1 编码器使用编码语法元素 `tx_depth` 来表示变换块划分深度,`tx_depth` 取值为 0、1 或 2。这里需要注意的是,对于帧内编码块,当 `tx_depth=2` 时,即需要做两层变换块划分,为了保证每个变换块具有相同的块大小,第一层划分产生的每个变换块都需要继续划分。例如对于一个 32×16 的编码块,第一层的变换块划分把 32×16

编码块分割成 2 个 16×16 变换块，第二层的变换块划分继续把每个 16×16 变换块分割成 4 个 8×8 的变换块，即共生成 8 个 8×8 变换块。

对于帧间编码块的亮度分量，它的每个变换块的尺寸可以不相同。因此，第一层划分产生的每个变换块可以独立地进行第二层划分。帧间预测编码块的变换块划分方式如图 3-12 所示，其中 R 表示继续划分的变换块。从中可见，帧间编码块中的每个变换块都可以选择继续划分或不再继续划分。换句话说，每个变换块仅仅根据自身的统计信息来决定是否继续划分，而不依赖于其他变换块。即使同一层的其他变换块没有继续划分，当前变换块也可以选择继续划分。这也是帧间编码块的变换块划分与帧内编码块的变换块划分的不同之处。为了表示帧间编码块的变换块划分过程，AV1 编码器需要为每个变换块编码语法元素 txfm_split 来表示当前变换块是否继续划分，txfm_split 取值为 0 或 1。其中 0 表示不再继续划分，1 表示继续划分。

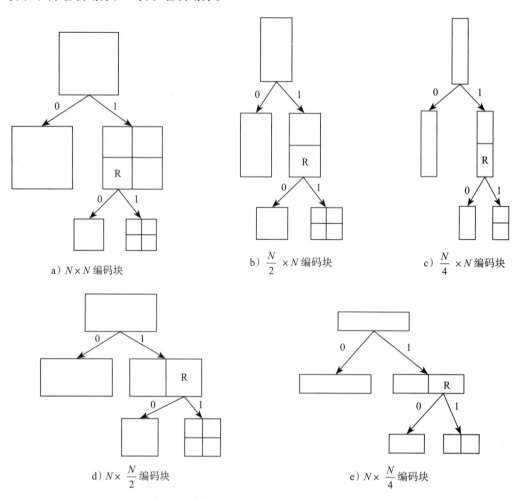

a) $N \times N$ 编码块　　b) $\frac{N}{2} \times N$ 编码块　　c) $\frac{N}{4} \times N$ 编码块

d) $N \times \frac{N}{2}$ 编码块　　e) $N \times \frac{N}{4}$ 编码块

图 3-12　帧间预测编码块的变换块划分方式

这里需要注意的是，只有当整个编码块包含非零变换量化系数时，AV1 才需要编码语法元素 tx_depth 或者 txfm_split，以指明变换块的划分方式。如果整个编码块中的变换量化系数都是 0，则不需要编码语法元素 tx_depth 或者 txfm_split。为了标识编码块是否包含非零变换量化系数，AV1 标准文档定义了语法元素 skip。skip 等于 0 表示当前编码块可能包含非零变换量化系数，skip 等于 1 表示当前变换块不包含非零变换量化系数。因此，在 AV1 中，只有当语法元素 skip 等于 0 时，才需要编码语法元素 tx_depth 或者 txfm_split；当 skip 等于 1 时，表示整个编码块中的变换量化系数都是 0，此时，不需要编码语法元素 tx_depth 或者 txfm_split。

另外，色度分量的变换块一般不会被继续划分，即色度变换块与相应的色度编码块相同。但是，如果色度编码块的宽度 $W$ 或高度 $H$ 大于 32，该色度编码块会被强制划分成 $\min(W, 32) \times \min(H, 32)$ 变换块，这一步划分不需要编码任何语法元素。

CHAPTER 4

第 4 章

# 帧 内 预 测

帧内预测是消除视频帧的空间冗余信息的重要编码技术。在视频编码中，空间冗余信息指的是视频帧内部相邻像素之间的相似性。帧内预测利用这种相似性来减少编码数据量，从而实现压缩视频的目的。AV1 帧内预测模式可以分成 3 类：方向帧内预测（Directional Intra Prediction）、非方向帧内预测（Non-directional Intra Prediction）以及递归帧内预测（Recursive Intra Prediction）。方向帧内预测使用一组边缘方向来模拟图像块的局部纹理。为了更充分地捕捉较大尺寸图像块的方向纹理，AV1 定义了 56 种帧内预测方向。除了方向帧内预测之外，AV1 还定义了 5 种非方向帧内预测模式，用于模拟图像块的平滑区域。为了挖掘图像块内部区域的相关性，AV1 定义了 5 种递归帧内预测模式。除此之外，对于色度分量，AV1 引入了基于重构亮度值的帧内预测模式，用于挖掘色度分量和亮度分量之间的相关性。所有的 AV1 帧内预测模式都使用来自左侧或上方相邻图像块的重构像素值作为参考像素。为了提高帧内预测的多样性，在实际执行帧内预测之前，AV1 支持对参考像素进行滤波处理。

为了捕捉预测残差块的空域和频域特性，AV1 允许把编码块划分成多个变换块。为了提高帧内预测性能，AV1 的帧内预测是在变换块粒度上执行的，所以亮度分量的帧内预测块的大小范围是从 4×4 像素到 64×64 像素。对于 4:2:0 格式的视频，其色度分量的帧内预测块的大小范围是从 4×4 像素到 32×32 像素。因为 AV1 的变换块可以是正方形块和其他矩形块，所以 AV1 包含正方形块帧内预测和矩形块帧内预测，并且矩形块帧内预测包括长宽比为 1:2 或 2:1 的矩形帧内预测和长宽比为 1:4 或 4:1 的矩形块帧内预测。这里需要注意的是，由于帧内预测模式是以编码块为单位来传输的，因此，当编码块被划分为多个变换块时，这些变换块所使用的帧内预测模式是一样的。另外，AV1 并不支持 128×128 大小的帧内编码块。当编码块大小为 128×128 时，该编码块会被强制划分为 4 个尺寸为 64×64 的变换块。如果每个 64×64 变换块不再被继续划分为更小的变换块，那么，AV1 将在 64×64 的变换块上进行帧内预测；如果 64×64 变换块被继续划分为更小的变换块，那么，

AV1将在变换块划分过程生成的子变换块上做帧内预测。

## 4.1 参考像素的获取和填充

在帧内预测中，当前图像块的预测像素值是根据所选的帧内预测模式，利用重构参考像素进行外插值（Extrapolation）得到的。通过合理地生成参考像素，AV1可以在不考虑相邻参考像素可用性的情况下，使用完整的帧内预测模式集合。

在帧内预测中，当前图像块把它的左侧或上方相邻图像块的重构像素值作为其帧内预测的参考像素。图4-1为8×8帧内预测块的左侧参考像素p[-1][y]和上方参考像素p[x][-1]的示意图。假设当前变换块的宽度和高度分别是$W$和$H$，那么上方参考像素AboveRow[]和左侧参考像素LeftCol[]最多可包含$W+H+1$个参考像素。其中AboveRow[-1]和LeftCol[-1]都表示当前变换块左上角参考像素，AboveRow[0:$W$-1]表示当前变换块上方区域参考像素，AboveRow[$W$:$W+H$-1]表示位于当前变换块的右上角区域的参考像素，LeftCol[0:$H$-1]表示当前变换块左侧区域的参考像素，LeftCol[$H$:$W+H$-1]表示位于当前变换块左下角区域的参考像素。假设p[$x$][$y$]表示位置是($x$, $y$)的像素值并且当前变换块左上角像素为p[0][0]，那么上方参考像素AboveRow[]和左侧参考像素LeftCol[]可按如下方式获取：

- AboveRow[$i$] = p[$i$][-1]，$i$=0, …, $W+H$-1
- LeftCol[$i$] = p[-1][$i$]，$i$=0, …, $W+H$-1
- AboveRow[-1] = LeftCol[-1] = p[-1][-1]

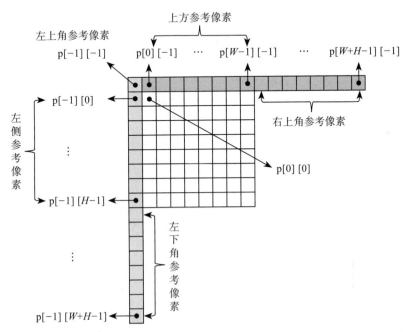

图4-1  8×8帧内预测块的左侧参考像素p[-1][y]和上方参考像素p[x][-1]示意图

### 4.1.1 判断参考像素是否可用

当前变换块的左侧、上方以及右上角和左下角区域的参考像素并非一直处于可用状态。对于位于图像顶部的变换块，由于这些变换块没有上侧变换块，因此它们的上方参考像素不存在。同理，位于图像左侧的变换块没有左侧参考像素。另外，由于图像中的超级块是按照光栅扫描顺序来编码的，因此位于超级块右侧区域的变换块没有可用的右上角参考像素，位于超级块底部区域的变换块没有可用的左下角参考像素。除此之外，因为超级块内部的编码块是按照深度优先顺序来编码的，在有些情况下，变换块的右上角或左下角区域的参考像素所在的编码块还没有开始编码，所以，超级块内部的变换块可能也没有可用的右上角或左下角参考像素。

图 4-2 为在帧内预测过程中，不同图像块的可用参考像素状态示意图，其中超级块 1 中的数字表示对应变换块的深度优先编码顺序，并且变换块 12 和 13 是同一个编码块划分得到的两个变换块。在图 4-2 的示例中，变换块 0，1，2 和 7 位于图像顶部，所以没有可用的上方参考像素。变换块 F 位于图像左侧边界，所以没有可用的左侧参考像素。变换块 11 的左下角区域参考像素位于下一个还未编码的超级块 N 中，所以变换块 11 的左下角区域参考像素不可用。同理，对于变换块 13，由于变换块 14 还未编码，所以变换块 13 的左下角区域参考像素也是不可用的。另外，变换块 14 的右上角区域像素位于还没编码的超级块 2 中，因此变换块 14 的右上角区域参考像素也不可用。对于变换块 4，由于它右侧变换块 7 和下方变换块 6 还没有编码，所以，变换块 4 没有可用的右上角和左下角参考像素。

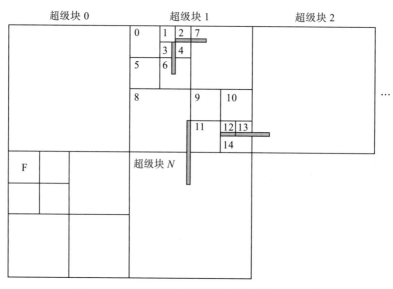

图 4-2  不同图像块的可用参考像素状态示意图

### 4.1.2 参考像素填充

对于不可用的参考像素，AV1 会根据可用的参考像素对其进行填充。在 AV1 中，参考

像素的获取和填充流程描述如下:

- 上方参考像素 AboveRow[0:$W+H-1$] 的获取和填充:
  - 如果当前变换块既没有可用的左侧参考像素,也没有可用的上方参考像素,即 p[-1][-1]、p[0:$W+H-1$][-1] 和 p[-1][0:$W+H-1$] 都不可用,那么 AboveRow[$i$]=(1<<BitDepth)-1,$i$=0:$W+H-1$。例如,对于 BitDepth 为 8 比特的视频,AboveRow[$i$] 是 127。
  - 否则,如果当前变换块没有可用的上方参考像素,但是左侧参考像素是可用的,即 p[-1][-1] 和 p[0:$W+H-1$][-1] 不可用,但是 p[-1][0:$W+H-1$] 是可用的,那么 AboveRow[$i$]=p[-1][0],$i$=0:$W+H-1$。
  - 否则,即当前变换块的上方参考像素可用,此时要继续检查右上方区域的参考像素是否可用:
    - 如果右上方区域的参考像素不可用,那么 AboveRow[$i$]=p[$i$][-1],$i$=0:$W-1$;而 AboveRow[$W$], AboveRow[$W+1$], $\cdots$, AboveRow[$W+H-1$] 则用 AboveRow[$W-1$] 来代替。
    - 否则,即右上方区域的参考像素可用,那么 AboveRow[$i$]=p[$i$][-1],$i$=0:min($W+H-1, 2W-1$)。此时,如果 $W+H-1$ 大于 $2W-1$,那么 AboveRow[$2W$], $\cdots$, AboveRow[$W+H-1$] 则用 AboveRow[$2W-1$] 来替代。图 4-3 为 4×16 变换块的上方参考像素生成示意图,假设当前变换块的宽和高分别是 4 和 16,并且其右上角参考像素可用,此时 AboveRow[0:7]=p[0:7][-1],而 AboveRow[8:19]=AboveRow[7]。

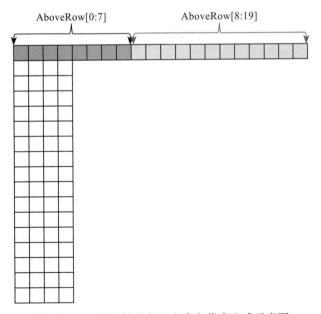

图 4-3  4×16 变换块的上方参考像素生成示意图

- 左侧参考像素 LeftCol[0:$W+H-1$] 的获取和填充:

- 如果当前变换块既没有可用的左侧参考像素,又没有可用的上方参考像素,那么 LeftCol[$i$]=(1<<BitDepth)+1,$i$=0:$W$+$H$−1。对于 BitDepth 为 8 比特的视频,LeftCol[$i$] 是 129。
- 否则,如果当前变换块没有可用的左侧参考像素,但是有可用的上方参考像素,那么 LeftCol[$i$]=p[0][−1],$i$=0:$W$+$H$−1。
- 否则,此时当前变换块有可用的左侧参考像素,要继续检查左下方参考像素是否可用:
  - 如果左下方区域参考像素不可用,那么 LeftCol[$i$]=p[−1][$i$],$i$=0:$H$−1。LeftCol[$H$],LeftCol[$H$+1],…,LeftCol[$W$+$H$−1] 则用 LeftCol[$H$−1] 来代替。
  - 否则,左下方区域参考像素可用,那么 LeftCol[$i$]=p[−1][$i$],$i$=0:min($W$+$H$−1,2$H$−1)。如果 $W$+$H$−1 大于 2$H$−1,那么 LeftCol[2$H$],…,LeftCol[$W$+$H$−1] 用 LeftCol[2$H$−1] 来代替。图 4-4 为 16×4 的变换块的左侧参考像素生成示意图,展示了 $W$+$H$−1 大于 2$H$−1 时,LeftCol[2$H$:$W$+$H$−1] 的生成。此时 LeftCol[0:7]=p[−1][0:7],LeftCol[8:19]=LeftCol[7]。

❑ 左上角参考像素 AboveRow[−1] 的获取和填充:
- 如果 p[−1][−1] 可用,那么 AboveRow[−1]=p[−1][−1]。
- 否则,如果上方参考像素 p[0][−1] 可用,那么 AboveRow[−1]=p[0][−1]。
- 否则,如果左侧参考像素 p[−1][0] 可用,那么 AboveRow[−1]=p[−1][0]。
- 否则,即 p[−1][−1]、p[0][−1] 以及 p[−1][0] 都不可用,那么 AboveRow[−1]=(1<<BitDepth)。

由于 LeftCol[−1] 和 AboveRow[−1] 均指向左上角参考像素,因此,获取 AboveRow[−1] 之后,LeftCol[−1]=AboveRow[−1]。

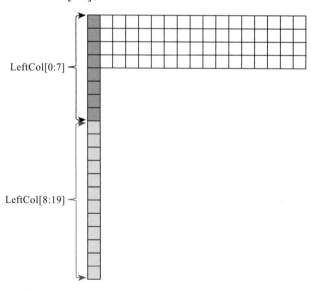

图 4-4  16×4 变换块的左侧参考像素生成示意图

## 4.2 方向帧内预测

### 4.2.1 预测方向定义

AV1 把 VP9 标准定义的 8 种帧内预测方向作为基准预测方向：V_PRED、H_PRED、D45_PRED、D67_PRED、D113_PRED、D135_PRED、D157_PRED 和 D203_PRED。其中 V_PRED 和 H_PRED 分别表示垂直和水平预测方向，即预测方向的角度分别是 90°和 180°。其余名为 D××_PRED 的预测模式表示预测方向角度为××。这里的预测方向角度是指预测方向直线与基准方向直线所成的夹角。基准方向直线可视为以待预测像素为起点，水平向右的直线。

由于 AV1 支持较大尺寸的变换块，并且随着变换块尺寸的增大，变换块包含的方向性纹理特征往往会变得更加丰富和复杂。为了覆盖更多的帧内预测方向，每个基准预测方向都有一个与之关联的角度偏移量集合，该集合共包含 7 个角度偏移量。每个角度偏移量以整数索引来标记，索引值范围在 −3 ～ +3 之间。角度偏移量索引与角度偏移量之间的对应关系如表 4-1 所示，索引值 0 对应角度偏移量 0°；索引值每增加 1，对应的角度偏移量将增加 3°。预测方向是将角度偏移量加到对应的基准预测方向角度上得到的，AV1 共有 56 种帧内预测方向。图 4-5 所示为 AV1 的帧内预测方向，展示了 AV1 中的 8 种基准预测方向以及每个基准预测方向与其角度偏移量相加所表示的预测方向。其中实线表示基准帧内预测方向，虚线表示基准帧内预测方向与其角度偏移量相加所表示的预测方向。

表 4-1 角度偏移量索引与角度偏移量之间的对应关系

| 索引值 | 角度增量/(°) | 索引值 | 角度增量/(°) | 索引值 | 角度增量/(°) |
|---|---|---|---|---|---|
| −3 | −9 | −2 | −6 | −1 | −3 |
| 0 | 0 | — | — | — | — |
| 3 | 9 | 2 | 6 | 1 | 3 |

由于尺寸较小的变换块（如 4×4、4×8 和 8×4 变换块）的纹理结构方向有限，使用角度偏移量集合扩充得到的帧内预测方向的编码收益通常较小，因此，在 AV1 中，这些变换块只使用基准帧内预测方向。

在 AV1 中，亮度分量和色度分量的帧内预测方向是分开传输的。为了传输亮度分量的帧内预测方向，AV1 定义了语法元素 intra_frame_y_mode 和 angle_delta_y。intra_frame_y_mode 用于指明当前亮度变换块使用的基准帧内预测方向，而 angle_delta_y 用于指明亮度变换块使用的帧内预测方向相对于基准帧内预测方向（intra_frame_y_mode 所表示的基准帧内预测方向）的角度偏移量的索引值。angle_delta_y 的取值是 0 ～ 6，分别对应表 4-1 中的索引值 −3 ～ 3。为了传输色度分量的帧内预测方向，AV1 定义了语法元素 uv_mode 和 angle_delta_uv，以指明色度变换块的基准帧内预测方向和预测方向相对于基准帧内预测方向的角度偏移量。angle_delta_uv 的取值也是

0～6，对应表 4-1 中的索引值 -3～3。

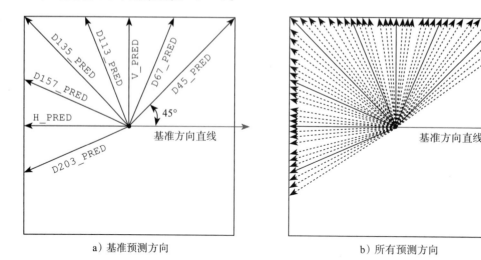

a）基准预测方向　　　　　　　　　b）所有预测方向

图 4-5　AV1 的帧内预测方向

## 4.2.2　参考像素的滤波过程

在 AV1 的方向帧内预测过程中，当预测方向不是垂直和水平方向时，AV1 会根据需要对参考像素进行平滑滤波处理，以提升预测块的视觉质量。这一过程旨在消除参考像素值之间的突兀变化，防止在预测块中形成本来不存在的方向性边缘。在下面的描述中，假设当前变换块的宽度和高度分别是 $W$ 和 $H$，选定的帧内预测方向的角度用 angle 表示。

**1. 左上角参考像素滤波**

对于 $W+H \geq 24$ 的变换块，当 $180° > \text{angle} > 90°$ 时，AV1 将利用左上角像素的右侧像素和下侧像素对其进行滤波，滤波器系数是 [5, 6, 5]：

$$s = 5 \cdot \text{AboveRow}[0] + 6 \cdot \text{AboveRow}[-1] + 5 \cdot \text{LeftCol}[0]$$
$$\text{AboveRow}[-1] = \text{LeftCol}[-1] = (s+8) >> 4$$

其中，LeftCol[-1] 和 AboveRow[-1] 均指向左上角参考像素；LeftCol[0] 和 AboveRow[0] 分别表示左上角像素的下方和右侧像素。它们之间的相对位置关系参考图 4-1。

**2. 左侧和上方参考像素滤波强度推导**

当 angle 不等于 90°，也不等于 180° 时，对于 LeftCol[0:$W+H$-1] 和 AboveRow[0:$W+H$-1]，AV1 定义了 3 个平滑滤波器来对其进行滤波，包括 2 个 3 抽头滤波器和 1 个 5 抽头滤波器，它们的滤波器系数分别是 [0, 4, 8, 4, 0]，[0, 5, 6, 5, 0] 和 [2, 4, 4, 4, 2]。AV1 根据选定的帧内预测模式和当前变换块的尺寸，为当前变换块推导出滤波器强度 strength。然后，根据 strength 的取值来选择合适的滤波器，对参考像素 LeftCol[0:$W+H$-1] 和 AboveRow[0:$W+H$-1] 进行滤波。表 4-2 所示为 strength 的取值及其含义。

表 4-2  strength 的取值及其含义

| strength 的取值 | 含义 |
|---|---|
| 0 | 不对参考像素进行滤波 |
| 1 | 采用 [0, 4, 8, 4, 0] 滤波器 |
| 2 | 采用 [0, 5, 6, 5, 0] 滤波器 |
| 3 | 采用 [2, 4, 4, 4, 2] 滤波器 |

根据当前变换块上方和左侧相邻变换块的预测模式是否是平滑预测模式，AV1 定义了两种不同的方案来推导 strength。关于平滑模式的定义，请参考 4.3 节。在下面的描述中，对于上侧参考像素 AboveRow[]，有 $d=|angle-90°|$；对于左侧参考像素 LeftCol[]，则有 $d=|angle-180°|$。由于 angle 不等于 90°，也不等于 180°，因此变量 $d$ 大于或等于 1。

- 如果变换块上方和左侧相邻变换块的预测模式都不是平滑预测模式，那么 strength 的推导过程如下：
  - 设置 strength=0。
  - 如果 $W+H ≤ 8$，即当前变换块是 $4×4$，那么如果 $d ≥ 56$，则 strength=1。
  - 否则，如果 $W+H ≤ 12$，即当前变换块是 $4×8/8×4$，那么如果 $d ≥ 40$，则 strength=1。
  - 否则，如果 $W+H ≤ 16$，即当前变换块是 $8×8$，那么如果 $d ≥ 40$，则 strength=1。
  - 否则，如果 $W+H ≤ 24$，即当前变换块是 $8×16$、$16×8$、$4×16$ 或 $16×4$，那么：
    - 如果 $d ≥ 8$，则 strength=1。
    - 如果 $d ≥ 16$，则 strength=2。
    - 如果 $d ≥ 32$，则 strength=3。
  - 否则，如果 $W+H ≤ 32$，即当前变换块是 $16×16$，那么
    - 如果 $d ≥ 1$，则 strength=1。
    - 如果 $d ≥ 4$，则 strength=2。
    - 如果 $d ≥ 32$，则 strength=3。
  - 否则，即当前变换块是 $8×32$、$32×8$、$16×32$、$32×16$、$32×32$、$32×64$、$64×32$、$16×64$、$64×16$ 或 $64×64$，那么如果 $d ≥ 1$，则 strength=3。
- 如果变换块上方或左侧相邻变换块的预测模式是平滑预测模式，那么滤波器强度 strength 的推导过程如下：
  - 设置 strength=0。
  - 如果 $W+H ≤ 8$，即当前变换块是 $4×4$，那么：
    - 如果 $d ≥ 40$，则 strength=1。
    - 如果 $d ≥ 64$，则 strength=2。
  - 否则，如果 $W+H ≤ 16$，即当前变换块是 $4×8$、$8×4$ 或 $8×8$，那么：
    - 如果 $d ≥ 20$，则 strength=1。
    - 如果 $d ≥ 48$，则 strength=2。

- 否则，如果 W+H ≤ 24，即当前变换块是 8×16、16×8、4×16 或 16×4，那么如果 $d \geq 4$，则 strength=3。
- 否则，即当前变换块是 16×16、8×32、32×8、16×32、32×16、32×32、32×64、64×32、16×64、64×16 或 64×64，那么如果 $d \geq 1$，则 strength=3。

根据上面描述的滤波强度推导过程可以发现，随着变换块尺寸的增加，需要滤波的预测模式越来越多。比如，当上方和左侧相邻变换块的预测模式不是平滑预测模式时，根据上面描述的滤波强度推导过程，可以发现：

1）对于 4×4 块，只有预测方向 D157_PRED 需要对上侧参考像素进行滤波。
2）对于 8×8 块，对角线附近的帧内预测方向几乎都需要对上侧参考像素进行滤波。
3）对于 32×32 块，除了垂直预测方向以外，其余的帧内预测方向都需要对上侧参考像素进行滤波。

这种设计的原理是，对于尺寸较大的变换块，通过对更多的预测模式执行滤波过程，可以增加帧内预测的多样性，也就是说，让更多的帧内预测模式成为潜在的最优候选预测模式。

另外，对比相邻变换块是否是平滑预测模式的滤波器强度推导过程，可以发现，当上方或左侧相邻变换块的预测模式是平滑预测模式时，这种情况需要滤波的预测模式相对较多，并且滤波强度也相对较大。这是因为滤波强度越大，就可以越好地滤除参考像素中的高频噪声和干扰，从而使得参考像素具有平滑特性。

### 3. 左侧和上方参考像素的滤波过程

给定滤波强度 strength > 0 以及滤波器系数 w[3][5]={{0, 4, 8, 4, 0}, {0, 5, 6, 5, 0}, {2, 4, 4, 4, 2}}，LeftCol[0:W+H−1] 和 AboveRow[0:W+H−1] 的滤波流程描述如下：

- 如果当前变换块有可用的上方参考像素并且选定的帧内预测角度 angle < 180°，那么 AV1 根据 angle 的取值，对指定的参考像素进行滤波：
  - 当 angle < 90° 时，对 AboveRow[$i$] 进行滤波，$i$=0, 1, 2, ⋯, W+H−1。
  - 当 angle > 90° 时，只对 AboveRow[$i$] 进行滤波，i=0, 1, 2, ⋯, W−1。

$$s = \sum_{j=0}^{5} w[strength-1][j] \cdot AboveRow[i-2+j]$$
$$AboveRow[i] = (s+8) >> 4$$

- 如果当前变换块有可用的左侧参考像素并且选定的帧内预测角度 angle > 90°，那么 AV1 将根据 angle 的取值，对指定的参考像素进行滤波：
  - 当 angle > 180° 时，对 LeftCol[$i$] 进行滤波，$i$=0, 1, 2, ⋯, W+H−1。
  - 当 angle < 180° 时，只对 LeftCol[$i$] 进行滤波，$i$=0, 1, 2, ⋯, H−1。

$$s = \sum_{j=0}^{5} w[strength-1][j] \cdot LeftCol[i-2+j]$$
$$LeftCol[i] = (s+8) >> 4$$

这里需要注意的是，上述公式中的 AboveRow[$i-2+j$] 和 LeftCol[$i-2+j$] 都是滤波之前的参考像素值。

图 4-6 以滤波器系数 [2, 4, 4, 4, 2] 为例展示了左侧和上方参考像素的滤波过程。其中 A 表示 AboveRow，L 表示 LeftCol，黑色圆点标记位置 A[$i$] 和 L[$i$] 表示待滤波的参考像素；大括号覆盖区域表示 A[$i$] 和 L[$i$] 的滤波过程所需要的相邻像素。

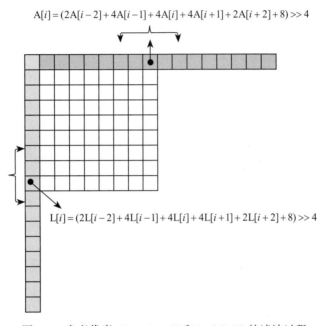

图 4-6　参考像素 AboveRow[] 和 LeftCol[] 的滤波过程

### 4.2.3　参考像素上采样

在自然图像中，水平和垂直预测模式通常比其他方向性的模式出现得更频繁，所以，对于尺寸较小，并且选定的帧内预测方向位于垂直和水平预测方向附近的变换块，AV1 会根据需要对参考像素 AboveRow[] 和 LeftCol[] 进行上采样操作，以提高这些变换块的预测方向精度。由于垂直预测方向和水平预测方向使用的是整像素位置参考像素来生成预测像素值，因此这两种预测方向并不需要对参考像素使用上采样操作。

假设 upsampling_above 和 upsampling_left 分别表示是否需要对 AboveRow[] 和 LeftCol[] 进行上采样操作的标志位。标志位等于 0 表示不进行上采样，等于 1 表示进行上采样。标志位 upsampling_above 和 upsampling_left 的推导方案可以描述如下：

- 标志位 upsampling_above 的推导过程：
  - $d=|\text{angle}-90°|$。
  - 如果 $d \leq 0 \| d \geq 40$，则 upsampling_above = 0。
  - 否则：

- 如果当前变换块的上方或左侧相邻变换块的预测模式是平滑预测模式，则 upsampling_above = ($W + H \leq 8$)，即只有 $4 \times 4$ 变换块需要上采样操作。
- 如果当前变换块的上方和左侧相邻变换块的预测模式不是平滑预测模式，则 upsampling_above = ($W + H \leq 16$)，即变换块 $4 \times 4$、$4 \times 8$、$8 \times 4$ 和 $8 \times 8$ 需要上采样操作。

在 upsampling_above 的推导过程中，$d \leq 0$ 表示选定的帧内预测方向为垂直预测方向，即预测角度等于 90°；而 $d \geq 40$ 表示选定的帧内预测方向角度距离垂直帧内预测方向较远。在这两种情况下，不需要对 AboveRow[] 进行上采样。

☐ 标志位 upsampling_left 的推导过程：
- $d = |\text{angle} - 180°|$。
- 如果 $d \leq 0 \| d \geq 40$，则 upsampling_left = 0。
- 否则：
    - 如果当前变换块的上方和左侧相邻变换块的预测模式是平滑预测模式，则 upsampling_left = ($W + H \leq 8$)，即只有 $4 \times 4$ 变换块需要上采样操作。
    - 如果当前变换块的上方和左侧相邻变换块的预测模式不是平滑预测模式，则 upsampling_left = ($W + H \leq 16$)，即变换块 $4 \times 4$、$4 \times 8$、$8 \times 4$ 和 $8 \times 8$ 需要上采样操作。

在 upsampling_left 的推导过程中，$d \leq 0$ 表示选定的帧内预测方向为水平预测方向；而 $d \geq 40$ 表示选定的帧内预测方向角度距离水平帧内预测方向较远。在这两种情况下，不需要对 LeftCol[] 进行上采样。

当 upsampling_above 和 upsampling_left 确定之后，AV1 将根据它们的取值来决定是否对 AboveRow[] 和 LeftCol[] 进行上采样。下面用 p 来表示数组 AboveRow 或 LeftCol，out 表示存储上采样输出结果的数组，sz 表示需要插值的像素个数。在进行上采样之前，p[-1 : sz-1] 是可用的输入像素值，其余位置均是无效的像素值。当上采样完成之后，out[-2 : 2sz-2] 是有效的像素值，这些像素值由输入像素值和插值得到的像素值组成，out[2i] 存储的是原始输入像素值 p[i]，out[2i-1] 是通过插值得到的半像素位置处的像素值。AV1 使用 4 抽头插值滤波器 [-1, 9, 9, -1] 插值得到半像素位置的像素值。滤波器利用左右 2 个相邻整像素位置像素，根据下面的公式来插值得到对应半像素位置像素值：

$$\begin{aligned} \text{out}[2i-1] &= -p[i-2] + 9 \cdot p[i-1] + 9 \cdot p[i] - p[i+1] \\ &= -\text{out}[2i-4] + 9 \cdot \text{out}[2i-2] + 9 \cdot \text{out}[2i] - \text{out}[2i+2] \end{aligned}$$

图 4-7 以 sz=8 为例展示了上采样前后数组 p[] 中像素的对应关系，其中输出像素数组中的黑色圆点标记位置存储的是原始输入像素值。灰色三角形标记位置是待插值的半像素位置，该位置上的像素值是使用原始输入像素值 p[1]、p[2]、p[3] 和 p[4] 插值得到的。

正如 4.2.4 节所述，在方向帧内预测中，预测像素是利用 AboveRow[] 或 LeftCol[] 中相邻两个参考像素的加权平均来生成的。假设预测方向的角度为 $\alpha$，在这个预测角度下，p[x][y]

使用的参考像素是 AboveRow[]，那么 p[x][y] 计算如下：

$$p[x][y] = \omega \cdot \text{AboveRow}[\text{base}] + (1-\omega) \cdot \text{AboveRow}[\text{base}+1]$$

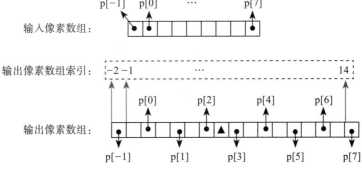

图 4-7 上采样过程的输入和输出像素之间的位置对应关系

其中 base 是根据预测角度 $\alpha$ 计算得到的参考像素位置，其计算方式如 4.2.4 节所述。所以，这种上采样过程有助于在 AboveRow[] 或 LeftCol[] 中的相邻参考像素之间实现更平滑的过渡，从而提高预测的准确性和视频质量。

与参考像素滤波过程一样，上采样过程也可以通过序列级语法元素 enable_intra_edge_filter 来选择性地开启或关闭。

### 4.2.4 预测像素生成

给定上方参考像素 AboveRow[-1 : W+H-1] 和左侧参考像素 LeftCol[-1 : W+H-1]，位置 $(x, y)$ 处的预测像素值 p[x][y] 是通过将 p[x][y] 的样本位置按照选定的预测方向投影到参考像素数组上。如果投影位置位于两个参考像素之间，那么就利用投影位置两侧的参考像素，通过线性插值来计算投影位置的像素值。假设预测方向的角度用 angle 来表示，根据预测方向角度的大小，AV1 定义了 3 种帧内预测像素生成方案。

#### 1. 预测方向角度小于 90°

当 angle 小于 90° 时，AV1 只用上方参考像素 AboveRow[] 即可生成预测像素 p[col][row]。此时，预测像素值 p[col][row] 可以按照下面所示的步骤来计算：

```
idx = (row+1) · dx
base = (idx >> (6 - upsample_above)) + (col << upsample_above)
shift = ((idx << upsample_above)&0x3F)>>1
s = (32 - shift) · AboveRow[base] + shift · AboveRow[base + 1]
p[col][row] = (s + 16) >> 5
```

其中，dx=$\lfloor 64/\tan(\text{angle}) \rfloor$，并且 tan(angle) 是 angle 的正切值。当 upsample_above=1 时，即参考像素使用上采样操作，此时参考像素的数量增加了一倍，并且参考像素位置发生了变化，计算投影位置两侧的参考像素时需要特殊处理。图 4-8 所示为预测角度小于 90°

时，p[0][1] 的预测过程。其中黑色圆点表示参考像素位置，灰色圆点表示预测像素位置。$A_{0,1}$ 是 p[0][1] 的像素位置在上方参考像素中的投影位置，$base_{0,1}$ 和 $base_{0,1}+1$ 是该投影位置附近的两个参考像素位置。根据正切函数定义，图 4-8 中的 idx1 计算如下：idx1=(row+1)/tan(α)=2/tan(α)。当用64对1/tan(α)进行缩放之后，即可得到 idx1=(row+1)·dx=2·dx。

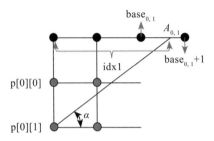

图 4-8　预测角度小于 90° 时 p[0][1] 的预测过程

由于上方参考像素总数 maxBaseX=(W+H-1)<<upsample_above，因此当根据上面的步骤计算得到的 base ≥ maxBaseX 时，p[col][row]=AboveRow[maxBaseX]。

### 2. 预测方向角度大于 90°，小于 180°

当 180° > angle > 90° 时，有些像素需要利用上方参考像素 AboveRow[] 来预测，而另外一些像素则需要利用左侧参考像素 LeftCol[] 来预测。图 4-9 所示为预测角度大于 90°，小于 180° 时，p[0][0] 和 p[0][1] 的预测过程，p[0][0] 通过上方参考像素 AboveRow[] 来预测，而 p[0][1] 通过左侧参考像素来预测。这是因为 p[0][1] 在上方参考像素中的投影位置在左上角像素 AboveRow[-1] 的左侧，该投影位置左侧没有可用的上方参考像素，但是 p[0][1] 在左侧参考像素上的投影位置正好位于两个可用参考像素之间。

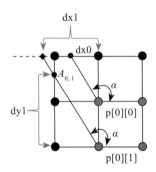

图 4-9　预测角度大于 90°，小于 180° 时，p[0][0] 和 p[0][1] 的预测过程

为了判断是否使用上方参考像素 AboveRow[]，AV1 首先计算 p[col][row] 上方参考像素的投影点位置 idx 和投影点位置左侧参考像素位置 base：

```
idx = (col << 6) - (row + 1)·dx
base = idx >> (6 - upsample_above)
```

如果 base ≥ − (1<<upsample_above)，那么使用上方参考像素 AboveRow[] 来预测 p[col][row]，即

```
shift = ((idx << upsample_above)&0x3F) >> 1
s = (32 - shift)·AboveRow[base] + shift·AboveRow[base + 1]
p[col][row] = (s + 16) >> 5
```

否则，即 base < −(1<<upsample_above)，则使用左侧参考像素 LeftCol[] 来预测 p[col][row]，即

```
idx = (row << 6) - (col + 1)·dy
base = idx >> (6 - upsample_left)
shift = ((idx << upsample_left)&0x3F) >> 1
s = (32 - shift)·LeftCol[base] + shift·LeftCol[base + 1]
p[col][row] = (s + 16) >> 5
```

其中 dx=⌊64/tan(180°- angle)⌋ 并且 dy=⌊64/tan(angle - 90°)⌋。

### 3. 预测方向角度大于 180°

当 angle 大于 180° 时，预测值 p[col][row] 只需要左侧参考像素 LeftCol[] 即可生成。此时，预测像素值 p[col][row] 可以按照下述公式所示步骤来计算：

```
idx = (col + 1)·dy
base = (idx >> (6 - upsample_left)) + (row << upsample_left)
shift = ((idx << upsample_left)&0x3F) >> 1
s = (32 - shift)·LeftCol[base] + shift·LeftCol[base + 1]
p[col][row] = (s + 16) >> 5
```

其中 dy=⌊64/tan(270°- angle)⌋。由于左侧参考像素总数 maxBaseY=(W+H−1)<<upsample_left，因此当上述公式计算得到的 base 大于或等于 maxBaseY 时，p[col][row]=AboveRow[maxBaseY]。

图 4-10 所示为预测角度大于 180° 时，p[0][0] 和 p[1][0] 的预测过程。其中 dy0 和 dy1 分别对应 p[0][0] 和 p[1][0] 的 idx：dy0=1/tan(270°- α) 并且 dy1=2/tan(270°- α)。

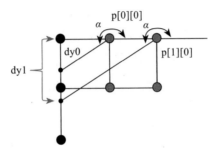

图 4-10　预测角度大于 180° 时 p[0][0] 和 p[1][0] 的预测过程

### 4. 预测方向角度等于 90° 或 180°

预测方向角度等于 90° 的预测模式又称为垂直预测模式，等于 180° 的预测模式称为水平预测模式。在垂直预测中，p[col][row]=AboveRow[col]，col=0, 1, 2, …, W−1。在水平预测中，p[col][row]=LeftCol[row]，row=0, 1, …, H−1。图 4-11 以 p[0][0] 和 p[0][1] 为例展示了垂直和水平预测模式的预测过程。在垂直预测模式中，p[0][0]=p[0][1]=AboveRow[0]；在水平预测模式中，p[0][0]=LeftCol[0]，p[0][1]=LeftCol[1]。

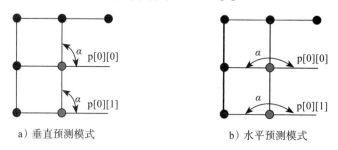

a）垂直预测模式　　　　　　b）水平预测模式

图 4-11　垂直和水平预测模式的预测过程

为了避免在预测过程中计算角度的正切值，AV1 定义了数组 `Dr_Intra_Derivative[90]` 预先存储给定角度的正切值。具体来讲，元素 `Dr_Intra_Derivative[angle]` 表示 $\lfloor 64 / \tan(\text{angle}) \rfloor$。

## 4.3　非方向帧内预测

除了方向帧内预测之外，AV1 还定义了 5 种非方向帧内预测模式来模拟图像块的平滑区域。这 5 种非方向预测模式分别是 `DC_PRED`、`SMOOTH_PRED`、`SMOOTH_H_PRED`、`SMOOTH_V_PRED` 和 `PAETH_PRED`。

在 `DC_PRED` 预测模式中，AV1 使用当前变换块的左侧和上方参考像素的平均值来生成预测像素值。在 `DC_PRED` 预测模式下，预测像素生成过程具体描述如下：

- 如果当前变换块的左侧和上方参考像素 AboveRow[0:W−1] 和 LeftCol[0:H−1] 均可用，那么：

$$p[\text{col}][\text{row}] = \frac{\sum_{i=0}^{H-1} \text{LeftCol}[i] + \sum_{j=0}^{W-1} \text{AboveRow}[j] + (W+H)/2}{W+H}$$

- 否则，如果当前变换块的左侧参考像素 LeftCol[0:H−1] 可用，那么：

$$p[\text{col}][\text{row}] = \frac{\sum_{i=0}^{H-1} \text{LeftCol}[i] + H/2}{H}$$

❑ 否则，如果当前变换块的上方参考像素 AboveRow[0:*W*−1] 可用，那么：

$$p[col][row] = \frac{\sum_{j=0}^{W-1} \text{AboveRow}[j] + W/2}{W}$$

❑ 否则，如果 AboveRow[0:*W*−1] 和 LeftCol[0:*H*−1] 均不可用，那么：

$$p[col][row] = 1 << (\text{BitDepth} - 1)$$

预测模式 SMOOTH_V_PRED 和 SMOOTH_H_PRED 分别沿垂直和水平方向使用二次插值方式生成预测值，而预测模式 SMOOTH_PRED 则使用预测模式 SMOOTH_V_PRED 和 SMOOTH_H_PRED 的二次插值结果的平均值生成预测值。用于二次插值的参考像素包括来自顶部和左侧的参考像素以及右上角和左下角的参考像素。具体来讲，SMOOTH_V_PRED 使用顶部参考像素 AboveRow[col] 和左下角像素 LeftCol[*H*−1] 的加权平均作为预测值，而 SMOOTH_H_PRED 使用左侧参考像素 LeftCol[row] 和右上角参考像素 AboveRow[*W*−1] 的加权平均作为预测值。SMOOTH_PRED 则使用 LeftCol[row]、AboveRow[col]、AboveRow[*W*−1] 和 LeftCol[*H*−1] 这 4 个参考像素的加权平均作为预测值。图 4-12 所示为 4×8 变换块在 SMOOTH_PRED 预测模式下的预测像素和参考像素之间的位置关系。

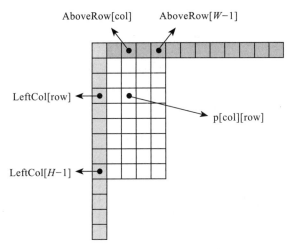

图 4-12 SMOOTH_PRED 预测模式下的预测像素和参考像素之间的位置关系

在预测模式 SMOOTH_V_PRED、SMOOTH_H_PRED 以及 SMOOTH_PRED 下，AV1 首先根据当前变换块的宽度 *W* 和高度 *H*，使用表 4-3 中的水平和垂直权重对应关系选择合适的权重数组。表 4-3 中列出的权重数组是通过二次函数 $y=ax^2+bx+c$ 拟合得到的，其中 *y* 是待预测像素位置的权重，*x* 是待预测像素距离参考像素的距离，*a*, *b* 和 *c* 是拟合参数。由于权重 smWeightsX 和 smWeightsY 是通过二次函数拟合得到的，因此预测像素值可以视为使用二次插值来生成的。

表 4-3 SMOOTH_PRED 的水平和垂直权重选择方式

| 水平方向权重 smWeightsX | | 垂直方向权重 smWeightsY | |
|---|---|---|---|
| $\log_2 W$ | smWeightsX | $\log_2 H$ | smWeightsY |
| 2 | Sm_Weights_Tx_4x4 | 2 | Sm_Weights_Tx_4x4 |
| 3 | Sm_Weights_Tx_8x8 | 3 | Sm_Weights_Tx_8x8 |
| 4 | Sm_Weights_Tx_16x16 | 4 | Sm_Weights_Tx_16x16 |
| 5 | Sm_Weights_Tx_32x32 | 5 | Sm_Weights_Tx_32x32 |
| 6 | Sm_Weights_Tx_64x64 | 6 | Sm_Weights_Tx_64x64 |

之后，对于 SMOOTH_V_PRED 预测模式，预测值 p[col][row] 的计算方式如下：

$$s = \text{smWeightsY}[row] \cdot \text{AboveRow}[col] + (256 - \text{smWeightsY}[row]) \cdot \text{LeftCol}[H-1]$$
$$p[col][row] = (s + 128) \gg 8$$

对于 SMOOTH_H_PRED 预测模式，预测值 p[col][row] 的计算方式如下：

$$s = \text{smWeightsX}[col] \cdot \text{LeftCol}[row] + (256 - \text{smWeightsX}[col]) \cdot \text{AboveRow}[W-1]$$
$$p[col][row] = (s + 128) \gg 8$$

对于 SMOOTH_PRED 预测模式，预测值 p[col][row] 的计算方式如下：

$$s = \text{smWeightsY}[row] \cdot \text{AboveRow}[col] + (256 - \text{smWeightsY}[row]) \cdot \text{LeftCol}[H-1] +$$
$$\text{smWeightsX}[col] \cdot \text{LeftCol}[row] + (256 - \text{smWeightsX}[col]) \cdot \text{AboveRow}[W-1]$$
$$p[col][row] = (s + 256) \gg 9$$

在 PAETH_PRED 预测模式中，AV1 使用顶部参考像素 AboveRow[col]、左侧参考像素 LeftCol[row] 和左上角参考像素 AbovcRow[-1] 来生成预测值 p[col][row]。图 4-13 为 PAETH_PRED 预测模式中参考像素的位置示意图。

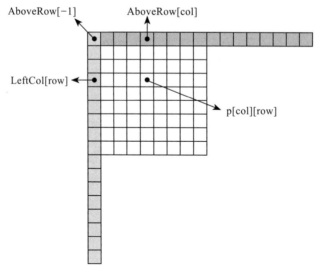

图 4-13 PAETH_PRED 预测模式中参考像素的位置示意图

之后，PAETH_PRED 预测模式按照下述公式来生成预测值 p[col][row]：

$$p[col][row] = \arg\min |x - base|, \forall x \in \Lambda$$
$$\Lambda = \{\text{AboveRow}[col], \text{LeftCol}[row], \text{AboveRow}[-1]\}$$
$$base = \text{AboveRow}[col] + \text{LeftCol}[row] - \text{AboveRow}[-1]$$

也就是说，PAETH_PRED 预测模式从参考像素 AboveRow[col]、LeftCol[row] 和 AboveRow[−1] 中选择与 base 值最接近的参考像素作为预测值。这种非线性的预测像素生成方式可以控制预测方向，使其与具有最高相关性的纹理方向对齐。

为了传输非方向帧内预测，AV1 仍然使用语法元素 intra_frame_y_mode 和 uv_mode 来指明亮度和色度的非方向帧内预测模式。

## 4.4 递归帧内预测

AV1 定义 5 种递归帧内预测模式，用于挖掘图像块内部区域像素之间的相关性。AV1 使用二维的一阶马尔可夫模型来刻画这些像素之间的相关性。假设 $X(x, y)$ 表示位于 $(x, y)$ 处的像素值，其预测值可以表示如下：

$$\hat{X}(x, y) = \omega_{x-1, y-1}\hat{X}(x-1, y-1) + \omega_{x, y-1}\hat{X}(x, y-1) + \omega_{x+1, y-1}\hat{X}(x+1, y-1) +$$
$$\omega_{x+2, y-1}\hat{X}(x+2, y-1) + \omega_{x+3, y-1}\hat{X}(x+3, y-1) + \omega_{x-1, y}\hat{X}(x-1, y) +$$
$$\omega_{x-1, y+1}\hat{X}(x-1, y+1)$$

其中 $\hat{X}(i, j)$ 是可用的上方和左侧像素位置的重构值或预测值。图 4-14 所示为递归帧内预测模式中预测像素位置与其参考像素位置之间的空域关系。图 4-14 中的黑色圆点标记位置是待预测像素位置，带有箭头的直线所指向的位置是其预测过程要使用的参考像素位置。在图 4-14 中，左上角的黑色圆点标记位置使用的是上方和左侧参考像素，它们是重构像素值；但是，右下方的黑色圆点标记位置所使用的参考像素是对应位置的预测像素值，而非重构像素值。

为了提高硬件吞吐量，AV1 不是递归地预测每个像素，而是以 4×2 像素块为单位来进行预测。具体来讲，当前变换块首先被分割成多个 4×2 像素块。对于每个 4×2 像素块，其内部的每个像素使用来自当前 4×2 像素块的顶部和左侧像素块的 7 个相邻像素预测值作为输入，按照下式来计算预测值：

$$\hat{X}(x+i, y+j) = \omega_{i,j}^0 \hat{X}(x-1, y-1) + \omega_{i,j}^1 \hat{X}(x, y-1) + \omega_{i,j}^2 \hat{X}(x+1, y-1) +$$
$$\omega_{i,j}^3 \hat{X}(x+2, y-1) + \omega_{i,j}^4 \hat{X}(x+3, y-1) + \omega_{i,j}^5 \hat{X}(x-1, y) +$$
$$\omega_{i,j}^6 \hat{X}(x-1, y+1)$$

其中 $(i, j)$ 表示待预测像素在 4×2 像素块内部的位置坐标，$0 \leq i < 4, 0 \leq j < 2$；$(x, y)$ 表示当前 4×2 像素块的左上角像素在变换块内部的位置坐标。这种预测模式避免了 4×2 像素块内的像素间依赖关系，从而使硬件解码器能够并行处理预测。

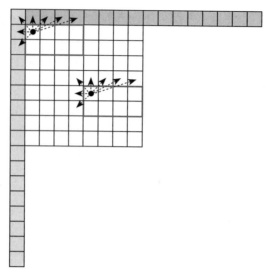

图 4-14 递归帧内预测模式中预测像素位置与其参考像素位置之间的空域关系

递归帧内预测模式中的权重系数集合 $\{\omega_{i,j}^k\}$，$k \in \{0,1,2,\cdots,6\}$ 便形成了基于空域相关性的线性预测器。AV1 定义了 5 种递归帧内预测模式。对于每个递归帧内预测模式，AV1 定义了 8 种权重系数。在每个 $4 \times 2$ 像素块内，位于不同坐标位置的像素使用不同种类的权重系数 $\{\omega_{i,j}^k\}$。AV1 标准文档使用数组 `Intra_Filter_Taps[5][8][7]` 来存储递归帧内预测模式中的权重系数集合 $\{\omega_{i,j}^k\}$。

为了传输这 5 种递归帧内预测模式，AV1 定义了语法元素 `filter_intra_mode`。`filter_intra_mode` 的取值及其对应含义如表 4-4 所示。除了 `filter_intra_mode` 之外，AV1 还定义了一个语法元素 `use_filter_intra` 来控制是否启用递归帧内预测方法。`use_filter_intra` 等于 1 表示启用递归帧内预测方法。此时，编码器才需要传输 `filter_intra_mode` 以指明使用了表 4-4 所示的哪个递归帧内预测模式。

表 4-4 AV1 中的递归帧内预测模式

| `filter_intra_mode` 的取值 | 递归帧内预测的含义 |
| --- | --- |
| 0 | FILTER_DC_PRED |
| 1 | FILTER_V_PRED |
| 2 | FILTER_H_PRED |
| 3 | FILTER_D157_PRED |
| 4 | FILTER_PAETH_PRED |

给定语法元素 `filter_intra_mode` 的取值，以及待预测像素在 $4 \times 2$ 像素块的内部位置坐标 $(i, j)$，该像素的权重系数 $\omega_{i,j}^k$ 等于 `Intra_Filter_Taps[filter_intra_mode][(j << 2)+i][k]`。

递归帧内预测只应用于亮度分量的帧内预测过程。色度分量的帧内预测并不使用递归帧内预测。

## 4.5 基于亮度的色度预测模式

基于亮度的色度（Chroma from Luma，CfL）预测模式是仅应用于色度编码块的一种帧内预测模式。CfL 预测模式通过线性模型使用当前色度块对应位置处的重建亮度像素值来生成色度预测像素。对于 4:2:0 和 4:2:2 格式视频，由于它们的亮度分量和色度分量的分辨率是不同的，因此，在执行 CfL 预测模式之前，首先对重建亮度像素块进行下采样，以使得重建亮度像素块与色度像素块之间的分辨率相同。之后，CfL 预测模式把色度块的直流分量和缩放后的亮度交流分量之和作为其预测值。像素块的直流分量是由该像素块中所有像素的平均值组成的，而交流分量则是从每个像素值去除直流分量之后的剩余部分。在 CfL 模式中，亮度交流分量的缩放因子等模型参数需要在编码过程中计算并传输至解码端，以保证解码器能够重构 CfL 预测值。图 4-15 为 CfL 预测模式的预测像素生成流程图。

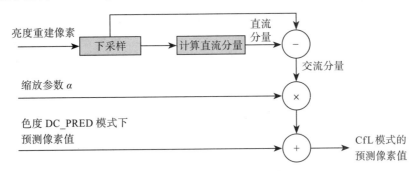

图 4-15 CfL 预测模式的预测像素生成流程图

假设当前色度块的左上角位置是 (startX, startY)，并且当前色度块的宽度和高度分别是 $W$ 和 $H$。令 subX 和 subY 分别表示色度分量横向和纵向分辨率的缩放因子：subX=1 表示色度分量的横向分辨率是亮度横向分辨率的一半，subX=0 表示色度分量的横向分辨率与亮度横向分辨率相同；subY=1/0 分别表示色度分量的纵向分辨率是亮度纵向分辨率的一半 / 相同。表 4-5 所示为不同视频格式下 subX 和 subY 的取值，其中 mono_chrome 表示视频是否包含色度分量，其值为 1 表示不包含色度分量。

表 4-5 不同视频格式下 subX 和 subY 的取值

| subX | subY | mono_chrome | 视频颜色格式 |
| --- | --- | --- | --- |
| 0 | 0 | 0 | YUV4:4:4 |
| 1 | 0 | 0 | YUV4:2:2 |
| 1 | 1 | 0 | YUV4:2:0 |
| 1 | 1 | 1 | YUV4:0:0 |

假设 L[0 : W−1][0 : H−1] 表示下采样后的亮度块，为了提高下采样像素精度，CfL 使用 BitDepth+3 位来存储下采样像素。换句话说，像素值 L[x][y] 是具有 3 个小数位精度的下采样重建亮度像素值。所以，下采样过程描述如下：

$$\text{lumaY} = (\text{startY} + y) << \text{subY}$$
$$\text{lumaX} = (\text{startX} + x) << \text{subX}$$
$$t = \sum_{dy=0}^{\text{subY}} \sum_{dx=0}^{\text{subX}} p[\text{plane}][\text{lumaX} + dx][\text{lumaY} + dy]$$
$$t = t << (3 - \text{subX} - \text{subY})$$
$$L[x][y] = t$$

其中，$(x, y)$ 是下采样后的像素位置，$0 \leq x < W$ 和 $0 \leq y < H$；plane 表示颜色分量的索引，对于 YUV 三分量，plane 分别是 0/1/2；p[plane][x][y] 表示存储对应颜色分量的重建像素值；(lumaX, lumaY) 可以认为是色度块内位置为 $(x, y)$ 的像素点所对应的亮度块起始位置；当 subX 和 subY 都等于 1 时，$t$ 等于 4 个像素之和并且左移 1 位之后的值，这个 $t$ 值正好对应这 4 个像素的平均值左移 3 位后的取值。所以，下采样像素的位宽是 BitDepth+3。

图 4-16 所示为 4:2:0 格式视频中 8×8 大小的重建亮度块下采样为 4×4 的亮度块。其中浅灰色圆点表示重建亮度像素，黑色圆点表示下采样的亮度像素。正方形标记的位置的采样像素位置所使用的重建亮度像素分别是 p[i][j]、p[i+1][j]、p[i][j+1] 和 p[i+1][j+1]。

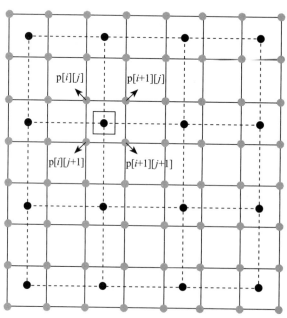

图 4-16　4:2:0 格式视频中 8×8 大小的重建亮度块下采样为 4×4 的亮度块

然后，利用下采样后的亮度块 L[0 : W−1][0 : H−1]，CfL 将计算其直流分量 lumaAvg：

$$s = \sum_{y=0}^{H-1}\sum_{x=0}^{W-1} L[x][y]$$

$$\text{lumaAvg} = \frac{s + (W \cdot H)/2}{W \cdot H}$$

最后，CfL 把缩放后的亮度交流分量加到采用 `DC_PRED` 预测模式得到的色度预测值之上，以得到 CfL 预测值：

$$\text{scaledLuma} = \alpha \cdot (L[x][y] - \text{lumaAvg})$$
$$\text{scaledLuma} = \text{Round2Signed}(\text{scaledLuma}, 6)$$
$$\text{pred}[x][y] = \text{pred}_{DC}[x][y] + \text{scaledLuma}$$

其中，$\alpha$ 表示 CfL 缩放的缩放因子；$\text{pred}_{DC}[][]$ 是采用 `DC_PRED` 预测模式得到的色度预测值；Round2Signed() 是移位取整操作，其定义如下：

$$\text{Round2Signed}(x, n) = \begin{cases} \left\lfloor \dfrac{x + 2^{n-1}}{2^n} \right\rfloor, & x \geq 0 \\ -\left\lfloor \dfrac{-x + 2^{n-1}}{2^n} \right\rfloor, & x < 0 \end{cases}$$

由于 $\alpha$ 取值是 1～16 并且 L[][] 和 lumaAvg 的位宽是 BitDepth+3，因此，根据 CfL 预测值的计算公式可知，AV1 最大允许往 `DC_PRED` 预测值上添加 2 倍的亮度交流分量。

为了传输缩放因子 $\alpha$，AV1 定义了 3 个语法元素 `cfl_alpha_signs`、`cfl_alpha_u` 和 `cfl_alpha_v`。`cfl_alpha_signs` 包含了色度分量 U 和 V 的传输缩放因子 $\alpha$ 的符号位。`cfl_alpha_u` 和 `cfl_alpha_v` 分别表示色度分量 U 和 V 的传输缩放因子 $\alpha$ 的绝对值减 1。AV1 把 U 和 V 的符号位打包成一个具有 8 个可能值的单个语法元素 `cfl_alpha_signs`。表 4-6 所示为 `cfl_alpha_signs` 的取值及其含义，其中 signU 和 signV 分别表示色度分量 U 和 V 的符号。

表 4-6 语法元素 `cfl_alpha_signs` 的取值以及其含义

| `cfl_alpha_signs` 的取值 | signU | signV |
| --- | --- | --- |
| 0 | CFL_SIGN_ZERO | CFL_SIGN_NEG |
| 1 | CFL_SIGN_ZERO | CFL_SIGN_POS |
| 2 | CFL_SIGN_NEG | CFL_SIGN_ZERO |
| 3 | CFL_SIGN_NEG | CFL_SIGN_NEG |
| 4 | CFL_SIGN_NEG | CFL_SIGN_POS |
| 5 | CFL_SIGN_POS | CFL_SIGN_ZERO |
| 6 | CFL_SIGN_POS | CFL_SIGN_NEG |
| 7 | CFL_SIGN_POS | CFL_SIGN_POS |

在 AV1 中，`CFL_SIGN_ZERO` 等于 0，表示缩放因子 $\alpha$ 等于 0；`CFL_SIGN_NEG` 等

于 1，表示 α 是负数；CFL_SIGN_POS 等于 2，表示 α 是正数。signU 和 signV 与 `cfl_alpha_signs` 之间的关系如下：

$$signU = (cfl\_alpha\_signs + 1) / 3$$
$$signV = (cfl\_alpha\_signs + 1) \% 3$$

## 4.6 帧内预测模式的编码顺序

对于亮度分量，其帧内预测模式包括 56 个方向性帧内预测模式、5 个非方向性预测模式和 5 个递归滤波模式。这些帧内预测模式的编码方式可以描述如下：

- AV1 首先编码传输语法元素 `intra_frame_y_mode` 用于指明变换块使用的基准帧内预测模式或非方向性帧内预测模式。
- 如果变换块尺寸大于或等于 8×8 并且 `intra_frame_y_mode` 是方向性帧内预测模式，那么 AV1 继续编码语法元素 `angle_delta_y` 以进一步指明变换块的帧内预测方向的角度偏移量索引。
- 如果 `intra_frame_y_mode` 等于 `DC_PRED` 并且变换块的宽度和高度都小于或等于 32，那么 AV1 继续编码语法元素 `use_filter_intra` 以指明是否启用递归帧内预测方法。
- 如果 `use_filter_intra` 等于 1，即启用递归帧内预测方法，那么，AV1 将编码语法元素 `filter_intra_mode` 以指明使用了表 4-4 所示的哪个递归帧内预测模式。

类似地，对于色度分量，其帧内预测模式包括 56 个方向性帧内预测模式、5 个非方向性预测模式和 CfL 预测模式。这些帧内预测模式的编码方式描述如下：

- AV1 首先编码传输语法元素 `uv_mode` 用于指明变换块使用的基准帧内预测模式，或非方向性帧内预测模式，或 CfL 帧内预测模式。
- 如果 `uv_mode` 是 CfL 帧内预测模式，那么 AV1 继续编码语法元素 `cfl_alpha_signs`、`cfl_alpha_u` 和 `cfl_alpha_v`，以指明色度分量 $U$ 和 $V$ 的 CfL 预测模式中的缩放因子的符号位和绝对值。
- 如果变换块尺寸大于或等于 8×8 像素并且 `uv_mode` 是方向性帧内预测模式，那么 AV1 将继续编码语法元素 `angle_delta_uv`，以进一步指明变换块的帧内预测方向的角度偏移量索引。

表 4-7 所示为语法元素 `filter_intra_mode` 和 `uv_mode` 与帧内预测模式之间的映射关系。为了提高 `intra_frame_y_mode` 的编码效率，对帧内预测帧（Intra Frame）和帧间预测帧（Inter Frame），AV1 使用不同的上下文模型来编码语法元素 `intra_frame_y_mode`。

表 4-7　语法元素 `filter_intra_mode` 和 `uv_mode` 与帧内预测模式之间的映射关系

| filter_intra_mode | uv_mode | 帧内预测模式 |
|---|---|---|
| 0 | 0 | DC_PRED |
| 1 | 1 | V_PRED |
| 2 | 2 | H_PRED |
| 3 | 3 | D45_PRED |
| 4 | 4 | D135_PRED |
| 5 | 5 | D113_PRED |
| 6 | 6 | D157_PRED |
| 7 | 7 | D203_PRED |
| 8 | 8 | D67_PRED |
| 9 | 9 | SMOOTH_PRED |
| 10 | 10 | SMOOTH_V_PRED |
| 11 | 11 | SMOOTH_H_PRED |
| 12 | 12 | PAETH_PRED |

对于帧内预测帧，由于其中所有编码块都采用帧内编码模式，因此 AV1 利用左侧和上方相邻编码块的帧内预测模式来推导当前编码块 `intra_frame_y_mode` 的上下文模型。对于帧间预测帧，由于其内部编码块可能采用帧内编码或者帧间编码，因此 AV1 利用当前编码块的大小来推导当前编码块 `intra_frame_y_mode` 的上下文模型。因为亮度帧内预测模式和色度帧内预测模式之间存在相关性，所以在编码色度帧内预测模式 `uv_mode` 时，AV1 使用对应的亮度编码块的预测模式 `intra_frame_y_mode` 来推导 `uv_mode` 的上下文模型。

CHAPTER 5

# 第 5 章

# 帧 间 预 测

帧间预测（Inter Prediction）是视频编码中用于减少数据量和提高编码效率的关键技术之一。帧间预测利用视频序列中连续帧之间的时域冗余，通过运动估计和运动补偿来预测当前帧的内容。目前帧间预测主要利用基于块的运动估计和运动补偿技术。在预测过程中，编码器首先通过运动估计和运动补偿技术，从先前已经重构的视频帧中，来搜索当前图像块的最佳匹配块，并使用运动向量指示匹配块的位置。指向匹配块的运动向量可以是整像素精度，也可以是子像素精度。之后，编码器计算当前图像块与其最佳匹配块之间的预测残差，并只对预测残差进行编码传输。相较于直接编码传输原始的图像块，编码传输预测残差所需的比特数将大幅减少。所以，帧间预测技术不仅保证了视频质量，还有效地提高了编码效率。

为了提高帧间预测模块的编码效率，AV1 支持丰富的编码工具集，用于挖掘视频信号中的时域相关性。比如，由于视频内容可能包含不同程度的高频分量，如边缘、纹理或噪声，为了适应不同的视频内容，AV1 采用了不同截止频率的插值滤波器。再比如，在处理视频序列中物体的复杂运动时，传统的基于平移运动补偿方法可能不足以准确地捕捉物体的运动轨迹，尤其是当物体经历旋转、缩放、剪切等非平移运动时。为了解决这个问题，AV1 引入了仿射变换来更精确地对这些复杂的运动模式进行建模。为了提高双向预测的准确性，AV1 引入了高度灵活的复合预测模式，如通过参考帧距离和参考帧之间的残差来推导加权权重。为了适应具有不规则形状的编码块，AV1 还引入了复合楔形预测和复合帧内帧间预测模式。除此之外，由于当前编码块的运动向量与其邻近块的运动向量通常存在相关性，为了利用这种相关性，AV1 引入了动态运动向量预测方案。接下来，本章将详细描述 AV1 支持的帧间预测工具集。

## 5.1 参考帧系统

### 5.1.1 参考帧的存储和访问

在视频编码标准中，DPB 是一个存储解码视频帧的缓冲区。当视频帧被解码后，解码器需要利用 DPB 来存储解码视频帧，以便实现视频的播放或后续处理。如第 2 章所述，AV1 定义了一个缓冲池，用于存储解码过程使用的视频帧。缓冲池有 10 个插槽，所以最多可以存储 10 帧图片。AV1 解码器使用虚拟缓冲区索引来跟踪各个插槽的使用状态。VBI 数组的大小等于 8，索引是从 0～7。由于 AV1 解码器使用 VBI 来更新 DPB 并且 VBI 的个数是 8，所以，尽管缓冲池有 10 个插槽，但是 DPB 能够使用的插槽个数是 8，其中 7 个插槽用于存储已经完成解码的参考帧，剩余 1 个插槽用于存储待显示的解码视频帧。

在帧间预测中，已经完成解码的视频帧可以作为当前视频帧的参考帧。AV1 定义了 8 种类型的参考帧，即 `INTRA_FRAME`、`LAST_FRAME`、`LAST2_FRAME`、`LAST3_FRAME`、`GOLDEN_FRAME`、`BWDREF_FRAME`、`ALTREF2_FRAME` 和 `ALTREF_FRAME`。这些参考帧类型的取值分别是 0、1、…、7，即 `INTRA_FRAME=0`、`LAST_FRAME=1`、…、`ALTREF_FRAME=7`。在下面的描述中，上述参考帧类型分别简称为 INTRA、LAST、LAST2、LAST3、GOLDEN、BWDREF、ALTREF2 和 ALTREF。

通常情况下，参考帧类型 INTRA 用于标记当前编码块是否是帧间预测模式。参考帧类型 LAST、LAST2、LAST3 和 GOLDEN 通常分配给显示顺序（Display Order）位于当前帧之前的参考帧。而参考帧类型 BWDREF、ALTREF2 和 ALTREF 则通常分配给显示顺序位于当前帧之后的参考帧。这里需要注意的是，AV1 标准并没有规定这些参考帧类型必须按照参考帧的显示顺序分配给各个参考帧。在编码过程中，编码器可以自由地将这些参考帧类型分配给任何参考帧。比如，编码器可以将多个参考帧类型分配给同一个参考帧。图 5-1 所示为参考帧类型与 DPB 存储帧之间的对应关系。在这个示例中，参考帧 LAST、LAST2 和 LAST3 分配给同一个参考帧。

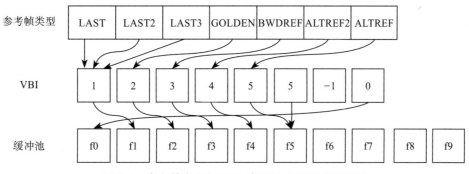

图 5-1 参考帧类型与 DPB 存储帧之间的对应关系

为了确定参考帧在缓冲池的物理存放位置，AV1 在帧头部信息定义了语法元素 `ref_`

frame_idx 来编码 VBI。ref_frame_idx 是一个数组，其大小是 7，正好对应 VBI 中的 7 个元素值，这 7 个元素值指明了 7 个参考帧类型所对应的参考帧在缓冲池的位置。ref_frame_idx[i] 表示参考帧类型 i+LAST（i 的取值范围是 0～6）的 VBI 插槽索引：ref_frame_idx[i]=k，k 取值范围是从 0～7。所以，VBI[k] 即是参考帧类型 i+LAST 所对应的参考帧在缓冲池的位置。也就是说 ref_frame_idx[0/1/…/6] 分别表示参考帧类型 LAST、LAST2、LAST3、GOLDEN、BWDREF、ALTREF2 和 ALTREF 所对应的参考帧在缓冲池的位置。因此，在正式编码当前帧之前，编码器将在当前帧的帧头信息中编码语法元素 ref_frame_idx 来指明编码当前帧时刻的缓冲池的使用状态。利用 ref_frame_idx，编码器即可从缓冲池中访问当前帧所使用的参考帧。

在编码 ref_frame_idx 之前，AV1 编码器首先编码语法元素 frame_refs_short_signaling，用于指明当前帧是否只使用 2 个参考帧，即 LAST 和 GOLDEN。frame_refs_short_signaling 等于 1 表示当前帧只使用两个参考帧，此时 AV1 使用语法元素 last_frame_idx 和 gold_frame_idx 来指明参考类型为 LAST 和 GOLDEN 所对应的参考帧在缓冲池的位置。AV1 将语法元素 last_frame_idx 和 gold_frame_idx 的取值分别赋值给 ref_frame_idx[0] 和 ref_frame_idx[3]：

- ref_frame_idx[0]= last_frame_idx
- ref_frame_idx[3]= gold_frame_idx

当 frame_refs_short_signaling 等于 0 时，AV1 将编码所有参考帧类型的参考帧索引，即 ref_frame_idx[i]，其中 i = 0、1、2、…、6。

编码器在编码完成一个视频帧之后，会根据该帧头信息中的语法元素 refresh_frame_flags 的取值来决定将当前视频帧存储在缓冲池的哪个插槽。这样做的目的是让后续的编码帧能够选择当前视频帧作为参考帧。

### 5.1.2 替代参考帧

为了提高压缩效率，AV1 引入了 ARF。ARF 的主要作用是为后续编码帧提供参考，以提高帧间预测效果，而不是用于显示。也就是说，在某些场景下，AV1 解码器只是解码 ARF，并且把解码之后的 ARF 存储在 DPB 中，但是 DPB 中的 ARF 不用显示给用户。ARF 通常是相同显示顺序的视频帧的滤波版本，即编码器使用时域滤波技术 [37] 对相同显示顺序位置的原始帧进行滤波合成 ARF。由于 ARF 保留了相邻原始帧的公共信息，所以，使用 ARF 作为参考帧可以提高帧间预测的准确性。

由于 ARF 是当前显示时间位置附近的多个原始视频帧经过低通滤波合成的，其内容与当前时间位置的原始视频帧有所不同。如果 ARF 与当前时间位置的原始视频帧的内容相差很大时，AV1 编码器可以选择不输出 ARF，而是重新编码一个名为**重叠帧**（Overlay Frame）的视频帧，以用于输出。与 ARF 相比，重叠帧包含了更多的高频和纹理信息。重叠帧通常被作为常规的帧间预测帧来处理，并且把对应的 ARF 作为参考帧。由于重叠帧和用于参考的 ARF 的像素值非常相似，所以重叠帧花费的比特非常少。在某些情况下，如果 ARF 与当前时间位置的原始视频帧的内容相差不大时，AV1 编码器可以选择直接输出 ARF，而不需要显式地编码重叠帧。无论是否显式地编码重叠帧，都可以认为在 ARF 的相同时间位置存在一个输出显示帧。当不需要显式地编码重叠帧时，此时的输出显示帧是对应 ARF 的复制；当显式地编码重叠帧时，此时的输出显示帧是该重叠帧。所以，有些 AV1 码流分析器显示结果的总帧数会大于输入视频的帧数，而多出来的帧就是 ARF。

AV1 利用 ARF 可以实现多层次金字塔编码结构（Multi-Level Pyramid Coding Structure）[9]的高效编码。在这种编码结构中，GOP 中的每个图片被分为不同的时域层，并且位于高时域层的视频帧通常把低时域层的视频帧作为参考帧。因此，位于低时域层的视频帧通常被设置为 ARF。在编码过程中，编码器通常使用相对较低的量化步长来编码 ARF，以优化整个 GOP 的率失真性能。图 5-2 所示为一个长度为 8 帧的金字塔预测编码结构中各个帧的显示顺序、编码顺序以及参考关系。

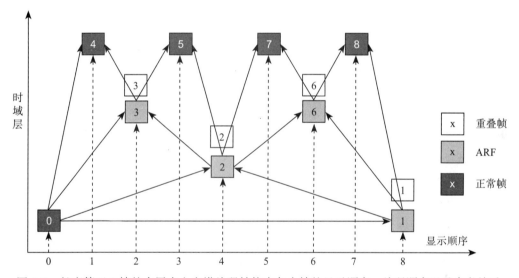

图 5-2　长度等于 8 帧的多层次金字塔编码结构中各个帧的显示顺序、编码顺序以及参考关系

在图 5-2 中，横轴表示显示顺序，纵轴表示时域层；带有箭头直线表示参考关系，该直线从参考帧指向编码帧；图中矩形代表一个视频帧，矩形中的数字表示编码顺序，深色矩形表示正常输入视频帧，浅灰色矩形表示 ARF，白色矩形表示重叠帧。在图 5-2 中，低时域层帧（编码顺序为 1，2，3 和 6 的视频帧）被设置为 ARF，并且被高时域层帧（编码顺序为 4，5，7 和 8 的视频帧）用作参考帧。另外，对于图 5-2 中的例子，输入视频帧数是 8，而 AV1 编码总帧数是 12，其中多出来的帧数即是 4 个 ARF。表 5-1 所示为图 5-2 预测编码结构中各个帧的所有参考帧的显示顺序。

以图 5-2 中的编码顺序为 5，显示顺序为 3 的视频帧为例，编码顺序为 3 的 ARF 是它的参考帧，其参考类型为 LAST3 的参考帧，而编码顺序为 2 的 ARF 则是它的参考类型为 ALTREF2 的参考帧。另外，从表 5-1 中也可以看到，多个参考帧类型可以分配给同一个参考帧。比如，对于编码顺序为 4，输出顺序为 1 的视频帧，参考类型为 LAST、LAST2 和 LAST3 的参考帧都指向编码顺序为 0 的视频帧。

表 5-1　图 5-2 预测编码结构中各个帧的所有参考帧的显示顺序

| 参考帧类型 | 参考帧的显示顺序 | | | | | | |
| --- | --- | --- | --- | --- | --- | --- | --- |
| | LAST | LAST2 | LAST3 | GOLDEN | BWDREF | ALTREF2 | ALTREF |
| 0 | — | — | — | — | — | — | — |
| 8 | 0 | 0 | 0 | 0 | 0 | 0 | 0 |
| 4 | 0 | 0 | 0 | 8 | 8 | 8 | 8 |
| 2 | 0 | 0 | 0 | 4 | 8 | 4 | 8 |
| 1 | 0 | 0 | 0 | 2 | 4 | 8 | 8 |
| 3 | 0 | 1 | 2 | 4 | 8 | 4 | 8 |
| 6 | 2 | 0 | 4 | 8 | 8 | 4 | 8 |
| 5 | 0 | 3 | 4 | 6 | 8 | 6 | 8 |
| 7 | 4 | 5 | 6 | 8 | 8 | 8 | 8 |

这里需要注意的是，ARF 与 LAST、LAST2、LAST3、GOLDEN、BWDREF、ALTREF2 和 ALTREF 之间并没有明确的对应关系。ARF 可能会被用作 LAST、LAST2、LAST3 和 GOLDEN 的参考帧，也可以被用作 BWDREF、ALTREF2 和 ALTREF 的参考帧。

在这种多层次金字塔预测编码结构中，视频帧的编码顺序和显示顺序可能是不同的。在这种情况下，为了正确地输出各个视频帧，编码器 / 解码器需要缓存已经解码完成的帧，等到需要输出的时刻，再将其输出。为了实现这个功能，AV1 在帧头信息中定义了语法元素 show_frame, show_existing_frame 和 frame_to_show_map_idx。语法元素 show_frame 等于 1 表示一旦解码完成，这个帧应立即输出；而 show_frame 等于 0 表示这个帧解码完成之后，不能立即输出。语法元素 show_frame 等于 0 的帧需要通过后续传送的语法元素 show_existing_frame 和 frame_to_show_map_idx 来输出，其中 frame_to_show_map_idx 取值是 0～7，用于指示存储于 DPB 的解码视频帧。所以，当语法元素 show_existing_frame 等于 1 时，解码器将输出缓冲池中位置为 VBI[frame_to_show_map_idx] 的解码视频帧。对于重叠帧，其 show_frame 等于 1，即一旦解码完成，应该立即输出。

图 5-3 所示为图 5-2 预测编码结构中各个视频帧的编码顺序。其中浅灰色矩形表示 ARF，白色矩形表示已经存在的 ARF 或重叠帧。

在图 5-3a 中，编码器没有显式地编码新的视频帧作为显示输出帧，而是使用 ARF 的拷贝作为显示输出帧。其中 SE$x$ 表示显示输出帧，它是输出编码顺序为 $x$ 的 ARF 的拷贝。在图 5-3b 中，编码器编码了重叠帧来作为显示输出帧。其中，O$x$ 表示编码顺序是 $x$ 的 ARF 的对应重叠帧。

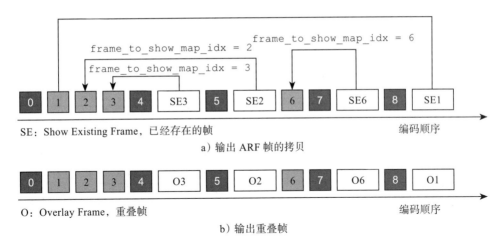

图 5-3　图 5-2 预测编码结构中各个视频帧的编码顺序

这里需要注意的是，ARF 虽然可以优化 GOP 的整体率失真性能，但是这将导致解码器处理额外的帧（比如重叠帧），可能会影响一些硬件设备的吞吐量。为了平衡压缩性能和解码器吞吐量，AV1 标准的每个级别（AV1 标准文档附录 A.3）都定义了解码样本速率的可允许上限，即最大解码率。由于解码样本率是基于显示帧和 ARF 的样本总数计算的，它限制了允许合成的 ARF 帧数[1]。

## 5.2　单参考帧预测和复合帧间预测

### 5.2.1　参考帧组合方案

在帧间预测中，每个编码块可以使用 1 或 2 个参考帧来生成预测像素。在 AV1 中，只使用一个参考帧来生成预测像素的预测方式称为单参考帧预测（Single Reference Inter Prediction），而使用 2 个参考帧来生成预测像素的方式称为复合帧间预测（Compound Inter Prediction）。在复合帧间预测中，如果两个参考帧的显示顺序都在当前帧之前或之后，这被归类为单向复合帧间预测（Uni-directional Compound Prediction）。而当一个参考帧的显示顺序在当前帧之前，另一个参考帧的显示顺序在当前帧之后时，这就是双向复合帧间预测（Bi-directional Compound Prediction）。由于单向复合预测的准确性通常比双向复合预测低；因此，单向复合预测只使用四种可能的参考帧类型组合，而双向复合预测支持所有 12 种可能的参考帧类型组合。在复合帧间预测中，参考帧组合的总数是 16。AV1 标准文档使用变量 RefFrame[0] 和 RefFrame[1] 来表示编码块所使用的 2 个预测方向中的参考帧类型。其中 RefFrame[0] 通常被称为前向参考帧类型，RefFrame[1] 又通常被称为后向参考帧类型。在单参考帧预测模式下，RefFrame[0] 的可能取值是 LAST、LAST2、LAST3、GOLDEN、BWDREF、ALTREF2 和 ALTREF；而 RefFrame[1] 被赋值为 NONE。在复合帧间预测中，RefFrame[0] 和 RefFrame[1] 的可能取值都是 LAST、LAST2、

LAST3、GOLDEN、BWDREF、ALTREF2 和 ALTREF。表 5-2 所示为 AV1 标准所支持的复合预测的参考帧类型的可能组合方式（RefFrame[0]、RefFrame[1]）。

表 5-2  复合帧间预测中参考帧类型的可能组合方式（`RefFrame[0]`、`RefFrame[1]`）

| 单向复合预测 | 双向复合预测 | 双向复合预测 |
| --- | --- | --- |
| (LAST、GOLDEN) | (LAST、BWDREF) | (LAST3、ALTREF2) |
| (LAST、LAST3) | (LAST2、BWDREF) | (GOLDEN、ALTREF2) |
| (LAST、LAST2) | (LAST3、BWDREF) | (LAST、ALTREF) |
| (BWDREF、ALTREF) | (GOLDEN、BWDREF) | (LAST2、ALTREF) |
| — | (LAST、ALTREF2) | (LAST3、ALTREF) |
| — | (LAST2、ALTREF2) | (GOLDEN、ALTREF) |

这里强调一下，对于使用帧内预测模式的编码块，它的 RefFrame[0]=INTRA 并且 RefFrame[1]=NONE。对于使用帧间预测模式的编码块，它的 RefFrame[0] > INTRA，但是其 RefFrame[1] 是可以等于 INTRA 的。对于使用帧间预测模式的编码块，如果它的 RefFrame[0] > INTRA 并且 RefFrame[1]=INTRA，则表示该编码块采用的是复合帧内帧间预测。

### 5.2.2  语法元素

为了表示参考帧信息，编码器首先编码语法元素 comp_mode，以表示编码块使用的是单一参考帧预测模式还是复合帧间预测模式。由于 AV1 要求只有宽度和高度都大于或等于 8 的编码块才可以使用复合帧间预测，所以编码器只对宽度和高度都大于或等于 8 的编码块，才会编码 comp_mode。对于宽度或高度小于 8 的编码块，编码器默认使用单一参考帧预测模式。

当 comp_mode 等于 1 时（即编码块使用复合帧间预测模式），编码器还需要编码语法元素 comp_ref_type，以指示复合帧间预测是单向复合预测，还是双向复合预测。当编码块使用单向复合预测模式时（comp_ref_type 等于 0），AV1 使用语法元素 uni_comp_ref、uni_comp_ref_p1 和 uni_comp_ref_p2 来表示其参考帧组合。表 5-3 所示为单向复合预测模式下的参考帧组合与语法元素 uni_comp_ref、uni_comp_ref_p1 和 uni_comp_ref_p2 之间的映射关系。当编码块使用双向复合预测模式（comp_ref_type 等于 1）时，AV1 使用语法元素 comp_ref、comp_ref_p1、comp_ref_p2、comp_bwd_ref 和 comp_bwd_ref_p1 来表示其参考帧组合。表 5-4 所示为双向复合预测模式的参考帧索引的语法元素，编码器按照表 5-4 所示方法，分别编码双向复合预测模式下的前向和后向参考帧的索引。

当 comp_mode 等于 0（即编码块使用单一参考帧预测模式）时，AV1 使用语法元素 single_ref_p1、single_ref_p2、single_ref_p6、single_ref_p3、single_ref_p4 和 single_ref_p5 来标识各个参考帧。表 5-5 所示为单一参考帧预测模式的参

考帧索引的语法元素，在编码过程中，编码器按照表 5-5 编码前向或后向参考帧的索引。

表 5-3 单向复合预测模式的参考帧组合的语法元素

| 单向复合预测类型 | uni_comp_ref | uni_comp_ref_p1 | uni_comp_ref_p2 |
|---|---|---|---|
| （BWDREF、ALTREF） | 1 | — | — |
| （LAST、LAST2） | 0 | 0 | — |
| （LAST、GOLD） | 0 | 1 | 1 |
| （LAST、LAST3） | 0 | 1 | 0 |

表 5-4 双向复合预测模式的参考帧索引的语法元素

| 双向复合预测前向参考帧索引 | comp_ref | comp_ref_p1 | comp_ref_p2 |
|---|---|---|---|
| LAST2 | 0 | 1 | — |
| LAST | 0 | 0 | — |
| GOLD | 1 | — | 1 |
| LAST3 | 1 | — | 0 |
| 双向复合预测后向参考帧索引 | comp_bwd_ref | comp_bwd_ref_p1 | — |
| ALTREF2 | 0 | 1 | — |
| BWDREF | 0 | 0 | — |
| ALTREF | 1 | — | — |

表 5-5 单一参考帧预测模式的参考帧索引的语法元素

| 后向参考帧索引 | single_ref_p1 | single_ref_p2 | single_ref_p6 | |
|---|---|---|---|---|
| ALTREF | 1 | 1 | — | |
| ALTREF2 | 1 | 0 | 1 | |
| BWDREF | 1 | 0 | 0 | |
| 前向参考帧索引 | single_ref_p1 | single_ref_p3 | single_ref_p4 | single_ref_p5 |
| LAST | 0 | 0 | 0 | — |
| LAST2 | 0 | 0 | 1 | — |
| LAST3 | 0 | 1 | — | 0 |
| GOLD | 0 | 1 | — | 1 |

## 5.3 运动估计和运动补偿

在视频编码中，由于连续视频帧之间的场景存在时域冗余，编码器可以利用这种冗余信息来提高编码效率。具体来说，编码器会在已经重构出来的相邻视频帧中搜索与当前编码块最相似的预测块。这一过程涉及计算当前编码块与其预测块之间的空间位置的相对偏移量，这个偏移量就是我们通常所说的运动向量。为了适应不同的运动细节，运动向量的精度可以是整像素精度，也可以是子像素精度。基于块的运动估计如图 5-4 所示，白色圆点表示整像素位置，而黑色圆点表示子像素位置。

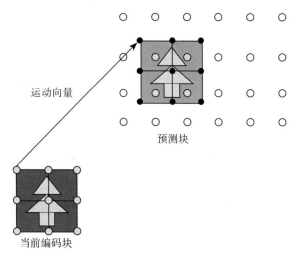

图 5-4 基于块的运动估计

在视频编码领域,通过运动搜索得到编码块运动向量的过程称为运动估计。在帧间预测中,运动估计是一个关键步骤,因为它直接影响到运动向量的准确性。根据运动向量,从指定的参考帧中生成预测块的过程称为运动补偿。运动补偿利用子像素插值滤波器,根据运动向量的精度从参考帧中生成预测块,并计算当前编码块与预测块之间的差异。预测块与当前编码块之间的差异(即预测残差)将被编码和传输,这样可以显著减少需要编码的数据量。

由于视频中的物体运动多种多样,为了对不同的运动形式进行建模,AV1 引入了 3 种类型的运动补偿方案,分别是平移运动补偿、基于仿射变换的畸变运动补偿和重叠块运动补偿。

### 5.3.1 平移运动补偿

平移运动(Translation Motion)是指物体在空间中的位置发生变化,但其形状、大小和方向不发生改变。在视频中,平移运动表现为物体在视频中沿着某个方向移动了一定的距离。平移运动是最常见的一种运动类型,因为在实际场景中,很多物体的运动都可以近似为平移运动。在运动估计和运动补偿中,平移运动可以用一个二维的运动向量来表示。图 5-4 中的运动向量表示物体在视频中的移动距离和方向。在平移运动中,编码块中的所有像素都具有相同的运动向量。

平移运动的运动向量可以通过运动估计算法来得到。运动估计算法在视频编码的帧间预测中起着核心作用,它通过块匹配方式在参考帧内搜索与当前编码块最匹配的像素块,以确定最佳匹配位置和相应的运动向量。在搜索最佳匹配块的过程中,搜索算法会计算并比较不同候选位置点上的代价函数,最终选取代价函数最小的候选位置点作为运动估计的结果。这种方法能够有效地预测物体在视频帧之间的平移运动,减少编码后的数据量,从而提高编码效率,但是运动估计也可能带来较高的计算复杂性。为了解决这一问题,研究者开发了多种优化技术,以实现在保持预测准确性的同时,减少运动估计的计算量。其中比较经典的算法包括:利用运动向量的中心偏置分布特性的三步搜索算法[38]、新三步搜索算法[39]、四步搜索算法[40]、梯度下降算法[41]、钻石型算法[42]及六边形搜索算法[43]。

在平移运动补偿中,编码器将根据平移运动的运动向量,利用子像素插值滤波器从参考帧中生成预测像素块,并计算当前编码块与预测块之间的残差。子像素插值滤波器在帧间预测中起着关键作用,它们直接影响预测块的准确性。好的子像素插值滤波器可以生成更接近原始视频内容的预测块,从而减少预测误差。尽管如此,子像素插值滤波器的设计不应过于复杂,以免导致解码器硬件成本过高或难以实现。因此,子像素插值滤波器的设计需要在保证预测块准确性的同时,确保解码器的硬件成本、实现复杂度和功耗在可接受的范围内。

**子像素插值滤波器**

由于物体在场景中的快速移动和较高的视频采样频率,当前编码块的预测块在参考帧上的位置可能不是整数像素点。这会导致传统的整数像素预测方法效果不佳。为了提高预测效果,编码标准通常会采用子像素插值技术,利用周围像素的数据来生成更精确的预测值。相比于整像素预测,子像素插值技术能够更加准确地表示物体运动的连续性。综合考虑编码复杂度和编码性能,AV1采用了1/8精度的子像素插值技术。也就是说,AV1支持1/8精度的运动向量。具体来讲,对于亮度分量,AV1支持1/8像素精度的运动向量;对于色度分量,AV1支持1/16精度的运动向量。以图5-4中的预测块为例,假设预测块位于整像素之间的1/8像素位置,那么预测块左上角像素位于参考帧中的1/8像素位置,AV1中的亮度分量的子像素位置如图5-5所示。

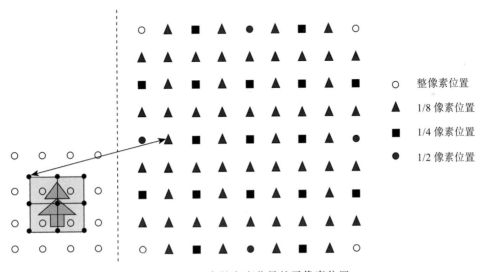

图 5-5　AV1 中的亮度分量的子像素位置

当运动向量是分像素精度时,为了降低硬件实现的复杂度,AV1使用可分离的二维插值滤波器来生成子像素,如图 5-6 所示。可分离插值滤波器把二维插值问题分解为两个一维插值问题,这种方法可以有效地减少计算量,降低硬件设计复杂度,并提高处理速度。

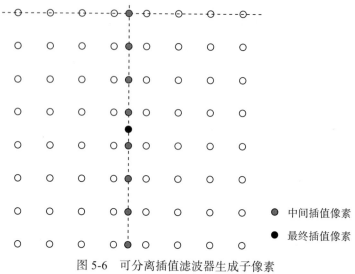

图 5-6 可分离插值滤波器生成子像素

在可分离的二维插值滤波器中,子像素插值过程分为两个阶段。图 5-6 所示为第一阶段,水平插值滤波器被应用于相关的像素行,即水平滤波器使用水平方向的整像素来生成水平方向的中间像素点(浅灰色标记);在第二阶段中,垂直插值滤波器被应用于第一阶段生成的中间像素点,来生成最终的子像素位置的像素值(黑色标记)。

**(1) 插值滤波器类型**

由于帧间预测编码块的水平和垂直方向可能存在时域统计特征上的差异,为了适应这些差异,AV1 支持垂直和水平方向分别独立地选择插值滤波器[1]。也就是说,对于某些编码块,其水平方向和垂直方向可以使用不同的插值滤波器。在 AV1 中,水平方向和垂直方向可以从三种类型的插值滤波器中选择最优的滤波器。这三种滤波器分别是类型为 SMOOTH、REGULAR 和 SHARP 的滤波器。不同类型的滤波器对应于频域中汉明窗口(Hamming Window)的不同截止频率。按截止频率的升序排列,三种滤波器的顺序分别是 SMOOTH、REGULAR 和 SHARP。即 SAHRP 类型滤波器的截止频率最大,SMOOTH 类型滤波器的截止频率最小。

为了降低解码器的复杂度,SMOOTH 和 REGULAR 滤波器分别采用 6 抽头有限脉冲响应(Finite Impulse Response,FIR)滤波器;而 SHARP 滤波器采用 8 抽头 FIR 滤波器,以减轻在截止频率附近的波纹效应。为了进一步降低解码器最坏情况的复杂度(这种情况发生在所有编码块都是 4×4 的编码块),AV1 还引入了 4 抽头的 SMOOTH 和 REGULAR 滤波器来编码尺寸为 4×4 或更小的编码块。并且尺寸为 4×4 或更小的编码块不再使用 SHARP 滤波器。另外,在屏幕视频编码工具帧内块拷贝中,AV1 使用 2 抽头的 Bilinear 滤波器生成色度分量的分像素值。各个类型的插值滤波器在半像素位置的滤波系数如下:

- SMOOTH：[-2, 14, 52, 52, 14, -2]；4-tap-SMOOTH：[12, 52, 52, 12]
- REGULAR：[2, -14, 76, 76, -14, 2]；4-tap-REGULAR：[-12，76，76，-12]
- SHARP：[-4, 12, -24, 80, 80, -24, 12, -4]；
- Bilinear：[64, 64]

AV1 标准文档中的数组 `Subpel_Filters` 记录了各个插值滤波器的权重。读者可查询所有类型的滤波器子像素位置的滤波器系数。

假设编码块的宽和高分别是 $W$ 和 $H$，那么 AV1 的子像素插值过程首先使用水平插值滤波器，生成 $W \times (H+7)$ 大小的中间像素块；然后，基于这个 $W \times (H+7)$ 的中间像素块，再使用垂直插值滤波器来生成最终的 $W \times H$ 大小的子像素预测块。图 5-7 所示为平移运动的子像素插值过程，左侧白色圆点表示当前整像素块，即位于子像素位置的预测块对应的整像素像素块，灰色圆点表示插值过程使用的、位于当前整像素块之外的整像素点；中间三角形组成的区域表示 $W \times (H+7)$ 的中间像素块；右侧黑色三角形代表最终的 $W \times H$ 预测块。

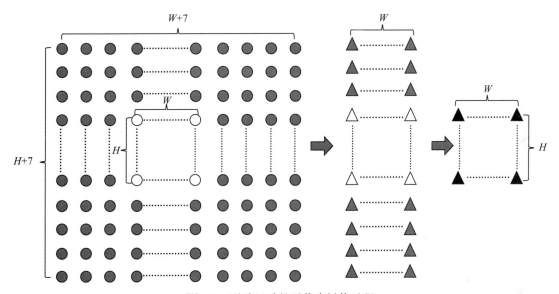

图 5-7 平移运动的子像素插值过程

由于水平和垂直方向分别有 3 种类型的滤波器可供选择，所以每个编码块共有 9 种滤波器组合。编码器可能需要遍历所有可能的滤波器的组合，并选择率失真代价最小的滤波器组合，来作为编码块最终使用的滤波器组合。

另外，为了提高帧间预测准确性，AV1 中的子像素插值过程以更高的位宽来存储中间值。假设输入视频的位宽是 BitDepth 并且 BitDepth 小于 12，那么 AV1 将以 BitDepth + 4 比特的位宽来存储水平插值滤波器输出值。如果当前编码块是复合预测方式，由于其最终预测值是两个预测像素块 $P_0(x, y)$ 和 $P_1(x, y)$ 的加权平均，为了减少舍入误差，AV1 也以 BitDepth + 4 比特的位宽来存储垂直插值滤波器输出值，即 $P_0(x, y)$ 和 $P_1(x, y)$ 的位宽均是 BitDepth + 4。

在复合预测模式的加权过程中，AV1 再将最终预测值舍入至输入位宽 BitDepth。比如当 BitDepth 等于 8 时，AV1 将以 12 比特位宽存储水平和垂直插值滤波器的输出值，所以，如果当前编码块采用复合预测模式时，两个预测像素块 $P_0(x,y)$ 和 $P_1(x,y)$ 的位宽都是 12 比特，在复合预测模式的加权过程中，最终预测值 $P(x,y) = [P_0(x,y) + P_1(x,y)] >> 5$ 的位宽是 8 比特。

为了确保中间值不会超出 16 位寄存器的容量，如果输入视频位宽 BitDepth 等于 12，那么 AV1 将以 BitDepth + 2 比特的位宽来存储水平插值滤波器输出值。在复合预测模式下，AV1 将以 BitDepth + 2 比特的位宽来存储垂直插值滤波器输出值。

（2）语法元素

为了描述当前帧所使用的插值滤波器类型，AV1 在帧头部引入语法元素 `is_filter_switchable` 和 `interpolation_filter`。其中 AV1 使用语法元素 `is_filter_switchable` 来指示当前帧是否允许使用多个类型的插值滤波器。而语法元素 `interpolation_filter` 用于指明当前帧所使用的插值滤波器类型，该语法元素的取值及含义如表 5-6 所示。

表 5-6 语法元素 `interpolation_filter` 的取值及含义

| 语法元素 `interpolation_filter` 的取值 | 插值滤波器类型 |
|---|---|
| 0 | EIGHTTAP（REGULAR） |
| 1 | EIGHTTAP_SMOOTH |
| 2 | EIGHTTAP_SHARP |
| 3 | BILINEAR |
| 4 | SWITCHABLE |

如果 `is_filter_switchable` 等于 0，则表示当前帧的插值滤波器不可切换，即当前帧的所有编码块在水平和垂直插值方向使用同一个插值滤波器，所使用的插值滤波器类型由 `interpolation_filter` 来确定。如果 `is_filter_switchable` 等于 1，则表示当前帧的插值滤波器可以切换，也就是说不同的编码块可以使用不同的插值滤波器。此时，AV1 引入了块语法元素 `interp_filter[0]` 和 `interp_filter[1]` 来分别表示当前编码块在水平和垂直方向使用的滤波器类型。`interp_filter[0/1]` 的取值和每个取值代表的含义与语法元素 `interpolation_filter` 相同。

为了在序列级上控制编码块是否可以在水平和垂直方向使用不同的插值滤波器，AV1 在序列头引入语法元素 `enable_dual_filter`。当 `enable_dual_filter` 等于 0 时，编码块在水平和垂直方向使用相同的插值滤波器。当 `enable_dual_filter` 等于 1 并且 `interpolation_filter` 等于 SWITCHABLE 时，编码块在水平和垂直方向才可以使用不同的插值滤波器。AV1 标准文档定义的子像素插值滤波器选择方案描述如下，其中函数 `parse(symbol)` 是从码流中解析语法元素 `symbol` 的函数：

```
if (interpolation_filter == SWITCHABLE) {
    for (dir = 0; dir < (enable_dual_filter ? 2 : 1); dir++) {
```

```
        // 函数 needs_interp_filter() 根据编码块的模式信息判断编码块是否需要从
        // 码流中解析语法元素 interp_filter[dir]。
        if (needs_interp_filter()) {
            // 从码流中解析语法元素 interp_filter[dir]。
            parse(interp_filter[dir])
        } else {
            // 把 interp_filter[dir] 设置为默认值。
            interp_filter[dir] = EIGHTTAP
        }
    } // end for
    if (!enable_dual_filter)
        // enable_dual_filter 等于 0 时,水平和垂直方向使用相同的插值滤波器。
        interp_filter[1] = interp_filter[0]
} else {
    // 当 interpolation_filter 不等于 SWITCHABLE 时
    for (dir = 0; dir < 2; dir++)
        interp_filter[dir] = interpolation_filter
}
// 函数 needs_interp_filter() 的定义方式
needs_interp_filter() {
    // W 和 H 分别是编码块的宽度和高度,语法元素 skip_mode 表示编码块是否使用 SKIP 模式;
    // 语法元素 motion_mode 表示编码块的运动类型,其含义如表 5-9 所示;
    // 变量 GmType[ref] 表示给定参考帧类型 ref 的全局畸变运动类型。
    // 关于 motion_mode 和 GmType[ref] 的详细信息,请参考 5.3.2 节
    large = (Min(W, H) >= 8)
    if (skip_mode || motion_mode == LOCALWARP) {
        return 0
    } else if (large && YMode == GLOBALMV) {
        return GmType[RefFrame[0]] == TRANSLATION
    } else if (large && YMode == GLOBAL_GLOBALMV) {
        return GmType[RefFrame[0]] == TRANSLATION ||
            GmType[RefFrame[1]] == TRANSLATION
    } else {
        return 1
    }
}
```

## 5.3.2 畸变运动补偿

在运动估计和运动补偿中,平移运动是最常见的一种运动类型。然而,在实际的视频序列中,物体的运动可能会包括旋转、缩放、剪切等复杂的运动模式。为了描述这种复杂

的物体运动，AV1 引入仿射变换（Affine Transformation）来对这些复杂度运动进行建模。图 5-8 所示为平移运动和仿射运动模型，展示了二者之间的区别。

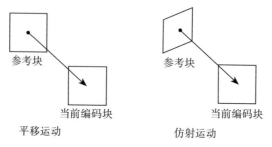

图 5-8　平移运动和仿射运动模型

AV1 把基于仿射变换的运动补偿技术称为畸变运动补偿（Warped Motion Compensation）。仿射运动模型可以用公式（5-1）来描述物体之间的运动：

$$\begin{bmatrix} x' \\ y' \end{bmatrix} = \begin{bmatrix} h_{11} & h_{12} & h_{13} \\ h_{21} & h_{22} & h_{23} \end{bmatrix} \begin{bmatrix} x \\ y \\ 1 \end{bmatrix} \quad (5\text{-}1)$$

其中 $(x, y)$ 表示当前像素位置；$(x', y')$ 表示预测像素在参考帧中的位置。该仿射模型由 6 个参数来确定，$(h_{13}, h_{23})$ 控制平移运动的幅度，对应平移运动的运动向量；$(h_{11}, h_{22})$ 分别表示水平和垂直方向的缩放参数；$(h_{12}, h_{21})$ 分别表示水平和垂直方向的旋转参数。利用仿射变换，编码块内的每个像素的运动向量不再相同，而是随着像素位置的变化而变化。这使得畸变运动补偿能够更准确地描述复杂的运动模式。图 5-9 所示为不同模型参数所描述的运动类型。

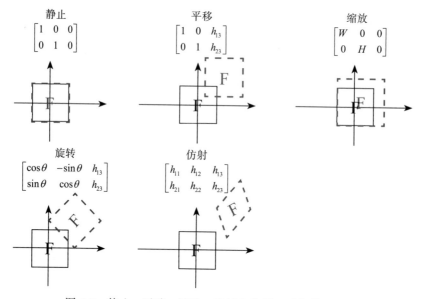

图 5-9　静止、平移、缩放、旋转和仿射运动的模型参数

图 5-9 展示了包括静止（IDENTITY）、平移（TRANSLATION）、缩放（ZOOM）、旋转（ROTATE）以及仿射（AFFINE）在内的多种运动模式。对于每种运动模式，图 5-9 都给出了相应的仿射变换矩阵，用以描述物体在运动过程中几何变化，用实线框来表示物体原始的状态，而用虚线框来表示物体经过运动变换后的状态。值得注意的是，在图 5-9 中，控制平移运动的幅度的参数（$h_{13}$，$h_{23}$）均不为 0。

AV1 的畸变运动补偿分为全局畸变运动补偿（Global Warped Motion Compensation）和局部畸变运动补偿（Local Warped Motion Compensation）。全局畸变运动补偿捕获了帧级的复杂运动模式，因此主要关注整个帧的刚体运动设置。局部畸变运动补偿是在编码块级别捕获这些复杂运动，因此可以自适应地跟踪不同物体在连续帧之间的非平移运动。

**1. 全局畸变运动补偿**

根据模型参数的个数，AV1 把全局畸变运动分为 4 种类型：IDENTITY、TRANSLATION、ROTZOOM 和 AFFINE。表 5-7 所示为每种畸变运动的含义及其模型参数。

表 5-7 全局畸变运动的含义及其模型参数

| 畸变运动类型 | 含义 | 模型参数个数 |
| --- | --- | --- |
| IDENTITY | 没有任何运动，运动向量为 0 | 0 |
| TRANSLATION | 平移运动 | 2 |
| ROTZOOM | 旋转和缩放运动 | 4 |
| AFFINE | 一般的仿射运动 | 6 |

在 SVT-AV1 编码器中，全局畸变运动估计[⊖]包括两个主要步骤：第一步是特征匹配，其目标是识别出在原始图像和参考图像中都存在的特征点；第二步是模型识别，即根据已识别的特征点利用最小二乘法来估计运动模型参数。通过运动估计模块，编码器为每个参考帧都会从上述 4 种运动类型中选择最优的运动类型，并计算最优运动类型的模型参数。之后，编码器将把计算得到的模型参数写入码流。

为了表示这 4 种运动类型 IDENTITY、TRANSLATION、ROTZOOM 和 AFFINE，AV1 在帧头部信息中定义了 3 个布尔类型的语法元素 `is_global`、`is_rot_zoom` 和 `is_translation`。表 5-8 所示为全局畸变运动类型的表示方法。

表 5-8 全局畸变运动类型的表示方法

| 全局畸变运动类型 | is_global | is_rot_zoom | is_translation |
| --- | --- | --- | --- |
| IDENTITY | 0 | — | — |
| TRANSLATION | 1 | 0 | 1 |
| ROTZOOM | 1 | 1 | — |
| AFFINE | 1 | 0 | 0 |

---

⊖ https://gitlab.com/AOMediaCodec/SVT-AV1/-/blob/master/Docs/Appendix-Global-Motion.md。

AV1 标准文档使用 GmType[ref] 表示给定参考帧类型 ref 的全局畸变运动类型。其中 ref 表示参考帧类型，其取值是 LAST、LAST2、LAST3、GOLDEN、BWDREF、ALTREF2 和 ALTREF。另外，AV1 标准文档使用参数 gm_params[ref][idx] 来表示全局畸变运动的模型参数，其中 ref 表示参考帧类型，idx 是模型参数索引。当运动类型等于 TRANSLATION 时，需要 2 个模型参数，所以 idx 取值是 0 和 1；当运动类型等于 ROTZOOM 时，需要 4 个模型参数，所以 idx 取值是 0、1、2 和 3；当运动类型等于 AFFINE 时，需要 6 个模型参数，所以 idx 取值是 0、1、2、3、4 和 5。

### 2. 局部畸变运动补偿

#### （1）仿射模型参数估计

当满足以下条件时，一个帧间编码块允许使用局部畸变运动补偿来生成预测像素：
- 当前编码块是单一参考帧预测模式。
- 当前编码块的宽度或高度大于或等于 8 亮度像素。
- 至少有一个直接相邻块使用与当前编码块相同的参考帧。

在局部畸变运动补偿中，AV1 把当前编码块的运动向量直接写入码流，仿射模型参数 $h_{11}$、$h_{12}$、$h_{21}$ 和 $h_{22}$ 则通过最小二乘法来估计。为了收集最小二乘法所需的样本数据，局部畸变运动补偿方法假设当前编码块的局部缩放和旋转运动与空域相邻块的运动模式相同，所以编码器会根据相邻块的运动信息生成样本数据。为此，编码器会扫描当前编码块的直接相邻块，从中寻找与当前编码块有着相同参考帧索引的相邻块。由于局部畸变运动补偿要求当前块必须采用单一参考帧预测模式，所以 AV1 要求相邻块也必须采用单一参考帧预测模式，也就是说复合预测模式的相邻块不能用于估计仿射模型参数（即使复合预测模式中的一个运动向量的参考帧索引与当前帧的参考帧索引相同，该相邻块也不能用于仿射模型参数估计）。满足这些条件的相邻块称之为当前块的参考块。为了降低计算复杂度，用于估计模型参数的参考块的个数不能超过 8。

假设当前块的中心点位置是 $(x_0, y_0)$，其平移运动向量为 $(mv_0 \cdot x, mv_0 \cdot y)$，则当前块的中心点在参考帧中位置为 $(x'_0, y'_0) = (x_0 + mv_0 \cdot x, y_0 + mv_0 \cdot y)$；假设当前块的相邻参考块的中心点位置是 $(x_k, y_k)$，其运动向量为 $(mv_k \cdot x, mv_k \cdot y)$，则参考块中心点在参考帧中的位置为 $(x'_k, y'_k) = (x_k + mv_k \cdot x, y_k + mv_k \cdot y)$。这里需要注意的是，由于运动向量的精度是 1/8 亮度像素，所以这里的 $(x_0, y_0)$ 和 $(x'_0, y'_0)$ 以及 $(x_k, y_k)$ 和 $(x'_k, y'_k)$ 均是以 1/8 亮度像素精度为单位。假如当前块的中心点和参考块的中心点具有相同的仿射运动，根据公式（5-1），则有下面公式成立：

$$\begin{bmatrix} x'_0 \\ y'_0 \end{bmatrix} = \begin{bmatrix} x_0 \\ y_0 \end{bmatrix} + \begin{bmatrix} mv_0 \cdot x \\ mv_0 \cdot y \end{bmatrix} = \begin{bmatrix} h_{11} & h_{12} \\ h_{21} & h_{22} \end{bmatrix} \cdot \begin{bmatrix} x_0 \\ y_0 \end{bmatrix} + \begin{bmatrix} h_{13} \\ h_{23} \end{bmatrix}$$

$$\begin{bmatrix} x'_k \\ y'_k \end{bmatrix} = \begin{bmatrix} x_k \\ y_k \end{bmatrix} + \begin{bmatrix} mv_k \cdot x \\ mv_k \cdot y \end{bmatrix} = \begin{bmatrix} h_{11} & h_{12} \\ h_{21} & h_{22} \end{bmatrix} \cdot \begin{bmatrix} x_k \\ y_k \end{bmatrix} + \begin{bmatrix} h_{13} \\ h_{23} \end{bmatrix}$$

上述两个公式作差，得到：

$$\begin{bmatrix} x_k - x_0 + mv_k.x - mv_0.x \\ y_k - y_0 + mv_k.y - mv_0.y \end{bmatrix} = \begin{bmatrix} h_{11} & h_{12} \\ h_{21} & h_{22} \end{bmatrix} \cdot \begin{bmatrix} x_k - x_0 \\ y_k - y_0 \end{bmatrix}$$

如果 $(sx_k, sy_k)=(x_k - x_0, y_k - y_0)$ 和 $(dx_k, dy_k) = (sx_k, sy_k) + (mv_k.x - mv_0.x, mv_k.y - mv_0.y)$，则 $(sx_k, sy_k)$ 和 $(dx_k, dy_k)$ 便组成了一个样本数据。图 5-10 为局部畸变运动中的模型参数估计示意图，下面以图 5-10 为例，详细介绍模型参数估计过程。

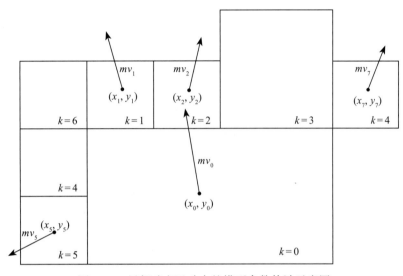

图 5-10 局部畸变运动中的模型参数估计示意图

在图 5-10 中，$k$ 等于 0 是当前块，$k$ 等于 1/2/5/7 表示参考块（这些相邻块是单一参考帧预测，并且参考帧索引与当前块相同），此时仿射运动模型可以表示成如下矩阵形式：

$$\begin{bmatrix} dx_1 & dy_1 \\ dx_2 & dy_2 \\ dx_5 & dy_5 \\ dx_7 & dy_7 \end{bmatrix} = \begin{bmatrix} sx_1 & sy_1 \\ sx_2 & sy_2 \\ sx_5 & sy_5 \\ sx_7 & sy_7 \end{bmatrix} \begin{bmatrix} h_{11} & h_{12} \\ h_{21} & h_{22} \end{bmatrix}$$

此时，模型参数估计如下：

$$\begin{bmatrix} h_{11} \\ h_{12} \end{bmatrix} = (\boldsymbol{P}^\mathrm{T}\boldsymbol{P})^{-1}\boldsymbol{P}^\mathrm{T} \cdot \boldsymbol{q}, \begin{bmatrix} h_{21} \\ h_{22} \end{bmatrix} = (\boldsymbol{P}^\mathrm{T}\boldsymbol{P})^{-1}\boldsymbol{P}^\mathrm{T} \cdot \boldsymbol{r}$$

其中，矩阵 $\boldsymbol{P}$ 和列向量 $\boldsymbol{q}$ 和 $\boldsymbol{r}$ 的形式如下：

$$\boldsymbol{P} = \begin{bmatrix} sx_1 & sy_1 \\ sx_2 & sy_2 \\ sx_5 & sy_5 \\ sx_7 & sy_7 \end{bmatrix}, \boldsymbol{q} = \begin{bmatrix} dx_1 \\ dx_2 \\ dx_5 \\ dx_7 \end{bmatrix}, \boldsymbol{r} = \begin{bmatrix} dy_1 \\ dy_2 \\ dy_5 \\ dy_7 \end{bmatrix}$$

由于矩阵 $\boldsymbol{P}^\mathrm{T}\boldsymbol{P}$ 是 $2\times 2$ 矩阵，列向量 $\boldsymbol{P}^\mathrm{T}\boldsymbol{q}$ 和 $\boldsymbol{P}^\mathrm{T}\boldsymbol{r}$ 是 $2\times 1$ 列向量，并且它们的结构如下：

$$\boldsymbol{P}^\mathrm{T}\boldsymbol{P} = \begin{bmatrix} A_{00} & A_{01} \\ A_{10} & A_{11} \end{bmatrix} = \begin{bmatrix} \sum_i sx_i \cdot sx_i & \sum_i sx_i \cdot sy_i \\ \sum_i sx_i \cdot sy_i & \sum_i sy_i \cdot sy_i \end{bmatrix}$$

$$\boldsymbol{P}^\mathrm{T}\boldsymbol{q} = \begin{bmatrix} Bx_0 \\ Bx_1 \end{bmatrix} = \begin{bmatrix} \sum_i sx_i \cdot dx_i \\ \sum_i sy_i \cdot dx_i \end{bmatrix}, \boldsymbol{P}^\mathrm{T}\boldsymbol{r} = \begin{bmatrix} By_0 \\ By_1 \end{bmatrix} = \begin{bmatrix} \sum_i sx_i \cdot dy_i \\ \sum_i sy_i \cdot dy_i \end{bmatrix}$$

所以参数 $h_{11}$，$h_{12}$，$h_{21}$ 和 $h_{22}$ 计算方式如下：

$$h_{11} = \frac{A_{11} \cdot Bx_0 - A_{01} \cdot Bx_1}{A_{00} \cdot A_{11} - A_{01} \cdot A_{10}}$$

$$h_{12} = \frac{-A_{10} \cdot Bx_0 + A_{00} \cdot Bx_1}{A_{00} \cdot A_{11} - A_{01} \cdot A_{10}}$$

$$h_{21} = \frac{A_{11} \cdot By_0 - A_{10} \cdot By_1}{A_{00} \cdot A_{11} - A_{01} \cdot A_{10}}$$

$$h_{22} = \frac{-A_{01} \cdot By_0 + A_{00} \cdot By_1}{A_{00} \cdot A_{11} - A_{01} \cdot A_{10}}$$

为了避免计算乘积 $ab$ 时出现溢出，AV1 采用 $ab \approx [(ab) >> 2] + (a+b)$ 近似计算乘积，如 AV1 标准文档 7.11.3.8 节中的函数 `ls_product(a,b)` 所示。可能是为了降低计算过程中的舍入误差，在计算 $sx_i \cdot sx_i$，$sx_i \cdot sy_i$ 和 $sy_i \cdot sy_i$ 以及 $sx_i \cdot dx_i$，$sy_i \cdot dx_i$，$sx_i \cdot dy_i$ 和 $sy_i \cdot dy_i$ 的过程中，AV1 加入了不同常数进行补偿，如 AV1 标准文档中 7.11.3.8 节所述：

```
sx·sx = ls_product(sx, sx) + 8; sx·sy = ls_product(sx, sy) + 4;
sy·sy = ls_product(sy, sy) + 8;
sx·dx = ls_product(sx, dx) + 8; sy·dx = ls_product(sy, dx) + 4;
sx·dy = ls_product(sx, dy) + 4; sy·dy = ls_product(sy, dy) + 8;
```

另外，为了避免除法操作，AV1 采用 $a/b \approx (a \cdot \text{divFactor}) >> \text{divShift}$ 近似计算除法操作，其中参数 divFactor 和 divShift 计算方法如 AV1 标准文档 7.11.3.7 节所述。

基于参数 $h_{11}$，$h_{12}$，$h_{21}$，$h_{22}$，当前编码块中心点位置 $(x_0, y_0)$ 和其运动向量 $(mv_0.x, mv_0.y)$，参数 $h_{13}$ 和 $h_{23}$ 计算如下：

$$h_{13} = mv_0.x - [(h_{11}-1) \cdot x_0 + h_{12} \cdot y_0]$$
$$h_{23} = mv_0.y - [h_{21} \cdot x_0 + (h_{22}-1) \cdot y_0]$$

在估计模型参数过程中，为了保证当前块的中心点和参考块的中心点具有相同的仿射运动，AV1 要求当前块和参考块之间的运动向量差距不能过大。具体来讲，对于参考块 $k$，只有当其运动向量 $mv_k$ 满足下面的条件时，该参考块 $k$ 才被用于仿射模型参数估计。

$$|mv_k.x - mv_0.x| + |mv_k.y - mv_0.y| \leq \text{thresh}$$
$$\text{thresh} = \text{clip}[\max(bw, bh), 16, 112]$$

其中，$bw$ 和 $bh$ 分别是当前编码块的宽和高；函数 $\max(x, y)$ 是取输入参数 $x$ 和 $y$ 的最大值。函数 $\mathrm{clip}(x, \mathrm{minVal}, \mathrm{maxVal})$ 的定义如下：

$$\mathrm{clip}(x, \mathrm{minVal}, \mathrm{maxVal}) = \begin{cases} \mathrm{minVal}, & x \leqslant \mathrm{minVal} \\ \mathrm{maxVal}, & x \geqslant \mathrm{maxVal} \\ x, & \text{其他} \end{cases}$$

如果参考块 $k$ 的运动向量不满足上述限制条件时，则丢弃该参考块。此外，在估计模型参数的过程中，当前编码块与参考块 $k$ 之间的位置关系必须满足：$|sx_k - dx_k| < 256$ 并且 $|sy_k - dy_k| < 256$。如果不满足该条件，则参考块 $k$ 也将被丢弃。如果可用的参考块数量少于 2，由于无法求解最小二乘法问题，因此，在这种情况下禁用局部仿射模型。

**（2）语法元素**

为了控制局部畸变运动补偿的启用，AV1 在序列头信息中定义了语法元素 `enable_warped_motion`，同时在帧头定义了语法元素 `allow_warped_motion`。当 `enable_warped_motion` 等于 0 时，整个编码序列将禁止使用畸变运动补偿。当 `enable_warped_motion` 等于 1 时，由 `allow_warped_motion` 来控制当前帧是否启用畸变运动补偿。当 `allow_warped_motion` 等于 0 时，当前帧禁止使用畸变运动补偿。当 `allow_warped_motion` 等于 1 时，当前帧可以使用畸变运动补偿。当 `allow_warped_motion` 等于 1 时，AV1 定义了块级语法元素 `motion_mode` 来指明当前编码块运动补偿类型。表 5-9 所示为 `motion_mode` 的取值及其含义。

表 5-9 `motion_mode` 的取值及其含义

| `motion_mode` 的取值 | `motion_mode` 的名称 | 备注 |
| --- | --- | --- |
| 0 | SIMPLE | 使用平移或全局运动信息 |
| 1 | OBMC | 重叠块运动补偿 |
| 2 | LOCALWARP | 局部畸变运动补偿 |

这里强调一下：语法元素 `motion_mode` 等于 SIMPLE 时，表示当前编码块使用平移运动或全局运动信息。另外，语法元素 `enable_warped_motion` 和 `allow_warped_motion` 只能用于控制是否使用局部畸变运动补偿，而不能用于控制是否启用全局畸变运动补偿。全局畸变运动补偿的启用与否则是通过 `GmType[ref]` 来控制的。当 `GmType[ref]` 小于或等于 TRANSLATION 时，表示不启用全局畸变运动补偿。

当某个视频帧允许同时使用全局畸变运动补偿和局部畸变运动补偿时，AV1 标准文档使用变量 `useWarp` 来区分全局畸变运动补偿和局部畸变运动补偿。具体来讲，`useWarp = 0` 表示当前编码块不使用畸变运动补偿，`useWarp = 1` 表示当前编码块使用局部畸变运动补偿，`useWarp = 2` 表示当前块使用全局畸变运动补偿。假设编码块的宽和高分别是 $w$ 和 $h$，YMode 表示当前编码块的帧间预测模式（帧间预测模式 YMode 的设置请参考 5.4.2 节表 5-14）。变量 `useWarp` 的设置方式如下：

- 如果 $w < 8$ 或者 $h < 8$，那么 useWarp = 0。
- 否则，如果 force_integer_mv 等于1，那么 useWarp = 0。
- 否则，如果 motion_mode 等于 LOCALWARP，并且 LocalValid 等于1，那么 useWarp = 1。
- 否则，如果下面的条件都满足，则 useWarp = 2：
    - YMode = GLOBALMV 或 YMode = GLOBAL_GLOBALMV。
    - GmType[ref] > TRANSLATION。
    - is_scaled(refFrame) 等于0。
    - globalValid 等于1。
- 否则，useWarp = 0。

其中，force_integer_mv 是 AV1 在帧头部定义的语法元素。当 force_integer_mv = 1 表示不允许当前帧使用分像素运动向量，也就是说，此时的运动向量都是整像素级的。YMode 等于 GLOBALMV 或 GLOBAL_GLOBALMV 表示当前块使用的是全局运动信息。LocalValid 和 globalValid 分别表示局部畸变运动补偿和全局畸变运动补偿中的仿射变换模型参数是否有效。AV1 标准根据 5.3.2 小节中的公式（5-3）来设置 LocalValid 和 globalValid。当仿射变换模型参数满足公式（5-3）时，则 LocalValid 或者 globalValid 设置为 1；否则设置为 0。函数 is_scaled(refFrame) 用于判断参考帧 refFrame 是否采用了缩放模式。关于缩放模式，请参考第 9 章。

### 3. 畸变运动补偿的插值滤波器

由于仿射变换用于捕捉更加复杂的运动，为了更好地估计帧与帧之间的这种复杂运动并生成更精确的预测，AV1 采用了 1/64 精度的子像素插值技术。也就是说，当仿射模型参数 $(h_{11}, h_{22})$，$(h_{12}, h_{21})$ 和 $(h_{13}, h_{23})$ 确定之后，AV1 首先对当前编码块应用仿射变换来确定当前编码块的预测像素位置，这个位置是以 1/64 亮度像素精度为单位的。然后，基于预测像素位置，利用子像素插值滤波器生成预测像素值。

在确定预测像素位置的过程中，AV1 并不是直接对当前编码块的每一个像素进行仿射变换，而是以 8×8 块为基本单位来进行仿射变换。这样做是为了在子像素插值过程中可以复用插值过程的中间结果，进而降低插值模块的计算复杂度。具体来讲，AV1 首先把当前编码块分割成多个 8×8 的子块，然后利用模型参数 $(h_{11}, h_{22})$、$(h_{12}, h_{21})$ 和 $(h_{13}, h_{23})$ 确定当前 8×8 子块的中心点 $(x_0, y_0)$ 在参考帧中的位置 $(x_0', y_0')$：

$$\begin{bmatrix} x_0' \\ y_0' \end{bmatrix} = \begin{bmatrix} h_{11} & h_{12} \\ h_{21} & h_{22} \end{bmatrix} \cdot \begin{bmatrix} x_0 \\ y_0 \end{bmatrix} + \begin{bmatrix} h_{13} \\ h_{23} \end{bmatrix}$$

8×8 子块的剩余像素点 $(x, y)$ 在参考帧中的位置可按如下公式进行计算：

$$\begin{bmatrix} x' \\ y' \end{bmatrix} = \begin{bmatrix} h_{11} & h_{12} \\ h_{21} & h_{22} \end{bmatrix} \cdot \begin{bmatrix} x - x_0 \\ y - y_0 \end{bmatrix} + \begin{bmatrix} x_0' \\ y_0' \end{bmatrix}$$

基于仿射模型的 8×8 子块像素的映射关系如图 5-11 所示，8×8 像素块中的剩下像素点 $(x, y)$ 将围绕中心点 $(x'_0, y'_0)$ 进行缩放和旋转来生成其映射坐标 $(x', y')$。

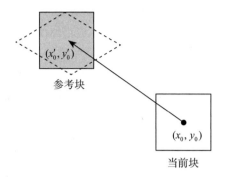

图 5-11　基于仿射模型的 8×8 子块像素的映射关系

为了降低插值过程的计算复杂度，在编码和解码过程中，AV1 会把仿射变换矩阵被分解为两个剪切矩阵（Shear Matrix）[12]：

$$\begin{bmatrix} h_{11} & h_{12} \\ h_{21} & h_{22} \end{bmatrix} = \begin{bmatrix} 1 & 0 \\ \gamma & 1+\delta \end{bmatrix} \begin{bmatrix} 1+\alpha & \beta \\ 0 & 1 \end{bmatrix}$$

根据 AV1 标准文档 7.11.3.6 节所述，参数 $\alpha, \beta, \gamma$ 和 $\delta$ 计算方式如下：

$$\alpha = h_{11} - 1$$
$$\beta = h_{12}$$
$$\gamma = \frac{h_{21}}{1+\alpha} = \frac{h_{21}}{h_{11}}$$
$$\delta = h_{22} - 1 - \frac{h_{21} \cdot h_{12}}{h_{11}}$$

因此，AV1 使用公式（5-2）来计算预测像素位置：

$$\begin{aligned} \begin{bmatrix} x' \\ y' \end{bmatrix} &= \begin{bmatrix} h_{11} & h_{12} \\ h_{21} & h_{22} \end{bmatrix} \cdot \begin{bmatrix} x-x_0 \\ y-y_0 \end{bmatrix} + \begin{bmatrix} x'_0 \\ y'_0 \end{bmatrix} \\ &= \begin{bmatrix} 1 & 0 \\ \gamma & 1+\delta \end{bmatrix} \begin{bmatrix} 1+\alpha & \beta \\ 0 & 1 \end{bmatrix} \cdot \begin{bmatrix} x-x_0 \\ y-y_0 \end{bmatrix} + \begin{bmatrix} x'_0 \\ y'_0 \end{bmatrix} \\ &= \begin{bmatrix} (1+\alpha)(x-x_0) + \beta(y-y_0) \\ \gamma(x-x_0) + (1+\delta)(y-y_0) + \gamma\alpha(x-x_0) + \gamma\beta(y-y_0) \end{bmatrix} + \begin{bmatrix} x'_0 \\ y'_0 \end{bmatrix} \\ &\approx \begin{bmatrix} (1+\alpha)(x-x_0) + \beta(y-y_0) \\ \gamma(x-x_0) + (1+\delta)(y-y_0) \end{bmatrix} + \begin{bmatrix} x'_0 \\ y'_0 \end{bmatrix} \\ &= \begin{bmatrix} x-x_0 \\ y-y_0 \end{bmatrix} + \begin{bmatrix} \alpha(x-x_0) + \beta(y-y_0) \\ \gamma(x-x_0) + \delta(y-y_0) \end{bmatrix} + \begin{bmatrix} x'_0 \\ y'_0 \end{bmatrix} \end{aligned} \quad (5\text{-}2)$$

在畸变运动补偿中，AV1 也采用了可分离插值滤波器，以降低插值滤波器的复杂度。具体来讲，在畸变运动补偿中，当前编码块首先被分割为多个 8×8 子块。之后，对于每个 8×8 子块，AV1 首先使用水平插值滤波器，生成 15×8 的中间像素块；然后，基于该 15×8 的中间像素块，再使用垂直插值滤波器来生成最终的 8×8 大小的子像素位置预测块。

图 5-12 所示为畸变运动补偿中 8×8 子块的插值过程。其中，图 5-12b 中的白色三角形表示当前 8×8 子块在参考图像上的映射位置，图 5-12a 中的白色圆点表示白色三角形（即当前 8×8 子块在参考图像上的映射位置）对应的整像素位置，点状虚线表示省略像素点。子像素插值过程首先基于图 5-12a 所示的整像素块，使用水平插值滤波器，得到图 5-12b 所示的 15×8 中间像素块。之后，垂直插值滤波器将利用 15×8 的中间像素块，插值得到图 5-12c 所示的最终 8×8 预测块。例如，水平插值滤波器利用图 5-12a 中的浅色虚线框矩形所覆盖的像素来插值得到图 5-12b 的浅色虚线框覆盖的黑色三角形。而垂直滤波器利用图 5-12b 中深色虚线框所覆盖的像素来插值得到图 5-12c 的深色虚线框标记的黑色三角形。

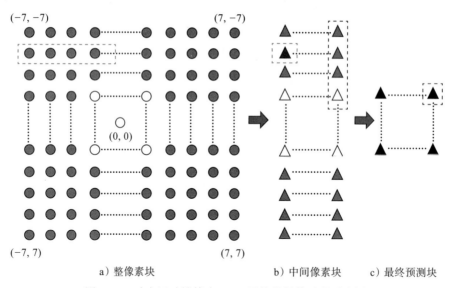

图 5-12 畸变运动补偿中 8×8 子块的插值过程示意图

在 AV1 解码器中，子像素插值过程需要将当前 8×8 子块以及其相邻的重构像素加载到内部缓冲区中，即需要把图 5-12a 中的像素块加载至内部缓冲区。然而，如果参考像素数量很大，一次性存储如此多的参考像素将会增加解码器的内部缓冲区大小，因而会增加解码器的硬件复杂度，同时也降低了解码器数据吞吐率。因此，AV1 对插值过程中使用的参考像素块的大小进行了限制，以限制插值模块的数据搬移量。这样不但可以保持解码器的内部缓冲区大小，同时也能够提高数据缓存性能。所以，AV1 要求 8×8 子块所使用的插值参考像素应该位于 15×15 大小的像素块内。在图 5-12a 中，假设当前 8×8 子块的中心点位置坐标是 (0, 0)，那么参考像素块的 4 个角点坐标分别是 (−7, −7)，(7, −7)，(−7, 7) 和 (7, 7)。

基于这个限制，利用公式（5-2）可知，仿射变换的模型参数需要满足公式（5-3）的限制条件[12]：

$$4|\alpha|+7|\beta|<1 \\ 4|\gamma|+4|\delta|<1 \qquad (5\text{-}3)$$

基于上述限制条件，预测像素位置 $(x', y')$ 的子像素位置 frac$(x')$ 或 frac$(y')$ 取值范围是 $[-1, 2)$，即

$$-1 \leqslant \text{frac}(x_0') + \alpha(x-x_0) + \beta(y-y_0) < 2 \\ -1 \leqslant \text{frac}(y_0') + \gamma(x-x_0) + \delta(y-y_0) < 2$$

其中，frac$(x)$ 表示 $x$ 的子像素位置，其取值范围是 $[0, 1)$。为了保证插值过程中需要的参考像素都位于 $15 \times 15$ 的参考块内，AV1 根据预测像素位置的子像素取值来选择使用 8 抽头插值滤波器或 6 抽头插值滤波器[12]，分像素位置与插值滤波器之间的关系如图 5-13 所示。

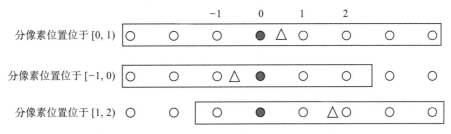

图 5-13　分像素位置与插值滤波器之间的关系

在图 5-13 中，白色圆点表示像素映射位置对应的整像素位置，黑色圆点表示索引为 0 的整像素位置，白色三角形表示某个像素的映射位置。当像素映射位置白色三角形位于区间 $[0, 1)$ 时，使用 8 抽头插值滤波器。当白色三角形位于区间 $[-1, 0)$ 时，使用 6 抽头插值滤波器，相当于 8 抽头滤波器中的最右侧 2 个像素的权重为 0。当白色三角形位于区间 $[1, 2)$ 时，使用 6 抽头插值滤波器，相当于 8 抽头滤波器中的最左侧 2 个像素的权重为 0。AV1 标准文档使用数组 `Warped_Filters` 来记录了各个子像素位置下的插值滤波器的权重。

这里需要注意的是，由于水平偏移量 $\alpha(x-x_0)+\beta(y-y_0)$ 和垂直偏移量 $\gamma(x-x_0)+\delta(y-y_0)$ 与像素位置 $(x, y)$ 相关，所以，不同像素的水平/垂直插值滤波器系数可能是不同的。但是，在平移运动中，所有像素的水平/垂直插值滤波器系数是一样的。因此，畸变运动补偿的插值滤波器的计算复杂度仍然高于平移运动补偿的插值滤波器。

### 5.3.3　重叠块运动补偿

针对使用单一参考帧预测的编码块，AV1 引入了重叠块运动补偿（Overlapped Block Motion Compensation，OBMC）[13] 来生成该编码块的预测块，以提高帧间预测准确性。OBMC 首先使用当前编码块的运动向量生成初始预测像素值；然后使用来自顶部和左侧相邻块的运动信息（包括运动向量和参考帧）分别生成两个预测像素值；最后使用一组加

权系数把初始预测像素和另外两个预测像素进行融合，得到最终的预测像素值。由于利用相邻块运动向量生成的预测像素值可能为位于块边界附近的像素提供更准确的预测，所以 OBMC 往往可以对块边界附近的像素产生更好、更平滑的预测，这将有助于减少块状伪影。

当满足以下条件时，一个帧间编码块允许使用 OBMC 来生成预测像素：
- 当前编码块是单一参考帧预测模式。
- 当前编码块的宽度和高度都大于或等于 8 个亮度像素。
- 至少有一个直接相邻块是帧间预测块。

图 5-14 所示为基于相邻块运动信息的重叠块运动补偿。当一个编码块采用 OBMC 方案时，在预测过程中，OBMC 会扫描当前编码块的上方直接相邻块，从中寻找帧间预测块，即要求相邻块的 RefFrame[0] > INTRA_FRAME。利用每个相邻块的运动向量和其参考帧，OBMC 将生成一个从顶部边界向当前块中心延伸的运动补偿块，该运动补偿块的宽度等于相邻块宽度与当前编码块宽度的最小值，高度是当前编码块高度的一半，如图 5-14a 虚线框所标记区域。

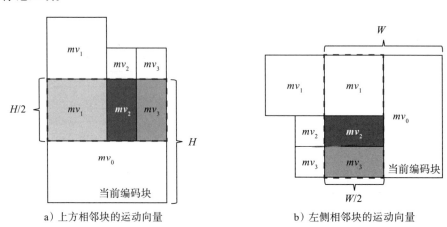

图 5-14 基于相邻块运动信息的重叠块运动补偿

然后，AV1 将初始预测像素块与该运动补偿块进行加权融合，得到中间结果：

$$P_{int}(x, y) = m(x, y)R_1(x, y) + [64-m(x, y)]R_{above}(x, y)$$

其中，$R_1(x, y)$ 表示位置 $(x, y)$ 的初始预测像素值；$R_{above}(x, y)$ 表示利用所有上方直接相邻块的运动信息生成的运动补偿块在位置 $(x, y)$ 的像素值。在图 5-14a 中，$R_{above}$ 是分别由运动向量 $mv_1$、$mv_2$ 和 $mv_3$ 生成的运动补偿块组合而成的。权重 $m(x, y)$ 计算如下：

$$m(x, y) = 64 \times \left\{ \frac{1}{2}\sin\left[\frac{\pi}{H}\left(y+\frac{1}{2}\right)\right] + \frac{1}{2} \right\}$$

其中，$H$ 是当前块的高度；$y$ 是行索引，其取值为 $0, 1, \cdots, H/2-1$。由权重计算公式可见，距离上边界越远的像素在融合过程中权重越小。

接下来，OBMC 将扫描当前编码块的左侧直接相邻块，从中寻找 `RefFrame[0] > INTRA_FRAME` 的相邻块。然后利用每个左侧相邻块的运动信息，构建从左边界向中心延伸的运动补偿块。对于每个左侧相邻块，基于其运动信息所生成的运动补偿块的高度是当前编码块高度与该左侧相邻块高度的最小值，宽度是当前编码块宽度的一半，如图 5-14b 中虚线框标记区域。假设 $R_{\text{left}}$ 是利用所有左侧相邻块的运动信息生成的运动补偿块，那么，在图 5-14b 中，$R_{\text{left}}$ 则是由运动向量 $mv_1$、$mv_2$ 和 $mv_3$ 生成的运动补偿块组合而成的。基于运动补偿块 $R_{\text{left}}$，OBMC 的最终预测像素值计算如下：

$$P(x, y) = m(x, y)P_{\text{int}}(x, y) + [64 - m(x, y)]R_{\text{left}}(x, y)$$

此时权重 $m(x, y)$ 是列索引函数，即

$$m(x, y) = 64 \times \left\{ \frac{1}{2}\sin\left[\frac{\pi}{W}\left(x + \frac{1}{2}\right)\right] + \frac{1}{2} \right\}$$

其中，$W$ 是当前块的宽度；$x$ 是列索引，其取值为 $0, 1, \cdots, W/2-1$。距离左侧边界越远的像素在融合过程中，权重越小。

这里需要注意的是，由于 OBMC 使用的是相邻块的运动信息，相邻块的运动信息不仅包含运动向量，还包含参考帧。由于当前编码块和相邻块的参考帧有可能是不一样的；因此，OBMC 并没有强制要求相邻块与当前编码块使用相同的参考帧，也没有强制要求相邻块必须是单一参考帧预测模式。当相邻块是复合帧间预测时，或者相邻块的参考帧与当前编码块不相同时，这些相邻块仍然可以用于 OBMC。

另外，当输入视频的颜色格式是 4:2:2 或者 4:2:0 时，尺寸大于或等于 $8 \times 8$ 的亮度编码块所对应的色度块的大小可能是 $4 \times 4$、$4 \times 8$ 或 $8 \times 4$。这些色度块在使用 OBMC 方案时，只能使用左侧相邻块的运动向量来生成预测像素，而不能使用上方相邻块的运动向量来生成预测像素。

AV1 标准文档使用数组 `Obmc_Mask_2`、`Obmc_Mask_4`、`Obmc_Mask_8`、`Obmc_Mask_16` 和 `Obmc_Mask_32` 来存储 $W$ 或者 $H$ 等于 4, 8, 16, 32 和 64 对应的权重数组 $m(x, y)$。

AV1 使用表 5-9 中的语法元素 `motion_mode` 来标记当前编码块是否使用 OBMC。当 `motion_mode` 等于 OBMC 时，表明当前编码块使用了 OBMC。除此之外，当下面的条件有一个满足时，AV1 使用块级语法元素 `use_obmc` 来标记当前编码块是否使用 OBMC：

- ❏ `force_integer_mv` 等于 1。
- ❏ `allow_warped_motion` 等于 0。
- ❏ `is_scaled(RefFrame[0])` 等于 1。
- ❏ `NumSamples` 等于 0，这里 `NumSamples` 表示仿射模型参数估计过程找到的有效相邻参考块总数。`NumSamples=0` 表示仿射模型参数估计过程没有找到有效参考块，也就是当前编码块不能使用局部畸变运动补偿。

`use_obmc` 等于 1 表明当前编码块使用了 OBMC；`use_obmc` 等于 0 则表示当前编码

块没有使用 OBMC。

这里需要注意的是，当使用 OBMC 时，利用上侧和左侧相邻块的运动向量生成预测像素块的过程也会调用子像素插值模块，所以 OBMC 会增加解码端复杂度。

### 5.3.4 复合预测

在复合预测中，当前编码块有两个预测像素块 $P_0(x, y)$ 和 $P_1(x, y)$，最终的预测像素值是这两个预测像素块的加权组合：

$$P(x, y) = \{\omega(x, y) \cdot P_0(x, y) + [64 - \omega(x, y)] \cdot P_1(x, y) + 32\} >> 6 \qquad (5\text{-}4)$$

其中，$\omega(x, y)$ 是复合预测的权重。

如果两个预测像素块 $P_0(x, y)$ 和 $P_1(x, y)$ 都是通过帧间预测模式得到的，此时的复合预测称为复合帧间预测。因此，在复合帧间预测中，`RefFrame[0] > INTRA_FRAME` 且 `RefFrame[1] > INTRA_FRAME`。除了复合帧间预测之外，AV1 还支持帧间预测块和帧内预测块的复合预测，即 $P_0(x, y)$ 是通过帧间预测模式得到的，而 $P_1(x, y)$ 是通过帧内预测模式得到的，即 `RefFrame[0] > INTRA_FRAME` 且 `RefFrame[1] = INTRA_FRAME`。为了提高复合预测的编码效率，AV1 引入了不同的编码工具来推导权重 $\omega(x, y)$。

#### 1. 复合楔形预测

为了更好地处理图像中的边缘和纹理，AV1 引入了复合楔形预测（Compound Wedge-based Prediction）模式，如图 5-15 所示。这种预测模式把编码块分割为两个具有不规则形状的子块，每个子块使用不同的参考帧和运动向量来生成其预测块。最后，复合楔形预测模式对两个子块的预测块进行加权融合，以得到整个编码块的预测块。这些具有不规则形状的子块又被称为编码块的楔形分区（Wedge Partition）。

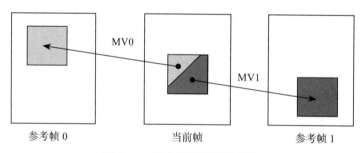

图 5-15 复合楔形预测示意图

为了获取编码块的楔形分区，对于不同尺寸的编码块，AV1 预先定义了 16 个二维加权数组，这些数组沿着某个特定边缘方向和位置把编码块分割成两个不同的楔形分区。图 5-16 所示为 AV1 中楔形划分的权重数组。

从图 5-16a 中可以看到，对于其中一个楔形分区的预测像素，二维加权数组把它们的加权值被设置为 64；对于另一个楔形分区的预测像素，二维加权数组则将其加权值被设置为 0。此外，位于楔形划分边界附近的预测像素，它们的加权值被设置为 32 附近的整数。这种设置是为了在分区边界处平滑过渡，避免预测结果在边界处出现突变或不连续。通过这种方式，预测算法能够更自然地处理数据块中的边界效应，从而提高预测的准确性和平滑性。基于这种权重数组对两个预测块进行加权融合即可实现编码块的楔形划分。

```
64 64 64 64 64 64 64 64 64 64 64 64 64 64 64 63
64 64 64 64 64 64 64 64 64 64 64 64 64 63 63 62
64 64 64 64 64 64 64 64 64 64 64 63 63 62 60 58
64 64 64 64 64 64 64 64 64 64 63 63 62 60 58 53 46
64 64 64 64 64 64 64 64 63 63 62 60 58 53 46 37 27
64 64 64 64 64 63 63 62 60 58 53 46 37 27 18 11
64 64 64 64 63 62 60 58 53 46 37 27 18 11 6  4
64 63 63 62 60 58 53 46 37 27 18 11 6  4  2  1
63 62 60 58 53 46 37 27 18 11 6  4  2  1  1  0
60 58 53 46 37 27 18 11 6  4  2  1  1  0  0  0
53 46 37 27 18 11 6  4  2  1  1  0  0  0  0  0
37 27 18 11 6  4  2  1  1  0  0  0  0  0  0  0
18 11 6  4  2  1  1  0  0  0  0  0  0  0  0  0
6  4  2  1  1  0  0  0  0  0  0  0  0  0  0  0
2  1  1  0  0  0  0  0  0  0  0  0  0  0  0  0
1  0  0  0  0  0  0  0  0  0  0  0  0  0  0  0
```

a) 权重分布　　　　　　　b) 权重数组的可视化图

图 5-16　AV1 中楔形划分的权重数组

**（1）权重数组推导**

在楔形预测中，权重数组决定了编码块分割线的方向和位置。楔形预测使用编码块分割线与水平线之间的夹角来表示分割线的方向。分割线的角度包括 0°（水平方向）、90°（垂直方向）、27°、63°、117° 和 153°。分割线的位置则是用相对于 64×64 块的中心点 (32, 32) 的偏移量来表示。对于给定的编码块，AV1 将根据编码块的形状和大小来推导该编码块要使用的 16 个二维权重数组。在 AV1 中，权重数组的推导过程分为 2 个步骤：

1）确定基准权重数组 MasterMask[6][64][64]。

假设 dir 表示分割线角度索引，即 dir = 0, 1, 2, 3, 4, 5 分别对应是 0°、90°、27°、63°、117° 和 153°。那么 MasterMask[dir][64][64] 可视为 64×64 块在给定分割线下的权重数组。此时，利用 AV1 标准文档规定的权重数组 Wedge_Master_Oblique_Odd[]、Wedge_Master_Oblique_Even[] 以及 Wedge_Master_Vertical[] 为角度索引是 dir 的分割线生成权重数组 MasterMask[dir][64][64]，其中 Wedge_Master_Oblique_Odd 定义了奇数行或列的不同位置的权重，Wedge_Master_Oblique_Even 定义了偶数行或列的不同位置的权重。具体来讲，对于角度等于 27° 和 153° 的分割线，最左侧列被视为奇数列，使用 Wedge_Master_Oblique_Odd 填充该列权重，之后按照列奇偶性分别使用 Wedge_Master_Oblique_Odd 和 Wedge_Master_Oblique_Even 填充其他列。对于角度等于 63° 和 117° 的分割线，最顶层行是偶数行，使用 Wedge_Master_Oblique_Even 填充该

行权重，之后按照行奇偶性分别使用 Wedge_Master_Oblique_Odd、Wedge_Master_Oblique_Even 填充其他行。图 5-17 为基准权重数组 MasterMask 的可视化图像，其中黑色和灰白色直线是分割线。

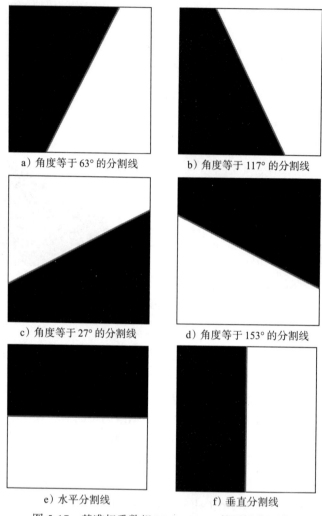

a) 角度等于 63° 的分割线　　b) 角度等于 117° 的分割线

c) 角度等于 27° 的分割线　　d) 角度等于 153° 的分割线

e) 水平分割线　　f) 垂直分割线

图 5-17　基准权重数组 MasterMask 的可视化图像

2）确定编码块权重数组。

基准权重数组 MasterMask 确定之后，AV1 将根据编码块的形状和大小来推导不同大小编码块要使用的 16 个二维权重数组。假设变量 wedge 是这 16 个权重数组的索引，其取值为 0～15。基于此，权重数组推导过程可描述如下：

❑ 根据编码块尺寸 bsize 和 wedge 的取值，利用标准文档定义的函数 get_wedge_direction(bsize, wedge) 推导 wedge 表示的权重数组对应的角度 dir。

❑ 根据编码块尺寸 bsize 和 wedge 的取值，利用标准文档定义的函数 get_wedge_

xoff(bsize, wedge) 和 get_wedge_yoff(bsize, wedge) 来推导偏移量 (xoffset, yoffset)。
- 给定偏移量 (xoffset, yoffset)，权重数组 MasterMask[dir][64][64] 中的起始位置 (x_start, y_start) 计算如下：

$$x\_start = 32 - (\text{xoffset} \cdot W) >> 3$$
$$y\_start = 32 - (\text{yoffset} \cdot H) >> 3$$

其中，$W$ 和 $H$ 分别是编码块的宽度和高度。
- 从起始位置 (x_start, y_start) 开始，AV1 从 MasterMask[dir][64][64] 截取大小为 $WH$ 的部分 MasterMask[dir][ y_start+y][ x_start+x] ($0 \leq y < H, 0 \leq x < W$) 作为大小为 $WH$ 的编码块在索引 wedge 下的权重数组。

从上述推导过程可以发现，这 16 个二维权重数组分别对应着不同的角度 dir 和偏移量 (xoffset, yoffset)。

根据权重数组中的哪个楔形划分占据主导地位（即权重接近64），相同角度和偏移量下的权重数组可以有两个。AV1 使用符号位 flipSign 来区分这两个权重数组。这里假设 flipSign 等于 0 表示上侧权重较大，flipSign 等于 1 表示下方区域权重较大。AV1 标准文档根据索引 wedge 的权重数组中第一行和第一列权重的平均值，来确定 flipSign 的取值：

```
sum = 0;
For (x = 0; x < W; x++)
    sum += MasterMask[dir][ y_start][ x_start + x];
For (y = 0; y < H; y++)
    sum += MasterMask[dir][ y_start + y][ x_start];
avg = (sum + (W + H - 1) / 2) / (W + H - 1);
flipSign = (avg < 32);
```

由于 flipSign = 0 和 flipSign = 1 在相同位置处的权重之和等于 64，所以下面仅介绍 flipSign = 0 的权重数组。图 5-18 所示为 $16 \times 16$ 编码块在角度为 27° 并且 (xoffset, yoffset) 分别为 (4, 4) 和 (4, 2) 下的权重数组生成过程，其中图 5-18a、图 5-18b 中的灰色点分别表示 $16 \times 16$ 的编码块所截取的权重数组，图 5-18c、图 5-18d 是生成的 $16 \times 16$ 权重数组可视化图，图 5-18e、图 5-18f 是 $16 \times 16$ 权重数组的权重分布。

图 5-19 所示为 $16 \times 16$ 编码块的所有权重数组，其中每个子图的标题 wedge+angle+(xoffset, yoffset)+flipSign 分别表示该权重数组的索引、分割线方向、分割位置和符号。

**（2）复合楔形预测的语法元素**

复合楔形预测只能用于尺寸等于 $8 \times 8$、$8 \times 16$、$16 \times 8$、$16 \times 16$、$16 \times 32$、$32 \times 16$、$32 \times 32$、$8 \times 32$ 和 $32 \times 8$ 的编码块。在编码过程中，给定一个编码块，编码器将为其计算每个权重数组的率失真代价，然后从中选择率失真代价最小的权重数组。为了标识选中的权重数组，AV1

引入了两个语法元素 wedge_index 和 wedge_sign，分别表示权重数组的索引和符号。wedge_index 的取值范围是 0 ～ 15，对应着 16 个权重数组；而 wedge_sign 的取值是 0 或 1。

a）偏移量为 (4, 4) 时，权重数组在 MasterMask 的位置

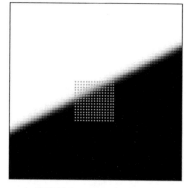

b）偏移量为 (4, 2) 时，权重数组在 MasterMask 的位置

c）偏移量为 (4, 4) 时，编码块的权重数组可视化图

d）偏移量为 (4, 2) 时，编码块的权重数组可视化图

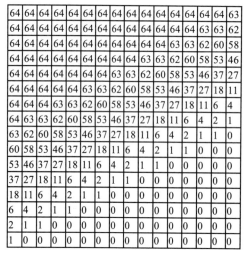

e）偏移量为 (4, 4) 时的权重分布　　　　f）偏移量为 (4, 2) 时的权重分布

图 5-18　16×16 编码块在角度为 27° 时不同偏移量的权重数组生成过程

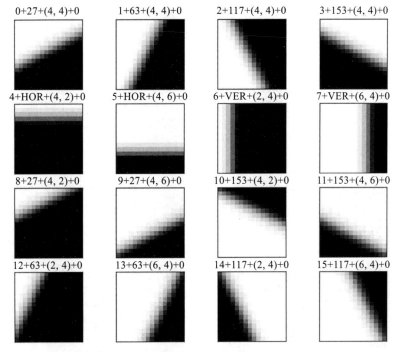

图 5-19　大小为 $16 \times 16$ 编码块的所有权重数组

### 2. 复合帧内帧间预测

在复合帧内帧间预测（Compound Intra-Inter Prediction）中，预测块是由帧内预测和帧间预测的加权组合得出的。也就是说，复合帧间预测公式（5-4）中的 $P_0(x, y)$ 是一个帧间预测块，$P_1(x, y)$ 是一个帧内预测块。帧内预测块使用 DC_PRED、V_PRED、H_PRED 或 SMOOTH 预测模式得出，而帧间预测块则使用单一参考帧预测和平移运动得出。帧内和帧间预测像素的组合可以通过以下两种方式实现：

- 利用复合楔形预测中的楔形权重数组。选中的楔形权重数组通过语法元素 wedge_index 来标识，而语法元素 wedge_sign 则默认是 0，因此不需要编码 wedge_sign。
- 预设权重系数，该权重系数沿着其帧内预测方向逐渐减小帧内预测权重。AV1 标准文档使用数组 Ii_Weights_1d[128] 存储该权重系数。图 5-20 所示为 $16 \times 16$ 编码块的不同帧内预测模式下的权重掩模，从中可见权重沿着预测方向逐渐变小。

为了表示编码块是否使用帧内帧间复合预测，AV1 定义了块级语法元素 interintra。interintra 等于 1 表示编码块使用帧内帧间复合预测。这时，AV1 将使用语法元素 interintra_mode 来指示编码块使用了哪个帧内预测模式。interintra_mode 的取值 0，1，2，3 分别对应 II_DC_PRED、II_V_PRED、II_H_PRED 和 II_SMOOTH_PRED。然后，AV1 将使用语法元素 wedge_interintra 表示帧内和帧间预测像素的加权组合方式。

wedge_interintra = 1 表示使用复合楔形预测中的楔形掩模进行加权组合，这时需要继续编码语法元素 wedge_index 以指明权重数组。wedge_interintra = 0 表示使用预设权重系数进行加权组合。

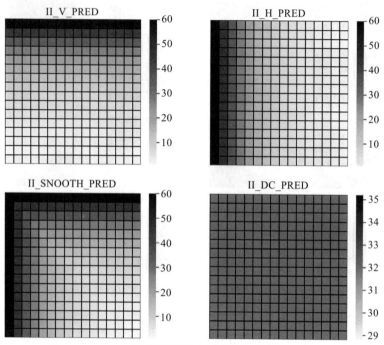

图 5-20　16×16 编码块的复合帧内帧间预测的权重掩模

这里需要注意的是，对于使用帧内帧间复合预测的编码块，其参考帧类型 RefFrame[0] 和 RefFrame[1] 满足下述条件：RefFrame[0] > INTRA_FRAME 且 RefFrame[1] = INTRA_FRAME。所以，只有当 RefFrame[0] > INTRA_FRAME 且 RefFrame[1] = INTRA_FRAME 时，才需要编码语法元素 interintra、interintra_mode、wedge_interintra 和 wedge_index。

### 3. 基于预测块残差的复合预测

在基于预测残差的复合预测（Difference Weighted Prediction）中，权重 $\omega(x,y)$ 是基于两个预测块之间的像素差异计算出来的，如下述公式所示：

$$\omega(x,y) = \begin{cases} 38 + \dfrac{P_0(x,y) - P_1(x,y)}{16}, & \text{mask\_type} = 0 \\ 64 - \left[ 38 + \dfrac{P_0(x,y) - P_1(x,y)}{16} \right], & \text{mask\_type} = 1 \end{cases}$$

对于每个编码块，编码器需要为当前块选择最优的 mask_type，并通过语法元素 mask_type 将其传送至解码端。

### 4. 基于参考帧距离的复合预测

在基于参考帧距离的复合预测（Distance Weighted Prediction）中，权重 $\omega(x, y)$ 由当前帧与参考帧之间的距离来确定。假设 $d_0$ 是当前帧与后向参考帧的距离（refList 等于 1 的参考帧），$d_1$ 是当前帧与前向参考帧的距离（refList 等于 0 的参考帧）。如果 $d_0 > d_1$，那么权重 $\omega(x, y)$ 的计算方式如下：

$$\omega(x, y) = \begin{cases} 36, & 2d_0 < 3d_1 \\ 44, & 2d_0 < 5d_1 \\ 48, & 2d_0 < 7d_1 \\ 52, & 2d_0 \geq 7d_1 \end{cases}$$

否则，如果 $d_0 < d_1$，那么权重 $\omega(x, y)$ 的计算方式如下：

$$\omega(x, y) = \begin{cases} 64-36, & 2d_1 < 3d_0 \\ 64-44, & 2d_1 < 5d_0 \\ 64-48, & 2d_1 < 7d_0 \\ 64-52, & 2d_1 \geq 7d_0 \end{cases}$$

这里需要注意的是上面计算的权重 $\omega(x, y)$ 是应用在预测块 $P_0(x, y)$ 上，而 $64 - \omega(x, y)$ 是应用在 $P_1(x, y)$ 上。

### 5. 等权重的复合预测

当权重数组 $\omega(x, y)$ 的元素等于 32，此时两个预测像素块 $P_0(x, y)$ 和 $P_1(x, y)$ 的权重相等，这种复合预测方式被称为等权重的复合预测。

### 6. 复合预测类型的语法元素

在 AV1 中，复合预测首先分为 2 种：复合帧间预测和复合帧内帧间预测。AV1 标准文档使用变量 `isCompound` 来区分这两种复合预测，即 `isCompound = RefFrame[1] > INTRA_FRAME`。所以，变量 `isCompound` 等于 1 表示当前编码块是复合帧间预测，即两个预测像素块 $P_0(x, y)$ 和 $P_1(x, y)$ 都是通过帧间预测得到的；`isCompound` 等于 0 表示当前编码块是复合帧内帧间预测，即两个预测像素块 $P_0(x, y)$ 和 $P_1(x, y)$ 分别是通过帧间预测模式和帧内预测模式得到的。之后，AV1 标准文档使用语法元素 `compound_type` 来细分上述几种复合预测类型。`compound_type` 的取值以及其含义如表 5-10 所示。

表 5-10 `compound_type` 的取值以及其含义

| compound_type 的取值 | 含义 | 复合预测类型 |
|---|---|---|
| 0 | COMPOUND_WEDGE | 复合楔形预测 |
| 1 | COMPOUND_DIFFWTD | 基于预测块残差的复合预测 |
| 2 | COMPOUND_AVERAGE | 等权重的复合预测 |
| 3 | COMPOUND_INTRA | 复合帧内帧间预测 |
| 4 | COMPOUND_DISTANCE | 基于参考帧距离的复合预测 |

为了控制 compound_type 的取值，AV1 引入了序列级语法元素 enable_jnt_comp 来表示是否使用基于参考帧距离的复合预测（即 compound_type 等于 COMPOUND_DISTANCE）。enable_jnt_comp=0 表示不会使用基于参考帧距离的复合预测；enable_jnt_comp=1 表示基于参考帧距离的复合预测是一种候选的复合预测类型。

如果编码块是复合帧间预测，即 isCompound 等于 1，那么该编码块的 compound_type 不会等于 COMPOUND_INTRA。此时，AV1 使用语法元素 compound_type（或者 comp_group_idx, compound_idx）来指明最终使用的复合预测类型。具体来讲，在这种情况下，AV1 首先使用序列级语法元素 enable_masked_compound 表示是否需要编码语法元素 compound_type。如果语法元素 enable_masked_compound 等于 0，表示不会编码语法元素 compound_type。在这种情况下，compound_type 的取值流程可以描述如下：

❑ 如果 enable_jnt_comp 等于 1，那么 AV1 使用语法元素 compound_idx 来确定 compound_type 的取值：
  • 如果 compound_idx 等于 1，则 compound_type 等于 COMPOUND_AVERAGE。
  • 否则，即 compound_idx 等于 0，则 compound_type 等于 COMPOUND_DISTANCE。
❑ 否则，即 enable_jnt_comp 等于 0，则 compound_type 等于 COMPOUND_DISTANCE。

如果语法元素 enable_masked_compound 等于 1，表示可能会编码 compound_type。在这种情况下，AV1 继续使用语法元素 comp_group_idx 来确定是否需要编码 compound_type：

❑ 如果 comp_group_idx 等于 0，表示不会编码 compound_type。这时，AV1 依然使用上述流程，根据 enable_jnt_comp 和 compound_idx 来确定 compound_type 的取值。
❑ 如果 comp_group_idx 等于 1 时，那么：
  • 对于尺寸等于 8×8、8×16、16×8、16×16、16×32、32×16、32×32、8×32 和 32×8 的编码块（这些编码块允许使用复合楔形预测类型），AV1 将编码语法元素 compound_type；
  • 对于其他尺寸的编码块，语法元素 compound_type 的取值等于 COMPOUND_DIFFWTD。

表 5-11 所示为复合帧间预测中 compound_type 的表示方式。

表 5-11 复合帧间预测中 compound_type 的表示方式

| compound_type | comp_group_idx | compound_idx | compound_type |
|---|---|---|---|
| COMPOUND_DISTANCE | 0 | 0 | — |
| COMPOUND_AVERAGE | 0 | 1 | — |
| COMPOUND_DIFFWTD | 1 | — | 1 |
| COMPOUND_WEDGE | 1 | — | 0 |

如果编码块不是复合帧间预测，即 `isCompound` 等于 0，表示编码块是复合帧内帧间预测，此时，AV1 使用语法元素 `interintra` 和 `wedge_interintra` 来指明 `compound_type`。表 5-12 所示为非复合帧间预测中 `compound_type` 的表示方式。

表 5-12　非复合帧间预测中 `compound_type` 的表示方式

| compound_type | interintra | wedge_interintra |
|---|---|---|
| COMPOUND_INTRA | 1 | 0 |
| COMPOUND_WEDGE | 1 | 1 |
| COMPOUND_AVERAGE | 0 | — |

## 5.4　运动向量编码

运动估计和运动补偿是视频编码的重要组成部分，使得运动向量本身及其相关的编码信息在码流中占据了相当大的一部分。因此，对运动向量的高效压缩非常重要。为了实现高效的运动向量压缩，视频编码标准通常采用运动向量预测编码技术。这种编码方式首先利用先前编码图像块的运动向量生成当前块的运动向量预测值（Motion Vector Predictor，MVP），然后将运动向量预测值与当前块运动向量相减后的残差经熵编码后写入码流中。运动向量预测值与当前块运动向量相减后的残差又被称为运动向量预测残差（Motion Vector Difference，MVD），其计算方式如下：

$$\begin{bmatrix} MVD_x \\ MVD_y \end{bmatrix} = \begin{bmatrix} MV_x \\ MV_y \end{bmatrix} - \begin{bmatrix} MVP_x \\ MVP_y \end{bmatrix} = \begin{bmatrix} MV_x - MVP_x \\ MV_y - MVP_y \end{bmatrix}$$

其中，$(MV_x, MV_y)$ 是当前块运动向量；$(MVP_x, MVP_y)$ 是运动向量预测值。

当前图像块的运动向量通常与当前帧中空域相邻块或时域相邻块的运动向量具有相关性。这是因为这些相邻块和当前图像块可能包含相同的移动对象，具有相似的运动效果，并且移动对象的运动不太可能在一瞬间出现突变。因此，AV1 使用空域和时域相邻块的运动向量来推导当前图像块的运动向量预测值。具体来讲，AV1 首先根据空域相邻块或参考帧中的时域相邻块的运动向量，构造一个候选运动向量预测值列表（Candidate Motion Vector Predictor List）。然后，AV1 动态地从这个列表中选择一个运动向量，作为当前图像块的运动向量预测值。同时，AV1 将记录运动向量预测值在列表中的索引，并将该索引与运动向量预测残差一起传输至解码端。

在解码运动向量的过程中，解码器首先采用相同的方法来构建候选运动向量预测值列表。然后，使用编码器传输的运动向量预测值在列表中的索引，从列表中取出对应的运动向量作为运动向量预测值。之后，解码器将运动向量预测值与运动向量预测残差相加，即可得到当前块的运动向量。AV1 把这种运动向量编码方案称为动态运动向量预测（Dynamic Motion Vector Prediction）。

本节内容分为两个部分：首先，探讨了如何利用空域相邻块以及时域相邻块来构建一个候选运动向量预测值的列表。紧接着，详细描述了动态运动向量预测方案，这包括 AV1 引入的运动向量预测模式，以及描述如何对运动向量预测值的索引进行编码。

### 5.4.1 候选运动向量预测值列表的构建

AV1 把候选运动向量预测值列表称为动态参考列表（Dynamic Reference List，DRL）。其中的运动向量包含空域候选运动向量预测值和时域候选运动向量预测值。

#### 1. 空域候选运动向量预测值

空域候选运动向量预测值是指从当前编码块的空域相邻块推导得到的候选运动向量预测值。在 AV1 中，空域相邻块包括空域直接相邻块和非直接相邻块[11]。当前编码块的空域相邻块如图 5-21 所示，包括上方的 3 个 8×8 块行和左侧的 3 个 8×8 块列，其中每个方形框代表 8×8 块，灰色方形框是当前编码块的空域直接相邻块，白色方形框是空域非直接相邻块，圆点标记的区域是 8×8 块内部的 4×4 块，直线上方的数字代表 8×8 块行或 8×8 块列的检查顺序。

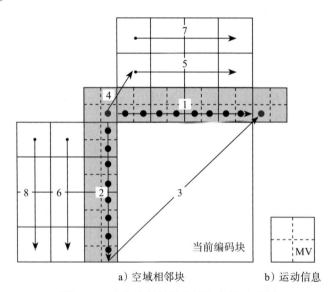

图 5-21　当前编码块的空域相邻块示意图

由于 AV1 的最小编码块尺寸为 4×4。因此，一个 8×8 的块可能包含 4 个不同的运动向量和参考帧索引。为了降低 AV1 解码器的硬件设计复杂度[1]，对于当前块上方直接相邻 8×8 块行，AV1 规定只用其中与当前块上方直接相邻的 4×4 块的运动信息，如图 5-21a 中黑色圆点标记方框。对于与当前块非直接相邻的 8×8 块行，AV1 仅使用 8×8 块的运动信息进行编码。若该 8×8 块被分割成 4×4 块进行编码，则会用底部右下角 4×4 块的运动信息来表示该 8×8 块的运动信息，如图 5-21b 中标记为 MV 的方框。另外，为了保持一致性，左侧 8×8 块的运动信息也采用 4×4 块为单位来存储。所以，空域相邻块的检查顺序描述如下：

1）从左到右依次检查上方直接相邻的 8×8 块底部 2 个 4×4 块，上方黑色圆点标记方框。
2）从上往下依次检查左侧直接相邻的 8×8 块右侧两个 4×4 块，左侧黑色圆点标记方框。
3）检查右上角 8×8 块的左下角位置 4×4 的块，右上角灰色圆点标记方框。
4）检查左上角 8×8 块。
5）从左到右依次检查上方第一个非直接相邻的 8×8 块。
6）从上往下依次检查左侧第一个非直接相邻的 8×8 块。
7）从左到右依次检查上方第二个非直接相邻的 8×8 块。
8）从上往下依次检查左侧第二个非直接相邻的 8×8 块。

其中，第 4～8 步中的每个 8×8 的运动信息实际是该 8×8 块右下角 4×4 块的运动信息。

在推导空域候选运动向量预测值的过程中，编码器会在所有空域相邻块中寻找与当前编码块有着相同参考帧索引的块。然后从满足条件的空域相邻块中，推导候选运动向量预测值。具体来讲：

- 如果当前编码块使用单一参考帧预测，则 AV1 将检查相邻块的前向参考帧索引是否与当前块的参考帧索引相同。如果相同，则把指向前向参考帧的运动向量作为候选运动向量预测值。当相邻块是复合帧间预测时，AV1 将继续检查相邻块的后向参考帧索引是否与当前块的参考帧索引相同。如果相同，则把指向后向参考帧的运动向量作为候选运动向量预测值。图 5-22 为单参考帧预测的空域候选运动向量预测值生成示意图，其中相邻块 A 是复合帧间预测，并且它有两个运动向量 ($MV_0^A$, $MV_1^A$)，$MV_0^A$ 的参考帧索引与当前块的参考帧索引相同，此时，AV1 将把 $MV_0^A$ 作为当前编码块的一个候选运动向量预测值。

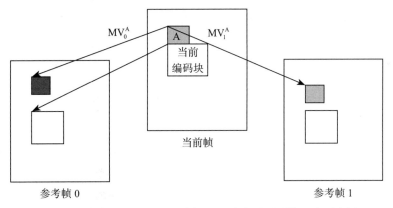

图 5-22 单参考帧预测的空域候选运动向量预测值生成示意图

- 如果当前编码块使用复合帧间考帧预测，则相邻块也必须是复合帧间预测，并且相邻块的前向和后向参考帧索引都要与当前块的前向和后向参考帧索引相同。图 5-23

为复合帧间预测的空域候选运动向量预测值生成示意图，当前块是复合帧间预测模式，其运动向量是 ($MV_0$, $MV_1$)，此时相邻块 A 必须也是复合预测，并且 A 的两个参考帧索引都要与当前图像块相同。

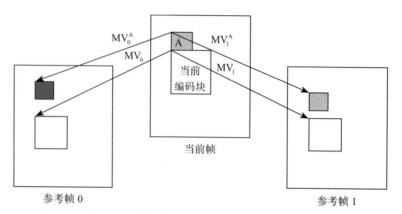

图 5-23　复合帧间预测的空域候选运动向量预测值生成示意图

### 2. 时域候选运动向量预测值

时域候选运动向量预测值是利用参考帧中对应块的运动向量，推导而来的候选运动向量预测值。在推导时域候选运动向量预测值的过程中，AV1 首先获取当前视频帧的参考帧所包含的运动信息，这些运动信息包括每个块的运动向量以及这些向量所指向的参考帧。利用这些运动信息，AV1 通过内插值（Interpolation）或外插值（Extrapolation）的方法来构建当前帧的运动场（Motion Field）。然后，AV1 利用得到的运动场，来推导当前编码块指向不同参考帧的候选时域运动向量。

（1）构建当前帧的运动场

AV1 以 8×8 块为单位构建当前帧的运动场，用于描述当前帧与参考帧之间的运动轨迹。为此，AV1 根据当前帧与参考帧之间的显示顺序，分别采用内插值法和外插值法计算当前帧的每个 8×8 块的运动向量。为了计算当前帧的运动场，AV1 需要先指定当前帧的一个参考帧；然后，基于该参考帧中所有块的运动向量，AV1 将选择内插值法或外插值法计算当前帧的运动场。

假设 curFrame 表示当前帧，refFrame 是当前帧的一个参考帧。对于参考帧 refFrame 中某个 8×8 块，其坐标是 (ref_blk_row, ref_blk_col)，并且该 8×8 块的运动向量是 ref_mv，ref_mv 指向的参考帧是 priFrame。这里需要注意的是，priFrame 是 refFrame 的参考帧。

1）内插值：如果当前帧 curFrame 的显示顺序处于 refFrame 和 priFrame 之间，那么，坐标为 (ref_blk_row, ref_blk_col) 的 8×8 块的运动向量 ref_mv 从参考帧 refFrame 指向 priFrame，并且穿过了当前帧 curFrame，基于内插值法的运动向量推导如图 5-24 所示。此时 AV1 将采用内插值法来计算当前帧 curFrame 的对应 8×8 块的运动向量。

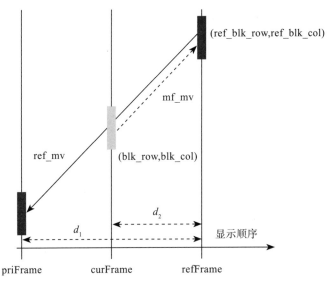

图 5-24 基于内插值法的运动向量推导

在图 5-24 中,灰色直线所示是运动向量 ref_mv;mf_mv 表示当前帧中坐标为 (blk_row, blk_col) 的 8×8 块的运动向量,如黑色虚线所示;$d_1$ 表示参考帧 refFrame 和之前编码帧 priFrame 之间的距离,$d_2$ 表示当前帧 curFrame 与参考帧 refFrame 之间的距离。

$$d_1 = \text{DispOrder}_{\text{refFrame}} - \text{DispOrder}_{\text{priFrame}}$$
$$d_2 = \text{DispOrder}_{\text{curFrame}} - \text{DispOrder}_{\text{refFrame}}$$

其中,$\text{DispOrder}_X$ 表示帧 $x$ 的显示顺序。

在这种情况下,AV1 通过内插值法来计算当前帧的运动场 mf_mv,计算方法描述如下:

$$\begin{bmatrix} mf\_mv.y \\ mf\_mv.x \end{bmatrix} = \begin{bmatrix} ref\_mv.y \\ ref\_mv.x \end{bmatrix} \cdot \frac{d_2}{d_1}$$

这里需要注意的是,在图 5-24 所示的例子中,由于当前帧的显示顺序小于其参考帧,故 $d_2$ 是负数,而 $d_1$ 是正数,因此 mf_mv 和 ref_mv 之间的符号相反,这也表明 mf_mv 和 ref_mv 的方向是相反的。

基于运动向量 mf_mv 和参考帧块的位置 (ref_blk_row, ref_blk_col),按照下面的公式即可计算当前块 (blk_row, blk_col):

$$\begin{bmatrix} blk\_row \\ blk\_col \end{bmatrix} = \begin{bmatrix} ref\_blk\_row \\ ref\_blk\_col \end{bmatrix} + \begin{bmatrix} mf\_mv.y \\ mf\_mv.x \end{bmatrix}$$

通过上述过程,AV1 便计算得到当前帧中位置是 (blk_row, blk_col) 的 8×8 块的运动向量 mf_mv。

**2)外插值**:如果当前帧 curFrame 的显示顺序处于 refFrame 和 priFrame 一侧,AV1 将

采用外插值法来计算当前帧 curFrame 的对应 8×8 块的运动向量，基于外插值法的运动向量推导如图 5-25 所示。

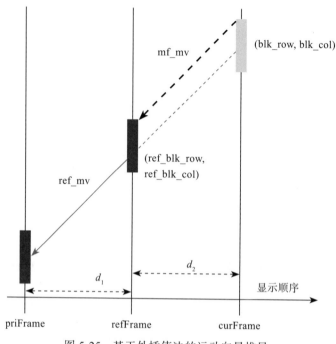

图 5-25 基于外插值法的运动向量推导

外插值法中的 8×8 块的运动向量 mf_mv 计算方法与内插值法的计算方式相同。基于计算得到运动向量 mf_mv 和参考帧块的位置 (ref_blk_row, ref_blk_col)，对应 8×8 块的位置 (blk_row, blk_col) 计算如下：

$$\begin{bmatrix} blk\_row \\ blk\_col \end{bmatrix} = \begin{bmatrix} ref\_blk\_row \\ ref\_blk\_col \end{bmatrix} - \begin{bmatrix} mf\_mv.y \\ mf\_mv.x \end{bmatrix}$$

这里要强调的是，通过内插值法或外插值法计算得到的运动向量 mf_mv 是从当前帧 curFrame 指向参考帧 refFrame。由于当前帧 curFrame 可能有多个参考帧，如 LAST、LAST2、LAST3、GOLDEN、BWDREF、ALTREF2 和 ALTREF。图 5-26 为 8×8 块的运动向量缩放示意图，当要计算从当前帧指向其他参考帧，如 refFrame2（显示顺序是 $DispOrder_{refFrame2}$）的运动向量 mf_mv_2 时，需要根据当前帧的显示顺序 $DispOrder_{curFrame}$ 与 $DispOrder_{refFrame}$ 之间的距离 $d_2$，当前帧的显式顺序 $DispOrder_{refFrame}$ 与 $DispOrder_{refFrame2}$ 之间的距离 $d_3$ 对 mf_mv 进行缩放。

根据 mf_mv 计算 mf_mv_2 的过程如下：

$$\begin{bmatrix} mf\_mv\_2.y \\ mf\_mv\_2.x \end{bmatrix} = \begin{bmatrix} mf\_mv.y \\ mf\_mv.x \end{bmatrix} \cdot \frac{d_3}{d_2}$$

$$= \begin{bmatrix} \text{ref\_mv}.y \\ \text{ref\_mv}.x \end{bmatrix} \cdot \frac{d_2}{d_1} \cdot \frac{d_3}{d_2}$$

$$= \begin{bmatrix} \text{ref\_mv}.y \\ \text{ref\_mv}.x \end{bmatrix} \cdot \frac{d_3}{d_1}$$

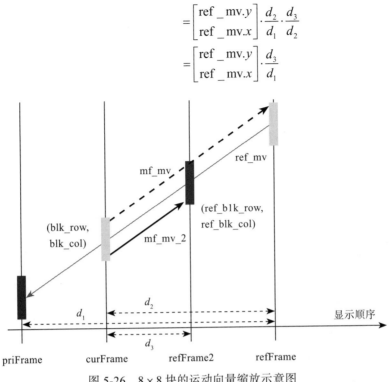

图 5-26   8×8 块的运动向量缩放示意图

其中 $d_1$、$d_2$ 和 $d_3$ 的计算方式如下：

$$d_1 = \text{DispOrder}_{\text{refFrame}} - \text{DispOrder}_{\text{priFrame}}$$

$$d_2 = \text{DispOrder}_{\text{refFrame}} - \text{DispOrder}_{\text{curFrame}}$$

$$d_3 = \text{DispOrder}_{\text{refFrame2}} - \text{DispOrder}_{\text{curFrame}}$$

按照上述方式，给定当前帧 curFrame 的一个参考帧 refFrame，AV1 即可计算当前帧 curFrame 与任何参考帧之间的运动向量。

AV1 标准文档使用数组 `MotionFieldMvs[ref][blk_row][blk_col]` 来存储当前帧中坐标位置为 (blk_row, blk_col) 的 8×8 块指向参考帧 ref 的运动向量，其中 ref 是 LAST、LAST2、LAST3、GOLDEN、BWDREF、ALTREF2 和 ALTREF。指定当前帧的一个参考帧，即可利用上面描述的方法计算得到一个 `MotionFieldMvs` 的取值。由于当前帧可能有多个参考帧，所以，在构建当前帧的运动场时，AV1 按照固定的顺序扫描每个参考帧，即 LAST、BWDREF、ALTREF2、ALTREF 和 LAST2。利用后面参考帧计算得到的 `MotionFieldMvs` 将会覆盖利用之前参考帧计算得到的结果。例如，根据 BWDREF 计算得到的 `MotionFieldMvs` 将会覆盖利用 LAST 计算得到的 `MotionFieldMvs`。

（2）推导时域候选运动向量预测值

当前帧的运动场构建完成之后，AV1 将根据当前编码块的位置坐标，按照预先定义的顺序，遍历运动场对应位置的 8×8 块的运动向量，并据此来推导时域候选运动向量预测值。8×8 块的遍历顺序如下：

1）检查当前编码块所覆盖的所有 8×8 块的运动向量：如果编码块的宽度或高度大于或等于 64，AV1 将以 16×8，或者 8×16，或者 16×16 为单位，遍历运动场中的运动向量。

2）检查当前编码块左下角位置的 8×8 块的运动向量。

3）检查当前编码块右下角位置的 2 个 8×8 块的运动向量。

假设当前编码块的坐标是 MiRow 和 Micol，MiRow 和 Micol 分别以 4×4 亮度像素为单位来表示当前编码块的行索引和列索引；并且当前编码块的宽度和高度分别是 $W$ 和 $H$，bw4 = $W$ >> 2 和 bh4 = $H$ >> 2 分别以 4×4 亮度像素为单位表示当前编码块的宽度和高度。基于这些变量表示，AV1 标准文档定义的时域运动向量遍历过程可以描述如下：

```
temporal_scan_process(MiRow, MiCol, bw4, bh4) {
    // 根据 bw4 和 bh4 选择遍历步长，当 W 和 H 都小于 64 时，此时以 8×8 块为单位；
    // 当 W 和 H 都大于或等于 64 时，此时以 16×16 块为单位；
    // 当 W 大于或等于 64，而 H 小于 64 时，此时以 16×8 块为单位；
    // 当 W 小于 64，而 H 大于或等于 64 时，此时以 8×16 块为单位。
    stepW4 = (bw4 >= 16) ? 4 : 2;
    stepH4 = (bh4 >= 16) ? 4 : 2;
    // 检查当前编码块所覆盖的 8×8 块。这里需要注意的是：
    // 当 W 和 H 都大于或等于 64 时，此时只检查左上角的 64×64 块覆盖的 16×16 块；
    // 当 W 大于或等于 64，而 H 小于 64 时，此时只检查 64×H 覆盖的 16×8 块；
    // 当 W 小于 64，而 H 大于或等于 64 时，此时只检查 W×64 覆盖的 8×16 块。
    for (deltaRow = 0; deltaRow < Min(bh4, 16) ; deltaRow += stepH4){
        for (deltaCol = 0; deltaCol < Min(bw4, 16) ; deltaCol += stepW4){
            add_tpl_ref_mv(MiRow, MiCol, deltaRow, deltaCol,
                isCompound);
        }
    }
    // 对于宽度或高度大于或等于 64 的编码块（尺寸是 64×H、W×64、128×H 和 W×128），
    // 则不再需要检查左下角位置的 8×8 块和右下角位置的 2 个 8×8 块。
    allowExtension = ((bh4 >= 2) && (bh4 < 16) && (bw4 >= 2) &&
                      (bw4 < 16));
    if (allowExtension) {
        for (i = 0; i < 3; i++) {
            /* tplSamplePos[3][2] = { { bh4, -2 }, { bh4, bw4 },
                                      { bh4 - 2, bw4 } } */
            // 检查当前编码块左下角位置的 8×8 块和右下角位置的 2 个 8×8 块。
            deltaRow = tplSamplePos[i][0];
            deltaCol = tplSamplePos[i][1];
            // 函数 check_sb_border 的功能是检查待检查的 8×8 块
```

```
            // 是否位于64×64大小块的边界。
            if (check_sb_border(deltaRow, deltaCol)) {
                // 函数add_tpl_ref_mv功能是检测对应8×8的运动向量是否
                // 在动态参考列表中，若不在动态参考列表，
                // 则把该8×8的运动向量添加至动态参考列表；若该8×8的运动向量
                // 已经存在动态参考列表之中，设置对应权重。
                // 该函数的详细定义在"构建动态参考列表"部分。
                add_tpl_ref_mv(MiRow, MiCol, deltaRow, deltaCol,
                    isCompound);
            }
        } // end for
    } // end if (allowExtension)
}
// 函数check_sb_border的定义如下：
check_sb_border(deltaRow, deltaCol) {
    row = (MiRow & 15) + deltaRow;
    col = (MiCol & 15) + deltaCol;
    // row >= 16 或者 col >=16 表示待检查的8×8块与当前编码块位于不同的64×64块。
    return ( row >= 0 && row < 16 && col >= 0 && col < 16 );
}
```

图 5-27 所示为时域候选运动向量预测值推导过程中 8×8 块的遍历顺序。

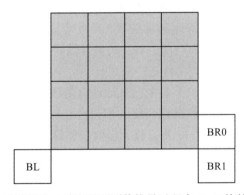

图 5-27  时域候选运动向量预测值推导过程中 8×8 块的遍历顺序

在图 5-27 中，灰色区域代表当前的编码块，它的大小是 32×32，这意味着当前编码块共覆盖了 16 个 8×8 块。BL 代表当前编码块左下角的 8×8 块，而 BR0 和 BR1 是位于当前编码块右下角的两个 8×8 块。在图 5-27 所展示的例子中，AV1 编码过程首先会检查当前编码块（灰色区域）所覆盖的 16 个 8×8 块的运动向量，然后依次检查 BL、BR0 和 BR1 这些特定位置 8×8 块的运动向量。

为了控制是否使用时域运动向量预测值，AV1 引入了序列级语法元素 enable_ref_

frame_mvs 和帧级语法元素 use_ref_frame_mvs。当语法元素 enable_ref_frame_mvs 等于 0 时,整个序列不使用时域运动向量预测值;当 enable_ref_frame_mvs 等于 1 时,AV1 使用帧级语法元素 use_ref_frame_mvs 来控制某个视频帧是否使用时域运动向量预测值。use_ref_frame_mvs 等于 0 表示对应视频帧不使用时域运动向量预测值;use_ref_frame_mvs 等于 1 表示对应视频帧可以使用时域运动向量预测值。

### 3. 构建动态参考列表

统计数据表明,与当前编码块直接相邻的上方块、左侧块和右上方块的运动向量与当前块的运动向量相关性更高,所以,在构建动态参考列表的过程中,AV1 首先检查空域直接相邻的上方块、左侧块和右上方块;之后检查时域相邻块;最后检查剩余的非直接相邻空域相邻块。具体来讲,空域和时域相邻块的检查顺序如下:

1)从左到右依次检查上方直接相邻的 8×8 块。
2)从上往下依次检查左侧直接相邻的 8×8 块。
3)检查右上角 8×8 块。
4)检查时域相邻块。
5)检查左上角 8×8 块。
6)从左到右依次检查上方第一个非直接相邻的 8×8 块行。
7)从上往下依次检查左侧第一个非直接相邻的 8×8 块列。
8)从左到右依次检查上方第二个非直接相邻的 8×8 块行。
9)从上往下依次检查左侧第二个非直接相邻的 8×8 块列。

这里需要注意的是,如果当前编码块是单一参考帧预测,那么从每个相邻块推导的候选运动向量是单一运动向量。如果当前编码块是复合帧间预测 MVP,那么从每个相邻块推导的是一个候选运动向量对 $(MVP_0, MVP_1)$。

在推导过程中,从每个相邻块推导的候选运动向量或候选运动向量对会被分配一个权重,用于表示该候选运动向量与当前编码块的相关性,权重越大,相关性越强。假设当前编码块的宽度和高度分别为 $W$ 和 $H$,那么候选运动向量的权重设置方法如下:

- ❑ 对于从步骤 1, 6 和 8(上方相邻块)推导的有效候选运动向量,它们的权重 weight 取决于相邻块所属的编码块宽度 EncBlkW:
  - len = Min(EncBlkW, W)。
  - 如果是步骤 6 或 8 中的相邻块(上方非直接相邻块),则 len = Max(len, 2)。
  - 如果 $W$ 大于或等于 64,则 len = Max(len, 4)。
  - weight += 2 * len。
- ❑ 对于从步骤 2, 7 和 9(左侧相邻块)推导的有效候选运动向量,它们的权重 weight 取决于相邻块所属的编码块高度 EncBlkH:
  - len = Min(EncBlkH, H)。
  - 如果是步骤 7 或 9 中的相邻块(左侧非直接相邻块),则 len = Max(len, 2)。

- 如果 H 大于或等于 64，则 `len = Max(len, 4)`。
- `weight += 2 * len`。

❏ 对于从步骤 3 和 5 推导的有效候选运动向量，它们的权重 `weight += 4`。
❏ 对于从步骤 4 推导的有效候选运动向量，它们的权重 `weight += 2`。

由于 AV1 允许使用帧级全局运动向量 `GlobalMvs[0]` 或者 `GlobalMvs[1]` 作为候选运动向量预测值，所以在构建动态参考列表之前，AV1 首先利用当前帧的全局畸变运动类型 `GmType[ref]` 和模型参数 `gm_params[ref][idx]` 来计算帧级全局运动向量 `GlobalMvs[0]` 或者 `GlobalMvs[1]`。这里 ref 表示当前编码块的参考帧类型。

AV1 标准文档使用 `RefStackMv[8][2]` 表示动态参考列表，`WeightStack[8]` 表示动态参考列表中每个候选运动向量/运动向量对的权重，`NumMvFound` 表示动态参考列表中候选运动向量的个数，`numNearest` 表示从步骤 1、2 和 3 中推导的有效候选运动向量的个数。它们的初始值均为 0。

对于空域相邻块的运动向量，AV1 标准文档定义函数 `add_ref_mv_candidate` 根据其运动向量，更新动态参考列表 `RefStackMv`。假设 mvRow 和 mvCol 分别以 4×4 亮度像素为单位，表示空域相邻块的行索引和列索引，那么函数 `add_ref_mv_candidate` 的定义如下：

```
// weight 是相邻块运动向量的权重。
add_ref_mv_candidate(mvRow, mvCol, isCompound, weight) {
    if (isCompound == 0) {
        // 当前编码块使用单一参考帧预测模式，检查相邻块的前向或后向参考帧索引
        // 是否与当前编码的参考帧索引相同。
        for (candList = 0; candList < 2; candList++) {
            // RefFrames[mvRow][mvCol][0/1] 相邻块的前向或后向参考帧；
            // RefFrame[0/1] 当前块的前向或后向参考帧；
            if (RefFrames[mvRow][mvCol][candList] == RefFrame[0]) {
                // 相邻块必须包含一个参考帧索引，其值等于当前块的参考帧索引。
                // candMode 是相邻块的预测模式；candSize 是相邻块的编码块大小。
                candMode = YModes[mvRow][mvCol];
                candSize = MiSizes[mvRow][mvCol];
                large = Min(Block_Width[candSize],
                            Block_Height[candSize]) >= 8;
                if ((candMode == GLOBALMV ||
                    candMode == GLOBAL_GLOBALMV) &&
                    (GmType[RefFrame[0]] > TRANSLATION) && large == 1) {
                    // 相邻块使用的是全局预测模式，则把全局运动向量设为
                    // 候选运动向量预测值。
                    candMv = GlobalMvs[0];
                } else {
```

```
                    // 把相邻块的运动向量设置为候选运动向量预测值。
                    candMv = Mvs[mvRow][mvCol][candList];
                }
                // 检查 candMv 是否在动态参考列表。
                for (idx = 0; idx < NumMvFound; idx++) {
                    if (candMv[0] == RefStackMv[idx][0][0] &&
                        candMv[1] == RefStackMv[idx][0][1])
                        break
                }
                if (idx < NumMvFound) {
                    // candMv 已经在动态参考列表中，则提高对应权重。
                    WeightStack[idx] += weight
                } else if ( NumMvFound < MAX_REF_MV_STACK_SIZE ) {
                    // candMv 不在动态参考列表中，则将其添加至动态参考列表，
                    // 并设置权重，同时让 NumMvFound 加 1。
                    RefStackMv[NumMvFound][0] = candMv
                    WeightStack[NumMvFound] = weight
                    NumMvFound += 1
                }
            }
        }
    } else {
        // 当前编码块使用复合帧间预测模式，则相邻块必须也是复合帧间预测，
        // 并且相邻块的前向和后向参考帧索引都要与当前编码块的前向和后向
        // 参考帧索引相同。
        if (RefFrames[mvRow][mvCol][0] == RefFrame[0] &&
            RefFrames[mvRow][mvCol][1] == RefFrame[1]) {
            // candMvs[0/1] 分别存储相邻块的前向和后向运动向量。
            candMvs[0] = Mvs[mvRow][mvCol][0];
            candMvs[1] = Mvs[mvRow][mvCol][1];
            candMode = YModes[mvRow][mvCol];
            candSize = MiSizes[mvRow][mvCol];
            if (candMode == GLOBALMV) {
                // 相邻块使用全局预测模式时，则把全局运动向量设为
                // 候选运动向量预测值。
                for (refList = 0; refList < 2; refList++) {
                    if (GmType[ RefFrame[refList] ] > TRANSLATION)
                        candMvs[refList] = GlobalMvs[refList];
                }
            }
            // 检查运动向量对 (candMvs[0],candMvs[1]) 是否在动态参考列表之中。
```

```
            for (idx = 0; idx < NumMvFound; idx++){
                if (candMvs[0][0] == RefStackMv[idx][0][0] &&
                    candMvs[0][1] == RefStackMv[idx][0][1] &&
                    candMvs[1][0] == RefStackMv[idx][1][0] &&
                    candMvs[1][1] == RefStackMv[idx][1][1]) {
                        break;
                    }
            }
            if (idx < NumMvFound) {
                // 运动向量对 (candMvs[0],candMvs[1]) 已经在动态参考列表中,
                // 则提高对应权重。
                WeightStack[idx] += weight
            } else if (NumMvFound < MAX_REF_MV_STACK_SIZE) {
                // 运动向量对 (candMvs[0],candMvs[1]) 不在动态参考列表中,
                // 则将其添加至动态参考列表, 并设置权重, 同时让 NumMvFound 加 1。
                RefStackMv[NumMvFound][0] = candMvs[0]
                RefStackMv[NumMvFound][1] = candMvs[1]
                WeightStack[NumMvFound] = weight
                NumMvFound += 1
            }
        }
    }
}
```

对于时域相邻块的运动向量（即运动场中的 $8\times 8$ 块运动向量），AV1 标准文档定义函数 add_tpl_ref_mv 来将根据其运动向量，更新动态参考列表 RefStackMv。假设 MiRow 和 MiCol 分别以 $4\times 4$ 亮度像素为单位，表示当前编码块的行索引和列索引，并且 deltaRow 和 deltaCol 分别表示运动场中的 $8\times 8$ 块的行索引和列索引相对于 MiRow 和 MiCol 的偏移量。那么函数 add_tpl_ref_mv 的定义如下：

```
add_tpl_ref_mv(MiRow, MiCol, deltaRow, deltaCol, isCompound){
    mvRow = (MiRow + deltaRow) | 1;
    mvCol = (MiCol + deltaCol) | 1;
    x8 = mvCol >> 1;
    y8 = mvRow >> 1;
    if (!isCompound) {
        // 当前编码块是单一参考帧预测, 此时, 利用当前编码块的前向参考帧
        // RefFrame[0] 获取对应 8×8 块的运动向量;
        candMv = MotionFieldMvs[RefFrame[0]][y8][x8]
        if (candMv[0] == -1 << 15)
            return
```

```
// 检查candMv 是否在动态参考列表。
for (idx = 0; idx < NumMvFound; idx++) {
    if (candMv[0] == RefStackMv[idx][0][0] &&
        candMv[1] == RefStackMv[idx][0][1])
        break
}
if (idx < NumMvFound) {
    // candMv 已经在动态参考列表中，则提高对应权重。
    WeightStack[idx] += 2
} else if ( NumMvFound < MAX_REF_MV_STACK_SIZE ) {
    // candMv 已经不在动态参考列表中，则将其添加至动态参考列表，
    // 并设置权重，同时让 NumMvFound 加 1。
    RefStackMv[NumMvFound][0] = candMv
    WeightStack[NumMvFound] = 2
    NumMvFound += 1
}
} else {
    // 当前编码块是复合帧间预测，此时，利用当前编码块的前向参考帧
    // RefFrame[0] 和后向参考帧 RefFrame[1]，获取对应 8×8 块的
    // 前向和后向运动向量 candMv0 和 candMv1。
    candMv0 = MotionFieldMvs[RefFrame[0]][y8][x8]
    if (candMv0[0] == -1 << 15)
        return
    candMv1 = MotionFieldMvs[RefFrame[1]][y8][x8]
    if (candMv1[0] == -1 << 15)
        return
    // 检查运动向量对(candMv0,candMv1)是否在动态参考列表之中。
    for (idx = 0; idx < NumMvFound; idx++){
        if (candMv0[0] == RefStackMv[idx][0][0] &&
            candMv0[1] == RefStackMv[idx][0][1] &&
            candMv1[0] == RefStackMv[idx][1][0] &&
            candMv1[1] == RefStackMv[idx][1][1]) {
                break;
        }
    }
    if (idx < NumMvFound) {
        // 运动向量对(candMv0,candMv1)已经在动态参考列表中，则提高对应权重。
        WeightStack[idx] += 2
    } else if (NumMvFound < MAX_REF_MV_STACK_SIZE) {
        // 运动向量对(candMv0,candMv1) 不在动态参考列表中，则将
        // 其添加至动态参考列表，并设置权重，同时让 NumMvFound 加 1。
```

```
            RefStackMv[NumMvFound][0] = candMv0
            RefStackMv[NumMvFound][1] = candMv1
            WeightStack[NumMvFound] = 2
            NumMvFound += 1
        }
    }
}
```

假设 MiRow 和 MiCol 分别以 4×4 亮度像素为单位，表示当前编码块的行索引和列索引；bw4 和 bh4 分别以 4×4 大小的亮度像素为单位，表示当前编码块的宽度和高度。那么，基于函数 add_ref_mv_candidate 和 add_tpl_ref_mv，动态参考列表构建过程可以描述如下：

1）从左到右，依次使用函数 add_ref_mv_candidate 检查上方直接相邻的 8×8 块，此时参数 mvRow=MiRow−1，mvCol 根据直接相邻块所在编码块的宽度来更新。

2）从上往下，依次使用函数 add_ref_mv_candidate 检查左侧直接相邻的 8×8 块，此时参数 mvCol=MiCol−1，mvRow 根据直接相邻块所在编码块的高度来更新。

3）如果 Max(bw4,bh4) 小于或等于 16，那么使用函数 add_ref_mv_candidate 检查右上角 8×8 块，此时参数 mvRow=MiRow−1，mvCol=MiCol+bw4。

4）如果语法元素 use_ref_frame_mvs 等于 1，那么使用函数 temporal_scan_process 检查时域相邻块。

5）使用函数 add_ref_mv_candidate 检查左上角 8×8 块，此时参数 mvRow=MiRow−1，mvCol=MiCol−1。

6）从左到右，依次使用函数 add_ref_mv_candidate 检查上方第一个非直接相邻的 8×8 块行，此时参数 mvRow=MiRow−3。

7）从上往下，依次使用函数 add_ref_mv_candidate 检查左侧第一个非直接相邻的 8×8 块列，此时参数 mvCol=MiCol−3。

8）如果 bh4 大于 1，那么，从左到右，依次使用函数 add_ref_mv_candidate 检查上方第二个非直接相邻的 8×8 块行，此时参数 mvRow=MiRow−5。

9）如果 bw4 大于 1，那么，从上往下，依次使用函数 add_ref_mv_candidate 检查左侧第二个非直接相邻的 8×8 块列，此时参数 mvCol=MiCol−5。

10）根据权重数组 WeightStack[0], WeightStack[1], ⋯, WeightStack[numNearest−1] 的取值，对运动向量 RefStackMv[0], RefStackMv[1], ⋯, RefStackMv[numNearest−1] 进行排序，权重大的运动向量位于前方。

11）根据权重数组 WeightStack[numNearest], WeightStack[numNearest+1], ⋯, WeightStack[NumMvFound−1] 的取值，对运动向量 RefStackMv[numNearest], RefStackMv[numNearest+1], ⋯, RefStackMv[NumMvFound−1] 进行排序，权重大的运动向量位于前方。

12）如果 NumMvFound 小于 2，则 AV1 会向 RefStackMv 中添加额外的运动向量，直到它有两个运动向量为止：

① 再次遍历上方直接相邻的 8×8 块和左侧直接相邻的 8×8 块，根据该相邻块的运动向量推导候选运动向量，把有效的候选运动向量加入 RefStackMv，此时不再要求相邻块的参考帧索引与当前编码块有着相同参考帧索引；

② 如果 NumMvFound 仍然小于 2，则把全局运动向量 GlobalMvs 加入动态参考列表 RefStackMv 中。

### 5.4.2 动态运动向量预测

#### 1. 单一参考帧预测

如果当前编码块是单一参考帧预测模式，则 AV1 将为每个参考帧会生成一个动态参考列表，并且每个动态参考列表由单一运动向量组成。表 5-13 所示为采用单一参考帧预测模式编码块的动态参考列表示例。假设 ref=RefFrame[0]，那么表 5-13 中的一列运动向量 $[MVP_0^{ref}, MVP_1^{ref}, MVP_2^{ref}, MVP_3^{ref}, \cdots]$ 便是当前编码块在参考帧索引 ref 上的动态参考列表。$MVP_{idx}^{ref}$ 是该动态参考列表中索引值等于 idx 的候选运动向量预测值。索引值 idx 被称为 DRL 索引（Dynamic Reference List index，动态参考列表索引）。

表 5-13 单一参考帧预测模式下的动态参考列表示例

| DRL 索引 | 参考帧类型 | | | | |
|---|---|---|---|---|---|
| | LAST | LAST2 | BWDREF | ALTREF | … |
| 0 | $MVP_0^0$ | $MVP_0^1$ | $MVP_0^2$ | $MVP_0^3$ | … |
| 1 | $MVP_1^0$ | $MVP_1^1$ | $MVP_1^2$ | $MVP_1^3$ | … |
| 2 | $MVP_2^0$ | $MVP_2^1$ | $MVP_2^2$ | $MVP_2^3$ | … |
| 3 | $MVP_3^0$ | $MVP_3^1$ | $MVP_3^2$ | $MVP_3^3$ | … |
| … | … | … | … | … | |

在单一参考帧预测模式下，当前编码块只有一个运动向量 MV。为了编码该运动向量，AV1 从动态参考列表中的前 4 个元素中选择一个作为运动向量预测值 MVP，并计算 MV 与 MVP 之间的运动向量残差 MVD。AV1 将记录 MVP 在动态参考列表中的索引，并将该索引与 MVD 一起写入码流。

为了高效地编码运动向量，AV1 定义了 4 个运动向量预测模式，即 NEARESTMV、NEARMV、NEWMV 和 GLOBALMV。表 5-14 所示为单一参考帧预测中的运动向量预测模式及其含义。

#### 2. 复合帧间预测

如果当前编码块是复合帧间预测，则 AV1 为每个参考帧都会生成一个元素为运动向量对的动态参考列表。表 5-15 所示为复合帧间预测模式下的编码块动态参考列表示例。假设 ref0=RefFrame[0]，ref1=RefFrame[1]，那么表 5-15 中的一列运动向量对 [($MVP_0^{ref0}$, $MVP_0^{ref1}$), ($MVP_1^{ref0}$, $MVP_1^{ref1}$), ($MVP_2^{ref0}$, $MVP_2^{ref1}$), ($MVP_3^{ref0}$, $MVP_3^{ref1}$), …] 是当前编码块在参考帧组合 (ref0, ref1) 上的动态参考列表。运动向量对 ($MVP_{idx}^{ref0}$, $MVP_{idx}^{ref1}$) 是该动态列表中索引为 idx 的运动向量预测值对。索引值 idx 也被称为 DRL 索引。

表 5-14 单一参考帧预测中的运动向量预测模式及其含义。

| 运动向量预测模式 | 含义 |
| --- | --- |
| NEARESTMV | 使用动态参考列表中索引等于 0 的元素作为运动向量预测值 MVP<br>不需要编码 DRL 索引，DRL 索引默认为 0<br>不需要编码运动向量残差 MVD，MVD 默认为 0 |
| NEARMV | 从动态参考列表中索引等于 1, 2 或 3 的元素中，选择一个作为运动向量预测值 MVP<br>需要编码 DRL 索引，DRL 索引可能取值是 1, 2, 3<br>不需要编码运动向量残差 MVD，MVD 默认为 0 |
| NEWMV | 从动态参考列表中索引等于 0, 1 或 2 的元素中，选择一个作为运动向量预测值 MVP<br>需要编码 DRL 索引，DRL 索引可能取值是 0, 1, 2<br>需要编码运动向量残差 MVD |
| GLOBALMV | 使用帧级全局运动向量 GlobalMvs[0] 或者 GlobalMvs[1] 作为运动向量预测值 MVP<br>不需要编码运动向量残差 MVD，MVD 默认为 0 |

表 5-15 复合帧间预测模式下的编码块动态参考列表示例

| DRL 索引 | 参考帧类型 | | | |
| --- | --- | --- | --- | --- |
| | (LAST, BWDREF) | (LAST, ALTREF) | (LAST2, BWDREF) | … |
| 0 | ($MVP_0^0$, $MVP_0^2$) | ($MVP_0^0$, $MVP_0^3$) | ($MVP_0^1$, $MVP_0^2$) | … |
| 1 | ($MVP_1^0$, $MVP_1^2$) | ($MVP_1^0$, $MVP_1^3$) | ($MVP_1^1$, $MVP_1^2$) | … |
| 2 | ($MVP_2^0$, $MVP_2^2$) | ($MVP_2^0$, $MVP_2^3$) | ($MVP_2^1$, $MVP_2^2$) | … |
| 3 | ($MVP_3^0$, $MVP_3^2$) | ($MVP_3^0$, $MVP_3^3$) | ($MVP_3^1$, $MVP_3^2$) | … |
| … | … | … | … | … |

在复合预测模式下，当前编码块有两个运动向量 $MV_0$ 和 $MV_1$，AV1 把它们组成一个运动向量对 ($MV_0$, $MV_1$)。为了编码这个运动向量对，AV1 从复合帧间预测模式的动态参考列表中的前 4 个元素中选择一个元素，作为运动向量预测值对 ($MVP_0$, $MVP_1$)。然后，AV1 将计算 $MV_0$ 与 $MVP_0$ 之间的运动向量残差 $MVD_0$，以及 $MV_1$ 与 $MVP_1$ 之间的运动向量残差 $MVD_1$。最后，AV1 将把运动向量对 ($MVP_0$, $MVP_1$) 在动态参考列表中的索引以及 $MVD_0$ 和 $MVD_1$ 一起写入码流。

为了高效地编码运动向量对，AV1 定义了以下 8 个运动向量对的预测模式。表 5-16 所示为复合帧间预测中运动向量对的预测模式及其含义。

表 5-16　复合帧间预测中运动向量对的预测模式及其含义

| 运动向量对的预测模式 | 含义 |
| --- | --- |
| NEAREST_NEARESTMV | 使用动态参考列表中索引等于 0 的元素作为 $(MVP_0, MVP_1)$<br>不需要编码 DRL 索引，DRL 索引默认为 0<br>不需要编码运动向量残差 $MVD_0$ 和 $MVD_1$，它们都默认为 0 |
| NEAR_NEARMV | 从动态参考列表索引等于 1, 2 或 3 的元素中，选择一个作为 $(MVP_0, MVP_1)$<br>需要编码 DRL 索引，DRL 索引可能取值是 1, 2, 3<br>不需要编码运动向量残差 $MVD_0$ 和 $MVD_1$，它们都默认为 0 |
| NEAREST_NEWMV | 使用动态参考列表中索引等于 0 的元素作为 $(MVP_0, MVP_1)$<br>不需要编码 DRL 索引，DRL 索引默认为 0<br>不需要编码运动向量残差 $MVD_0$，其值默认为 0；但是需要编码 $MVD_1$ |
| NEW_NEARESTMV | 使用动态参考列表中索引等于 0 的元素作为 $(MVP_0, MVP_1)$<br>不需要编码 DRL 索引，DRL 索引默认为 0<br>需要编码 $MVD_0$；但是不需要编码 $MVD_1$，其值默认为 0 |
| NEAR_NEWMV | 从动态参考列表中索引等于 1, 2 或 3 的元素中，选择一个作为 $(MVP_0, MVP_1)$<br>需要编码 DRL 索引，DRL 索引可能取值是 1, 2, 3<br>不需要编码运动向量残差 $MVD_0$，其值默认为 0；但是需要编码 $MVD_1$ |
| NEW_NEARMV | 从动态参考列表中索引等于 1, 2 或 3 的元素中，选择一个作为 $(MVP_0, MVP_1)$<br>需要编码 DRL 索引，DRL 索引可能取值是 1, 2, 3<br>需要编码 $MVD_0$；但是不需要编码 $MVD_1$，其值默认为 0 |
| NEW_NEWMV | 从动态参考列表中索引等于 0, 1 或 2 的元素中，选择一个作为 $(MVP_0, MVP_1)$<br>需要编码 DRL 索引，DRL 索引可能取值是 0, 1, 2<br>$MVD_0$ 和 $MVD_1$ 都需要编码 |
| GLOBAL_GLOBALMV | 使用帧级全集运动向量（GlobalMvs[0], GlobalMvs[1]）作为 $(MVP_0, MVP_1)$<br>不需要编码运动向量残差 $MVD_0$ 和 $MVD_1$，它们都默认为 0 |

表 5-16 列出的运动向量对预测模式可以分成两步来理解：

（1）编码 DRL 索引

1）带有 NEAREST 关键字的预测模式，不需要编码 DRL 索引值，DRL 索引值默认是 0。

2）带有 NEAR 关键字的预测模式，需要编码 DRL 索引值，DRL 索引可能取值是 1, 2, 3。

3）NEW_NEWMV 预测模式，也需要编码 DRL 索引值，但是 DRL 索引可能取值是 0, 1, 2。

（2）编码运动向量残差 $MVD_0$ 和 $MVD_1$

表 5-16 中的运动向量对预测模式可以表示成 XXX_YYYMV 的通用格式，其中 XXX

代表 $MVD_0$ 的编码方式,而 YYY 代表 $MVD_1$ 的编码方式,所以:

1)当 XXX 等于关键字 NEAREST 或 NEAR 表示不需要编码 $MVD_0$。
2)当 YYY 等于关键字 NEAREST 或 NEAR 表示不需要编码 $MVD_1$。
3)当 XXX 等于关键字 NEW 表示需要编码 $MVD_0$。
4)当 YYY 等于关键字 NEW 表示需要编码 $MVD_1$。

在编码 DRL 索引时,NEAREST 和 NEAR 是互斥的,所以 AV1 的运动向量预测模式中没有 NEAREST 和 NEAR 组合。

### 3. 语法元素

AV1 使用 YMode 来表示运动向量和运动向量对的预测模式,YMode 与运动向量(对)预测模式之间的映射关系如表 5-17 所示。

表 5-17 YMode 与运动向量(对)预测模式之间的映射关系

| YMode | 运动向量(对)预测模式 | YMode | 运动向量(对)预测模式 |
| --- | --- | --- | --- |
| 14 | NEARESTMV | 20 | NEAREST_NEWMV |
| 15 | NEARMV | 21 | NEW_NEARESTMV |
| 16 | GLOBALMV | 22 | NEAR_NEWMV |
| 17 | NEWMV | 23 | NEW_NEARMV |
| 18 | NEAREST_NEARESTMV | 24 | GLOBAL_GLOBALMV |
| 19 | NEAR_NEARMV | 25 | NEW_NEWMV |

表 5-17 中取值为 0 ~ 13 的 YMode 表示的是帧内预测模式,详细信息请参考第 4 章。

**(1) YMode 和 DRL 索引编码**

对于复合帧间预测,AV1 定义了语法元素 compound_mode 来指明复合帧间预测的运动向量预测模式。compound_mode 表示选中的运动向量预测模式 YMode 与 NEAREST_NEARESTMV 之间的偏移量。所以,YMode = NEAREST_NEARESTMV + compound_mode。

对于单一参考帧预测模式,AV1 定义了 3 个语法元素 new_mv,zero_mv 和 ref_mv 来表示选中的运动向量预测模式 YMode。它们的编码顺序是 new_mv,zero_mv 和 ref_mv。表 5-18 所示为语法元素 new_mv,zero_mv 和 ref_mv 的取值与单一参考帧的运动向量预测模式之间的关系。

表 5-18 语法元素 new_mv,zero_mv 和 ref_mv 的取值与单一参考帧的运动向量预测模式之间的关系

| 运动向量预测模式 | new_mv | zero_mv | ref_mv |
| --- | --- | --- | --- |
| NEWMV | 0 | — | — |
| GLOBALMV | 1 | 0 | — |
| NEARESTMV | 1 | 1 | 0 |
| NEARMV | 1 | 1 | 1 |

AV1 定义了语法元素 drl_mode 来编码 DRL 索引。drl_mode 是一个位语法元素,

其取值是 0 或者 1。如上所述，根据 YMode 的不同，DRL 索引的取值范围也不同：[0, 1, 2] 或者 [1, 2, 3]。所以，对于每个 DRL 索引值，AV1 最多编码 2 个 drl_mode。表 5-19 所示为 DRL 索引与语法元素 drl_mode 之间的映射关系。

表 5-19 DRL 索引与语法元素 `drl_mode` 之间的映射关系

| NEWMV、NEW_NEWMV | | | NEARMV、NEAR_NEARMV、NEW_NEARMV、NEAR_NEWMV | | |
|---|---|---|---|---|---|
| DRL 索引值 | drl_mode | drl_mode | DRL 索引值 | drl_mode | drl_mode |
| 0 | 0 | — | 1 | 0 | — |
| 1 | 1 | 0 | 2 | 1 | 0 |
| 2 | 1 | 1 | 3 | 1 | 1 |

**（2）运动向量残差编码**

为了编码运动向量残差 MVD=($MVD_x$, $MVD_y$)，AV1 定义了编码语法元素 mv_joint 用于指明 $MVD_x$ 或 $MVD_y$ 哪个分量是非零元素。表 5-20 所示为语法元素 mv_joint 的取值及其含义。

表 5-20 语法元素 `mv_joint` 的取值及其含义

| mv_joint | 含义 | 分量 $MVD_y$ 是否为非零 | 分量 $MVD_x$ 是否为非零 |
|---|---|---|---|
| 0 | MV_JOINT_ZERO | 不是 | 不是 |
| 1 | MV_JOINT_HNZVZ | 不是 | 是 |
| 2 | MV_JOINT_HZVNZ | 是 | 不是 |
| 3 | MV_JOINT_HNZVNZ | 是 | 是 |

对于非零的运动向量残差分量，AV1 定义了语法元素 mv_sign 表示非零分量的符号位，mv_sign = 0 表示该分量是正数，mv_sign = 1 表示该分量是负数。为了编码该分量的幅值，AV1 编码了语法元素 mv_class 以指明该分量幅值所属类别。mv_class 的取值 0, 1, ⋯, 10 分别对应 MV_CLASS_0, MV_CLASS_1, ⋯, MV_CLASS_10。

- 如果 mv_class 等于 MV_CLASS_0，则 AV1 使用语法元素 mv_class0_bit 表示该分量幅值的整像素部分。由于 AV1 中的运动向量是 1/8 精度，所以运动向量的子像素部分需要 3 个二进制位即可表示。因此，AV1 使用语法元素 mv_class0_fr 表示该分量幅值的子像素部分的前 2 位；而使用语法元素 mv_class0_hp 表示该分量幅值的子像素部分的第 3 位。这时，该分量幅值 mag = [( mv_class0_bit << 3 ) | ( mv_class0_fr << 1 ) | mv_class0_hp ] + 1。其中符号"|"表示位运算符"或"。
- 否则，即 mv_class 不等于 MV_CLASS_0，AV1 使用语法元素 mv_bit 表示该分量幅值的整像素部分的第 i 个比特，其中 i = 0, 1, ⋯, mv_class−1。之后，AV1 使用语法元素 mv_fr 表示该分量幅值的子像素部分的前 2 位，使用 mv_hp 表示该分量幅值的子像素部分的第 3 位。这时，该分量幅值 mag 的计算如下：

$$mag = 2 << (mv\_class + 2) + (d << 3 ) | (mv\_fr << 1) | mv\_hp + 1$$

其中，$d$ 表示非零分量幅值的整像素部分。假设 mv_bits[i] 记录了非零分量幅值的整像素部分的第 $i$ 个比特，那么 $d$ 的计算过程如下：

```
d = 0
for ( i = 0; i < mv_class; i++ ) {
d = d | (mv_bits[i] << i)
}
```

## 5.4.3 运动信息存储

当前帧编码完成后，AV1 需要存储当前帧中每个编码块的运动信息，用于构建后续编码帧的运动场。这些运动信息包括运动向量和运动向量指向的参考帧与当前帧的显示顺序之差。为了减少内存占用，运动信息以 8×8 块为单位进行存储。如果某个 8×8 块被分割成 4×4 块进行编码，那么 AV1 只存储该 8×8 块底部右下角 4×4 块的运动信息。如果一个编码块使用复合帧间预测，则仅保存第一个运动向量。

硬件解码器通常将参考帧运动信息存储在动态随机存取存储器（Dynamic Random Access Memory，DRAM）中，这是一种价格相对较便宜，但是速度相对较慢的存储单元。然而，在解码一帧时，参考帧运动信息需要从动态随机存取存储器传输到静态随机存取存储器（Static Random Access Memory，SRAM）进行计算。DRAM 与 SRAM 之间的总线通常是 32 位宽。为了有效传输数据，AV1 最多可使用 7 个参考帧中的 5 个参考帧的运动信息来构建运动场。因此，需要 3 个比特标识构建运动场所使用的参考帧。此外，分量幅值大于或等于 $2^{12}$ 的运动向量都将被丢弃。所以，加之运动向量的符号位，运动向量将占用 26 个比特。因此，可以使用一个 32 位整数来存储运动向量和参考帧索引，进而使用位宽等于 32 的总线就可以实现 DRAM 与 SRAM 之间的数据传输。

硬件解码器中的核心计算单元通常是以 64×64 块设计的，这使得硬件成本与帧大小无关。相比之下，运动场构建过程可能会使用参考帧中的任何运动向量来构建 64×64 块的运动场，这会使硬件成本随着分辨率的增加而增加 [1]。为了解决这个问题，在运动场构建过程中，AV1 对参考帧块 (ref_blk_row, ref_blk_col) 的位置和当前块的位置 (blk_row, blk_col) 之间的最大位移进行了限制，如下述公式所示：

$$blk\_row \in [base\_row, base\_row + 8]$$
$$blk\_col \in [base\_col - 8, base\_col + 16]$$

其中，(base_row, base_col) 是包含参考块 (ref_blk_row, ref_blk_col) 的 64×64 块的左上角 8×8 块的位置坐标，其计算方式如下：

$$base\_row = (ref\_blk\_row >> 3) << 3$$
$$base\_col = (ref\_blk\_col >> 3) << 3$$

需要注意的是，参考帧块的位置 (ref_blk_row, ref_blk_col)、当前块的位置 (blk_row,

blk_col) 以及 (base_row, base_col) 都是以 8×8 块为基本单位来计算的位置坐标。如果计算得到的 (blk_row, blk_col) 超出上述公式所表示的限制，则将被丢弃。所以，在构建 64×64 块的运动场时，所使用的参考帧中的参考块被限制在 64×(64+2×64) 的区域中。图 5-28 所示为构建 64×64 块的运动场所需要的运动信息来源区域，这种设计方式允许编码器能够从 DRAM 加载每个 64×64 块所需的参考运动向量到 SRAM，并在解码每个 64×64 块之前构建该 64×64 块的运动场。在解码下一个 64×64 块时，阴影部分的运动信息可以重复使用。

图 5-28　构建 64×64 块的运动场所需要的运动信息来源区域

## 5.5　语法元素编码顺序

为了表示帧间预测模式，编码器首先编码语法元素 skip_mode，以确定当前编码块是否使用 SKIP 模式。当启用 SKIP 模式时（skip_mode 等于 1），当前编码块的 YMode 等于 NEAREST_NEARESTMV。也就是说，当前编码块使用动态参考列表中索引等于 0 的运动向量对作为它的前向和后向运动向量。另外，skip_mode 等于 1 时，当前编码块将采用复合帧间预测模式，语法元素 motion_mode 被设置为 SIMPLE，语法元素 compound_type 被设置为 COMPOUND_AVERAGE。

如果当前编码块没有使用 SKIP 模式（skip_mode 等于 0），AV1 将按照下面的顺序继续编码其他语法元素。

1）编码器编码语法元素 comp_mode，以表示编码块使用的是单一参考帧预测模式还是复合预测模式。由于 AV1 要求只有宽度和高度都大于或等于 8 的编码块才可以使用复合预测，所以编码器只对宽度和高度都大于或等于 8 的编码块才会编码 comp_mode。对于宽度或高度小于 8 的编码块，编码器默认使用单一参考帧预测模式。当 comp_mode 等于 COMPOUND_REFERENCE 时（即编码块使用复合预测模式），编码器还需要编码语法元素 comp_ref_type，以指示复合预测是单向的还是双向的。当编码块使用单向复合预测模式时（comp_ref_type 等于 UNIDIR_COMP_REFERENCE），编码器按照表 5-3 编码其参考帧组合；否则，即编码块使用双向复合预测模式，编码器按照表 5-4 分别编码前向和后向参考帧的索引。当 comp_mode 等于 SINGLE_REFERENCE 时（即编码块使用单一参考帧预测模式），编码器按照表 5-5 编码前向或后向参考帧的索引。

2）如果编码块使用复合帧间预测模式（即编码块的两个参考帧类型都大于 INTRA_FRAME：RefFrame[0] > INTRA_FRAME 且 RefFrame[1] > INTRA_FRAME），则编

码器将编码语法元素 compound_mode 来标识其 YMode；否则，编码块使用单一参考帧预测模式（即 RefFrame[1] == INTRA_FRAME），此时编码器将按照表 5-18 编码语法元素 new_mv、zero_mv 和 ref_mv 来标识 YMode。之后，根据 YMode 的取值，编码器将编码 DRL 索引和运动向量残差的相关语法元素。

3）如果 RefFrame[0] > INTRA_FRAME 且 RefFrame[1] == INTRA_FRAME，则编码器将编码复合帧内帧间预测模式相关的语法元素 interintra、interintra_mode、wedge_interintra 和 wedge_index。

4）编码器编码语法元素 use_obmc 或 motion_mode 来标识编码块采用的是平移运动补偿，还是重叠块运动补偿抑或畸变运动补偿。

5）编码器编码表示复合预测类型的语法元素 compound_type、comp_group_idx 和 compound_idx。

CHAPTER 6

# 第 6 章

# 变换与量化

在基于块的混合编码框架中，帧内或帧间预测残差都是通过变换编码（Transform Coding）方案来实现压缩的。在变换编码中，首先通过变换模块将预测残差从空域信号转换为频域中的变换系数，以此去除残差样本之间的数据相关性；之后，量化模块对每个变换系数独立地进行量化操作，以生成量化索引；最后，熵编码模块将去除量化索引之间的统计相关性，生成压缩码流。

变换模块的主要作用是实现去相关性和能量集中效应。也就是说，典型的预测残差信号经过变换操作之后，变换系数之间的相关性比原始残差样本要小得多，而且信号能量集中在少数几个变换系数中。因此，所得到的变换系数具有不同的重要性，并且变换系数之间的相关性较弱。变换的这种特性使得简单的标量量化（Scalar Quantization，SQ）在变换域中比在原始残差信号空间中更有效。通过设计高效的熵编码模块，变换+标量量化组成的变换编码方案能够在显著降低计算复杂度和内存消耗的条件下，实现原始残差信号空间中的向量量化⊖（Vector Quantization，VQ）特性[44]。比如，由于一个变换系数包含了所有残差样本在某个特定频率区域的信息，因此，变换+标量量化具有原始残差信号空间中的向量量化的记忆优势。通过为量化后的变换系数设计高效的熵编码模块，变换+标量量化具有向量量化的形状优势和空间填充优势。

除此之外，变换编码的另外一个优点是：相比于直接对残差样本进行量化，对变换系数进行量化往往能够在保持相同失真度的前提下，提升视频的主观质量，尤其是在低比特率的情况下。这是因为不同的变换系数具有不同的重要性，可以采取不同的策略来处理不同的变换系数。比如，可以使用不同的量化步长来量化不同频域位置的变换系数。图 6-1 所示为基于块的混合编码框架中的变换与量化模块的执行流程。

---

⊖ 也作"矢量量化"。

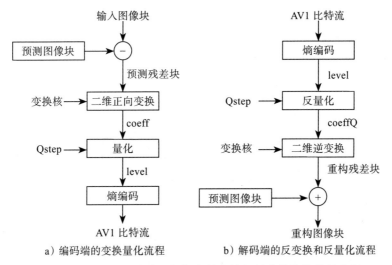

图 6-1 基于块的混合编码框架中的变换与量化模块的执行流程

在图 6-1 中,假设预测残差块的宽度和高度分别是 $W$ 和 $H$,编码器首先使用一个尺寸为 $W \times H$ 的二维变换核对该残差块进行前向变换,得到尺寸为 $W \times H$ 的变换系数块。然后,编码器把每个变换系数(coeff)除以量化步长(Quantization Step,Qstep)并取整,以得到量化索引,量化索引有时也称为变换量化系数。在视频编码领域,一般使用符号 level 表示变换量化系数。最后,编码器通过熵编码模块把 level 写入码流,并传输给解码器。在解码端,解码器首先利用熵解码模块从码流中得到 level。然后,解码器把每个 level 乘以 Qstep,以得到重构变换系数(coeffQ)块。之后,解码器使用尺寸为 $W \times H$ 的逆向变换核对重构变换系数块进行二维逆变换,得到重构预测残差。最后,该重构预测残差被加到帧内或帧间预测像素上,得到重构像素块。

为了适应不同类型的视频内容,AV1 在变换过程中使用了不同类型的变换核,包括 DCT、DST 以及它们的翻转形式。为了提高屏幕内容视频的压缩效果,AV1 还支持单位变换,以保持预测残差不变。在量化过程中,AV1 定义了 256 个量化步长,以便在不同码率范围内取得视频质量和码率之间的平衡。考虑到直流(DC)系数和交流(AC)系数具有不同的统计特性,AV1 支持使用不同的量化步长来量化 DC 系数和 AC 系数。接下来,本章将详细介绍 AV1 中的变换和量化模块。

## 6.1 变换

### 6.1.1 变换核

为了降低变换模块的计算复杂度,与 VP9[2] 一样,AV1 依然采用了可分离的二维变换,即 AV1 中的二维变换核可以由两个一维变换核组合得到。图 6-2 所示为 AV1 的前向变换和逆向变换,在前向变换(见图 6-2a)中,AV1 首先对预测残差块的每一列做一维垂直变换,然后对垂直变换输出结果的每一行进行一维水平变换，便得到了变换系数。在逆向变换（见图 6-2b）中，AV1 首先对重构变换系数块的每一行进行一维水平变换，然后对水平变换输出结果的每一列进行一维垂直变换，便得到了重构预测残差。所以，二维变换核可以表示为一维变换核对 $(T_{vert}, T_{horz})$，其中 $T_{vert}$ 表示垂直方向的一维变换核，$T_{horz}$ 表示水平方向的一维变换核。

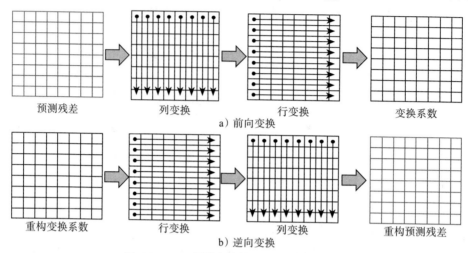

图 6-2　AV1 的前向变换和逆向变换示意图

AV1 共引入了 6 种不同类型的变换核，以适应各种预测残差的统计特征，分别是类型 2 的离散余弦变换（DCT-2），类型 4 和 7 的离散正弦变换（DST-4 和 DST-7），翻转类型 4 和 7 的离散正弦变换（Flip DST-4 和 Flip DST-7），以及单位变换（Identity Transform，IDT）。表 6-1 所示为 6 种类型变换核的基函数。在表 6-1 中，$N$ 表示变换核的阶数，$i$ 表示频域索引，$j$ 表示空域索引。从表 6-1 中可见，单位变换不对信号进行任何变换，因此，变换对 (IDT, IDT) 将保持预测残差不变，类似于 HEVC 中的 transform_skip 模式[14]。

表 6-1　阶数为 $N$ 的 DCT-2、DST-4、DST-7、Flip DST-4、Flip DST-7 和 IDT 的基函数

| 变换类型 | 基函数 $T_i(j)$，其中 $i, j = 0, 1, 2, \cdots, (N-1)$ |
| --- | --- |
| DCT-2 | $T_i(j) = c(i) \cdot \cos\left[\dfrac{(2j+1) \cdot i \cdot \pi}{2N}\right]$，$i, j = 0, 1, 2, \cdots, (N-1)$；<br>$c(i) = \begin{cases} 1/\sqrt{2}, & i = 0 \\ 1, & i > 0 \end{cases}$ |
| DST-4 | $T_i(j) = \sqrt{\dfrac{2}{N}} \cdot \sin\left[\dfrac{\pi \cdot (2i+1) \cdot (2j+1)}{4N}\right]$ |
| DST-7 | $T_i(j) = \sqrt{\dfrac{4}{2N+1}} \cdot \sin\left[\dfrac{\pi \cdot (2i+1) \cdot (j+1)}{2N+1}\right]$ |
| Flip DST-4 | $T_i(j) = \sqrt{\dfrac{2}{N}} \cdot \sin\left[\dfrac{\pi(2i+1) \cdot (2N-1-2j)}{4N}\right]$ |

(续)

| 变换类型 | 基函数 $T_i(j)$，其中 $i, j$=0, 1, 2, …, ($N$−1) |
|---|---|
| Flip DST-7 | $T_i(j) = \sqrt{\dfrac{4}{2N+1}} \cdot \sin\left[\dfrac{\pi(2i+1)\cdot(N-j)}{2N+1}\right]$ |
| IDT | $T_i(j) = \begin{cases} 1, & i = j \\ 0, & i \neq j \end{cases}$ |

图 6-3 所示为阶数等于 8 的 DCT-2, DST-4, DST-7, Flip DST-4, Flip DST-7 的波形图和离散点，其中 $k$ 是上述频域的索引 $i$。从图 6-3 中可见，DST-4 和 DST-7 的波形图很相似。

如第 3 章所描述的，AV1 支持不同形状和尺寸的变换单元，所以 AV1 的行或列变换核包括：

1）阶数等于 4/8/16/32/64 的 DCT-2。
2）阶数等于 8/16 的 DST-4。
3）阶数等于 4 的 DST-7。
4）阶数等于 8/16 的 Flip DST-4。
5）阶数等于 4 的 Flip DST-7。
6）阶数等于 4/8/16/32 的 IDT。

由于 DST 变换核具有非对称性，AV1 相关参考文献[1,8]又把 DST 称为 ADST（Asymmetric Discrete Sine Transform，非对称的离散正弦变换）。因此，在 AV1 中，ADST 等价于阶数等于 4 的 DST-7 和阶数等于 8 和 16 的 DST-4。另外，IDT 在 AV1 标准文档中又称为 IDTX。

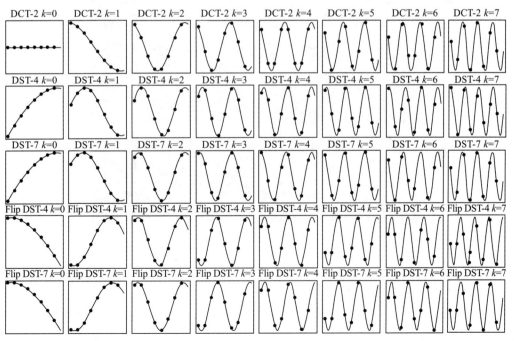

图 6-3 阶数等于 8 的 DCT-2、DST-4、DST-7、Flip DST-4、Flip DST-7 的波形图及离散点

当变换块的行或列尺寸大于或等于 32 时，AV1 只使用变换核 DCT-2 和 IDTX 进行变换，而不使用离散正弦变换核 DST-7 和 DST-4 以及 Flip DST-4 和 Flip DST-7。这是因为当变换块尺寸较大时，边界效应（Boundary Effect）的影响不太明显。在这种情况下，离散正弦变换核的编码收益会变少，甚至会比 DCT-2 要差[1,16]。另外，DST-7 仅仅应用于行/列尺寸等于 4 的变换。当行/列尺寸大于 4 时，AV1 将选择 DST-4。这是因为 DST-7 的蝶形变换设计十分复杂，而 DST-4 的蝶形变换设计更加容易。

由于预测残差块的行数据和列数据可能具有不同的统计相关性，因此，为了进一步挖掘预测残差的统计特征，AV1 支持行变换和列变换使用不同的变换核。比如，在 AV1 中，垂直变换核 $T_{vert}$ 是离散余弦变换，而水平变换核 $T_{horz}$ 是离散正弦变换。AV1 支持的二维变换核多达 16 种。图 6-4 为尺寸等于 8×8 变换块的所有二维变换核的基函数可视图，其中 FDST 表示翻转正弦变换 Flip DST，IT 表示单位变换 IDTX。

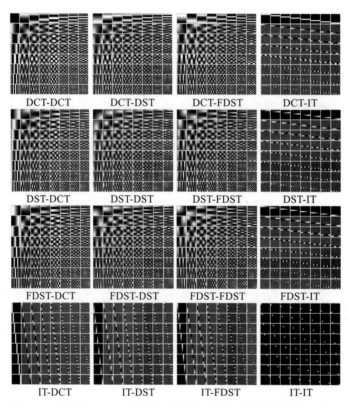

图 6-4　尺寸等于 8×8 变换块的所有二维变换核的基函数可视图

## 6.1.2　变换核的编码性能

在视频编码中，预测残差块是原始像素块和预测像素块之间的差异。这些残差块的统计特性（如其分布和相关性）可能会根据视频内容的不同而变化。例如，对于平滑的区域，由于相邻像素之间的相关性很高，因此预测残差可能会很小，并且残差的分布和相关性也高度相关；对于包含许多细节和纹理的区域，相邻像素之间的相关性减弱，导致预测残差可能会更大，并且像素之间的残差相关性较低。所以，AV1 引入不同的变换核来捕捉不同残差块的统计特性。

预测残差块经过变换得到的变换系数通常被分为两类：DC 系数和 AC 系数。其中，DC 系数是指位于左上角的变换系数，它包含了残差块的大部分能量；除了 DC 系数之外，剩余的变换系数都称为 AC 系数。它们代表了残差块的高频部分，即预测残差的细节信息，如边缘、纹理等信息。变换的主要目的是去除预测残差块的空域相关性，并把预测残差块的大部分能量集中到低频区域。比如，预测残差块经过变换之后，其大部分能量集中在 DC 系数和位于 DC 系数附近的 AC 系数上，而远离 DC 系数的 AC 系数的幅值往往很小，甚至等于 0。利用变换的这个特征，编码器可以选择性地编码部分低频变换系数，而丢弃那些不显著的高频变换系数，进而提高预测残差的编码效率。

在过去几十年的视频编码技术发展中，基于 DCT-2 的变换编码技术一直占据主导地位。DCT-2 之所以被广泛采用，是因为它在编码性能和算法复杂度之间提供了一个合理的平衡点。具体来讲，在一阶马尔可夫条件下，DCT-2 能够有效地模拟自然图像的特征，即对于统计特性高度相关的残差块，DCT-2 变换往往是最优变换——Karhunen-Loeve 变换（KLT）的近似[15]。也就是说使用 DCT-2 变换得到的频域系数能量更集中，更易于压缩。同时，DCT-2 有成熟的快速算法[19]，易于硬件实现。这使得它在多种视频编码标准中成为首选的变换工具，如 VP9、H.264/AVC 等。二维 DCT 变换核的编码性能如图 6-5 所示，其中图 6-5a 为 8×8 的残差数据及其 DCT/DST/Flip DST 变换系数，图 6-5b 以可视化图像形式展示了残差和该残差在不同变换核下的变换系数分布。由于图 6-5a 中的 64 个残差数据之间有很强的相关性，说明利用 DCT 变换得到的 64 个变换系数具有很明显的能量集聚性，即 DC 系数的值非常显著，靠近 DC 系数的低频 AC 系数值比较显著，而距离 DC 系数较远的高频区域的 AC 系数值则大部分等于零。

在自然图像和视频中，纹理往往具有一定的方向性，因此，在视频编码中，预测残差可能也会呈现一定的方向性，这种现象在帧内预测残差中尤为常见。帧内预测残差的变化趋势与当前像素和参考像素之间的距离有关。当像素与参考像素距离较近时，由于帧内预测能够较准确地估计像素值，预测残差通常较小；相反，对于那些距离参考像素较远的像素，帧内预测的准确性下降，导致预测残差变大。所以，对于这种带有方向性的预测残差，DST-7 是最优变换 KLT 的近似[16]。观察图 6-3 中 DST-7 基函数的波形图可以发现，DST-7 基函数在靠近边界时（即 $j$ 较小时）取值较小，在远离边界时（即 $j$ 较大时）取值较大。例如，假设 $N \gg 1$，那么频域索引 $i$ 等于 0 时的基函数的第一个样本（即 $j$ 等于 0）的权重是

$$T_0(0) = \sqrt{\frac{4}{2N+1}} \cdot \sin\left(\frac{\pi}{2N+1}\right) \approx 0$$

残差数据

| 126 | 178 | 168 | 152 | 130 | 103 | 72 | 38 |
|---|---|---|---|---|---|---|---|
| 177 | 247 | 233 | 210 | 179 | 142 | 99 | 52 |
| 167 | 232 | 220 | 198 | 169 | 134 | 94 | 50 |
| 151 | 210 | 198 | 179 | 153 | 121 | 85 | 45 |
| 129 | 179 | 169 | 153 | 130 | 104 | 73 | 39 |
| 101 | 141 | 133 | 121 | 103 | 82 | 58 | 32 |
| 70 | 98 | 93 | 84 | 72 | 58 | 41 | 24 |
| 37 | 51 | 48 | 44 | 39 | 31 | 23 | 14 |

DCT

| 1038 | −7 | 4 | −2 | 2 | 0 | 0 | 0 |
|---|---|---|---|---|---|---|---|
| −11 | 4 | −2 | 1 | −2 | 0 | 0 | 0 |
| 5 | −2 | 1 | 0 | 0 | 0 | 0 | 0 |
| −3 | 1 | 0 | 0 | 0 | 0 | 0 | 0 |
| 2 | −1 | 0 | 0 | 0 | 0 | 0 | 0 |
| −1 | 0 | 0 | 0 | 0 | 0 | 0 | 0 |
| 0 | 0 | 0 | 0 | 0 | 0 | 0 | 0 |
| 0 | 0 | 0 | 0 | 0 | 0 | 0 | 0 |

DST

| 565 | 463 | 144 | 134 | 71 | 64 | 43 | 41 |
|---|---|---|---|---|---|---|---|
| 459 | 387 | 119 | 111 | 58 | 53 | 35 | 33 |
| 143 | 119 | 36 | 34 | 18 | 16 | 11 | 10 |
| 132 | 111 | 34 | 32 | 16 | 15 | 10 | 9 |
| 70 | 58 | 18 | 16 | 8 | 8 | 5 | 5 |
| 63 | 53 | 16 | 15 | 8 | 7 | 4 | 4 |
| 42 | 35 | 10 | 10 | 5 | 4 | 3 | 3 |
| 40 | 33 | 10 | 9 | 5 | 4 | 3 | 2 |

Flip DST

| 1005 | 141 | −39 | 82 | −29 | 51 | −6 | 21 |
|---|---|---|---|---|---|---|---|
| 145 | 23 | −2 | 12 | −2 | 8 | 0 | 4 |
| −37 | −3 | 3 | −2 | 2 | −1 | 1 | 0 |
| 84 | 12 | −2 | 7 | −1 | 4 | 0 | 2 |
| −28 | −2 | 2 | −1 | 1 | −1 | 0 | 0 |
| 52 | 8 | −1 | 4 | −1 | 2 | 0 | 1 |
| −5 | 0 | 1 | 0 | 0 | 0 | 0 | 0 |
| 22 | 3 | 0 | 2 | 0 | 1 | 0 | 0 |

a)残差数据和不同类型的变换系数

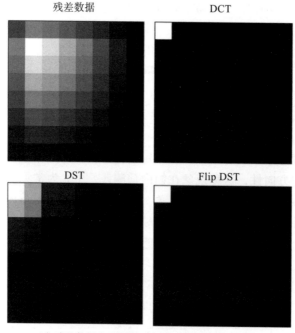

b)残差数据和不同类型变换系数的可视化图像

图 6-5 二维 DCT 变换核的编码性能

最后一个样本（即 $j$ 等于 $N-1$）的权重是最大值：

$$T_0(N-1) = \sqrt{\frac{4}{2N+1}} \cdot \sin\left(\frac{\pi \cdot N}{2N+1}\right) \approx \sqrt{\frac{4}{2N+1}} \cdot \sin\left(\frac{\pi}{2}\right) = \sqrt{\frac{4}{2N+1}}$$

正是 DST-7 基函数的这种特性，使得 DST-7 在模拟帧内预测残差的这种空间特性方面比 DCT-2 表现得更好。所以，对于这种距离边界越远，取值越大的残差块，DST-7 变换得到的频域系数能量越集中，越易于压缩。尽管如此，DST-7 变换核包含项 $\sin[(\pi \cdot (2i+1)(j+1))/(2N+1)]$，的分母是 $2N+1$，这使得 DST-7 的蝶形变换设计变得十分复杂。为此，AV1 引入了 DST-4 变换核[22]。在图 6-3 的 DST-4 和 DST-7 波形图中，DST-4 变换核的权重分布与 DST-7 类似，所以，DST-4 仍然可以充分挖掘这种类似于帧内预测残差的统计特性。另外，由于 DST-4 变换核中的分母是 $4N$，因此 DST-4 的蝶形变换设计更加易于实现。综合考量编码性能和变换的实现复杂度，AV1 在行/列尺寸等于 4 时使用 DST-7 变换核；对于尺寸大于 4 的行/列，AV1 使用 DST-4 变换核。二维 DST 变换核的编码性能如图 6-6 所示，图 6-6a 为一个 $8 \times 8$ 残差数据及其二维 DCT/DST/Flip DST 变换系数和分布，其中的 64 个残差数据之间有明显的方向性，即从左上角到右下角残差越来越大。二维 DST 变换核正好能够捕捉这种方向特征，所以，利用 DST 变换得到的 64 个变换系数具有非常明显的能量集聚性，即 DC 系数幅值很大，表示 DC 系数包含整个残差块的绝大部分能量。

残差数据

| 2  | 7  | 12  | 17  | 21  | 24  | 27  | 28  |
|----|----|-----|-----|-----|-----|-----|-----|
| 7  | 22 | 36  | 48  | 59  | 68  | 74  | 77  |
| 12 | 36 | 58  | 78  | 95  | 109 | 118 | 124 |
| 16 | 48 | 78  | 105 | 128 | 146 | 159 | 165 |
| 20 | 58 | 95  | 128 | 155 | 178 | 193 | 201 |
| 23 | 67 | 108 | 145 | 177 | 202 | 220 | 229 |
| 25 | 73 | 117 | 158 | 192 | 220 | 238 | 248 |
| 26 | 76 | 122 | 164 | 200 | 228 | 248 | 255 |

DCT

| 557  | −470 | 146  | −137 | 67  | −58 | 23  | −14 |
|------|------|------|------|-----|-----|-----|-----|
| −474 | 398  | −123 | 115  | −57 | 49  | −19 | 12  |
| 147  | −123 | 38   | −35  | 17  | −14 | 5   | -3  |
| −138 | 115  | −35  | 33   | −15 | 13  | −5  | 3   |
| 68   | −56  | 17   | −15  | 7   | −6  | 2   | −1  |
| −59  | 49   | −15  | 13   | −6  | 5   | −2  | 1   |
| 23   | −19  | 5    | −5   | 2   | −2  | 0   | 0   |
| −14  | 12   | −3   | 3    | −1  | 0   | 0   | 0   |

DST

| 1045 | 4  | 2 | 2  | 1 | 1 | 1 | 1 |
|------|----|---|----|---|---|---|---|
| 1    | −2 | 0 | −1 | 0 | 0 | 0 | 0 |
| 1    | 0  | 0 | 0  | 0 | 0 | 0 | 0 |
| 1    | −1 | 0 | 0  | 0 | 0 | 0 | 0 |
| 0    | 0  | 0 | 0  | 0 | 0 | 0 | 0 |
| 0    | 0  | 0 | 0  | 0 | 0 | 0 | 0 |
| 0    | 0  | 0 | 0  | 0 | 0 | 0 | 0 |
| 0    | 0  | 0 | 0  | 0 | 0 | 0 | 0 |

Flip DST

| 432 | 428 | 151 | 150 | 101 | 100 | 85 | 85 |
|-----|-----|-----|-----|-----|-----|----|----|
| 431 | 425 | 150 | 149 | 100 | 99  | 84 | 84 |
| 152 | 150 | 53  | 52  | 35  | 35  | 29 | 29 |
| 152 | 149 | 52  | 52  | 34  | 34  | 29 | 29 |
| 101 | 100 | 35  | 34  | 23  | 23  | 19 | 19 |
| 101 | 99  | 35  | 34  | 23  | 22  | 19 | 19 |
| 86  | 84  | 29  | 29  | 19  | 19  | 16 | 16 |
| 86  | 84  | 29  | 29  | 19  | 19  | 16 | 16 |

a）残差数据和不同类型的变换系数

图 6-6　二维 DST 变换核的编码性能

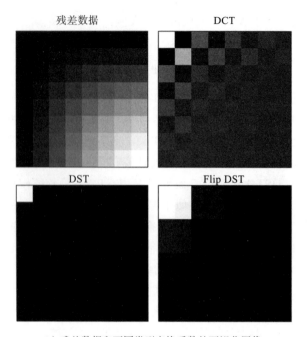

b）残差数据和不同类型变换系数的可视化图像

图 6-6　二维 DST 变换核的编码性能（续）

  Flip DST 变换是 DST 变换的翻转形式，其权重分布与 DST 变换相反。在 Flip DST 中，基函数在残差块的边界附近具有较大的值，在远离边界位置取值较小。对于距离边界越远，取值越小的残差块，Flip DST 可以越好地模拟这种类型的残差。也就是说，Flip DST 变换得到的频域系数能量更集中，更易于压缩。二维 Flip DST 变换核的编码性能如图 6-7 所示，图 6-7a 为 8×8 残差数据及其在变换核 DCT/DST/Flip DST 下的变换系数分布。从图 6-7 中可见，利用 Flip DST 变换得到的 64 个变换系数具有很明显的能量集聚性，即低频区域变换系数很大，特别是 DC 系数幅值很大，而高频区域的变换系数等于 0。

  另外，由于 AV1 引入了单位变换 IDTX，并且支持行变换和列变换使用不同的变换核，因此 (DCT, IDT) 和 (IDT, DCT) 以及 (ADST, IDT) 和 (IDT, ADST) 可以表示一维 DCT/DST 变换，它们在一定程度上可以模拟方向变换[17-18]。一维 DCT 变换核的编码性能如图 6-8 所示，图 6-8a 为 8×8 残差数据及其二维 DCT 和一维 DCT 的变换系数和分布。对于图 6-8a 中的残差数据，一维 DCT 变换得到的变换系数具有很明显的能量集聚性。一维 DST 变换核的编码性能如图 6-9 所示，图 6-9a 为 8×8 残差数据以及二维 DST 和一维 DST 的变换系数和分布。对于图 6-9 中的残差数据，一维 DST 变换得到的变换系数具有很明显的能量集聚性。

残差数据

| 253 | 244 | 225 | 198 | 163 | 122 | 76 | 28 |
| --- | --- | --- | --- | --- | --- | --- | --- |
| 244 | 235 | 217 | 191 | 157 | 118 | 74 | 27 |
| 225 | 217 | 200 | 176 | 145 | 109 | 69 | 26 |
| 197 | 190 | 176 | 155 | 128 | 96 | 61 | 23 |
| 162 | 156 | 145 | 128 | 106 | 80 | 51 | 20 |
| 121 | 117 | 108 | 96 | 79 | 60 | 39 | 16 |
| 75 | 73 | 68 | 60 | 50 | 39 | 26 | 12 |
| 26 | 26 | 24 | 22 | 19 | 16 | 12 | 7 |

DCT

| 1008 | 106 | 37 | 67 | 45 | 59 | 50 | 54 |
| --- | --- | --- | --- | --- | --- | --- | --- |
| 102 | 17 | 0 | 9 | 3 | 7 | 4 | 5 |
| 38 | 1 | 2 | 1 | 2 | 2 | 1 | 1 |
| 66 | 9 | 1 | 5 | 2 | 4 | 3 | 3 |
| 46 | 3 | 2 | 2 | 2 | 2 | 2 | 2 |
| 58 | 7 | 1 | 4 | 2 | 3 | 2 | 3 |
| 50 | 5 | 1 | 3 | 2 | 2 | 2 | 2 |
| 54 | 6 | 1 | 3 | 2 | 3 | 2 | 2 |

DST

| 442 | 424 | 150 | 149 | 100 | 100 | 85 | 84 |
| --- | --- | --- | --- | --- | --- | --- | --- |
| 420 | 419 | 147 | 147 | 98 | 98 | 83 | 83 |
| 149 | 147 | 51 | 51 | 34 | 34 | 29 | 29 |
| 148 | 147 | 51 | 51 | 34 | 34 | 29 | 29 |
| 99 | 98 | 34 | 34 | 23 | 23 | 19 | 19 |
| 99 | 98 | 34 | 34 | 23 | 23 | 19 | 19 |
| 84 | 83 | 29 | 29 | 19 | 19 | 16 | 16 |
| 84 | 83 | 29 | 29 | 19 | 19 | 16 | 16 |

Flip DST

| 1035 | 7 | 3 | 3 | 2 | 2 | 2 | 1 |
| --- | --- | --- | --- | --- | --- | --- | --- |
| 11 | 5 | 2 | 2 | 1 | 1 | 1 | 1 |
| 5 | 2 | 1 | 0 | 0 | 0 | 0 | 0 |
| 4 | 2 | 1 | 0 | 0 | 0 | 0 | 0 |
| 3 | 1 | 0 | 0 | 0 | 0 | 0 | 0 |
| 3 | 1 | 0 | 0 | 0 | 0 | 0 | 0 |
| 2 | 1 | 0 | 0 | 0 | 0 | 0 | 0 |
| 2 | 1 | 0 | 0 | 0 | 0 | 0 | 0 |

a）残差数据和不同类型的变换系数

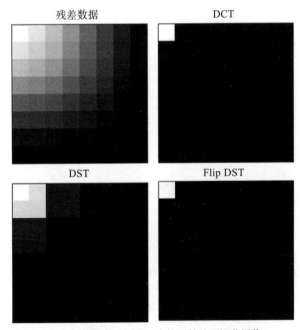

b）残差数据和不同类型变换系数的可视化图像

图 6-7　二维 Flip DST 变换核的编码性能

残差数据

| 176 | 181 | 178 | 182 | 179 | 187 | 185 | 187 |
|---|---|---|---|---|---|---|---|
| 4 | 0 | 1 | 2 | -2 | 4 | 0 | 2 |
| 3 | 2 | 0 | -3 | 4 | -2 | -2 | 2 |
| 3 | 0 | 5 | 5 | 2 | 2 | 4 | 0 |
| -3 | -3 | 4 | 0 | 3 | 0 | -3 | 1 |
| -4 | 4 | 2 | 2 | 5 | 0 | -3 | 0 |
| 3 | 2 | -1 | -1 | 1 | -2 | 0 | -1 |
| 4 | 5 | 0 | 5 | 2 | 6 | 0 | -1 |

一维 DCT

| 515 | -9 | 1 | -1 | -2 | 0 | 0 | -5 |
|---|---|---|---|---|---|---|---|
| 4 | 0 | 1 | 0 | 0 | 2 | 3 | -3 |
| 1 | 2 | 2 | 0 | 3 | -5 | 0 | 3 |
| 8 | 1 | -2 | 0 | 0 | 4 | 0 | 1 |
| 0 | -1 | -4 | -3 | 1 | -2 | 4 | 2 |
| 2 | 2 | -5 | -3 | 0 | -5 | -1 | 0 |
| 0 | 2 | 1 | 1 | 0 | -2 | 1 |  |
| 7 | 3 | -2 | 3 | 0 | 0 | 0 | -5 |

一维 DST

| 468 | 149 | 95 | 70 | 56 | 49 | 48 | 39 |
|---|---|---|---|---|---|---|---|
| 4 | 0 | 1 | 0 | 0 | 1 | 6 | 0 |
| 0 | 0 | 2 | 0 | 6 | -1 | -1 | 2 |
| 7 | 4 | 0 | 0 | -3 | 3 | 1 | 2 |
| 0 | 1 | -2 | -4 | 0 | -5 | 0 | 2 |
| 1 | 5 | 0 | -2 | 2 | -3 | -3 | -2 |
| -1 | 1 | 1 | 1 | 3 | 1 | 2 |  |
| 5 | 5 | -1 | 4 | 2 | 2 | 3 | -3 |

二维 DCT

| 176 | 165 | 170 | 164 | 173 | 168 | 172 | 162 |
|---|---|---|---|---|---|---|---|
| -49 | -50 | -46 | -50 | -52 | -48 | -48 | -46 |
| 36 | 43 | 40 | 33 | 36 | 39 | 35 | 38 |
| -14 | -14 | -9 | -18 | -14 | -15 | -12 | -12 |
| 21 | 19 | 20 | 17 | 16 | 18 | 19 | 21 |
| -4 | 0 | 0 | -5 | 1 | 1 | -4 | -7 |
| 14 | 15 | 12 | 11 | 15 | 8 | 8 | 9 |
| 4 | 3 | -1 | 3 | 1 | 5 | 0 | 5 |

a) 残差数据和不同类型的变换系数

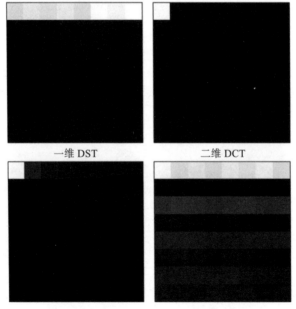

b) 残差数据和不同类型变换系数的可视化图像

图 6-8 一维 DCT 变换核的编码性能

残差数据

| 22 | 70 | 116 | 167 | 199 | 222 | 245 | 254 |
|---|---|---|---|---|---|---|---|
| 4 | 2 | −4 | 0 | −4 | 1 | 2 | 2 |
| −1 | 0 | 4 | −1 | 3 | 0 | −2 | −2 |
| −1 | 0 | 3 | −1 | 3 | 3 | 0 | −2 |
| −4 | −1 | 0 | 1 | 0 | −2 | 6 | 6 |
| 4 | 4 | −3 | 3 | 1 | 1 | −1 | −2 |
| 3 | 1 | 0 | 3 | −3 | −1 | 0 | 1 |
| −2 | 4 | 0 | −4 | 0 | 6 | 0 | 1 |

一维 DCT

| 458 | −219 | −46 | −18 | −3 | −2 | −7 | −2 |
|---|---|---|---|---|---|---|---|
| 1 | 0 | 6 | 2 | 0 | 1 | −1 | −4 |
| 0 | 2 | −3 | 0 | −1 | −1 | 2 | 3 |
| 1 | 0 | −3 | 1 | −1 | −2 | 2 | 2 |
| 2 | −7 | 1 | −5 | 1 | 2 | −3 | 1 |
| 2 | 4 | 0 | 3 | 2 | 0 | −2 | −4 |
| 2 | 2 | 2 | −2 | 1 | 3 | 0 | −2 |
| 1 | −2 | 1 | 2 | −4 | −5 | 1 | −2 |

一维 DST

| 510 | −1 | −4 | −5 | 1 | 4 | −2 | −1 |
|---|---|---|---|---|---|---|---|
| 1 | −3 | 3 | 2 | 1 | 4 | 2 | −2 |
| 0 | 3 | −1 | 0 | 0 | −3 | 0 | 2 |
| 1 | 2 | −3 | 1 | −1 | −3 | 0 | 2 |
| 5 | −5 | 2 | −5 | −2 | 1 | −3 | 0 |
| 0 | 3 | 0 | 2 | 4 | 3 | 1 | −3 |
| 0 | 1 | 3 | −1 | 0 | 3 | 2 | 0 |
| 2 | −1 | 0 | 5 | 0 | −5 | 0 | −3 |

二维 DST

| 29 | 74 | 119 | 161 | 200 | 225 | 242 | 254 |
|---|---|---|---|---|---|---|---|
| 0 | 0 | 0 | 0 | −7 | 0 | 5 | 0 |
| 1 | −2 | 0 | 2 | 0 | −1 | −6 | −1 |
| 1 | −2 | −3 | −2 | −2 | −4 | 1 | −8 |
| 1 | −1 | 0 | 4 | 0 | −1 | 2 | −1 |
| 0 | 0 | −2 | 10 | 1 | 3 | −1 | 0 |
| 0 | −1 | 2 | 2 | −2 | 0 | 0 | −4 |
| −2 | 2 | −1 | −3 | −3 | 0 | 0 | 1 |

a）残差数据和不同类型的变换系数

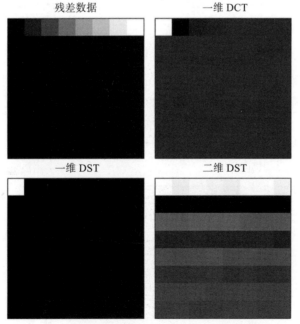

b）残差数据和不同类型变换系数的可视化图像

图 6-9　一维 DST 变换核的编码性能

### 6.1.3 变换核的蝶形实现

为了降低变换模块的计算复杂度，AV1 采用了 DCT 和 DST 的快速蝶形变换算法来提高 DCT 和 DST 的计算速度。为了计算给定角度的正弦值和余弦值，AV1 使用数组 `Cos128_Lookup[65]` 来存储给定角度的余弦值，即 `Cos128_Lookup[angle]=round(4096*cos(angle*π/128))`，`round()` 表示四舍五入取整操作，其中 angle 等于 0, 1, ⋯, 64。因为 $\sin(\pi/2-\alpha)=\cos(\alpha)$，所以 `sin(angle)=cos(angle-π/2)=Cos128_Lookup[angle-64]`。因此，可以利用 `Cos128_Lookup` 数组计算需要角度的正弦和余弦值。

#### 1. 快速 DCT 变换算法

在 AV1 中，快速 DCT 变换算法采用的是 Chen[19] 提出的一维快速 DCT 的蝶形算法，文献 [20] 对其中的错误进行了修正。该算法基于变换核矩阵 $T_{N\times N}$ 的递归分解来实现 DCT 变换。为了方便描述，下面采用与文献 [19] 相同的变量表示方法，即假设矩阵 $A_N$ 是下述 DCT-2 型的变换核矩阵：

$$A_N = [c(k)\cos[(2j+1)k\pi/(2N)]]; j, k = 0, 1, 2, \cdots, (N-1)$$

$$c(k) = \begin{cases} 1/\sqrt{2}, & k = 0 \\ 1, & k > 0 \end{cases}$$

那么根据文献 [19] 中的描述，变换矩阵可以按照公式（6-1）进行分解：

$$A_N = P_N \begin{bmatrix} A_{N/2} & 0 \\ 0 & Q_{N/2}R_{N/2}\bar{I}_{N/2} \end{bmatrix} B_N \qquad (6\text{-}1)$$

其中，$P_N$ 和 $Q_{N/2}$ 是置换矩阵（Permutation Matrix），它的作用是将变换后的向量从比特反序排列转换为自然顺序排列。比特反序指的是将一个二进制数的比特（位）顺序颠倒过来。例如，如果一个二进制数是 1101（十进制的 13），那么它的比特反序就是 1011（十进制的 11）。AV1 标准文档 7.13.2.1 节给出了计算整数 $x$ 的 numBits 位的比特反序计算函数 `brev(numBits, x)`，其定义如下：

```
brev(numBits, x) {
    t = 0
    for ( i = 0; i < numBits; i++ ) {
        bit = (x >> i) & 1
        t += bit << (numBits - 1 - i)
    }
    return t
}
```

矩阵 $A_{N/2}$ 是 $(N/2)\times(N/2)$ 的 DCT-2 变换矩阵，矩阵 $R_{N/2}$ 是 $(N/2)\times(N/2)$ 的 DCT-IV 型

变换矩阵，如公式（6-2）所示。

$$R_{N/2} = c(k) \cdot \cos\left[\frac{(2j+1)(2k+1)\pi}{2N}\right]; j, k = 0, 1, 2, \cdots, (N/2)-1 \tag{6-2}$$

矩阵 $B_N$ 是由单位矩阵 $I_{N/2}$ 和反单位矩阵 $\bar{I}_{N/2}$ 按照公式（6-3）组成的矩阵。

$$B_N = \begin{bmatrix} I_{N/2} & \bar{I}_{N/2} \\ \bar{I}_{N/2} & -I_{N/2} \end{bmatrix}, B_N^* = \begin{bmatrix} -I_{N/2} & \bar{I}_{N/2} \\ \bar{I}_{N/2} & I_{N/2} \end{bmatrix} \tag{6-3}$$

其中，单位矩阵 $I_{N/2}$ 是主对角线上的元素为 1，其余位置元素为 0 的矩阵；反单位矩阵 $\bar{I}_{N/2}$ 是副对角线上的元素为 1，其余位置元素为 0 的矩阵。

$$I_{N/2} = \begin{bmatrix} 1 & & & \\ & 1 & & \\ & & \ddots & \\ & & & 1 \end{bmatrix}, \bar{I}_{N/2} = \begin{bmatrix} & & & 1 \\ & & 1 & \\ & \ddots & & \\ 1 & & & \end{bmatrix}$$

矩阵 $Q_{N/2}R_{N/2}\bar{I}_{N/2}$ 可以按照式（6-4）分解成 $2\log_2 N - 3$ 个矩阵的乘积。

$$Q_{N/2}R_{N/2}\bar{I}_{N/2} = M(1)M(2)M(3)M(4)\cdots M(2\log_2 N - 3) \tag{6-4}$$

接下来将详细介绍矩阵 $M(1)$，$M(p)$，$M(q)$ 和 $M(2\log_2 N - 3)$ 的结构。根据这些矩阵在公式（6-4）中的索引，它们可以分成 4 种类型：$M(1)$ 是第一个矩阵；$M(2\log_2 N - 3)$ 是最后一个矩阵；$M(q)$ 表示除去 $M(1)$ 和 $M(2\log_2 N - 3)$ 之外，索引 $q$ 为奇数的矩阵，如 $M(1)$ 和 $M(3)$ 等；$M(p)$ 表示除去 $M(1)$ 和 $M(2\log_2 N - 3)$ 之外，索引 $p$ 为偶数的矩阵，如 $M(2)$ 和 $M(4)$ 等。这些矩阵均可由矩阵 $S_i^k$，$\bar{S}_i^k$，$C_i^k$，$\bar{C}_i^k$，单位矩阵 $I_{N/2}$ 或反单位矩阵 $\bar{I}_{N/2}$ 以及所有元素都为 0 的矩阵 $0_{N/(2i)}$ 组成。

$$\begin{aligned} S_i^k &= \sin\frac{k\pi}{i}[I_{N/(2i)}], \bar{S}_i^k = \sin\frac{k\pi}{i}[\bar{I}_{N/(2i)}] \\ C_i^k &= \cos\frac{k\pi}{i}[I_{N/(2i)}], \bar{C}_i^k = \cos\frac{k\pi}{i}[\bar{I}_{N/(2i)}] \end{aligned} \tag{6-5}$$

在公式（6-5）中，当 $i > (N/2)$ 时，矩阵 $I_{N/(2i)} \equiv 1$，即退化为阶数为 1 的矩阵。

**（1）矩阵 $M(1)$ 的结构**

1）沿着主对角线，从左上角到矩阵中部拼接阶数为 1 的矩阵 $S_{2N}^{a_j}$；从中部到右下角拼接阶数为 1 的矩阵 $C_{2N}^{a_j}$。

2）沿着副对角线，从右上角到矩阵中部拼接阶数为 1 的矩阵 $\bar{C}_{2N}^{a_j}$；从中部到左下角拼接阶数为 1 的矩阵 $-\bar{S}_{2N}^{a_j}$。

3）除了主对角线和副对角线之外，其他位置的元素均是 0。

其中，$a_j$ 是 $(N/2)+j-1$ 的比特反序表示的数值，$j=1, 2, 3, \cdots, (N/2)$。

矩阵 $\boldsymbol{M}(1)$ 的结构如下所示：

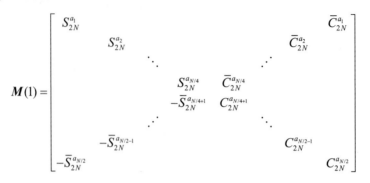

**（2）矩阵 $M(2\log_2 N - 3)$ 的结构**

1）沿着主对角线，从左上角到右下角分别拼接阶数为 $N/8$ 的矩阵 $\boldsymbol{I}_{N/8}$、$-\boldsymbol{C}_4^1$、$\boldsymbol{C}_4^1$ 和 $\boldsymbol{I}_{N/8}$。

2）沿着副对角线，从右上角到左下角分别拼接阶数为 $N/8$ 的矩阵 $\boldsymbol{0}_{N/8}$、$\overline{\boldsymbol{C}}_4^1$、$\overline{\boldsymbol{C}}_4^1$ 和 $\boldsymbol{0}_{N/8}$。

这里需要注意的是矩阵 $\boldsymbol{I}_{N/8}$、$-\boldsymbol{C}_4^1$、$\boldsymbol{C}_4^1$，$\boldsymbol{0}_{N/8}$，$\overline{\boldsymbol{C}}_4^1$，$\overline{\boldsymbol{C}}_4^1$ 都是阶数为 $N/8$ 的矩阵。

矩阵的结构如下所示：

$$M(2\log_2 N - 3) = \begin{bmatrix} \boldsymbol{I}_{N/8} & & & \\ & -\boldsymbol{C}_4^1 & \overline{\boldsymbol{C}}_4^1 & \\ & \overline{\boldsymbol{C}}_4^1 & \boldsymbol{C}_4^1 & \\ & & & \boldsymbol{I}_{N/8} \end{bmatrix}$$

**（3）矩阵 $M(q)$ 的结构**

1）沿着主对角线，从左上角到矩阵中部，即对于每个 $j=1, 2, \cdots, i/8$，拼接矩阵序列 $\boldsymbol{I}_{N/(2i)}$、$-\boldsymbol{C}_i^{k_j}$、$-\boldsymbol{S}_i^{k_j}$ 和 $\boldsymbol{I}_{N/(2i)}$。

2）沿着主对角线，从中部到右下角，即对于每个 $j=i/8, i/8+1, \cdots, i/4$，拼接 $\boldsymbol{I}_{N/(2i)}$、$\boldsymbol{C}_i^{k_j}$，$\boldsymbol{S}_i^{k_j}$ 和 $\boldsymbol{I}_{N/(2i)}$。

3）沿着副对角线，从右上角到矩阵中部，即对于每个 $j=1, 2, \cdots, i/8$，拼接矩阵序列 $\boldsymbol{0}_{N/(2i)}$、$\overline{\boldsymbol{S}}_i^{k_j}$、$-\overline{\boldsymbol{C}}_i^{k_j}$ 和 $\boldsymbol{0}_{N/(2i)}$。

4）沿着副对角线，从中部到左下角，即对于每个 $j=i/8, i/8+1, \cdots, i/4$，拼接 $\boldsymbol{0}_{N/(2i)}$，$-\overline{\boldsymbol{S}}_i^{k_j}$，$\overline{\boldsymbol{C}}_i^{k_j}$ 和 $\boldsymbol{0}_{N/(2i)}$。

其中，$i = N/2^{(q-1)/2}$；$k_j$ 是 $(i/4)+j-1$ 的比特反序表示的数值，所以 $i$ 和 $k_j$ 都依赖于矩阵 $\boldsymbol{M}(q)$ 的索引 $q$。

以矩阵 $\boldsymbol{M}(3)$ 为例，其结构如下所示：

$$M(3) = \begin{bmatrix} 1 & & & & & & & 0 \\ & -C_{N/2}^{k_1} & & & & & \overline{S}_{N/2}^{k_1} & \\ & & -S_{N/2}^{k_1} & & & -\overline{C}_{N/2}^{k_1} & & \\ & & & 1 & 0 & & & \\ & & & & \ddots & & & \\ & & & 0 & 1 & & & \\ & & -\overline{S}_{N/2}^{b_{N/8}} & & & C_{N/2}^{b_{N/8}} & & \\ & -\overline{C}_{N/2}^{b_{N/8}} & & & & & S_{N/2}^{b_{N/8}} & \\ 0 & & & & & & & 1 \end{bmatrix}$$

**（4）矩阵 $M(p)$ 的结构**

$[M(p)]$ 是一个二进制矩阵，即其元素仅包含 0 和 1。

沿着主对角线，交替拼接矩阵 $\boldsymbol{B}_i$ 和 $\boldsymbol{B}_i^*$，$i=2^{p/2}$。其中矩阵 $\boldsymbol{B}_i$ 和 $\boldsymbol{B}_i^*$ 由公式（6-3）定义。

以矩阵 $M(2)$ 为例，其结构如下所示：

$$M(2) = \begin{bmatrix} \boldsymbol{B}_2 & & & & \\ & \boldsymbol{B}_2^* & & & \\ & & \ddots & & \\ & & & \boldsymbol{B}_2 & \\ & & & & \boldsymbol{B}_2^* \end{bmatrix}$$

由于矩阵 $M(1)$，$M(p)$，$M(q)$ 和 $M(2\log_2 N - 3)$ 具有特殊的结构（即这些矩阵每一行和每一列最多只有两个非零元素），所以，DCT-2 变换能够利用较少的乘法和加法操作，递归地执行。文献 [19] 给出了 $N=16$ 时矩阵 $\overline{\overline{\boldsymbol{R}}}_{16/2} = \boldsymbol{Q}_{16/2} \boldsymbol{R}_{16/2} \overline{\boldsymbol{I}}_{16/2}$ 的分解公式，如下所示：

$$\overline{\overline{\boldsymbol{R}}}_{16/2} = \begin{bmatrix} \sin\left(\frac{\pi}{32}\right) & 0 & 0 & 0 & 0 & 0 & 0 & \cos\left(\frac{\pi}{32}\right) \\ 0 & \sin\left(\frac{9\pi}{32}\right) & 0 & 0 & 0 & 0 & \cos\left(\frac{9\pi}{32}\right) & 0 \\ 0 & 0 & \sin\left(\frac{5\pi}{32}\right) & 0 & 0 & \cos\left(\frac{5\pi}{32}\right) & 0 & 0 \\ 0 & 0 & 0 & \sin\left(\frac{13\pi}{32}\right) & \cos\left(\frac{13\pi}{32}\right) & 0 & 0 & 0 \\ 0 & 0 & 0 & -\sin\left(\frac{3\pi}{32}\right) & \cos\left(\frac{3\pi}{32}\right) & 0 & 0 & 0 \\ 0 & 0 & -\sin\left(\frac{11\pi}{32}\right) & 0 & 0 & \cos\left(\frac{11\pi}{32}\right) & 0 & 0 \\ 0 & -\sin\left(\frac{7\pi}{32}\right) & 0 & 0 & 0 & 0 & \cos\left(\frac{7\pi}{32}\right) & 0 \\ -\sin\left(\frac{15\pi}{32}\right) & 0 & 0 & 0 & 0 & 0 & 0 & \cos\left(\frac{15\pi}{32}\right) \end{bmatrix}$$

$$\begin{bmatrix} 1 & 1 & 0 & 0 & 0 & 0 & 0 & 0 \\ 1 & -1 & 0 & 0 & 0 & 0 & 0 & 0 \\ 0 & 0 & -1 & 1 & 0 & 0 & 0 & 0 \\ 0 & 0 & 1 & 1 & 0 & 0 & 0 & 0 \\ 0 & 0 & 0 & 0 & 1 & 1 & 0 & 0 \\ 0 & 0 & 0 & 0 & 1 & -1 & 0 & 0 \\ 0 & 0 & 0 & 0 & 0 & 0 & -1 & 1 \\ 0 & 0 & 0 & 0 & 0 & 0 & 1 & 1 \end{bmatrix} \begin{bmatrix} 1 & 0 & 0 & 0 & 0 & 0 & 0 & 0 \\ 0 & -\cos\left(\dfrac{\pi}{8}\right) & 0 & 0 & 0 & 0 & \sin\left(\dfrac{\pi}{8}\right) & 0 \\ 0 & 0 & -\sin\left(\dfrac{\pi}{8}\right) & 0 & 0 & -\cos\left(\dfrac{\pi}{8}\right) & 0 & 0 \\ 0 & 0 & 0 & 1 & 0 & 0 & 0 & 0 \\ 0 & 0 & 0 & 0 & 1 & 0 & 0 & 0 \\ 0 & 0 & -\sin\left(\dfrac{3\pi}{8}\right) & 0 & 0 & \cos\left(\dfrac{3\pi}{8}\right) & 0 & 0 \\ 0 & \cos\left(\dfrac{3\pi}{8}\right) & 0 & 0 & 0 & 0 & \cos\left(\dfrac{3\pi}{8}\right) & 0 \\ 0 & 0 & 0 & 0 & 0 & 0 & 0 & 1 \end{bmatrix}$$

$$\begin{bmatrix} 1 & 0 & 0 & 1 & 0 & 0 & 0 & 0 \\ 0 & 1 & 1 & 0 & 0 & 0 & 0 & 0 \\ 0 & 1 & -1 & 0 & 0 & 0 & 0 & 0 \\ 1 & 0 & 0 & -1 & 0 & 0 & 0 & 0 \\ 0 & 0 & 0 & 0 & -1 & 0 & 0 & 1 \\ 0 & 0 & 0 & 0 & -1 & 1 & 0 & 0 \\ 0 & 0 & 0 & 0 & 0 & 1 & 1 & 0 \\ 0 & 0 & 0 & 0 & 1 & 0 & 0 & 1 \end{bmatrix} \begin{bmatrix} 1 & 0 & 0 & 0 & 0 & 0 & 0 & 0 \\ 0 & 1 & 0 & 0 & 0 & 0 & 0 & 0 \\ 0 & 0 & -\cos\left(\dfrac{\pi}{4}\right) & 0 & 0 & -\cos\left(\dfrac{\pi}{4}\right) & 0 & 0 \\ 0 & 0 & 0 & -\cos\left(\dfrac{\pi}{4}\right) & \cos\left(\dfrac{\pi}{4}\right) & 0 & 0 & 0 \\ 0 & 0 & 0 & \cos\left(\dfrac{\pi}{4}\right) & \cos\left(\dfrac{\pi}{4}\right) & 0 & 0 & 0 \\ 0 & 0 & \cos\left(\dfrac{\pi}{4}\right) & 0 & 0 & \cos\left(\dfrac{\pi}{4}\right) & 0 & 0 \\ 0 & 0 & 0 & 0 & 0 & 0 & 1 & 0 \\ 0 & 0 & 0 & 0 & 0 & 0 & 0 & 1 \end{bmatrix}$$

基于此，$N$ 等于 16 的 DCT-2 变换矩阵分解公式如下：

$$A_{16} = P_{16} \begin{bmatrix} A_{16/2} & 0 \\ 0 & \overline{R}_{16/2} \end{bmatrix} B_{16}$$

基于上述矩阵分解，$N$ 等于 16 的 DCT-2 变换蝶形算法结构如图 6-10 所示，其中 $f_0, \cdots, f_{15}$ 表示输入数据，$F_0, \cdots, F_{15}$ 表示变换输出数据，$C_i = \cos i$，$S_i = \sin i$。

在 SVT-AV1 中，函数 `svt_av1_fdct16_new` 实现了图 6-10 中的 DCT-2 变换蝶形算法结构，其实现如下：

```
void svt_av1_fdct16_new(const int32_t *input, int32_t *output,
int8_t cos_bit,const int8_t *stage_range) {
    const int32_t *cospi;
    int32_t *bf0, *bf1;
    int32_t  step[16];
    // stage 0;
```

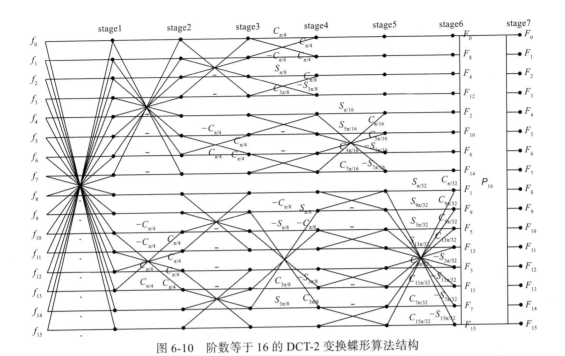

图 6-10 阶数等于 16 的 DCT-2 变换蝶形算法结构

```
// stage 1: 对应 [B₁₆] ⎡ f₀  ⎤
                      ⎢  ⋮  ⎥
                      ⎣ f₁₅ ⎦
bf1       = output;
bf1[0]    = input[0]  + input[15];
bf1[1]    = input[1]  + input[14];
bf1[2]    = input[2]  + input[13];
bf1[3]    = input[3]  + input[12];
bf1[4]    = input[4]  + input[11];
bf1[5]    = input[5]  + input[10];
bf1[6]    = input[6]  + input[9];
bf1[7]    = input[7]  + input[8];
bf1[8]    = -input[8] + input[7];
bf1[9]    = -input[9] + input[6];
bf1[10]   = -input[10] + input[5];
bf1[11]   = -input[11] + input[4];
bf1[12]   = -input[12] + input[3];
bf1[13]   = -input[13] + input[2];
bf1[14]   = -input[14] + input[1];
bf1[15]   = -input[15] + input[0];
// stage 2
cospi     = cospi_arr(cos_bit);
```

```
bf0       = output;
bf1       = step;
bf1[0]    = bf0[0] + bf0[7];
bf1[1]    = bf0[1] + bf0[6];
bf1[2]    = bf0[2] + bf0[5];
bf1[3]    = bf0[3] + bf0[4];
bf1[4]    = -bf0[4] + bf0[3];
bf1[5]    = -bf0[5] + bf0[2];
bf1[6]    = -bf0[6] + bf0[1];
bf1[7]    = -bf0[7] + bf0[0];
bf1[8]    = bf0[8];
bf1[9]    = bf0[9];
// cospi[32]= cos(π/4),所以
// bf1[10]= -cos(π/4)·bf0[10]+cos(π/4)·bf0[13]
bf1[10]   = half_btf(-cospi[32], bf0[10], cospi[32], bf0[13], cos_bit);
// bf1[11]= -cos(π/4)·bf0[11]+cos(π/4)·bf0[12]
bf1[11]   = half_btf(-cospi[32], bf0[11], cospi[32], bf0[12], cos_bit);
// bf1[12]= cos(π/4)·bf0[12]+cos(π/4)·bf0[11]
bf1[12]   = half_btf(cospi[32], bf0[12], cospi[32], bf0[11], cos_bit);
// bf1[13]= cos(π/4)·bf0[13]+cos(π/4)·bf0[10]
bf1[13]   = half_btf(cospi[32], bf0[13], cospi[32], bf0[10], cos_bit);
bf1[14]   = bf0[14];
bf1[15]   = bf0[15];
// stage 3
cospi     = cospi_arr(cos_bit);
bf0       = step;
bf1       = output;
bf1[0]    = bf0[0] + bf0[3];
bf1[1]    = bf0[1] + bf0[2];
bf1[2]    = -bf0[2] + bf0[1];
bf1[3]    = -bf0[3] + bf0[0];
bf1[4]    = bf0[4];
// bf1[5]= - cos(π/4)·bf0[5]+cos(π/4)·bf0[6]
bf1[5]    = half_btf(-cospi[32], bf0[5], cospi[32], bf0[6], cos_bit);
// bf1[6]= cos(π/4)·bf0[6]+cos(π/4)·bf0[5]
bf1[6]    = half_btf(cospi[32], bf0[6], cospi[32], bf0[5], cos_bit);
bf1[7]    = bf0[7];
bf1[8]    = bf0[8] + bf0[11];
bf1[9]    = bf0[9] + bf0[10];
bf1[10]   = -bf0[10] + bf0[9];
bf1[11]   = -bf0[11] + bf0[8];
```

```
bf1[12] = -bf0[12] + bf0[15];
bf1[13] = -bf0[13] + bf0[14];
bf1[14] = bf0[14] + bf0[13];
bf1[15] = bf0[15] + bf0[12];
// stage 4
cospi   = cospi_arr(cos_bit);
bf0 = output;
bf1 = step;
// bf1[0]=  cos(π/4)·bf0[0]+cos(π/4)·bf0[1]
bf1[0]  = half_btf(cospi[32], bf0[0], cospi[32], bf0[1], cos_bit);
// bf1[1]= - cos(π/4)·bf0[1]+cos(π/4)·bf0[0]
bf1[1]  = half_btf(-cospi[32], bf0[1], cospi[32], bf0[0], cos_bit);
// cospi[48]= sin(π/8)=cos(3π/8), cospi[16]=cos (π/8)=sin(3π/8),所以
// bf1[2] = sin(π/8)·bf0[2]+cos(π/8)·bf0[3]
bf1[2]  = half_btf(cospi[48], bf0[2], cospi[16], bf0[3], cos_bit);
// bf1[3] = cos(3π/8)·bf0[3]-sin(3π/8)·bf0[2]
bf1[3]  = half_btf(cospi[48], bf0[3], -cospi[16], bf0[2], cos_bit);
bf1[4]  = bf0[4] + bf0[5];
bf1[5]  = -bf0[5] + bf0[4];
bf1[6]  = -bf0[6] + bf0[7];
bf1[7]  = bf0[7] + bf0[6];
bf1[8]  = bf0[8];
// bf1[9] = - cos(π/8)·bf0[9]+sin(π/8)·bf0[14]
bf1[9]  = half_btf(-cospi[16], bf0[9], cospi[48], bf0[14], cos_bit);
// bf1[10] = -sin(π/8)·bf0[10]-cos(π/8)·bf0[13]
bf1[10] = half_btf(-cospi[48], bf0[10], -cospi[16], bf0[13], cos_bit);
bf1[11] = bf0[11];
bf1[12] = bf0[12];
// bf1[13] = cos (3π/8)·bf0[13]-sin(3π/8)·bf0[10]
bf1[13] = half_btf(cospi[48], bf0[13], -cospi[16], bf0[10], cos_bit);
// bf1[14] = sin (3π/8)·bf0[14]+cos(3π/8)·bf0[9]
bf1[14] = half_btf(cospi[16], bf0[14], cospi[48], bf0[9], cos_bit);
bf1[15] = bf0[15];
// stage 5
cospi   = cospi_arr(cos_bit);
bf0 = step;
bf1 = output;
bf1[0]  = bf0[0];
bf1[1]  = bf0[1];
bf1[2]  = bf0[2];
bf1[3]  = bf0[3];
```

```
// cospi[56]=sin (π/16)=cos(7π/16), cospi[8]=cos (π/16)=sin(7π/16),
// cospi[24]=sin (5π/16)=cos(3π/16), cospi[40]=cos (5π/16)=sin(3π/16)
// bf1[4] = sin(π/16)·bf0[4]+cos(π/16)·bf0[7]
bf1[4]  = half_btf(cospi[56], bf0[4], cospi[8], bf0[7], cos_bit);
// bf1[5] = sin (5π/16)·bf0[5]+cos(5π/16)·bf0[6]
bf1[5]  = half_btf(cospi[24], bf0[5], cospi[40], bf0[6], cos_bit);
// bf1[6] = cos (3π/16)·bf0[6]-sin(3π/16)·bf0[5]
bf1[6]  = half_btf(cospi[24], bf0[6], -cospi[40], bf0[5], cos_bit);
// bf1[7] = cos (7π/16)·bf0[5]-sin(7π/16)·bf0[4]
bf1[7]  = half_btf(cospi[56], bf0[7], -cospi[8], bf0[4], cos_bit);
bf1[8]  = bf0[8] + bf0[9];
bf1[9]  = -bf0[9] + bf0[8];
bf1[10] = -bf0[10] + bf0[11];
bf1[11] = bf0[11] + bf0[10];
bf1[12] = bf0[12] + bf0[13];
bf1[13] = -bf0[13] + bf0[12];
bf1[14] = -bf0[14] + bf0[15];
bf1[15] = bf0[15] + bf0[14];
// stage 6
cospi   = cospi_arr(cos_bit);
bf0 = output;
bf1 = step;
bf1[0]  = bf0[0];
bf1[1]  = bf0[1];
bf1[2]  = bf0[2];
bf1[3]  = bf0[3];
bf1[4]  = bf0[4];
bf1[5]  = bf0[5];
bf1[6]  = bf0[6];
bf1[7]  = bf0[7];
// cospi[60]=sin (π/32)=cos(15π/32), cospi[4]=cos (π/32)=sin(15π/32),
// cospi[28]=sin (9π/32)=cos(7π/32), cospi[36]=cos (9π/32)=sin(7π/32)
// cospi[44]=sin (5π/32)=cos(11π/32), cospi[20]=cos (5π/32)=sin(11π/32)
// cospi[12]=sin (13π/32)=cos(3π/32), cospi[52]=cos (13π/32)=sin(3π/32)
// bf1[8] = sin (π/32)·bf0[8]+cos(π/32)·bf0[15]
bf1[8]  = half_btf(cospi[60], bf0[8], cospi[4], bf0[15], cos_bit);
// bf1[9] = sin (9π/32)·bf0[9]+cos(9π/32)·bf0[14]
bf1[9]  = half_btf(cospi[28], bf0[9], cospi[36], bf0[14], cos_bit);
// bf1[10] = sin (5π/32)·bf0[10]+cos(5π/32)·bf0[13]
bf1[10] = half_btf(cospi[44], bf0[10], cospi[20], bf0[13], cos_bit);
// bf1[11] = sin (13π/32)·bf0[11]+cos(13π/32)·bf0[12]
```

```
    bf1[11] = half_btf(cospi[12], bf0[11], cospi[52], bf0[12], cos_bit);
    // bf1[12] = cos (3π/32)·bf0[12]-sin(3π/32)·bf0[11]
    bf1[12] = half_btf(cospi[12], bf0[12], -cospi[52], bf0[11], cos_bit);
    // bf1[13] = cos (11π/32)·bf0[13]-sin(11π/32)·bf0[10]
    bf1[13] = half_btf(cospi[44], bf0[13], -cospi[20], bf0[10], cos_bit);
    // bf1[14] = cos (7π/32)·bf0[14]-sin(7π/32)·bf0[9]
    bf1[14] = half_btf(cospi[28], bf0[14], -cospi[36], bf0[9], cos_bit);
    // bf1[15] = cos (15π/32)·bf0[15]-sin(15π/32)·bf0[8]
    bf1[15] = half_btf(cospi[60], bf0[15], -cospi[4], bf0[8], cos_bit);
    // stage 7
    bf0 = step;
    bf1 = output;
    bf1[0]  = bf0[0];
    bf1[1]  = bf0[8];
    bf1[2]  = bf0[4];
    bf1[3]  = bf0[12];
    bf1[4]  = bf0[2];
    bf1[5]  = bf0[10];
    bf1[6]  = bf0[6];
    bf1[7]  = bf0[14];
    bf1[8]  = bf0[1];
    bf1[9]  = bf0[9];
    bf1[10] = bf0[5];
    bf1[11] = bf0[13];
    bf1[12] = bf0[3];
    bf1[13] = bf0[11];
    bf1[14] = bf0[7];
    bf1[15] = bf0[15];
}
```

### 2. 快速 DST 变换算法

在 AV1 中,快速 DST 变换算法采用的是文献 [21] 中的快速蝶形算法。该算法也是基于变换矩阵的递归分解,来实现 DST 变换。假设矩阵 $\boldsymbol{S}_N^{\mathrm{IV}}$ 是下述 DST-4 型的变换矩阵:

$$\boldsymbol{S}_N^{\mathrm{IV}} = \sqrt{2/N} \cdot \sin[\pi(2i+1)(2j+1)/(4N)]$$

其中,$i, j=0,1,2,\cdots,N-1$。

根据文献 [21],变换矩阵 $\boldsymbol{S}_N^{\mathrm{IV}}$ 可以按照公式(6-6)进行分解。

$$\boldsymbol{S}_N^{\mathrm{IV}} = \bar{\boldsymbol{I}}_N \boldsymbol{C}_N^{\mathrm{IV}} \boldsymbol{D}_N \tag{6-6}$$

其中,矩阵 $\boldsymbol{C}_N^{\mathrm{IV}}$ 是 DCT-IV 型变换矩阵,如公式(6-2)所示;矩阵 $\bar{\boldsymbol{I}}_N$ 是反对角单位矩阵;

矩阵 $\boldsymbol{D}_N$ 是主对角线元素交替为 1 和 $-1$，其余元素为 0 的矩阵。

$$\boldsymbol{D}_N = \begin{bmatrix} 1 & & & & \\ & -1 & & & \\ & & 1 & & \\ & & & \ddots & \\ & & & & -1 \end{bmatrix}$$

因此，DST-4 的变换矩阵 $\boldsymbol{S}_N^{\mathrm{IV}}$ 可以通过 DCT-IV 型变换矩阵 $\boldsymbol{C}_N^{\mathrm{IV}}$ 来表示。而矩阵 $\boldsymbol{C}_N^{\mathrm{IV}}$ 可以被进一步分解成 $2j+1$ 稀疏矩阵，其中，$j=\log_2 N$。

$$\boldsymbol{C}_N^{\mathrm{IV}} = \boldsymbol{Q}_N \boldsymbol{V}_N(j) \boldsymbol{U}_N(j-1) \boldsymbol{V}_N(j-1) \cdots \boldsymbol{U}_N(1) \boldsymbol{V}_N(1) \boldsymbol{H}_N$$

所以，类似于快速 DCT 变换，DST-4 变换也可以通过蝶形算法来实现。

根据矩阵元素的分布，这些由矩阵 $\boldsymbol{C}_N^{\mathrm{IV}}$ 分解得到的稀疏矩阵可以被分成 5 种类型：

1）矩阵 $\boldsymbol{Q}_N$。

该矩阵是一个置换矩阵，其作用是重新排序向量中的元素，即把输入向量奇数位置的元素按照逆序输出，偶数位置的元素顺序不变。假设输入列向量是 $[x_0, x_1, x_2, \cdots, x_7]^{\mathrm{T}}$，那么 $\boldsymbol{Q}_{N=8}[x_0, x_1, x_2, \cdots, x_7]^{\mathrm{T}} = [x_0, x_7, x_2, x_5, x_4, x_3, x_6, x_1]^{\mathrm{T}}$。矩阵 $\boldsymbol{Q}_N$ 的结果如下所示：

$$\boldsymbol{Q}_N = \begin{bmatrix} 1 & 0 & 0 & 0 & 0 & 0 & 0 & 0 \\ 0 & 0 & 0 & 0 & 0 & 0 & 0 & 1 \\ 0 & 0 & 1 & 0 & 0 & 0 & 0 & 0 \\ 0 & 0 & 0 & 0 & 0 & 1 & 0 & 0 \\ 0 & 0 & 0 & 0 & 1 & 0 & 0 & 0 \\ 0 & 0 & 0 & 1 & 0 & 0 & 0 & 0 \\ 0 & 0 & 0 & 0 & 0 & 0 & 1 & 0 \\ 0 & 1 & 0 & 0 & 0 & 0 & 0 & 0 \end{bmatrix}$$

2）矩阵 $\boldsymbol{H}_N$。该矩阵也是一个置换矩阵，其结构描述如下：

$$\boldsymbol{H}_N = \boldsymbol{P}_N \begin{bmatrix} \boldsymbol{P}_{N/2} & \\ & \bar{\bar{\boldsymbol{P}}}_{N/2} \end{bmatrix} \begin{bmatrix} \boldsymbol{P}_{N/4} & & & \\ & \bar{\bar{\boldsymbol{P}}}_{N/4} & & \\ & & \boldsymbol{P}_{N/4} & \\ & & & \bar{\bar{\boldsymbol{P}}}_{N/4} \end{bmatrix} \cdots \begin{bmatrix} \boldsymbol{P}_4 & & & \\ & \bar{\bar{\boldsymbol{P}}}_4 & & \\ & & \ddots & \\ & & & \boldsymbol{P}_4 \\ & & & & \bar{\bar{\boldsymbol{P}}}_4 \end{bmatrix}$$

其中，矩阵 $\boldsymbol{P}_N$ 是一个置换矩阵，其作用是重新排序输入向量的元素，使得向量的前半部分元素按照正序处在偶数编号的位置，而向量的后半部分元素按照逆序处在奇数编号的位置。假设输入向量是 $[x_0, x_1, x_2, \cdots, x_7]^{\mathrm{T}}$，重排序向量是 $[x_0, x_7, x_1, x_6, x_2, x_5, x_3, x_4]^{\mathrm{T}}$；矩阵 $\bar{\bar{\boldsymbol{P}}}_N$ 是按照

逆序把矩阵 $P_N$ 的行和列元素进行排序得到的矩阵。

$$P_N = \begin{bmatrix} 1 & 0 & 0 & 0 & 0 & 0 & 0 & 0 \\ 0 & 0 & 0 & 0 & 0 & 0 & 0 & 1 \\ 0 & 1 & 0 & 0 & 0 & 0 & 0 & 0 \\ 0 & 0 & 0 & 0 & 0 & 0 & 1 & 0 \\ 0 & 0 & 1 & 0 & 0 & 0 & 0 & 0 \\ 0 & 0 & 0 & 0 & 0 & 1 & 0 & 0 \\ 0 & 0 & 0 & 1 & 0 & 0 & 0 & 0 \\ 0 & 0 & 0 & 0 & 1 & 0 & 0 & 0 \end{bmatrix}, \bar{\bar{P}}_N = \bar{I}_N P_N \bar{I}_N$$

3）矩阵 $U_N(j), j = 1, 2, \cdots, N-1$。这些矩阵是块对角二进制矩阵，其结构描述如下：

$$U_N(j) = \begin{bmatrix} B(j) & & & \\ & B(j) & & \\ & & \ddots & \\ & & & B(j) \end{bmatrix}, B(j) = \begin{bmatrix} I_{2^j} & I_{2^j} \\ I_{2^j} & -I_{2^j} \end{bmatrix}$$

4）矩阵 $V_N(j)$。该矩阵是块对角矩阵，其结构如下：

$$V_N(j) = \begin{bmatrix} T_{1/(4N)} & & & \\ & T_{5/(4N)} & & \\ & & \ddots & \\ & & & T_{(2N-3)/(4N)} \end{bmatrix}, T_r = \begin{bmatrix} \cos(r\pi) & \sin(r\pi) \\ \sin(r\pi) & -\cos(r\pi) \end{bmatrix}$$

5）矩阵 $V_N(j), j=1, 2, \cdots, N-1$。这些矩阵是块对角矩阵，矩阵的元素结构是：沿着主对角线，从左上角到右下角的方向交替拼接矩阵 $I_{2^j}$ 和 $E(j)$。

$$V_N(j) = \begin{bmatrix} I_{2^j} & & & & \\ & E(j) & & & \\ & & I_{2^j} & & \\ & & & \ddots & \\ & & & & E(j) \end{bmatrix}$$

$$E(j) = \begin{bmatrix} T_{1/2^{j+1}} & & & & \\ & T_{5/2^{j+1}} & & & \\ & & T_{9/2^{j+1}} & & \\ & & & \ddots & \\ & & & & T_{(2^{j+1}-3)/2^{j+1}} \end{bmatrix}$$

文献 [21] 给出了 $N=8$ 的矩阵 $C_8^{\text{IV}}$ 分解公式，如下所示：

$$\boldsymbol{C}_8^{\text{IV}} = \boldsymbol{Q}_8 \boldsymbol{V}_8(3) \boldsymbol{U}_8(2) \boldsymbol{V}_8(2) \boldsymbol{U}_8(1) \boldsymbol{V}_8(1) \boldsymbol{H}_8$$

$$= \begin{bmatrix} 1 & 0 & 0 & 0 & 0 & 0 & 0 & 0 \\ 0 & 0 & 0 & 0 & 0 & 0 & 0 & 1 \\ 0 & 0 & 1 & 0 & 0 & 0 & 0 & 0 \\ 0 & 0 & 0 & 0 & 0 & 1 & 0 & 0 \\ 0 & 0 & 0 & 0 & 1 & 0 & 0 & 0 \\ 0 & 0 & 0 & 1 & 0 & 0 & 0 & 0 \\ 0 & 0 & 0 & 0 & 0 & 0 & 1 & 0 \\ 0 & 1 & 0 & 0 & 0 & 0 & 0 & 0 \end{bmatrix} \begin{bmatrix} C_{1/32} & S_{1/32} & 0 & 0 & 0 & 0 & 0 & 0 \\ S_{1/32} & -C_{1/32} & 0 & 0 & 0 & 0 & 0 & 1 \\ 0 & 0 & C_{5/32} & S_{5/32} & 0 & 0 & 0 & 0 \\ 0 & 0 & S_{5/32} & -C_{5/32} & 0 & 0 & 0 & 0 \\ 0 & 0 & 0 & 0 & C_{9/32} & S_{9/32} & 0 & 0 \\ 0 & 0 & 0 & 0 & S_{9/32} & -C_{9/32} & 0 & 0 \\ 0 & 0 & 0 & 0 & 0 & 0 & C_{13/32} & S_{13/32} \\ 0 & 0 & 0 & 0 & 0 & 0 & S_{13/32} & -S_{13/32} \end{bmatrix}$$

$$\begin{bmatrix} \boldsymbol{I}_4 & \boldsymbol{I}_4 \\ \boldsymbol{I}_4 & -\boldsymbol{I}_4 \end{bmatrix} \begin{bmatrix} \boldsymbol{I}_4 & & & \\ & C_{1/8} & S_{1/8} & \\ & S_{1/8} & -C_{1/8} & \\ & & & C_{5/8} & S_{5/8} \\ & & & S_{5/8} & -C_{5/8} \end{bmatrix} \begin{bmatrix} \boldsymbol{I}_2 & \boldsymbol{I}_2 & & \\ \boldsymbol{I}_2 & -\boldsymbol{I}_2 & & \\ & & \boldsymbol{I}_2 & \boldsymbol{I}_2 \\ & & \boldsymbol{I}_2 & -\boldsymbol{I}_2 \end{bmatrix}$$

$$\begin{bmatrix} \boldsymbol{I}_2 & & & & \\ & C_{1/4} & S_{1/4} & & \\ & S_{1/4} & -C_{1/4} & & \\ & & & \boldsymbol{I}_2 & \\ & & & & C_{1/4} & S_{1/4} \\ & & & & S_{1/4} & -C_{1/4} \end{bmatrix} \begin{bmatrix} 1 & 0 & 0 & 0 & 0 & 0 & 0 & 0 \\ 0 & 0 & 0 & 0 & 0 & 0 & 0 & 1 \\ 0 & 0 & 0 & 1 & 0 & 0 & 0 & 0 \\ 0 & 0 & 0 & 0 & 1 & 0 & 0 & 0 \\ 0 & 1 & 0 & 0 & 0 & 0 & 0 & 0 \\ 0 & 0 & 0 & 0 & 0 & 0 & 1 & 0 \\ 0 & 0 & 1 & 0 & 0 & 0 & 0 & 0 \\ 0 & 0 & 0 & 0 & 0 & 1 & 0 & 0 \end{bmatrix}$$

阶数等于 8 的 DST-4 变换矩阵 $\boldsymbol{S}_8^{\text{IV}}$ 的蝶形算法结构如图 6-11 所示,其中 $f_0,\cdots,f_7$ 表示输入数据,$F_0,\cdots,F_7$ 表示变换输出数据,$C_i=\cos i$,$S_i=\sin i$。

在 SVT-AV1 中,函数 `svt_av1_fadst8_new` 实现了图 6-11 中阶数等于 8 的 DST-4 的蝶形算法。

```
void svt_av1_fadst8_new(const int32_t *input, int32_t *output, int8_t cos_bit,
const int8_t *stage_range) {
    const int32_t *cospi;
    int32_t *bf0, *bf1;
    int32_t  step[8];
    // stage 0;
    // stage 1: 对应 [H8][D8][f0,…,f7]T
    bf1      = output;
    bf1[0] = input[0];
    bf1[1] = -input[7];
```

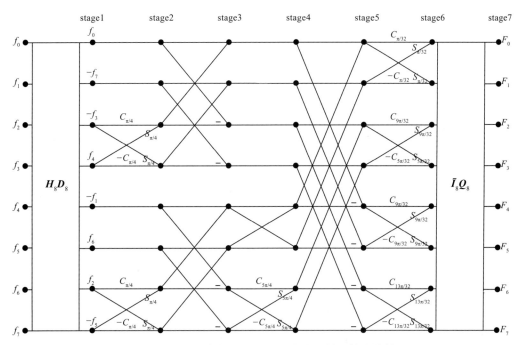

图 6-11 阶数等于 8 的 DST-4 变换的蝶形算法结构

```
    bf1[2] = -input[3];
    bf1[3] = input[4];
    bf1[4] = -input[1];
    bf1[5] = input[6];
    bf1[6] = input[2];
    bf1[7] = -input[5];
    // stage 2
    cospi  = cospi_arr(cos_bit);
    bf0 = output;
    bf1 = step;
    bf1[0] = bf0[0];
    bf1[1] = bf0[1];
    // bf1[2]=cos(π/4)·bf0[2]+sin(π/4)·bf0[3]
    bf1[2] = half_btf(cospi[32], bf0[2], cospi[32], bf0[3], cos_bit);
    // bf1[3]=sin(π/4)·bf0[2]-cos(π/4)·bf0[3]
    bf1[3] = half_btf(cospi[32], bf0[2], -cospi[32], bf0[3], cos_bit);
    bf1[4] = bf0[4];
    bf1[5] = bf0[5];
    // bf1[6]=cos(π/4)·bf0[6]+sin(π/4)·bf0[7]
    bf1[6] = half_btf(cospi[32], bf0[6], cospi[32], bf0[7], cos_bit);
    // bf1[7]=sin(π/4)·bf0[6]-cos(π/4)·bf0[7]
```

```
bf1[7] = half_btf(cospi[32], bf0[6], -cospi[32], bf0[7], cos_bit);
// stage 3
bf0 = step;
bf1 = output;
bf1[0] = bf0[0] + bf0[2];
bf1[1] = bf0[1] + bf0[3];
bf1[2] = bf0[0] - bf0[2];
bf1[3] = bf0[1] - bf0[3];
bf1[4] = bf0[4] + bf0[6];
bf1[5] = bf0[5] + bf0[7];
bf1[6] = bf0[4] - bf0[6];
bf1[7] = bf0[5] - bf0[7];
// stage 4
cospi  = cospi_arr(cos_bit);
bf0 = output;
bf1 = step;
bf1[0] = bf0[0];
bf1[1] = bf0[1];
bf1[2] = bf0[2];
bf1[3] = bf0[3];
//  bf1[4]=cos(π/8)·bf0[4]+sin(π/8)·bf0[5]
bf1[4] = half_btf(cospi[16], bf0[4], cospi[48], bf0[5], cos_bit);
//  bf1[5]=sin(π/8)·bf0[4]-cos(π/8)·bf0[5]
bf1[5] = half_btf(cospi[48], bf0[4], -cospi[16], bf0[5], cos_bit);
//   -cospi[48]=-cos(3π/8)=cos(5π/8), cospi[16]=cos(π/8)=sin(5π/8)
// 所以，bf1[6]=cos(5π/8)·bf0[6]+sin(5π/8)·bf0[7]
bf1[6] = half_btf(-cospi[48], bf0[6], cospi[16], bf0[7], cos_bit);
//  bf1[7]=sin(5π/8)·bf0[6]-cos(5π/8)·bf0[7]
bf1[7] = half_btf(cospi[16], bf0[6], cospi[48], bf0[7], cos_bit);
// stage 5
bf0 = step;
bf1 = output;
bf1[0] = bf0[0] + bf0[4];
bf1[1] = bf0[1] + bf0[5];
bf1[2] = bf0[2] + bf0[6];
bf1[3] = bf0[3] + bf0[7];
bf1[4] = bf0[0] - bf0[4];
bf1[5] = bf0[1] - bf0[5];
bf1[6] = bf0[2] - bf0[6];
```

```
    bf1[7] = bf0[3] - bf0[7];
    // stage 6
    cospi  = cospi_arr(cos_bit);
    bf0 = output;
    bf1 = step;
    // bf1[0]=cos(π/32)·bf0[0]+sin(π/32)·bf0[1]
    bf1[0] = half_btf(cospi[4], bf0[0], cospi[60], bf0[1], cos_bit);
    // bf1[0]=sin(π/32)·bf0[0]-cos(π/32)·bf0[1]
    bf1[1] = half_btf(cospi[60], bf0[0], -cospi[4], bf0[1], cos_bit);
    // bf1[2]=cos(5π/32)·bf0[2]+sin(5π/32)·bf0[3]
    bf1[2] = half_btf(cospi[20], bf0[2], cospi[44], bf0[3], cos_bit);
    // bf1[3]=sin(5π/32)·bf0[2]-cos(5π/32)·bf0[3]
    bf1[3] = half_btf(cospi[44], bf0[2], -cospi[20], bf0[3], cos_bit);
    // bf1[4]=cos(9π/32)·bf0[4]+sin(9π/32)·bf0[5]
    bf1[4] = half_btf(cospi[36], bf0[4], cospi[28], bf0[5], cos_bit);
    // bf1[5]=sin(9π/32)·bf0[4]-cos(9π/32)·bf0[5]
    bf1[5] = half_btf(cospi[28], bf0[4], -cospi[36], bf0[5], cos_bit);
    // bf1[6]=cos(13π/32)·bf0[6]+sin(13π/32)·bf0[7]
    bf1[6] = half_btf(cospi[52], bf0[6], cospi[12], bf0[7], cos_bit);
    // bf1[7]=sin(13π/32)·bf0[6]-cos(13π/32)·bf0[7]
    bf1[7] = half_btf(cospi[12], bf0[6], -cospi[52], bf0[7], cos_bit);
    // stage 7
    bf0 = step;
    bf1 = output;
    bf1[0] = bf0[1];
    bf1[1] = bf0[6];
    bf1[2] = bf0[3];
    bf1[3] = bf0[4];
    bf1[4] = bf0[5];
    bf1[5] = bf0[2];
    bf1[6] = bf0[7];
    bf1[7] = bf0[0];
}
```

### 3. DST-7 变换算法实现

综合考量编码性能和变换的计算复杂度，AV1 在行 / 列尺寸等于 4 时使用 DST-7 变换核。在实现过程中，AV1 直接使用矩阵乘法来实现阶数等于 4 的 DST-7 的变换。具体来讲，阶数等于 4 的变换矩阵 $\boldsymbol{S}_4^{\mathrm{VII}}$ 的形式如下：

$$\boldsymbol{S}_4^{\mathrm{VII}} = \frac{2}{3} \begin{bmatrix} \sin\left(\frac{\pi}{9}\right) & \sin\left(\frac{2\pi}{9}\right) & \sin\left(\frac{3\pi}{9}\right) & \sin\left(\frac{4\pi}{9}\right) \\ \sin\left(\frac{3\pi}{9}\right) & \sin\left(\frac{6\pi}{9}\right) & \sin\left(\frac{9\pi}{9}\right) & \sin\left(\frac{12\pi}{9}\right) \\ \sin\left(\frac{5\pi}{9}\right) & \sin\left(\frac{10\pi}{9}\right) & \sin\left(\frac{15\pi}{9}\right) & \sin\left(\frac{20\pi}{9}\right) \\ \sin\left(\frac{7\pi}{9}\right) & \sin\left(\frac{14\pi}{9}\right) & \sin\left(\frac{21\pi}{9}\right) & \sin\left(\frac{28\pi}{9}\right) \end{bmatrix}$$

$$= \frac{2}{3} \begin{bmatrix} \sin\left(\frac{\pi}{9}\right) & \sin\left(\frac{2\pi}{9}\right) & \sin\left(\frac{3\pi}{9}\right) & \sin\left(\frac{4\pi}{9}\right) \\ \sin\left(\frac{3\pi}{9}\right) & \sin\left(\frac{3\pi}{9}\right) & \sin(\pi) & -\sin\left(\frac{3\pi}{9}\right) \\ \sin\left(\frac{4\pi}{9}\right) & -\sin\left(\frac{\pi}{9}\right) & -\sin\left(\frac{3\pi}{9}\right) & \sin\left(\frac{2\pi}{9}\right) \\ \sin\left(\frac{2\pi}{9}\right) & -\sin\left(\frac{4\pi}{9}\right) & \sin\left(\frac{3\pi}{9}\right) & -\sin\left(\frac{\pi}{9}\right) \end{bmatrix}$$

所以，假设输入数据是 $\boldsymbol{x}=[x_0, x_1, x_2, x_3]^{\mathrm{T}}$，那么变换系数 $\boldsymbol{F}=[F_0, F_1, F_2, F_3]^{\mathrm{T}}$ 表示如下：

$$\boldsymbol{S}_4^{\mathrm{VII}} \boldsymbol{x} = \frac{2}{3} \begin{bmatrix} \sin\left(\frac{\pi}{9}\right) & \sin\left(\frac{2\pi}{9}\right) & \sin\left(\frac{3\pi}{9}\right) & \sin\left(\frac{4\pi}{9}\right) \\ \sin\left(\frac{3\pi}{9}\right) & \sin\left(\frac{3\pi}{9}\right) & \sin(\pi) & -\sin\left(\frac{3\pi}{9}\right) \\ \sin\left(\frac{4\pi}{9}\right) & -\sin\left(\frac{\pi}{9}\right) & -\sin\left(\frac{3\pi}{9}\right) & \sin\left(\frac{2\pi}{9}\right) \\ \sin\left(\frac{2\pi}{9}\right) & -\sin\left(\frac{4\pi}{9}\right) & \sin\left(\frac{3\pi}{9}\right) & -\sin\left(\frac{\pi}{9}\right) \end{bmatrix} \begin{bmatrix} x_0 \\ x_1 \\ x_2 \\ x_3 \end{bmatrix}$$

$$= \frac{2}{3} \begin{bmatrix} \sin\left(\frac{\pi}{9}\right) \cdot x_0 + \sin\left(\frac{2\pi}{9}\right) \cdot x_1 + \sin\left(\frac{3\pi}{9}\right) \cdot x_2 + \sin\left(\frac{4\pi}{9}\right) \cdot x_3 \\ \sin\left(\frac{3\pi}{9}\right) \cdot x_0 + \sin\left(\frac{3\pi}{9}\right) \cdot x_1 + 0 \cdot x_2 - \sin\left(\frac{3\pi}{9}\right) \cdot x_3 \\ \sin\left(\frac{4\pi}{9}\right) \cdot x_0 - \sin\left(\frac{\pi}{9}\right) \cdot x_1 - \sin\left(\frac{3\pi}{9}\right) \cdot x_2 + \sin\left(\frac{2\pi}{9}\right) \cdot x_3 \\ \sin\left(\frac{2\pi}{9}\right) \cdot x_0 - \sin\left(\frac{4\pi}{9}\right) \cdot x_1 + \sin\left(\frac{3\pi}{9}\right) \cdot x_2 - \sin\left(\frac{\pi}{9}\right) \cdot x_3 \end{bmatrix}$$

$$= \begin{bmatrix} F_0 \\ F_1 \\ F_2 \\ F_3 \end{bmatrix}$$

在 SVT-AV1 中，函数 `svt_av1_fadst4_new` 的功能是实现阶数等于 4 的 DST-7 变换，其实现如下：

```c
void svt_av1_fadst4_new(const int32_t *input, int32_t *output, int8_t cos_bit,
    const int8_t *stage_range) {
    int32_t  bit    = cos_bit;
    const int32_t *sinpi = sinpi_arr(bit);
    int32_t x0, x1, x2, x3;
    int32_t s0, s1, s2, s3, s4, s5, s6, s7;
    // stage 0
    x0 = input[0];
    x1 = input[1];
    x2 = input[2];
    x3 = input[3];
    if (!(x0 | x1 | x2 | x3)) {
        output[0] = output[1] = output[2] = output[3] = 0;
        return;
    }
    // sinpi[1]=sin(π/9), sinpi[2]=sin(2π/9)
    // sinpi[3]=sin(3π/9),sinpi[4]=sin(4π/9)
    s0 = sinpi[1] * x0;
    s1 = sinpi[4] * x0;
    s2 = sinpi[2] * x1;
    s3 = sinpi[1] * x1;
    s4 = sinpi[3] * x2;
    s5 = sinpi[4] * x3;
    s6 = sinpi[2] * x3;
    s7 = x0 + x1;
    // stage 2
    s7 = s7 - x3;
    // 在下面的注释中 x0、x1、x2 和 x3 均是指刚开始的输入数据
    // stage 3:
    // x0 = sin(π/9) * x0 + sin(2π/9) * x1
    x0 = s0 + s2;
    // x1 = sin(3π/9) * (x0 + x1 - x3)
    x1 = sinpi[3] * s7;
    // x2 = sin(4π/9) * x0 - sin(π/9) * x1
    x2 = s1 - s3;
    // x3 = sin(3π/9) * x2
    x3 = s4;
    // stage 4
```

```
// x0 = sin(π/9) * x0 + sin(2π/9) * x1 + sin(4π/9) * x3
x0 = x0 + s5;
//x2 = sin(4π/9) * x0 - sin(π/9) * x1 + sin(2π/9) * x3
x2 = x2 + s6;
// stage 5
// s0 = sin(π/9) * x0 + sin(2π/9) * x1 + sin(4π/9) * x3 +
//      sin(3π/9) * x2
s0 = x0 + x3;
// s1 = sin(3π/9) * (x0 + x1 - x3)
s1 = x1;
// s2 = sin(4π/9) * x0 - sin(π/9) * x1 - sin(3π/9) * x2 +
//      sin(2π/9) * x3
s2 = x2 - x3;
// s3 = [ sin(4π/9) * x0 - sin(π/9) * x1 + sin(2π/9) * x3] -
//      [ sin(π/9) * x0 + sin(2π/9) * x1 + sin(4π/9) * x3]
s3 = x2 - x0;
// stage 6
// s3 = [ sin(4π/9) * x0 - sin(π/9) * x1 + sin(2π/9) * x3] -
//      [ sin(π/9) * x0 + sin(2π/9) * x1 + sin(4π/9) * x3] +
//      sin(3π/9) * x2
//    = [ sin(4π/9) - sin(π/9) ] * x0 -
//      [ sin(π/9) + sin(2π/9) ] * x1 + sin(3π/9) * x2 +
//      [ sin(2π/9) - sin(4π/9) ] * x3
// 由于 sin(4π/9) - sin(π/9) = sin(2π/9)
// s3 = sin(2π/9) * x0 - sin(4π/9) * x1 + sin(3π/9) * x2 -
//      sin(π/9) * x3
s3 = s3 + x3;
// 1-D transform scaling factor is sqrt(2).
output[0] = round_shift(s0, bit);
output[1] = round_shift(s1, bit);
output[2] = round_shift(s2, bit);
output[3] = round_shift(s3, bit);
}
```

### 4. Flip DST 变换算法实现

由于 Flip DST 的权重分布与 DST 的权重分布相反，所以，只需对输入数据 $\boldsymbol{x}=[x_0, x_1, \cdots, x_{n-1}]^T$ 进行翻转得到数据 $\boldsymbol{x}_{\text{Flip}}=[x_{n-1}, x_{n-2}, \cdots, x_1, x_0]^T$，之后对数据 $\boldsymbol{x}_{\text{Flip}}$ 调用 DST 变换，即可实现 Flip DST 变换。

## 6.1.4 变换核的选择与编码

AV1 把 16 种变换核分成 6 个变换核集合（Transform Set），如 AV1 标准文档[8]中的 6.10.19 节所示：

1）TX_SET_DCTONLY
2）TX_SET_INTRA_1, TX_SET_INTRA_2
3）TX_SET_INTER_1, TX_SET_INTER_2 和 TX_SET_INTER_3

AV1 中的变换核集合的定义如表 6-2 所示，给出了每个变换核集合中所包含的变换核种类。其中，这 6 种变换核集合分别简写为 DCT only、Intra1、Intra2、Inter1、Inter2 和 Inter3；另外单元格里的√符号表示当前变换核集合包含该变换核。

表 6-2　AV1 中的变换核集合的定义

| 变换核 / 变换核集合 | DCT only | Intra1 | Intra2 | Inter1 | Inter2 | Inter3 |
|---|---|---|---|---|---|---|
| DCT_DCT | √ | √ | √ | √ | √ | √ |
| ADST_DCT |  | √ | √ | √ | √ |  |
| DCT_ADST |  | √ | √ | √ | √ |  |
| ADST_ADST |  | √ | √ | √ | √ |  |
| FLIPADST_DCT |  |  |  | √ | √ |  |
| DCT_FLIPADST |  |  |  | √ | √ |  |
| FLIPADST_FLIPADST |  |  |  | √ | √ |  |
| ADST_FLIPADST |  |  |  | √ | √ |  |
| FLIPADST_ADST |  |  |  | √ | √ |  |
| IDTX |  | √ | √ | √ | √ | √ |
| V_DCT |  | √ |  | √ | √ |  |
| H_DCT |  | √ |  | √ | √ |  |
| V_ADST |  |  |  | √ |  |  |
| H_ADST |  |  |  | √ |  |  |
| V_FLIPADST |  |  |  | √ |  |  |
| H_FLIPADST |  |  |  | √ |  |  |

AV1 标准文档使用变量 txSet 表示变换核集合类型，使用变量 txType 表示变换块使用的变换核类型。在编码过程中，对于亮度分量，每个变换块根据其预测模式和尺寸来选择变换核集合类型 txSet。为了控制变换核集合的选择策略，AV1 定义了帧级语法元素 reduced_tx_set。假设 $W$ 和 $H$ 分别表示变换块的宽度和高度，当 reduced_tx_set 等于 0 时，表示当前视频帧可以使用所有 6 个变换核集合。在这种情况下，每个变换块按照表 6-3 所示的选择方法，根据预测模式和尺寸来选择变换核集合类型 txSet。

表 6-3　reduced_tx_set 为 0 时变换块的变换核集合选择方法

| max(*W*, *H*) | 帧内预测模式 | 帧间预测模式 |
|---|---|---|
| 32 | TX_SET_DCTONLY | TX_SET_INTER_3 |
| 64 | TX_SET_DCTONLY | TX_SET_DCTONLY |
| min(*W*, *H*) | 帧内预测模式 | 帧间预测模式 |
| 4 | TX_SET_INTRA_1 | TX_SET_INTER_1 |
| 8 | TX_SET_INTRA_1 | TX_SET_INTER_1 |
| 16 | TX_SET_INTRA_2 | TX_SET_INTER_2 |

当语法元素 reduced_tx_set 等于 1 时，表示当前视频帧只能使用部分变换核集合 TX_SET_DCTONLY、TX_SET_INTER_3 和 TX_SET_INTRA_2。在这种情况下，变换块的变换核集合选择策略描述如下：

- 如果 max(*W*, *H*) 等于 64，则 txSet 等于 TX_SET_DCTONLY，此时变换核集合选择与预测模式无关。
- 否则，如果变换块是帧间预测块，则 txSet 等于 TX_SET_INTER_3。
- 否则，如果变换块是帧内预测块，那么：
  - 如果 max(*W*, *H*) 等于 32 时，则 txSet 等于 TX_SET_DCTONLY。
  - 否则，txSet 等于 TX_SET_INTRA_2。

对于亮度分量，按照上面给出的方法推导出变换核集合类型 txSet 之后，每个变换块还需要编码语法元素 inter_tx_type 或 intra_tx_type 来指明变换块采用了该变换核集合中的哪个变换核。顾名思义，帧间编码块使用语法元素 inter_tx_type，而帧内编码块使用语法元素 intra_tx_type。

为了提高 inter_tx_type 和 intra_tx_type 的编码效率，AV1 根据每个变换核的使用频率，对给定变换核集合中的变换核进行了重新排序。AV1 标准文档使用数组 Tx_Type_Intra_Inv_Set1[7] 和 Tx_Type_Intra_Inv_Set2[5] 分别表示类型为 TX_SET_INTRA_1 和 TX_SET_INTRA_2 的变换核集合 txType。所以，Tx_Type_Intra_Inv_Set1/2[intra_tx_type] 是帧内变换块的变换核类型。而数组 Tx_Type_Inter_Inv_Set1[16]、Tx_Type_Inter_Inv_Set2[12] 和 Tx_Type_Inter_Inv_Set3[2] 分别用于表示类型为 TX_SET_INTER_1、TX_SET_INTER_2 和 TX_SET_INTER_3 的变换核集合 txType。因此，Tx_Type_Inter_Inv_Set1/2/3[inter_tx_type] 是帧间变换块的变换核类型。

对于色度分量，它的变换核集合类型 txSet 的推导方式和亮度分量是一样的。但是，色度变换块不需要编码语法元素来指明变换核类型 txType，而是通过色度变换块的预测模式和对应亮度块的变换核类型，推导出色度变换块的变换核类型。色度变换块的变换核类型推导过程如下：

1）对于采用帧内模式编码的变换块，其变换核根据该色度变换块的帧内预测模式来确定，表 6-4 所示为帧内预测块的色度变换核选择方式，AV1 标准文档使用数组 `Mode_To_Txfm[14]` 来存储表 6-4 中的映射关系。

2）对于采用帧间模式编码的变换块，其变换核是对应亮度分量的第一个变换块的变换核。

表 6-4　帧内预测块的色度变换核选择方式

| 色度帧内预测模式 | 垂直变换核 | 水平变换核 | 色度帧内预测模式 | 垂直变换核 | 水平变换核 |
| --- | --- | --- | --- | --- | --- |
| DC_PRED | DCT | DCT | D203_PRED | DCT | ADST |
| V_PRED | ADST | DCT | D67_PRED | ADST | DCT |
| H_PRED | DCT | ADST | SMOOTH_PRED | ADST | ADST |
| D45_PRED | DCT | DCT | SMOOTH_V_PRED | ADST | DCT |
| D135_PRED | ADST | ADST | SMOOTH_H_PRED | DCT | ADST |
| D113_PRED | ADST | DCT | PAETH_PRED | ADST | ADST |
| D157_PRED | DCT | ADST | UV_CFL_PRED | DCT | DCT |

由于色度变换块的变换核集合和变换核类型都是推导得到的，所以，在某些情况下，会出现推导得到的变换核类型 `txType` 并不在推导的变换核集合 `txSet` 中。比如，推导得到的 `txType` 是 `FLIPADST_FLIPADST`，而推导得到的 `txSet` 是 `TX_SET_INTRA_1`。通过表 6-2 可以发现变换核 `FLIPADST_FLIPADST` 不在变换核集合 `TX_SET_INTRA_1` 之中。在这种情况下，AV1 将使用变换核 `DCT_DCT` 作为当前变换块最终使用的变换核。

为了进一步降低变换模块的复杂度，对于 $64 \times 64/32 \times 64/64 \times 32$ 的变换块，AV1 只保留其左上角 / 上侧 / 左侧 $32 \times 32$ 变换系数块，而把其余位置的变换系数都置为零；对于 $64 \times 16$ 的变换块，AV1 只保留左侧 $32 \times 16$ 变换系数块；对于 $16 \times 64$ 变换块，只保留上侧 $16 \times 32$ 变换系数块。在 SVT-AV1 中，该功能通过函数 `av1_get_max_eob()` 返回的待量化的变换系数总个数以及数组 `av1_scan_orders[txsize][tx_type]` 的扫描方式来实现。

```
static INLINE int32_t av1_get_max_eob(TxSize tx_size) {
    if (tx_size == TX_64X64 || tx_size == TX_64X32 ||
        tx_size == TX_32X64)
        return 1024;
    if (tx_size == TX_16X64 || tx_size == TX_64X16)
        return 512;
    return tx_size_2d[tx_size];
}
```

## 6.2　量化

### 6.2.1　量化参数和量化步长

编码器使用量化模块对变换系数进行量化，以减少变换系数的数据量。为此，编码器在量化模块中将变换系数除以量化步长并取整,以得到量化后的变换系数。之后,量化后的变换系数被送入熵编码模块,生成压缩码流。在解码端,解码器对从码流中解析出量化的变换系数进行反量化,最后将反量化后的系数输入逆变换过程中,以得到重构预测残差块。

量化过程在降低视频数据量的同时,也会产生视频失真。所以,AV1 标准定义了 256 个量化步长,以便在不同码率范围内对变换系数进行不同程度的量化,以取得更好的视频质量和码率之间的平衡。AV1 通过量化参数(Quantization Parameter, QP)来获取量化步长。在 AV1 中,QP 又被称为量化索引(Quantization Index),其取值范围是 0 ~ 255。为了避免歧义,本章中的量化索引特指量化之后的变换系数,而非 QP。QP 等于 0 对应的是无损压缩。另外,AV1 分别使用不同的量化步长来量化 DC 系数和 AC 系数。为此,AV1 标准文档定义了两个数组 `Dc_Qlokup[3][256]` 和 `Ac_Qlookup[3][256]`,它们分别表示位宽是 8/10/12 比特视频的 DC 系数和 AC 系数的 QP 与 Qstep 之间的映射关系。图 6-12 所示为位宽等于 8 比特视频中的 DC 系数和 AC 系数的 QP 与 Qstep 之间的映射关系。

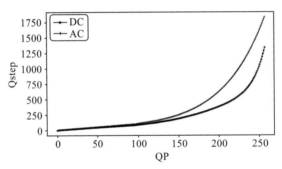

图 6-12 位宽是 8 比特视频的 DC 系数和 AC 系数的 QP 与 Qstep 之间的映射关系

在默认情况下,所有的 AC 系数将使用相同的量化步长。但是,由于人类视觉系统对不同频率系数的失真有不同的容忍度,因此 AV1 还支持 15 组预定义的量化加权矩阵 `Quantizer_Matrix[matrix_idx][plane_id][coeff_idx]`,以对不同频率系数的量化步长进行缩放。其中 `matrix_idx` 表示量化加权矩阵索引,其取值为 0 ~ 14;`plane_id` 表示亮度和色度分量,`plane_id=0` 表示亮度分量,`plane_id=1` 表示色度分量;`coeff_idx` 表示所有尺寸的变换块中变换系数的索引,其取值为 0 ~ 3343。利用这个量化加权矩阵,在量化过程中,每个变换系数的量化步长可以被进一步地缩放。除此之外,每一帧可以自适应地为亮度和色度平面分别选择一组量化加权矩阵。为此,AV1 将编码传输语法元素 `using_qmatrix`。如果 `using_qmatrix` 等于 1,AV1 继续编码语法元素 `qm_y`、`qm_u` 和 `qm_v`,分别指明 Y/U/V 的量化加权矩阵索引 `matrix_idx`。需要注意的是,为了减少编码比特数,语法元素 `qm_y`、`qm_u` 和 `qm_v` 是以分割(Segment)为单位来编码的。在 AV1 中,每帧的分割总数不能超过 8 个。

## 6.2.2 反量化

为了避免尺寸较大的变换块在反变换过程中出现数据溢出现象，AV1 标准引入了 2 个缩放因子 rowShift 和 colShift。在反变换过程中，rowShift 用于对行变换输出数据进行缩放，colShift 用于对列变换输出数据进行缩放。在解码过程中，AV1 解码器根据变换块尺寸从标准文档定义的数组 Transform_Row_Shift[txSize] 取出对应数据，并赋值给 rowShift；而 colShift 与变换块尺寸无关，其值始终等于 4。假设变换块的宽和高分别是 $W$ 和 $H$，根据 rowShift 和 colShift 的取值，可以利用公式（6-7）来计算反变换模块的缩放因子 scale（反变换模块的缩放因子是反变换模块输出矩阵的范数与输入矩阵的范数之间比值，反变换模块的缩放因子用于衡量变换前后矩阵的能量变化关系）。

$$\text{scale} = C \cdot \frac{\sqrt{H/2}}{2^{\text{shift}[0]}} \cdot \frac{\sqrt{W/2}}{2^{\text{shift}[1]}} \quad (6\text{-}7)$$

其中，shift[0]=rowShift，shift[1]=colShift；$C$ 是常数，其取值如下：

$$C = \begin{cases} 1/\sqrt{2}, & W/H = 2 \\ 1/\sqrt{2}, & W/H = 1/2 \\ 1, & \text{其他} \end{cases}$$

根据 AV1 标准文档定义的 rowShift 和 colShift 的取值，反变换模块在不同大小的变换块上的缩放因子取值如下：

1）当 $WH$ 小于或等于 256 时，scale 等于 1/8。
2）当 $WH$ 大于 256，且小于或等于 1024 时，scale 等于 1/4。
3）当 $WH$ 大于 1024 时，scale 等于 1/2。

从中可见，不同大小变换块的缩放因子是不同的，然而由于不同大小的变换块在反量化过程中应该使用相同的量化步长，所以，AV1 标准在反量化过程中引入了参数 dqDenorm，以抵消反变换模块在不同大小的变换块上引入的缩放因子之间的差异。参数 dqDenorm 的取值如表 6-5 所示。

表 6-5　参数 dqDenorm 的取值

| dqDenorm 的取值 | 变换块尺寸 |
| --- | --- |
| 1 | TX_4×4, TX_8×8, TX_16×16, TX_4×8, TX_8×4, TX_8×16, TX_16×8, TX_4×16, TX_16×4, TX_8×32, TX_32×8 |
| 2 | TX_32×32, TX_16×32, TX_32×16, TX_16×64, TX_64×16 |
| 4 | TX_64×64, TX_32×64, TX_64×32 |

假设变换量化系数是 level，量化步长为 Qstep，那么解码器可以通过公式（6-8）进行反量化，以得到重构变换系数 coeffQ。

$$coeffQ = sign \times [(|level| \times Qstep)\%0xFFFFFF]/dqDenorm \qquad (6\text{-}8)$$

其中，sign 是量化系数 level 的符号。

从公式（6-7）和公式（6-8）可见，当 Qstep 等于 8 并且不使用加权量化矩阵 Quantizer_Matrix 时，对于不同尺寸的变换块，反变换的缩放因子 scale 和反量化中的 Qstep 以及参数 1/dqDenorm 之间乘积等于 1，如下式所示。这表明此时的反变换和反量化过程保持了残差块的范数。

$$\frac{\text{scale} \times \text{Qstep}}{\text{dpDenorm}} = \frac{8}{8 \times 1} = \frac{8}{4 \times 2} = \frac{8}{2 \times 4} = 1$$

### 6.2.3 量化器

AV1 的量化模块是基于均匀重构量化器（Uniform Reconstruction Quantizer，URQ）来设计的。均匀重构量化器是标量量化器的一种，它的重构变换系数完全由量化步长确定，并且反量化操作十分简单，如公式（6-8）所示。相比于传统的标量量化器，均匀重构量化器的这种限制并不会对编码效率造成不利影响。在处理典型的变换系数分布时，通过设计高效的熵编码模块和编码器决策算法，均匀重构量化器几乎能够达到与最优标量量化器相媲美的率失真性能[45-46]。因此，在基于均匀重构量化器的编码标准中，编码器通常会根据具体的编码需求，灵活选择最合适的量化策略，以获得最优的编码效率。下面，本小节将介绍 3 种常用的编码端量化方案：传统均匀量化器、基于自适应偏移量的均匀量化器和基于率失真代价的量化器。

#### 1. 传统均匀量化器

公式（6-9）给出了传统均匀量化器的量化过程：

$$\text{level} = \text{sign}(x) \left\lfloor \frac{|x| + \text{Qstep}/2}{\text{Qstep}} \right\rfloor \qquad （6\text{-}9）$$

其中，level 表示变换量化系数，Qstep 表示量化步长，$x$ 表示变换系数，$\text{sign}(x)$ 表示变换系数 $x$ 的符号，$\lfloor \cdot \rfloor$ 表示向下取整操作。根据量化器理论[23]，如果变换系数 $x$ 服从均匀分布，那么均方误差最小的量化器就是传统均匀量化器。对于服从非均匀分布的变换系数 $x$，它的均方误差最小的量化器不再是传统均匀量化器。

#### 2. 基于自适应偏移量的均匀量化器

在视频编码领域，变换系数一般服从高斯分布或拉普拉斯分布，而非均匀分布。为了控制量化失真，编码器通常采用基于自适应偏移量的均匀量化器来量化变换系数。与传统均匀量化器不同，基于自适应偏移量的均匀量化器在量化过程中引入了量化偏移量 offsetQ，其量化过程如公式（6-10）所示。

$$\text{level} = \text{sign}(x) \left\lfloor \frac{|x| + \text{offsetQ}}{\text{Qstep}} \right\rfloor \tag{6-10}$$

当 offsetQ = Qstep/2 时，基于自适应量化偏移量的均匀量化器退化为传统均匀量化器。图 6-13 所示为基于自适应偏移量的均匀量化器在 offsetQ = Qstep/2 和 offsetQ = Qstep/6 的量化效果。其中 $\Delta$ 表示量化步长。

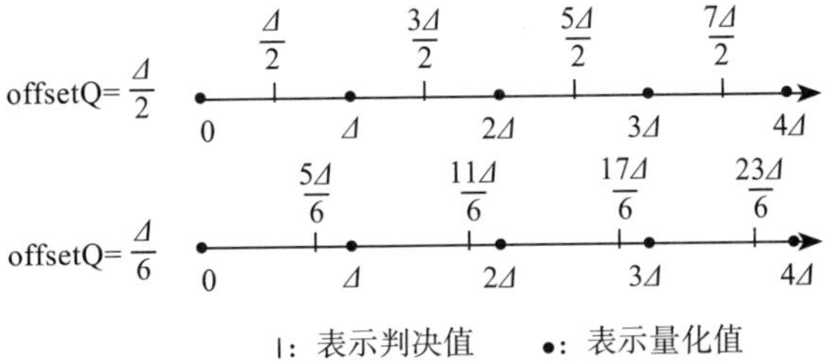

图 6-13　基于自适应偏移量的均匀量化器在不同量化偏移量下的量化效果

从图 6-13 中可以看到，量化偏移量 offsetQ 控制着判决值的位置，进而控制着变换系数与重构系数之间的映射关系。因此，当变换系数服从非均匀分布时，编码器可以通过改变 offsetQ 来使得量化值 $n \cdot \Delta$ 位于量化区间的重心附近。

根据公式（6-10）可见，当变换系数位于区间 $(-\Delta + \text{offsetQ}, \Delta - \text{offsetQ})$ 时，该变换系数将被量化为 0。因此，这个量化区间通常被称为量化死区（Dead Zone）。所以，offsetQ 还可以用于控制量化死区的大小。当 offsetQ 变大时，量化死区减小；当 offsetQ 变小时，量化死区增大。量化死区的大小直接影响着视频图像的主观质量和所消耗的码率。例如，视频图像的预测残差经过变换之后，位于高频区域的变换系数的幅值一般比较小，也就是说离 0 值比较近。如果量化死区比较大，则这些高频区域的变换系数往往被量化为 0。在这种情况下，视频图像会损失一些纹理细节，但是可以节省一些码率。所以，编码器可以根据视频图像的统计特征来调整 offsetQ，以实现码率的合理分配。

### 3. 基于率失真代价的量化器

基于率失真的量化（Rate Distortion Optimized Quantization，RDOQ）是视频编码领域经常使用的一种量化方案，它能够显著地提高编码器的编码性能。RDOQ 根据率失真优化原则来调整量化系数。具体来讲，RDOQ 首先采用传统均匀量化器对变换系数进行量化，以得到初始量化系数。之后，RDOQ 将按照变换系数扫描顺序遍历整个变换块的所有系数。对于每个扫描位置处的初始量化系数，RDOQ 将基于率失真原则，从初始量化系数附近选择最优的量化系数。假设 $c_k$ 是变换块的最后一个非零量化系数，其扫描位置是 $k$；对于每个可能的量化系数 $l_i$（扫描位置为 $i$，$i = k-1, k-2, \cdots, 1, 0$），RDOQ 试图找到最优的量化系数 $l_i^*$，其中 $l_i^*$ 是最小化下述率失真代价函数 $J_k(l_i)$ 的最优量化系数。

$$J_k(l_i) = D_k(l_i) + \lambda \cdot R_k(l_i)$$

其中，$D_k(l_i)$ 是把位置 $i$ 处的变换系数量化为 $l_i$ 产生的失真，$R_k(l_i)$ 是编码量化系数 $l_i$ 需要的比特数，$\lambda$ 是率失真参数。

为了降低 RDOQ 的复杂度，$l_i$ 的可能取值为 $\{0, \overline{l}_i-1, \overline{l}_i+1\}$，$\overline{l}_i$ 是扫描位置处 $i$ 的初始量化系数。按照上述的变换系数的率失真代价计算方法，遍历所有可能的位置 $k$（即尝试让变换块的最后一个非零量化系数位于不同的位置 $k$ 上），RDOQ 的返回值是一组重新量化的系数 $\{l_0^*, l_1^*, l_2^*, \cdots, l_k^*\}$。在这组系数中，变换块的最后一个非零量化系数是 $l_{k^*}^*$，该系数的扫描位置是 $k^*$。对于所有可能的位置 $k$，这组系数具有最小的率失真代价 $J_k$。由于 RDOQ 考虑了熵编码模块在编码变换量化系数过程中的上下文依赖关系，因此 RDOQ 能够显著地提高量化模块的率失真性能。

### 6.2.4 量化参数推导

在 AV1 中，考虑到 DC 系数和 AC 系数具有不同的能量分布，亮度分量和色度分量的 DC 系数和 AC 系数可以使用不同的量化参数。同时，为了适应不同图片区域的统计特征，AV1 还支持不同区域使用不同的量化参数。为了推导不同图片区域中的亮度分量和色度分量的 DC 系数和 AC 系数的量化参数，AV1 引入了如下语法元素：

1）AV1 使用语法元素 `base_q_idx` 用于指定帧级别的亮度分量中的 AC 系数的 QP。

2）AV1 使用语法元素 `DeltaQYDc` 用于指定亮度分量的 DC 系数的 QP 偏移量。

3）AV1 使用语法元素 `DeltaQUDc` 和 `DeltaQUAc` 分别指定色度分量 $U$ 的 DC 系数和 AC 系数的 QP 偏移量。

4）AV1 使用语法元素 `DeltaQVDc` 和 `DeltaQVAc` 分别指定色度分量 $V$ 的 DC 系数和 AC 系数的 QP 偏移量。

在编码过程中，AV1 还引入了语法元素 `diff_uv_delta`，用来指示色度分量 $U$ 和 $V$ 是否采用不同的 QP。

1）如果 `diff_uv_delta` 等于 0，则：

① AV1 编码器只为色度分量 $U$ 编码 `DeltaQUDc` 和 `DeltaQUAc`。

② 色度分量 $U$ 和 $V$ 采用相同 QP，即 `DeltaQVDc` = `DeltaQUDc`、`DeltaQVAc` = `DeltaQUAc`。

2）否则（即 `diff_uv_delta` 等于 1），则 AV1 编码器将分别为色度分量 $U$ 和 $V$ 编码 `DeltaQUDc`、`DeltaQUAc` 和 `DeltaQVDc`、`DeltaQVAc`。

#### 1. 超级块级别的量化参数推导

为了支持不同的图片区域使用不同的 QP，AV1 允许不同的超级块使用不同的 QP。为此，AV1 使用语法元素 `delta_q_present`，用于指定超级块的 QP 偏移量是否存在。当 `delta_q_present` = 1 时，AV1 使用语法元素 `delta_q_res`、`delta_q_abs`、`delta_q_rem_bits`、`delta_q_abs_bits`、`delta_q_sign_bit` 来计算当前超级块的 QP 偏移量 **currDeltaQP**。

这里需要注意的是，当前超级块的 QP 偏移量 currDeltaQP 是相对于其前一个超级块（超级块是按照光栅扫描顺序来编码）的 QP 偏移量。

在推导超级块 QP 的过程中，AV1 标准文档使用变量 CurrentQIndex 表示超级块的 QP，变量 CurrentQIndex 的初始值是语法元素 base_q_idx 的取值。在编码过程中，对于每个超级块，AV1 标准文档调用函数 read_delta_qindex() 来计算变量 CurrentQIndex 的取值，其中函数 parse(Symbol) 表示从码流中解析语法元素 symbol。

```
read_delta_qindex() {
    // sbSize 表示超级块的大小。
    sbSize = use_128x128_superblock ? BLOCK_128X128 : BLOCK_64X64
    // MiSize 表示当前编码块的大小，MiSize == sbSize 表示当前编码块是一个超级块；
    // skip = 1 表示当前编码块没有非零的变换量化系数。
    if (MiSize == sbSize && skip)
        return
    // 根据 AV1 标准文档规定，只有在当前编码块是超级块的第一个编码块时，
    // ReadDeltas 才是非零值；否则，即当前编码块不是超级块中的第一个编码块，
    // ReadDeltas 为 0，所以，每个超级块只能执行一次下面的操作。
    if (ReadDeltas) {
        // 根据语法元素 delta_q_abs, delta_q_rem_bits,
        // delta_q_abs_bits, delta_q_sign_bit 计算 QP 偏移量 currDeltaQP。
        parse(delta_q_abs) // 解析语法元素 delta_q_abs。
        if ( delta_q_abs == DELTA_Q_SMALL ) {
            // 解析语法元素 delta_q_rem_bits。
            parse(delta_q_rem_bits)
            delta_q_rem_bits++
            // 解析语法元素 delta_q_abs_bits。
            parse(delta_q_abs_bits)
            delta_q_abs = delta_q_abs_bits + (1 << delta_q_rem_bits) + 1
        }
        if (delta_q_abs) {
            // 解析语法元素 delta_q_sign_bit。
            parse(delta_q_sign_bit)
            reducedDeltaQIndex = delta_q_sign_bit ? -delta_q_abs :
                                 delta_q_abs
            // QP 偏移量 currDeltaQP = (reducedDeltaQIndex << delta_q_res)。
            // currDeltaQP 是当前超级块相对于其前一个超级块的量化参数
            // CurrentQIndex 的偏移量。
            // 所以 CurrentQIndex + currDeltaQP 是当前超级块的量化参数。
            // 此时的 CurrentQIndex 即将成为下一个超级块的参考量化参数。
            CurrentQIndex = Clip3(1, 255, CurrentQIndex +
                (reducedDeltaQIndex << delta_q_res))
```

            }
        }
}
```

## 2. 编码块级别的量化参数推导

由于一个超级块可以进一步被细分为多个编码块。为了进一步支持不同的编码块使用不同的量化参数，AV1 还允许把一帧内的编码块分为不同的分割，每个分割拥有不同的 QP 偏移量。其中每帧的分割总数不能超过 8 个。分割的相关信息通过帧级语法元素 `feature_value` 来编码。为了使得每个编码块能够获取分割信息，AV1 在编码块级别编码语法元素 `segment_id` 指明该编码块所使用的分割信息。因此，编码块最终使用的基准量化参数 $QP_{block}^{final}$ 通过以下公式来获得：

$$QP_{block}^{final}=\text{clip}(1, 255, \text{CurrentQIndex}+\Delta QP_{seg})$$

其中，$\Delta QP_{seg}$ 表示当前编码块所使用的分割 QP 偏移量；函数 clip(min, max, QP) 保证量化参数 $QP_{block}^{final}$ 处在 AV1 规定的 QP 范围之内：$0 \leqslant QP_{block}^{final} \leqslant 255$。

在 AV1 标准文档中，函数 `get_qindex()` 用于计算编码块最终使用的基准量化参数 $QP_{block}^{final}$，该函数执行流程如下：

```
get_qindex(ignoreDeltaQ, segmentId) {
    if (seg_feature_active_idx( segmentId, SEG_LVL_ALT_Q ) == 1) {
        // 当存在分割 QP 偏移量，数组 FeatureData[segmentId][SEG_LVL_ALT_Q]
        // 存储对应分割的 QP 偏移量。
        data = FeatureData[segmentId][SEG_LVL_ALT_Q];
        qindex = base_q_idx + data;
        // 当 delta_q_present == 1 时，此时用 CurrentQIndex 加上分割 QP 偏移量 data。
        if (ignoreDeltaQ == 0 && delta_q_present == 1) {
            qindex = CurrentQIndex + data;
        }
        Return Clip3( 0, 255, qindex );
    } else {
        if (ignoreDeltaQ == 0 && delta_q_present == 1) {
            // 当没有分割 QP 偏移量数据，但是启用了编码块级的 QP 偏移量，
            // 此时返回 CurrentQIndex。
            return CurrentQIndex;
        } else {
            // 没有分割 QP 偏移量数据时，如果没有启用编码块级的 QP 偏移量，
            // 则返回帧级语法元素 base_q_idx 的取值。
            return base_q_idx;
        }
```
```

```
        }
    }
```

给定编码块最终使用的基准量化 QP，函数 get_dc_quant() 和 get_ac_quant() 用于计算指定颜色分量的 DC 系数和 AC 系数的 Qstep。

```
get_dc_quant(plane) {
    if (plane == 0) {
        // 亮度分量 DC 系数 QP 是 get_qindex(0, segment_id) + DeltaQYDc,
        // 数组 Dc_Qlookup 存储对应 QP 的 DC 系数的 Qstep。
        // dc_q(b)=Dc_Qlookup[(BitDepth-8) >> 1][Clip3(0, 255, b)]
        return dc_q(get_qindex(0, segment_id) + DeltaQYDc);
    } else if (plane == 1) { //色度分量 U
        return dc_q(get_qindex(0, segment_id) + DeltaQUDc);
    } else { //色度分量 V
        dc_q(get_qindex(0, segment_id) + DeltaQVDc);
    }
}
// AC 系数
get_ac_quant(plane) {
    if (plane == 0) {
        // 亮度分量 AC 系数 QP 是 get_qindex(0, segment_id),
        // 数组 Ac_Qlookup 存储对应 QP 的 AC 系数的 Qstep。
        // ac_q(b)= Ac_Qlookup[(BitDepth-8) >> 1][Clip3(0, 255, b)]
        return ac_q(get_qindex(0, segment_id));
    } else if (plane == 1) {
        return ac_q(get_qindex(0, segment_id) + DeltaQUAc);
    } else {
        return ac_q(get_qindex(0, segment_id) + DeltaQVAc);
    }
}
```

# CHAPTER 7
# 第 7 章

# 熵 编 码

熵编码模块是视频编码系统中的一个关键步骤，它位于整个编码过程的最后阶段。其主要任务是将编码过程中生成的各种语法元素进行有效的组织，从而形成最终的压缩数据流。在数据压缩领域，熵编码技术被广泛采用。它是一种高效的无损压缩方法，通过消除信源符号之间的统计依赖性，实现数据的高效率压缩。通过这种方式，熵编码有助于减少数据的存储空间需求，同时保证原始数据可以完整无损地从压缩数据中恢复出来。熵编码模块通常包含两部分：

- 第一部分是熵编码引擎，其主要作用是将输入的符号序列转换成一个二进制码流。主流的熵编码引擎包括变长编码（Variable Length Coding，VLC）和算术编码（Arithmetic Coding）。变长编码通常根据输入符号的概率，为其分配合适的码字。为了使整个输入符号序列的平均码字最短，变长编码为出现概率高的符号分配长度较短的码字，而为出现概率低的符号分配长度较长的码字。代表性的变长编码方案是哈夫曼（Huffman）编码。与变长编码不同，算术编码是对整个输入符号序列而不是单个符号进行操作的。所以，平均意义上，算术编码可以为单个符号分配长度小于 1 的码字，所以其压缩效率高于变长编码。除此之外，算术编码在编码过程中可以根据输入符号的局部统计特性更新输入符号的概率值。这种自适应的概率更新过程可以进一步提高算术编码的压缩效率。因此，AV1 采用了基于自适应概率更新的算术编码器作为其熵编码引擎。

- 第二部分是上下文建模过程，它是熵编码技术中的一个重要组成部分。其主要作用是，根据输入符号的概率分布，将输入的符号序列分成不同的子序列。为了提高压缩效率，AV1 采用了自适应上下文建模技术。在自适应上下文建模过程中，编码器会根据前面已经编码的符号序列自适应地选择合适的上下文模型，并使用该模型来预测下一个符号的概率分布，从而为算术编码引擎提供更准确的概率分布信息，以进一步提高压缩效率。

在基于块的混合编码框架中，熵编码模块扮演着至关重要的角色，它负责对变换量化系数、运动向量、预测模式以及其他控制信息进行高效的编码处理。在这些语法元素中，用于编码变换量化系数的比特往往占据了整体码流的大部分。鉴于此，本章将深入探讨 AV1 标准中的熵编码机制，包括 AV1 的熵编码引擎以及其对变换系数的熵编码策略。

## 7.1 算术编码引擎

在介绍 AV1 的算术编码引擎之前，本节先介绍算术编码的基本原理和实现方案。本节参考文献 [24]，并结合 AV1 算术编码引擎的特性来介绍算术编码的基本原理和实现方案。

### 7.1.1 符号表示

假设 $\Omega$ 是符号表为 $\{0,1,2,\cdots,M-1\}$ 的信源，并且该信源在时刻 $n$ 的输出符号 $s_n$ 的概率质量函数（Probability Mass Function，PMF）是：

$$P(s_n) = [p(0), p(1), \cdots, p[M-1]]$$

其中，$p(m)$ 表示符号 $s_n$ 等于 $m$ 的概率，$m = 0, 1, 2, \cdots, M-1$。基于此，符号 $s_n$ 的累积分布函数（Cumulative Distribution Function，CDF）表示如下：

$$C = [c(0), c(1), \cdots, c(M-1), c(M)]$$

$$c(m) = \sum_{k=1}^{m} p(k-1), m = 0, 1, \cdots, M-1, M$$

根据累积分布函数的定义，可知：

$$c(0) = 0, c(M) = 1, p(m) = c(m+1) - c(m)$$

注意：当 $m=0$ 时，$c(0) = \sum_{k=1}^{0} p(k-1)$，由于 $k$ 的取值顺序是从 1 到 0，因此 $c(0)=0$，当 $m \geq 1$ 时，$k$ 的取值范围是 1 到 $m$。

### 7.1.2 算术编码的概念

#### 1. 编码过程

算术编码的基本思想是将输入符号序列映射为实数轴上 [0, 1) 区间内的一个小区间，该区间的宽度等于编码序列的概率值，之后在此区间内选择一个小数（比如该区间的中值）作为整个符号序列的编码码字。为了确定输入符号序列的映射区间，算术编码引擎将基于待编码符号的概率质量函数对编码区间进行迭代分割。具体来讲，假设输入符号序列 $S=\{s_1, s_2, \cdots, s_N\}$ 是由信源 $\Omega$ 输出的随机符号序列，那么，在编码符号序列 $S$ 过程中，算术编码引擎将创建一系列如下形式的嵌套编码区间 $\Phi_k$：

$$\Phi_k = [\alpha_k, \beta_k], k = 0, 1, \cdots, N$$

其中，$\alpha_k$ 和 $\beta_k$ 是实数轴上 $[0, 1)$ 区间内的实数，并且满足如下条件：

$$0 \leqslant \alpha_k \leqslant \alpha_{k+1}$$
$$\beta_{k+1} \leqslant \beta_k \leqslant 1$$

为了描述方便，编码区间通常用区间的起始点 $b$ 和区间长度 $l$ 来表示，即：

$$|b, l\rangle = [\alpha, \beta), \alpha = b, l = \beta - \alpha$$

基于这种表示方法，算术编码过程中生成的编码区间可以由递归方程式（7-1）定义：

$$\begin{aligned} \Phi_0 &= |b_0, l_0\rangle = |0, 1\rangle \\ \Phi_k &= |b_k, l_k\rangle = |b_{k-1} + c(s_k)l_{k-1}, p(s_k)l_{k-1}\rangle, k = 1, 2, \cdots, N \end{aligned} \quad (7\text{-}1)$$

其中，$\Phi_0$ 是初始编码区间；$\Phi_k$ 是符号 $s_k$ 编码完成后的编码区间。所以，在编码过程中，编码区间长度会按符号概率成比例缩小。

下面以文献 [24] 中的示例，来说明算术编码是如何在实数轴上 $[0, 1)$ 区间内选择编码区间的。假设信源 $\Omega$ 的符号表包含四个符号 $\{0, 1, 2, 3\}$，概率质量函数是 $[0.2, 0.5, 0.2, 0.1]$，对应的累积分布函数是 $[0, 0.2, 0.7, 0.9, 1.0]$。假设要编码的符号序列 $S=\{2, 1, 0, 0, 1, 3\}$，该符号序列的长度是 6。使用公式（7-1）计算编码符号序列 $S=\{2, 1, 0, 0, 1, 3\}$ 的每个字符所对应的编码区间如下：

$$\begin{aligned} \Phi_0 &= |b_0, l_0\rangle = |0, 1\rangle = [0, 1) \\ \Phi_1 &= |b_1, l_1\rangle = |b_0 + c(2)l_0, p(2)l_0\rangle = |0.7, 0.2\rangle = [0.7, 0.9) \\ \Phi_2 &= |b_2, l_2\rangle = |b_1 + c(1)l_1, p(1)l_1\rangle = |0.74, 0.1\rangle = [0.74, 0.84) \\ &\cdots \\ \Phi_6 &= |b_6, l_6\rangle = |b_5 + c(3)l_5, p(3)l_5\rangle = |0.742\,6, 0.000\,2\rangle = [0.742\,6, 0.742\,8) \end{aligned}$$

表 7-1 所示为符号序列 $S$ 的编码过程中的所有编码区间和解码数值的变化过程。

表 7-1  符号序列 $S=\{2, 1, 0, 0, 1, 3\}$ 的编码区间和解码数值的变化过程

| 迭代次数 $k$ | 符号 $s_k$ | 起始点 $b_k$ | 区间长度 $l_k$ | 解码数值 $\tilde{v}_k$<br>$\tilde{v}_k = \dfrac{\hat{v}_k - b_{k-1}}{l_{k-1}}$ | 解码器输出符号 |
|---|---|---|---|---|---|
| 0 | — | 0 | 1 | — | — |
| 1 | 2 | 0.7 | 0.2 | 0.742 675 781 25 | 2 |
| 2 | 1 | 0.74 | 0.1 | 0.213 378 906 25 | 1 |
| 3 | 0 | 0.74 | 0.02 | 0.026 757 812 5 | 0 |
| 4 | 0 | 0.74 | 0.004 | 0.133 789 062 5 | 0 |

(续)

| 迭代次数 $k$ | 符号 $s_k$ | 起始点 $b_k$ | 区间长度 $l_k$ | 解码数值 $\tilde{v}_k$ $\tilde{v}_k = \dfrac{\hat{v}_k - b_{k-1}}{l_{k-1}}$ | 解码器输出符号 |
| --- | --- | --- | --- | --- | --- |
| 5 | 1 | 0.740 8 | 0.002 | 0.668 945 312 5 | 1 |
| 6 | 3 | 0.742 6 | 0.000 2 | 0.937 890 625 | 3 |
| 7 | — | — | — | 0.378 906 25 | 1 |

图 7-1 为编码符号序列 $S$ 的编码区间选择示意图。图 7-1 顶部是初始编码区间 [0, 1)，该区间根据输入符号的概率质量函数被划分为四个子区间，其中每个子区间的长度与符号表中相应符号的概率相等。具体来讲，区间 [0, 0.2) 对应符号 $s_1$=0，区间 [0.2, 0.7) 对应符号 $s_1$=1，区间 [0.7, 0.9) 对应符号 $s_1$=2，最后区间 [0.9, 1.0) 对应 $s_1$=3。由于第一个符号 $s_1 = 2$，所以算术编码器把区间 [0.7, 0.9) 作为编码 $s_1$ 完成之后的编码区间，并且把该区间作为编码下一个符号 $s_2$ 的起始区间。在编码符号 $s_2$ 时，新的编码区间 [0.7, 0.9) 也按照输入符号的概率质量函数被分成四个子区间，每个子区间的长度与符号表中相应符号的概率成比例。为了便于显示区间 [0.7, 0.9) 中的 4 个子区间，图 7-1 对编码区间 [0.7, 0.9) 进行了放大处理，根据符号 $s_2$ 的取值选择对应的区间作为新的编码区间。在本例中，算术编码器将选择区间 [0.74, 0.84) 作为编码完 $s_2$=1 之后的编码区间。持续这个过程，直至编码完所有输入符号。

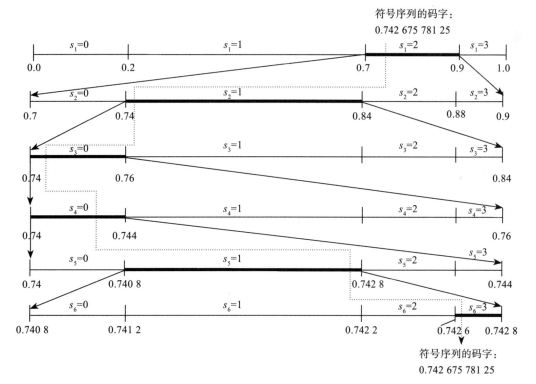

图 7-1 编码符号序列 $S$={2, 1, 0, 0, 1, 3} 的编码区间选择示意图

当编码完所有输入符号之后，算术编码器将从最终的编码区间中选择一个浮点数 $\hat{v}$ 作为整个输入符号序列的码字。之后，编码器把 $\hat{v}$ 传输至解码端。假设区间 $|b_N, l_N\rangle$ 是整个符号序列编码结束之后的编码区间，表示 $\hat{v}$ 所需要的最小二进制位数 $B_{\min}$ 由以下公式给出：

$$B_{\min} = \lceil -\log_2(l_N) \rceil$$

其中，$\lceil . \rceil$ 表示向上取整。所以，在选择码字的时候，可以选取区间 $|b_N, l_N\rangle$ 的中值。之后，从该中值的二进制表示序列中，选择前 $B_{\min}$ 个比特作为码字。在上面的例子中，编码器可以选择 $\hat{v}=0.742\ 7=0.1011111000100_2$。之后，删除这个二进制序列中末尾等于 0 的比特，即可得到 $\hat{v}=0.10111110001_2=0.742\ 675\ 781\ 25$。所以，编码器把 {10111110001} 作为输入符号序列 $S$ 的码字 $\hat{v}$，并将该码字传输至解码端。解码器据此可以解码恢复输入符号序列。

### 2. 解码过程

在算术编码中，符号序列的解码过程仅仅由编码器传输的码字 $\hat{v}$ 来确定。因此，解码的符号序列可以表示为如下形式：

$$\hat{S}(\hat{v}) = \{\hat{s}_1(\hat{v}), \hat{s}_2(\hat{v}), \cdots, \hat{s}_N(\hat{v})\}$$

为了解码符号序列 $\hat{S}(\hat{v})$，解码器将依次恢复编码器创建的区间序列 $\Phi_k$，并利用码字 $\hat{v}$ 在区间 $\Phi_k$ 中搜索正确符号 $\hat{s}_k(\hat{v})$。解码过程可以使用公式（7-2）来定义：

$$\begin{aligned}
\Phi_0(\hat{S}) &= |b_0, l_0\rangle = |0, 1\rangle \\
\hat{s}_k(\hat{v}) &= \left\{ s : c(s) \leq \frac{\hat{v} - b_{k-1}}{l_{k-1}} \leq c(s+1) \right\}, k=1,\cdots,N \\
\Phi_k(\hat{S}) &= |b_k, l_k\rangle = |b_{k-1} + c(\hat{s}_k(\hat{v}))l_{k-1}, p(\hat{s}_k(\hat{v})l_{k-1})\rangle, k=1,\cdots,N
\end{aligned} \quad (7\text{-}2)$$

其中，中间等式表示利用码字 $\hat{v}$ 在区间 $\Phi_k$ 中搜索正确符号 $\hat{s}_k(\hat{v})$。为了表示方便，公式（7-3）定义了归一化码字 $\tilde{v}_k$：

$$\tilde{v}_k = \frac{\hat{v} - b_{k-1}}{l_{k-1}}, k=1,2,\cdots,N \quad (7\text{-}3)$$

归一化码字 $\tilde{v}_k$ 是码字 $\hat{v}$ 在区间 $\Phi_{k-1}$ 中的位置相对于初始区间 [0, 1) 的归一化值。直接将归一化码字 $\tilde{v}_k$ 与累积分布 $c(s)$ 进行比较，即可在区间 $\Phi_{k-1}$ 中搜索正确符号 $\hat{s}_k(\hat{v})$：

$$\hat{s}_k(\hat{v}) = \{s : c(s) \leq \tilde{v}_k \leq c(s+1)\}, k=1,\cdots,N$$

以解码符号序列 $S=\{2, 1, 0, 0, 1, 3\}$ 为例，图 7-1 以可视化的形式展示了码字 $\hat{v}$ 在区间 $\Phi_k$ 中的位置。为了便于显示，区间 $\Phi_k$ 被放大成与区间 [0, 1) 一样大，随着编码区间 $\Phi_k$ 的放大，码字 $\hat{v}$ 在区间 $\Phi_k$ 中的位置会发生变化，但是其值是不变的，如图 7-1 中的虚线所标记。在这个示例中，信源 $\Omega$ 有四个符号 {0, 1, 2, 3}，概率质量函数是 [0.2, 0.5, 0.2, 0.1]，对应的累积分布函数是 [0, 0.2, 0.7, 0.9, 1.0]。解码开始时，区间 $\Phi_0=[0.0, 1.0)$，只需将 $\hat{v}=0.742\ 675\ 781\ 25$

与累积分布 $c(s)$ 进行比较，即可得到 $\hat{s}_1 = 2$：

$$\hat{s}_1(\hat{v}) = \{s : c(s) \leq 0.742\ 675\ 781\ 25 < c(s+1)\} = 2$$

然后，使用 $\hat{s}_1 = 2$，按照公式（7-2）来计算区间 $\Phi_1 = [0.7, 0.2\rangle$，之后，按照公式（7-3）计算归一化码字 $\tilde{v}_2$：

$$\tilde{v}_k = \frac{\hat{v} - b_{k-1}}{l_{k-1}} = \frac{0.742\ 675\ 781\ 25 - 0.7}{0.2} = 0.213\ 378\ 906\ 25$$

之后，比较 $\tilde{v}_2$ 与累积分布 $c(s)$，即可得到 $\hat{s}_2 = 1$：

$$\hat{s}_2(\hat{v}) = \{s : c(s) \leq 0.213\ 378\ 906\ 25 < c(s+1)\} = 1$$

持续这个过程，直至解码完所有输入符号。表 7-1 最后两列展示了解码过程中的归一化码字 $\tilde{v}_k$ 的取值变换以及对应的解码符号。

### 3. 结束标志位

编码完成后，编码器必须向码流中添加一个结束标志位，这样解码器就能够识别出编码数据的结束点，从而知道何时停止解码过程。如果解码器没有接收到结束标志位，当解码完最后一个符号后，解码器仍然可以继续工作，使得解码符号序列与编码符号序列不再相同，导致编解码不一致。以解码符号序列 S={2, 1, 0, 0, 1, 3} 为例，表 7-1 添加了额外的两行，以显示在解码完最后一个符号后，解码过程可以正常继续。在这种情况下，解码符号序列是 {2, 1, 0, 0, 1, 3, 1, 1}，比输入符号序列 {2, 1, 0, 0, 1, 3} 多出 2 个符号。

在算术编码中，有两种常用的方法可以使得解码器知道什么时候停止解码：

1）在压缩文件的开头提供数据符号的数量（$N$）。

2）在符号序列的末尾添加编码结束标志位。通常情况，编码器和解码器将最小的概率值分配给结束标志位，以便编码器/解码器可以识别它。

### 4. 固定精度的算术编码器

在上面描述的算术编码的基本实现方案中，编码区间的划分是通过浮点数乘法实现的。受限于硬件的表示位宽，在实际应用中，精确的浮点数乘法是无法实现的，因此需要引入固定精度的算术编码方案。

#### （1）近似乘法运算

在固定精度的算术编码方案中，编码区间的划分不再需要精确浮点数乘法，而是通过近似浮点数乘法实现的。下面使用双括号 $[[\cdot]]$ 表示乘法运算结果的截断值，即 $[[\alpha \cdot \beta]] \leq \alpha \cdot \beta$。通过近似乘法运算，固定精度算术编码器可以使用固定长度的寄存器来存储编码区间长度 $l_{k-1}$ 的近似值以及浮点数乘法结果 $c(s_k)l_{k-1}$ 和 $p(s_k)l_{k-1}$ 的近似值，进而实现了公式（7-1）中的编码区间划分。

#### （2）归一化过程

当使用固定长度的寄存器来保存编码区间长度时，随着编码过程的进行，编码区间长

度会不断缩小，最终可能会小于寄存器的表示范围，导致下溢。当编码区间长度出现下溢时，编码区间 $|b_k, l_k\rangle$ 只包含区间起始点 $b_k$，进而导致算术编码器无法继续编码。为此，固定精度算术编码方案引入了归一化过程（Renormalization）来解决这个问题。具体来讲，当编码/解码完符号 $s_k$ 后，算术编码器将对编码区间 $|b_k, l_k\rangle$ 和码字 $\hat{v}$ 进行放大处理。编码区间 $|b_k, l_k\rangle$ 的归一化区间 $|b, l\rangle$ 以及码字 $\hat{v}$ 的归一化码字 $v$ 可以表示如下：

$$l = 2^{t(l_k)} l_k$$
$$b = \mathrm{frac}(2^{t(l_k)} b_k) = 2^{t(l_k)} b_k - \lfloor 2^{t(l_k)} b_k \rfloor$$
$$v = \mathrm{frac}(2^{t(l_k)} \hat{v})$$

其中，frac($x$) 表示输入变量 $x$ 的小数部分；对于浮点数 $x$，$t(x)$ 的计算如下：

$$t(x) = \begin{cases} \lfloor -\log_2(x) \rfloor - 1, & 0 < x < 1/2 \\ 0, & \text{其他} \end{cases}$$

利用上述归一化方案之后，归一化区间的起始点 $b$ 和长度 $l$ 始终满足如下条件：

$$0 < b \leq 1, 0.5 \leq l < 1.0$$

当编码/解码完符号 $s_k$ 后，编码区间的起始点 $b_k$ 和区间长度 $l_k$ 的二进制表示序列具有以下结构：

$$l_k = 0.0000\cdots00 \quad 0000\cdots00 \quad 1aaa\cdots aa \quad 000000\cdots_2$$
$$b_k = \underbrace{0.aaaa\cdots aa}_{\text{settled}} \quad \underbrace{0111\cdots11}_{\text{outstanding}} \quad \underbrace{aaaa\cdots aa}_{\text{active}} \quad \underbrace{000000\cdots_2}_{\text{trailing zeros}}$$

其中，符号 $a$ 表示 0 或者 1。

经过归一化之后，$l_k$ 中标记为 active 和 trailing zeros 的位集合便构成了归一化之后的编码区间长度 $l$。具体来说，active 位集合对应着 $l_k$ 中的非零位。trailing zeros 位集合是指那些位于 $l_k$ 末尾，并且取值等于 0 的位。这部分位不会影响后续输入符号的编码，并且当使用固定长度的寄存器存储归一化后的区间长度 $l$ 时，trailing zeros 位可以被丢弃。

位于 active 左侧部分的位表示已经编码的输入符号序列 $\{s_1, s_2, \cdots, s_k\}$。这个位集合可以分成 2 部分：settled 位集合和 outstanding 位集合。settled 位集合在编码过程结束之前将保持不变。由于 $b_k$ 和 $[[c(s_{k+1})l_k]]$ 中 active 位集合之间的加法可能会出现进位，所以，outstanding 位集合在编码新的输入符号 $s_{k+1}$ 时可能会发生位翻转。

图 7-2 所示为进位传递，从中可见，$b_k$ 中的 active 位与 $[[c(s_{k+1})l_k]]$ 相加之后，产生了进位 1，图 7-2 中第 3 行表格的下画线 1 即进位 1。这个进位 1 与 $b_k$ 中的 outstanding 位相加后，将使得 $b_k$ 中的 outstanding 位发生翻转，进而让 $b_k$ 中的一部分 outstanding 位在 $b_{k+1}$ 中变成了 settled 位，如图 7-2 中最后一行表格所示。正是由于 outstanding 位集合具有这个特性，所以，该位集合始终以 0 开始，并可能仅由 1 组成。由于进位与 outstanding 位之间的加法操作可能又产生新的进位，所以这个操作通常被称为进位传递（Carry Propagation）。其中 $\Phi_k = |b_k, l_k\rangle$ 是编码

符号 $s_{k+1}$ 之前的编码区间，编码区间 $\Phi_{k+1}=|b_{k+1},l_{k+1}\rangle$ 是符号 $s_{k+1}$ 编码完成之后的编码区间，即：

$$b_{k+1} = b_k + [[c(s_{k+1})l_k]], l_{k+1} = [[p_{k+1}l_k]]$$

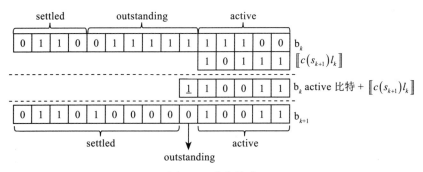

图 7-2　进位传递

由于归一化区间长度 $l$ 始终满足 $0.5 \leqslant l < 1.0$，所以，采用归一化方案之后，如果编码区间长度 $l$ 小于 0.5，则可调用归一化过程，把编码区间起始位置 $b$ 的 settled 和 outstanding 覆盖的位集合输出到临时缓冲区，同时扩大编码区间长度 $l$。

当编码完所有的输入符号后，算术编码器最后的步骤是为整个输入符号序列选择一个码字 $v$。调用归一化过程之后，编码区间长度 $l$ 始终满足 $0.5 \leqslant l < 1.0$，这意味着，此时还需要额外向临时缓冲区输出一个比特。之后，临时缓冲区的所有比特便组成了整个输入符号序列的码字 $v$。

### 7.1.3　AV1 算术编码引擎

#### 1. 编码区间分割

AV1 算术编码引擎遵循上面描述的固定精度算术编码器的实现方案。不同的是，在上面的描述中，输入符号 $s_n$ 的累积分布函数以及归一化区间 $|b,l\rangle$ 是以浮点数来表示的，而 AV1 算术编码引擎将所有浮点数据都进行缩放并使用 16 位无符号整数表示。具体来讲，累积分布函数 $c(m)$ 使用 16 位精度无符号整数进行更新和维护，即

$$c(0) = 0, c(M) = 1 \Leftrightarrow c(0) = 0, c(M) = 2^{15} = 32\ 768$$

对于区间长度 $l$，由于 $0.5 \leqslant l < 1.0$，AV1 使用 $R$ 表示编码区间长度 $l$，并且要求归一化之后的 $R$ 满足下述条件：

$$32\ 768 \leqslant R < 65\ 536$$

假设当前要编码的符号是 $s$，其可能取值是 $0, 1, \cdots, M-1$，AV1 在编码区间划分过程中并非直接使用累积分布函数 $c(s)$，而是使用 $c(s)$ 的对偶形式（dual model）：

$$f = 2^{15} - c(s)$$

AV1 算术编码引擎在编码区间划分过程只用 $f$ 的最高 9 位。下面分别使用 $fl$ 和 $fh$ 表示

$c(s)$ 和 $c(s+1)$ 的对偶形式,它们的计算方式如下:

$$fl = 2^{15} - c(s), fh = 2^{15} - c(s+1)$$

所以,当 $s$ 等于 0 时,$fl=2^{15}$,$fh = 2^{15} - c(1)$;当 $s$ 大于 0 时,$fl=2^{15}-c(s)$,$fh=2^{15}-c(s+1)$。

假设编码区间的起始点是 low,编码区间的长度是 $R$,基于这种符号表示,编码符号 $s$ 时,编码区间划分过程可以表示如下:

$$u = [(R >> 8) \cdot (fl >> 6)] >> 1 + 4[M - (s-1)]$$
$$v = [(R >> 8) \cdot (fh >> 6)] >> 1 + 4[M - (s+0)]$$
$$low = low + (R - u)$$
$$R = u - v$$

图 7-3 所示为编码符号 $s$ 的编码区间分割示意图,其中黑色粗体直线标记区间是符号 $s$ 编码结束之后的编码区间。

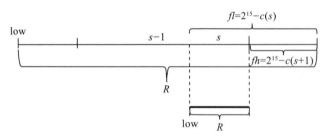

图 7-3　AV1 算术编码引擎编码符号 $s$ 的编码区间分割示意图

当新编码区间长度 $R$ 小于 32 768 时,AV1 编码引擎将调用归一化过程,把新编码区间的起始位置 low 的 settled 和 outstanding 位集合输出至临时内存缓冲区,并调整区间长度 $R$。假设 `EC_PROB_SHIFT` 等于 6 且 `EC_MIN_PROB` 等于 4,AV1 算术编码引擎的编码过程可以描述如下:

```
输入: s, fl, fh 和 M
if fl < 2¹⁵, then
    // 这里 EC_MIN_PROB 表示 AV1 算术编码引擎分配给符号 s 的最小概率值。
    // 由于 AV1 算术编码引擎中的符号总数 M 最大是 16,
    // 所以最小概率值 EC_MIN_PROB 要小于或等于 (1 << EC_PROB_SHIFT)/16,
    // AV1 标准文档把 EC_MIN_PROB 设置为 4。
    u = [((R >> 8) * (fl >> EC_PROB_SHIFT)) >> (7 - EC_PROB_SHIFT)] +
        EC_MIN_PROB * (M - (s - 1))
    v = [((R >> 8) * (fh >> EC_PROB_SHIFT)) >> (7 - EC_PROB_SHIFT)] +
        EC_MIN_PROB * (M - (s + 0))
    low = low + (R - u)
    // 按照上面 u 和 v 的计算方式, R 的最小值是 4。
    R = u - v
```

```
else
    v = [((R >> 8) * (fh >> EC_PROB_SHIFT)) >> (7 - EC_PROB_SHIFT)] +
        EC_MIN_PROB * (M - (s + 0))
    R = R - v
if R < 2^15, then
    R = Renormalization(R, low)
```

其中 Renormalization(R, low) 代表归一化过程。这里需要注意的是，AV1 标准文档并没有规定编码端的归一化过程，不同的编码器可以采用不同的归一化过程。后续将以 SVT-AV1 的为例，介绍 AV1 算术编码器的归一化过程。

### 2. 概率更新模型

为了提高算术编码器的性能，算术编码器一般会包含一个概率更新模块，其作用是根据已经编码或解码的符号，动态地更新输入符号的概率质量函数。这样可以更准确地反映信源数据的统计特性，从而提高编码效率。为了区分不同输入符号的概率质量函数，这里把输入符号 $s_n$ 的概率质量函数表示成如下形式：

$$P_n = [p_n(0), p_n(1), \cdots, p_n(M-1)]$$

对应的累积分布函数表示如下：

$$C_n = [c_n(0), c_n(1), \cdots, c_n(M-1), c_n(M)]$$

$$c_n(m) = \sum_{k=1}^{m} p_n(k-1), m = 0, 1, \cdots, M-1, M$$

当符号 $s_{n-1}=k, k \in \{0,1,\cdots,M-1\}$ 时，当符号 $s_{n-1}$ 编码完成后，概率质量函数随后被更新为

$$P_n = (1-\alpha) \cdot P_{n-1} + \alpha \cdot \bar{e}_k$$

其中，$\bar{e}_k$ 是一个指示向量，该向量的第 $k$ 个元素为 1，其余元素都为 0；$\alpha$ 是概率更新速率。

为了更新累积分布函数 $c_n(m)$，当 $m<k$ 时，有：

$$c_n(m) = \sum_{i=1}^{m} p_n(i-1) = \sum_{i=1}^{m} (1-\alpha) \cdot p_{n-1}(i-1)$$

$$= \sum_{i=1}^{m} p_{n-1}(i-1) - \alpha \cdot \sum_{i=1}^{m} p_{n-1}(i-1)$$

$$= c_{n-1}(m) - \alpha \cdot c_{n-1}(m)$$

$$= (1-\alpha) \cdot c_{n-1}(m)$$

当 $m \geq k$ 时，文献 [1] 采用下述方式推导 $c_n(m)$：

$$1 - c_n(m) = 1 - \sum_{i=1}^{m} p_n(i-1)$$

$$= \sum_{i=m+1}^{M} p_n(i-1) = \sum_{i=m+1}^{M}(1-\alpha)p_{n-1}(i-1)$$

$$= \sum_{i=m+1}^{M} p_{n-1}(i-1) - \alpha\sum_{i=m+1}^{M} p_{n-1}(i-1)$$

$$= [1-c_{n-1}(m)](1-\alpha)$$

基于上述公式，当 $m \geq k$ 时，$c_n(m)$ 按照下面的公式来计算：

$$c_n(m) = c_{n-1}(m) + \alpha[1-c_{n-1}(m)]$$

直接根据累积分布函数 $c_n(m)$ 的定义，也可以推导出 $m \geq k$ 时 $c_n(m)$ 的计算公式：

$$c_n(m) = \sum_{i=1}^{m} p_n(i-1)$$

$$= \sum_{i=1}^{k-1} p_n(i-1) + p_n(k-1) + \sum_{i=k+1}^{m} p_n(i-1)$$

$$= \sum_{i=1}^{k-1}(1-\alpha)p_{n-1}(i-1) + (1-\alpha)p_{n-1}(k-1) + \alpha + \sum_{i=k+1}^{m}(1-\alpha)p_{n-1}(i-1)$$

$$= (1-\alpha)\sum_{i=1}^{m} p_{n-1}(i-1) + \alpha$$

$$= (1-\alpha)c_{n-1}(m) + \alpha$$

$$= c_{n-1}(m) + [1-c_{n-1}(m)]\alpha$$

因此，累积分布函数 $c_n(m)$ 可以按照如下规则来更新：

$$c_n(m) = \begin{cases} (1-\alpha)c_{n-1}(m), & m < k \\ c_{n-1}(m) + \alpha[1-c_{n-1}(m)], & m \geq k \end{cases}$$

在 AV1 中，概率更新速率 $\alpha$ 可以根据该符号在帧内出现的次数进行自适应调整。调整方式如下：

$$\alpha = \frac{1}{2^{3+I(\text{cnt}>15)+I(\text{cnt}>32)+\min(\log_2 M, 2)}}$$

其中，cnt 表示该符号在帧内出现的次数；当事件 event 等于 true 时，$I(\text{event})$ 等于 1，否则，$I(\text{event})$ 等于 0；$M$ 是算术编码器的字符表大小。

根据概率更新速率 $\alpha$ 的设置方式，可以看到：当参数 $M$ 固定时，$\alpha$ 随着参数 cnt 的增大而减小。当 cnt 等于 0 时，$\alpha$ 取值最大，这表明概率将以较大的速率进行更新，以尽快达到最优概率；当 cnt 大于 32 时，$\alpha$ 取值最小，这表明概率将以较小的速率进行更新，以提高抗噪声能力。另外，当参数 cnt 固定时，$\alpha$ 随着参数 $M$ 的增大而减小。这是因为字符表大小 $M$ 越大，待编码符号序列中相邻字符不相同的概率越高，这要求概率更新模块要有较强的抗噪声能力，所以 $\alpha$ 越小。

### 3. 上下文建模

算术编码引擎的核心优势在于其能够利用概率更新模型，在编码过程中为给定符号赋予相应的概率分布。这一过程确保了在随后的编码阶段，算术编码引擎可以使用这些分配的概率来高效编码给定符号。为了进一步提升编码效率，算术编码引擎通常与上下文建模模块结合使用。上下文建模模块能够根据待编码符号的上下文信息动态地把输入符号序列分成不同的子序列。这种划分的目的是确保每个子序列内的概率分布相对稳定，避免出现剧烈波动，因此参考文献 [47-48] 把子序列建模为平稳随机过程（Stationary Random Process）来估计概率更新速率。算术编码引擎中的概率更新模型通过使用上下文信息对输入符号序列进行划分，能够为每个子序列提供更为精确的概率估计。

在上下文建模模块中，"上下文"特指编码当前符号时所依据的先前已经编码的符号序列。具体来说，上下文是一个或多个先前已经编码的符号。这些符号与当前待编码的符号可以是同一类符号，也可以是不同类的符号。给定上下文信息，上下文建模模块将输出指定语法元素在该上下文信息下的条件概率分布，并且使用一个"上下文模型"来存储这个条件概率分布。熵编码模块通常使用线性排列的方式，组织管理所有的上下文模型，因此每个上下文模型都可以通过唯一的索引号来访问。这个索引号又被称为上下文模型索引。所以，上下文建模模块的功能是，根据待编码符号的上下文信息计算上下文模型索引；之后，利用上下文模型索引从预先定义的上下文模型集合中选择对应的上下文模型。最后，算术编码引擎将根据选中的上下文模型对该语法元素进行熵编码。当该语法元素编码结束之后，算术编码引擎将利用概率更新模型，根据该语法元素的取值，更新所使用的上下文模型中的条件概率。

因此，上下文模型中的条件概率会随着编码过程中实际出现的符号取值而实时更新。如果所选的上下文信息足够精确（即通过上下文信息划分得到的子序列的符号概率分布保持高度稳定），那么上下文模型中的条件概率将随着编码的进行逐步接近子序列的真实概率分布。这种动态更新机制使得编码过程能够更加精确地反映数据的特性，从而提高编码效率和压缩性能。

在上下文建模模块中，上下文模型的初始化是一个关键步骤，它确保了上下文模型中的条件概率在处理新的视频帧时能够准确反映数据的统计特性。在开始编码一个视频帧之前，所有的上下文模型都需要根据一组预定义的概率分布进行重新设置。如果缺乏对视频源的具体先验知识，常见的做法是将每个上下文模型设置为等概率分布，以作为一个中立的起点。然而，AV1 标准采用了不同的上下文模型初始化方法，它允许编码器利用视频源的某些先验知识。这种初始化过程通过为每个上下文模型指定合适的初始概率值，使得模型在编码开始时就更加贴近实际数据的分布特性。

具体来讲，AV1 把所有的语法元素分为变换系数相关的语法元素和其他语法元素。变换系数相关的语法元素用于指示变换块中的变换量化系数。这类语法元素包括 all_zero、eob_pt_16、eob_pt_32、eob_pt_64、eob_pt_128、eob_pt_256、eob_ pt_512、eob_pt_1024、eob_extra、coeff_base、coeff_base_eob、coeff_br 和 dc_sign。关于这类语法元素的详细介绍，读者可阅读 7.2 节 "变换量化系数编码"。对于变换系数相关的语法元素，AV1 标准文档根据当前视频帧的语法元素 base_q_idx 的取值来初始化概率值，如表 7-2 所示。

表 7-2　语法元素的初始化概率值

| 语法元素 | 初始化概率值 |
| --- | --- |
| all_zero | Default_Txb_Skip_Cdf[idx] |
| eob_pt_16/32/64/128 | Default_Eob_Pt_16/32/64/128_Cdf[idx] |
| eob_pt_256/512/1024 | Default_Eob_Pt_256/512/1024_Cdf[idx] |
| eob_extra | Default_Eob_Extra_Cdf[idx] |
| coeff_base | Default_Coeff_Base_Cdf[idx] |
| coeff_base_eob | Default_Coeff_Base_Eob_Cdf[idx] |
| coeff_br | Default_Coeff_Br_Cdf[idx] |
| dc_sign | Default_Dc_Sign_Cdf[idx] |

其中变量 idx 取决于语法元素 base_q_idx 的取值。变量 idx 的设置过程描述如下：

- 如果 base_q_idx 小于或等于 20，则 idx 等于 0。
- 否则，如果 base_q_idx 小于或等于 60，则 idx 等于 1。
- 否则，如果 base_q_idx 小于或等于 120，则 idx 等于 2。
- 否则，idx 等于 3。

对于其他语法元素，它们的上下文模型初始概率则与量化参数无关。

除此之外，AV1 还可以使用指定参考帧编码结束时的概率值作为当前视频帧的上下文模型的初始概率值。为此，AV1 引入语法元素 primary_ref_frame 来指明要使用的参考帧。当 primary_ref_frame 等于 PRIMARY_REF_NONE 时，使用预定义的概率分布作为上下文模型的初始概率值；否则，使用 ref_frame_idx[primary_ref_frame] 所指示的参考帧在编码结束时的概率值作为当前视频帧的上下文模型的初始概率值。

## 7.1.4　SVT-AV1 算术编码引擎的实现方案

在 SVT-AV1 中，算术编码引擎相关函数可以分为以下 3 类。

- 初始化函数：初始化算术编码器的状态，包括初始编码区间的起始位置 low 和长度 R，以及其他用于控制归一化过程的变量。
- 编码函数：根据算术编码器的状态，编码输入符号。这些函数实现了编码区间分割和归一化过程。
- 结束编码函数：编码所有符号之后，把缓存在 low 中的比特输出到临时缓冲区，并执行进位传递操作。

## 1. 初始化函数

函数 svt_aom_daala_start_encode 的功能是完成编码开始前的准备工作，包括申请存储码流的缓冲区，初始化编码区间和其他变量。该函数通过调用函数 svt_od_ec_enc_reset 来初始化编码区间和其他变量。函数 svt_od_ec_enc_reset 的定义如下：

```
void svt_od_ec_enc_reset(OdEcEnc *enc) {
    enc->offs = 0;
    // 初始编码区间的起始位置。
    enc->low  = 0;
    // 初始编码区间长度是 2^15=32768。
    enc->rng  = 0x8000;
    // enc->cnt 被初始化为 -9，对应着每次向缓冲区输入 1 字节和 1 个进位，
    // 共 9 比特。
    enc->cnt  = -9;
    ...
}
```

## 2. 编码函数

### （1）编码区间分割

函数 od_ec_encode_q15 的功能是根据输入的累积分布函数，对符号进行编码。除此之外，函数 svt_od_ec_encode_bool_q15 是二进制符号的编码函数。

```
static void od_ec_encode_q15(OdEcEnc *enc, unsigned fl, unsigned fh,
int32_t s, int32_t nsyms) {
    ...
    // fl 表示符号 s 之前所有符号的频率之和与 CDF_PROB_TOP 的差值：
    // 32768 - cdf[s]
    // fh 表示符号 s 及之后所有符号的频率之和与 CDF_PROB_TOP 的差值：
    // 32768 - cdf[s + 1]
    // l 表示当前编码区间的起始点，r 表示当前编码区间的长度
    l = enc->low;
    r = enc->rng;
    const int32_t N = nsyms - 1;
    if (fl < CDF_PROB_TOP) {
        unsigned u;
        unsigned v;
        u = ((r >> 8) * (uint32_t)(fl >> EC_PROB_SHIFT) >>
            (7 - EC_PROB_SHIFT - CDF_SHIFT)) +
            EC_MIN_PROB * (N - (s - 1));
        v = ((r >> 8) * (uint32_t)(fh >> EC_PROB_SHIFT) >>
            (7 - EC_PROB_SHIFT - CDF_SHIFT)) +
```

```
                EC_MIN_PROB * (N - (s + 0));
        // l是新的编码区间的起始点位置。
        l += r - u;
        // r是新的编码区间长度,需要注意的是,此处r可能不再满足:
        // 32768 <= r < 65536。
        r = u - v;
    } else {
        r -= ((r >> 8) * (uint32_t)(fh >> EC_PROB_SHIFT) >>
            (7 - EC_PROB_SHIFT - CDF_SHIFT)) +
            EC_MIN_PROB * (N - (s + 0));
    }
    // 调用归一化过程,把新编码区间的起始位置low的settled和outstanding
    // 比特输出至临时内存缓冲区,并调整区间长度R
    od_ec_enc_normalize(enc, l, r);
    ...
}
void svt_od_ec_encode_bool_q15(OdEcEnc *enc, int32_t val, unsigned f) {
    ...
    // f表示符号1的概率,所以符号0的概率是32768 - f;
    // l表示当前编码区间的起始点,r表示当前编码区间的长度
    l = enc->low;
    r = enc->rng;
    // 符号0位于编码区间的左侧部分,符号1位于编码区间的右侧部分。
    // v是符号1对应的编码区间的长度,r - v是符号0对应的编码区间长度
    v = ((r >> 8) * (uint32_t)(f >> EC_PROB_SHIFT) >> (7 - EC_PROB_SHIFT));
    v += EC_MIN_PROB;
    // 如果待编码的符号是1,则让l指向新的编码区间起始位置
    if (val)
        l += r - v;
    r = val ? v : r - v;
    // 调用归一化过程,向缓冲区输出比特并调整区间长度R
    od_ec_enc_normalize(enc, l, r);
    ...
}
```

**（2）归一化过程**

函数 od_ec_enc_normalize 实现的是归一化过程。该函数把新编码区间的起始位置 low 和长度 R 作为参数。如果 R 小于 32 768，该函数将把起始位置 low 和长度 R 重新归一化，以确保 32 768 ≤ R < 65 536。在归一化过程中，该函数需要把 low 的高位字节输出到缓冲区，并将 low 的低位字节重新赋值给 low。图 7-4 所示为 SVT-AV1 中算术编码器归一化过程的执行逻辑。

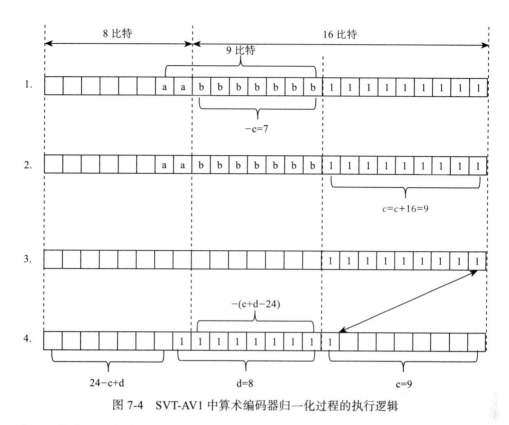

图 7-4　SVT-AV1 中算术编码器归一化过程的执行逻辑

在下面的代码注释中，将以图 7-4 为例来描述 SVT_AV1 中算术编码器归一化过程的实现方法。函数 od_ec_enc_normalize 的定义如下：

```
static void od_ec_enc_normalize(OdEcEnc *enc, OdEcWindow low,
unsigned rng) {
    int32_t d;
    int32_t c;
    int32_t s;
    // 在向缓冲区输出比特时，SVT-AV1 以 9 比特为一组，其中 1 比特表示进位，
    // 剩余 8 比特是 low 中的 settled 比特或 outstanding 比特。
    // 本函数开始时，low 已经缓存了一些比特，但是还需要 |c| 比特，才能组成 9 比特。
    // c 是负数，所以这里使用 |c|。
    // 如图 7-4 所示，在这个例子中，c = -7，此时 low 缓存了 1 比特，还需要 7 比特，
    // 才能组成 8 比特。
    // 这里需要注意的是，在图 7-4 第 1 行中，low 中左侧第一个 a 是进位。
    // 此时 a|abbbbbbb 是要输出的 9 比特。
    c = enc->cnt;
    // d 是归一化编码区间长度 R 需要输出的比特数，在图 7-4 第 1 行中，d = 8，
    // 所以 s = c + d = 1 >= 0。
```

```c
d = 16 - OD_ILOG_NZ(rng);
s = c + d;
if (s >= 0) {
    uint16_t *buf;
    uint32_t  storage;
    uint32_t  offs;
    unsigned  m;
buf     = enc->precarry_buf;
storage = enc->precarry_storage;
//off 是用于指示缓冲区位置的偏移量。
offs    = enc->offs;
if (offs + 2 > storage) {
    // 缓冲区长度不够时,重新申请缓冲区。
    storage = 2 * storage + 2;
    buf = realloc(enc->precarry_buf, sizeof(*buf) * storage);
    ...
    enc->precarry_buf = buf;
    enc->precarry_storage = storage;
}
// c += 16 执行之后,c 表示缓存在 low 中的还没有输出的比特数,
// 如图 7-4 第 2 行所示。
c += 16;
m = (1 << c) - 1;
// s >= 8 表示本次调用归一化过程要输出两次,每次 9 比特。
// 在图 7-4 中,由于 s 等于 1,所以不会执行下面的 if 语句。
if (s >= 8) {
    // 把 low 的高位字节输出到缓冲区
    buf[offs++] = (uint16_t)(low >> c);
    // 将 low 的低位字节重新赋值给 low
    low &= m;
    // c = c - 8 仍然表示缓存在 low 中的还没有输出的比特数
    c -= 8;
    // m = m >> 8 表示要保留 low 中的低位字节
    m >>= 8;
}
    // 把 low 的高位字节输出到缓冲区,即图 7-4 中的 aabbbbbb
    buf[offs++] = (uint16_t)(low >> c);
    // |c + d - 24| 表示距离组成 8 比特还需要的比特数,如图 7-4 第 4 行所示。
    s  = c + d - 24;
    // 将 low 的低位字节重新赋值给 low,图 7-4 第 3 行中 low 的低位字节是 11111111,
    // 高位字节是 0
```

```
        low &= m;
        enc->offs = offs;
    }
    // 更新编码器的 low 和 R。图 7-4 第 3 行中的 low 左移 d 位之后便是图 7-4 第 4 行所示状态。
    // 从图 7-4 第 4 行可见，24- (c + d) 是距离组成 8 比特还需要的比特数。
    enc->low = low << d;
    enc->rng = (int16_t)(rng << d);
    enc->cnt = (int16_t)s;
}
```

这里再次强调一下，SVT-AV1 归一化过程输出的比特包含进位。这个进位只是输入缓冲区，并没有与缓冲区中先前输出的比特进行计算。图 7-5 所示为 SVT-AV1 中算术编码器的预进位方案，以图 7-5 为示例，$b_k$ 的 active 比特和 $[[c(s_{k+1})l_k]]$ 相加之后，产生了进位 1，这个进位 1（下画线 1）只是输出到缓冲区，而没有与 $b_k$ 中的 outstanding 位相加。进位与 $b_k$ 中的 outstanding 位相加的操作是在编码所有输入符号之后，结束编码之前，通过函数 svt_od_ec_enc_done 来完成的。所以，SVT-AV1 有时把这个缓冲区称为预进位缓冲区（Pre-carry Buffer）。

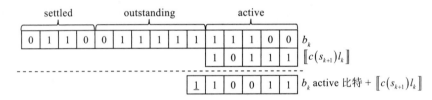

图 7-5　SVT-AV1 中算术编码器的预进位方案

### 3. 编码结束函数

当所有符号编码完成之后，SVT-AV1 将调用函数 svt_aom_daala_stop_encode 来完成结束编码的各种操作。其中最重要的是调用函数 svt_od_ec_enc_done 把缓存在 low 中的比特输出到预进位缓冲区，并执行进位传递操作。函数 svt_od_ec_enc_done 的定义如下：

```
uint8_t *svt_od_ec_enc_done(OdEcEnc *enc, uint32_t *nbytes) {
    ...
    l = enc->low;
    c = enc->cnt;
    s = 10;
    // m 是新编码区间的长度，m = 2^14-1 = 16383 < 32768
    m = 0x3FFF;
    // 这里 e 是新编码区间的起始位置 low，下面这个操作是为了从 low 中输出最少的位，
    // 以确保无论后面跟着什么位数，已编码的符号都能被正确解码。经过下面的操作，
    // e 的低 16 位具有如下形式：
```

```c
// aaaa|aaaa|aaaa|aaaa|0100|0000|0000|0000
e = ((l + m) & ~m) | (m + 1);
s += c;
offs = enc->offs;
buf  = enc->precarry_buf;
if (s > 0) {
    unsigned n;
    storage = enc->precarry_storage;
    if (offs + ((s + 7) >> 3) > storage) {
        // 缓冲区长度不够时，重新申请缓冲区。
        storage = storage * 2 + ((s + 7) >> 3);
        buf = realloc(enc->precarry_buf, sizeof(*buf) * storage);
        ...
    }
    // 这里 n 用于保留 e 的低位字节
    n = (1 << (c + 16)) - 1;
    do {
        buf[offs++] = (uint16_t)(e >> (c + 16));
        e &= n;
        s -= 8;
        c -= 8;
        n >>= 8;
    } while (s > 0);
}
// 缓冲区长度不够时，重新申请缓冲区，确保有足够的空间存储熵编码的比特
out     = enc->buf;
storage = enc->storage;
c       = OD_MAXI((s + 7) >> 3, 0);
if (offs + c > storage) {
    storage = offs + c;
    out = realloc(enc->buf, sizeof(*buf) * storage);
    ...
}
*nbytes = offs;
// 按照从后向前的顺序来执行进位传递操作。
out = out + storage - offs;
c   = 0;
while (offs > 0) {
    offs--;
    c = buf[offs] + c;
    out[offs] = (uint8_t)c;
```

```
        // 执行 c = c >> 8 之后,c是进位。
        c >>= 8;
    }
    return out;
}
```

### 4. 概率更新函数

当 AV1 算术编码引擎编码结束一个符号时,调用函数 update_cdf 来更新该符号的概率模型。函数 update_cdf 的实现如下:

```
static INLINE void update_cdf(AomCdfProb *cdf, int32_t val,
int32_t nsymbs) {
    ...
    // nsymbs 表示算术编码引擎符号表中元素的个数 M,数组 nsymbs2speed[] 定义
    // 了不同 M 下的 min(log2(M), 2)
    static const int32_t nsymbs2speed[17] = {0, 0, 1, 1, 2, 2, 2, 2, 2,
        2, 2, 2, 2, 2, 2, 2, 2};
    // rate 决定了概率更新速率, 1/2^{rate} 是概率更新速率。
    rate = 3 + (cdf[nsymbs] > 15) + (cdf[nsymbs] > 31) +
        nsymbs2speed[nsymbs];
    tmp  = AOM_ICDF(0);
    for (i = 0; i < nsymbs - 1; ++i) {
    // 当 i 等于 val 时, tmp = 0, 否则, tmp = 32768。
    tmp = (i == val) ? 0 : tmp;
    if (tmp < cdf[i])
        // cdf[i] * (1 - 1.0/2^{rate})。
        cdf[i] -= ((cdf[i] - tmp) >> rate);
    else
        // cdf[i] + ((32768 - cdf[i]) >> rate)。
        cdf[i] += ((tmp - cdf[i]) >> rate);
    }
    // 记录当前编码符号出现的次数。
    cdf[nsymbs] += (cdf[nsymbs] < 32);
}
```

## 7.2 变换量化系数编码

变换量化系数熵编码方案是视频编码器中逻辑复杂并且性能关键的模块之一。本节从变换系数的扫描方式、编码流程和上下文建模过程三个方面,来描述 AV1 的变换量化系数编码方案。

## 7.2.1 扫描方式

在混合编码框架下,预测、变换以及量化模块都是以块为单位进行的;所以,变换量化系数也是以块为单位存储的。由于块是数据的二维组织形式,而算术编码器等熵编码引擎处理的是一维符号序列,因此,在熵编码之前,编码器需要使用某种扫描顺序,把变换量化系数从二维的系数块转化为一维的符号序列。在图像和视频编码系统中,zigzag 扫描(zigzag scanning)通常被用来把变换量化系数块转化为一维的符号序列。因为 zigzag 扫描可以将变换量化系数中的大部分零值系数聚集在一起,并且还能够把非零系数尽可能地排在符号序列前面,而后面的系数尽可能为零或者接近于零[23]。这样的排序方式能够极大地提高变换量化系数的熵编码效率。尽管如此,在一些视频场景中,变换系数块中的非零值系数的分布可能会呈现出一定的方向性。例如,在帧内预测中,距离参考像素较近的像素,预测残差幅值往往较小;而距离参考像素较远的像素,预测残差幅值较大。对于由这种预测残差得到的变换量化系数,它们的幅值分布往往与帧内预测模式的方向存在相关性。在这种情况下,使用行扫描和列扫描方式可以更好地利用这种方向性,从而提高编码效率。图 7-6 所示为 4×4 块的 zigzag 扫描、列扫描和行扫描方式。其中的数字表示对应位置上的变换量化系数的扫描索引。

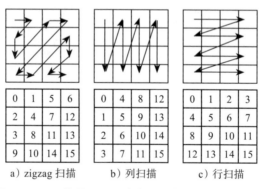

图 7-6 4×4 块的 zigzag 扫描、列扫描和行扫描方式

HEVC 标准考虑了帧内预测残差与帧内预测模式之间的相关性。基于这种相关性,HEVC 采用一种自适应方法,即根据帧内预测模式来选择最适合的变换量化系数的扫描方式,这种方法被称为模式依赖的系数扫描(Mode Dependent Coefficient Scanning,MDCS)[25]。

类似地,AV1 也支持图 7-6 中三种变换量化系数的扫描方式,以更好地捕捉不同视频场景中变换量化系数的统计特性。AV1 根据变换块使用的变换核类型来选择合适的扫描方式。AV1 所支持的变换核及其对应的变换量化系数扫描方式如表 7-3 所示。AV1 把变换核分为 3 种类型:TX_CLASS_2D, TX_CLASS_HORIZ, TX_CLASS_VERT。一般来讲,变换核的方向与变换量化系数的扫描方向是互相垂直的。所以,在 AV1 标准中,使用一维垂直变换核的变换块采用行扫描方式,使用一维水平变换核的变换块采用列扫描方式。对于使用二维变换核或单位矩阵变换 IDTX 的变换单元,AV1 采用 zigzag 扫描方式。

表 7-3  AV1 中的变换核及其对应的变换量化系数扫描方式

| 变换核类型 | 变换核 | 扫描方式 | 变换核类型 | 变换核 | 扫描方式 |
| --- | --- | --- | --- | --- | --- |
| TX_CLASS_2D | DCT_DCT | zigzag 扫描 | TX_CLASS_HORIZ | H_DCT | 列扫描 |
| | ADST_DCT | | | H_ADST | 列扫描 |
| | DCT_ADST | | | H_FLIPADST | 列扫描 |
| | ADST_ADST | | TX_CLASS_VERT | V_DCT | 行扫描 |
| | FLIPADST_DCT | | | V_ADST | 行扫描 |
| | DCT_FLIPADST | | | V_FLIPADST | 行扫描 |
| | FLIPADST_FLIPADST | | | | |
| | ADST_FLIPADST | | | | |
| | FLIPADST_ADST | | | | |
| | IDTX | | | | |

对于尺寸是 16×64、64×16 和 64×64 的变换块，它们的变换核默认是 `DCT_DCT`，所以它们采用 zigzag 扫描。另外，由于色度分量变换块的变换核类型是推导得到的，对于采用帧内模式编码的色度分量变换块，其变换核由该色度变换块的帧内预测模式来确定。如标准文档数组 `Mode_To_Txfm` 所示，色度分量变换核都是二维变换核，所以其扫描方式是 zigzag 扫描。而对于采用帧间模式编码的色度分量变换块，其变换核与对应亮度分量的第一个变换块的变换核相同。所以，在某些情况下，色度分量与对应亮度分量的变换类型可能不会完全相同，色度分量变换块与亮度分量变换块的扫描方式也可能不同。

### 7.2.2  编码流程

经过预测、变换和量化之后，变换量化系数块中的大部分系数都是零系数，甚至在有些情况下整个变换量化系数块都是零系数。所以，变换量化系数块具有稀疏特性[28]。为了充分利用这种稀疏性，在编码变换量化系数块时，AV1 首先编码语法元素 `all_zero` 来表示变换量化系数块是否都由零系数组成。如果 `all_zero` 等于 1，则表示变换量化系数块中的所有系数都是零系数。此时，不再需要编码其他语法元素。

如果 `all_zero` 等于 0，则表示当前变换量化系数块包含非零系数。这时，编码器将继续编码变换量化系数块的结束索引。AV1 标准文档使用变量 `eob` 表示块的结束索引。索引 `eob` 等于最后一个非零系数的扫描索引加一。通过使用 `eob` 和变换块的扫描方式，AV1 即可确定当前变换量化系数块的哪个区域包含非零系数。这里强调的是，确定索引 `eob` 即可推导出索引 `eob` 前方的变换量化系数（即扫描索引为 `eob-1` 的变换量化系数）是非零系数。

下面以 8×4 变换块为例来说明 `eob` 的含义。图 7-7 是 8×4 变换块在 zigzag 扫描方式下的 `eob` 示意图。图 7-7b 每个方格中的数字代表变换量化系数，下画线 0 是索引 `eob` 所指示的位置。从图 7-7 可见，索引 `eob` 前方的变换量化系数，即扫描索引为 `eob - 1` 的变换量化系数是非零系数1。

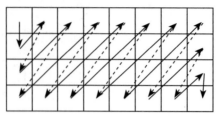

a) 8×4 变换块的 zigzag 扫描方式

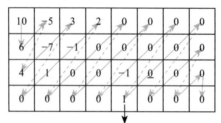

b) 8×4 变换块在 zigzag 扫描方式下的 eob 示例

图 7-7　8×4 变换块在 zigzag 扫描方式下的 eob 示意图

确定变换块的结束索引 eob 之后，AV1 将编码扫描索引位于 eob 之前的变换量化系数。假设 q[idx] 表示扫描索引为 idx 的变换量化系数，AV1 标准文档要求 q[idx] 的绝对值要满足下述条件：

$$0 \leq |q[idx]| < 2^{20}$$

其中，|q[idx]| 表示 q[idx] 的绝对值。

在编码过程中，AV1 将 q[idx] 分解为 4 类符号。这里使用文献 [1] 的表示方法，把变换量化系数 q[idx] 分解成 4 类符号：sign、BR、LR 和 HR。它们的定义描述如下。

- 第一类是符号 sign：sign 等于 1 表示 q[idx] 是负数，否则 q[idx] 是正数。
- 第二类是符号 BR（Base Range）：BR 有 4 种可能的结果 {0, 1, 2, > 2}，分别对应 q[idx] 的绝对值等于 0,1,2 和大于 2。对于最后一个非零系数，它的 BR 符号只有 3 种可能的结果 {1, 2, > 2}。
- 第三类是符号 LR（Low Range）：对于绝对值大于 2 的变换量化系数，AV1 将继续编码 LR 符号。符号 LR 也有 4 种可能的结果 {0, 1, 2 > 2}，并且 AV1 最多允许编码 4 个 LR 符号，即 LR0、LR1、LR2、LR3。利用这 4 个 LR 符号，AV1 可以编码绝对值在 3～15 之间的变换量化系数，LR 符号类型、取值以及对应的变换量化系数绝对值如表 7-4 所示。从中可以看到，当绝对值小于 6 时，只需要编码符号 LR0 即可；当变换量化系数的绝对值大于或等于 6 且小于 9 时，需要编码符号 LR0 和 LR1；当变换量化系数的绝对值大于或等于 9 且小于 12 时，需要编码符号 LR0、

LR1 和 LR2；当变换量化系数的绝对值大于或等于 12 时，需要编码所有的 LR 符号，即 LR0、LR1、LR2 和 LR3。

表 7-4 LR 符号类型、取值以及对应的变换量化系数绝对值

| LR 符号类型 | LR 可能取值 | 变换量化系数绝对值 | LR 符号类型 | LR 可能取值 | 变换量化系数绝对值 |
|---|---|---|---|---|---|
| LR0 | 0 | 3 | LR2 | 0 | 9 |
|  | 1 | 4 |  | 1 | 10 |
|  | 2 | 5 |  | 2 | 11 |
|  | > 2 | > 5 |  | > 2 | > 11 |
| LR1 | 0 | 6 | LR3 | 0 | 12 |
|  | 1 | 7 |  | 1 | 13 |
|  | 2 | 8 |  | 2 | 14 |
|  | > 2 | > 8 |  | > 2 | > 14 |

□ 第四类是符号 HR（High Range）：对于绝对值大于或等于 15 的变换量化系数，AV1 还需要编码 HR 符号。HR 符号的取值是 |q[idx]|−15，其取值范围可以认为是 $[0, 2^{20})$ 中的整数。

因此，在编码变换量化系数 q[idx] 时，AV1 首先取其绝对值 |q[idx]|。接着，基于绝对值 |q[idx]| 的取值，AV1 决定将编码哪些符号，即 BR、LR0、LR1、LR2、LR3 以及 HR。图 7-8 所示为不同符号组合所对应的 |q[idx]| 的具体取值范围。

| |q[idx]| | 0 ~ 2 | 3 ~ 5 | 6 ~ 8 | 9 ~ 11 | 12 ~ 14 | 15 ~ |
|---|---|---|---|---|---|---|
| 符号 | BR | LR0 | LR1 | LR2 | LR3 | HR |

图 7-8 不同符号组合所对应的 |q[idx]| 的具体取值范围

在图 7-8 中，如果 |q[idx]| 位于区间 [0, 2] 之中，则只需要编码 BR 符号；如果 |q[idx]| 大于 2，则需要编码 LR0。如果 |q[idx]| 位于区间 [3, 5] 之中，则 LR0 能够覆盖 |q[idx]| 的取值，此时结束编码；否则，基于 |q[idx]| 的取值，AV1 将按照表 7-4 中的对应方式，继续编码符号 LR1/LR2/LR3。符号 LR0、LR1、LR2 和 LR3 能够用于表示位于区间 [3, 14] 之中的 |q[idx]|。如果 |q[idx]| 大于或等于 15，则需要继续编码 HR 符号。

为了提高编码性能，AV1 采用基于上下文模型的算术编码方案来编码符号 BR 和 LR。为了提高算术编码器的数据吞吐率，AV1 使用 0 阶指数哥伦布码来编码符号 HR。对于非负整数 $x$，其 0 阶指数哥伦布码[27]的构造方式描述如下：

1）将 $x+1$ 用二进制表示出来：即 $x+1=[a_0, a_1, \cdots, a_{n-1}]_2$，其中 $n$ 是该二进制表示的位总数，$a_i$ 是 0 或者 1。

2）在 $[a_0, a_1, \cdots, a_{n-1}]_2$ 前面加上 $n-1$ 个 0 组成的二进制序列即是非负整数 $x$ 的 0 阶指数哥伦布码。

表 7-5 所示为非负整数 0～7 的 0 阶指数哥伦布码,其中 x 对应列是输入非负整数,<1> 和 <2> 所对应的列分别是上述步骤 1 和步骤 2 的结果。

表 7-5　非负整数 0～7 的 0 阶指数哥伦布码

| x | <1> | <2> | x | <1> | <2> |
|---|-----|-----|---|-----|-----|
| 0 | 1 | 1 | 4 | 101 | 00101 |
| 1 | 10 | 010 | 5 | 110 | 00110 |
| 2 | 11 | 011 | 6 | 111 | 00111 |
| 3 | 100 | 00100 | 7 | 1000 | 0001000 |

对于符号 sign,由于 AC 系数的符号位大部分是不相关的,所以 AV1 采用等概率的算术编码方案编码 AC 系数的符号 sign。而 DC 系数的符号位则使用基于上下文模型的算术编码方案。

在编码过程中,AV1 通过两次扫描来编码所有的变换量化系数。具体来讲,在第一次扫描中,AV1 从最后一个非零系数开始,按照逆向扫描顺序来编码每个变换系数的 BR 和 LR 符号。在第二次扫描中,AV1 则从 DC 系数开始,按照扫描顺序来编码每个变换量化系数的符号 sign 和 HR。AV1 的变换量化系数的编码过程实现如下,其中 Min(x,y) 表示取 x 和 y 的最小值,encode_arithmetic 是基于上下文模型的算术编码,encode_arithmetc_eq 是等概率的算术编码,encode_golomb 是指数哥伦布编码。

```
// 第一次扫描,从最后一个非零系数开始,按照逆向扫描顺序来编码每个变换量化系数
// 的 BR 和 LR 符号。
for (idx = eob - 1; idx >= 0; idx++) {
    /* 编码 BR 符号 */
    if (idx == eob - 1), then
        BR = Min(|q[idx]|, 3) - 1;
        encode_arithmetic(BR);
    else {
        BR = Min(|q[idx]|, 3);
        encode_arithmetic(BR);
    }
    /* 编码 LR 符号 */
    if (|q[idx] > 2|) {
        res = |q[idx]| - 3;
        for (i = 0; i < 4; i++) {
            LR = Min(res - 3 * i, 3);
            encode_arithmetic(LR);
            if (LR < 3)
                break;
        }
```

```
            }
        }
/*
第二次扫描,从 DC 系数开始,按照扫描顺序来编码每个变换量化系数的符号 sign 和 HR。
*/
for (idx = 0; idx < eob; idx++) {
    sign = q[idx] < 0 ? 1 : 0;
    // DC 系数的符号 sign。
    if (idx == 0)
        encode_arithmetc(sign);
    else
        // AC 系数的符号 sign。
        encode_arithmetc_eq(sign);
    /*编码 HR 符号 */
    if (|q[idx]| > 14) {
        encode_golomb(|q[idx]| - 15|)
    }
}
```

### 7.2.3 上下文建模过程

变换量化系数在整体码流中占据了相当大的比例,AV1 标准特别注重提高变换量化系数的压缩性能。为此,AV1 引入了紧凑的语法元素来表示变换量化系数,并为每个语法元素设计了高效的上下文模型。这些上下文模型能够根据变换量化系数的统计特性,动态地对语法元素进行分类,确保位于相同类别的语法元素的概率分布相对稳定,进而使算术编码引擎中的概率更新模型实现更精确的概率估计。

#### 1. 块结束索引

为了限制大尺寸变换块在最坏情况下的解码器复杂性,在 AV1 中,大尺寸变换块中的高频区域的变换系数被强制设置为零。具体来讲,在 AV1 中,对于 $64 \times 64/32 \times 64/64 \times 32$ 的变换块,AV1 只保留其左上角 / 上侧 / 左侧 $32 \times 32$ 变换量化系数块,而把其余位置的变换量化系数都置为零。所以,块结束索引 eob 的最大值是 1024。为了高效地编码符号 eob,AV1 把 eob 的取值集合 {1, 2, 3, …, 1024} 分成 11 个子集。表 7-6 所示为 eob 取值集合与符号 eob_pt 和 eob_offset 之间的对应关系。

表 7-6 eob 取值集合与符号 eob_pt、eob_offset 之间的对应关系

| eob 取值集合 | 子集合的起始数值 | eob_pt | eob_offset | eob_offset_bits |
|---|---|---|---|---|
| {1} | 1 | 1 | {0} | 0 |
| {2} | 2 | 2 | {0} | 0 |
| {3, 4} | 3 | 3 | {0, 1} | 1 |

(续)

| eob 取值集合 | 子集合的起始数值 | eob_pt | eob_offset | eob_offset_bits |
|---|---|---|---|---|
| {5, 6, 7, 8} | 5 | 4 | {0, 1, 2, 3} | 2 |
| {9, 10, 11, …, 16} | 9 | 5 | {0, 1, 2, …, 7} | 3 |
| {17, 18, 19, …, 32} | 17 | 6 | {0, 1, 2, …, 15} | 4 |
| {33, 34, 35, …, 64} | 33 | 7 | {0, 1, 2, …, 31} | 5 |
| {65, 66, 67, …, 128} | 65 | 8 | {0, 1, 2, …, 63} | 6 |
| {129, 130, 131, …, 256} | 129 | 9 | {0, 1, 2, …, 127} | 7 |
| {257, 258, …, 512} | 257 | 10 | {0, 1, 2, …, 255} | 8 |
| {513, 514, …, 1024} | 513 | 11 | {0, 1, 2, …, 511} | 9 |

在表 7-6 中，符号 eob_pt 是 eob 所在子集合的索引，利用这个索引值即可确定 eob 所在子集合的起始数值。具体来讲，当符号 eob_pt 等于 1 时，eob 所在子集合的起始数值是 1；而当符号 eob_pt 大于 1 时，eob 所在子集合的起始数值是 $2^{(eob\_pt-2)}+1$。符号 eob_offset 表示 eob 相对于所在子集合起始数值的偏移量，即 eob_offset=eob$-2^{(eob\_pt-2)}+1$。假设 eob 等于 35，那么该 eob 的符号 eob_pt 是 7，即表示 eob=35 位于索引为 7 的子集合内，该子集合的起始数值是 33。而 eob=35 的符号 eob_offset 是 2，则表示 eob=35 与起始数值 33 的偏移量为 2。

对于尺寸不同的变换块，AV1 定义了不同的语法元素 eob_pt_X（X 是 16/32/64/128/256/512/1024）来编码符号 eob_pt。语法元素 eob_pt_X 与符号 eob_pt 之间关系是：eob_pt = eob_pt_X + 1。语法元素 eob_pt_X 的含义如下：

- eob_pt_16 对应大小为 4×4 变换块，其取值范围是 0, 1, 2, 3, 4。
- eob_pt_32 对应于 4×8/8×4 变换块，其取值范围是 0, 1, 2, …, 5。
- eob_pt_64 对应于 8×8/4×16/16×4 变换块，其取值范围是 0, 1, …, 6。
- eob_pt_128 对应于 16×8/8×16 变换块，其值范围是 0, 1, …, 7。
- eob_pt_256 对应于 16×16/32×8/8×32 变换块，其值范围是 0, 1, …, 8。
- eob_pt_512 对应于 16×32/32×16/16×64/64×16 变换块，其值范围是 0, 1, …, 9。
- eob_pt_1024 对应于 32×32/64×64，其值范围是 0, 1, …, 10。

AV1 为上述每个语法元素都定义了一组上下文模型。具体来讲，对于语法元素 eob_pt_16，AV1 定义了 4 个上下文模型 TileEobPt16Cdf[2][2]。在上下文模型选择过程中，AV1 首先根据上下文信息计算 ptype 和 ctx，然后利用 ptype 和 ctx 来选择上下文模型。如果当前变换块属于亮度分量，则 ptype 等于 0；否则 ptype 等于 1。如果当前变换块的变换核类型是 TX_CLASS_2D，则 ctx 等于 0；否则 ctx 等于 1。对于语法元素 eob_pt_X（X 是 32/64/128/256），AV1 为每个语法元素都定义了 4 个对应的上下文模型 TileEobPtXCdf[2][2]。这些语法元素的上下文模型选择过程与 eob_pt_16 是相同的。而当 X 是 512/1024 时，AV1 为 eob_pt_X 定义了 2 个上下文模型 TileEobPtXCdf[2]。此时，AV1 只根据 ptype 来选择上下文模型。

当符号 eob_pt 大于或等于 3 时，AV1 将继续编码符号 eob_offset。在编码符号 eob_offset 时，AV1 首先获取 eob_offset 的二进制表示形式。表 7-6 中的 eob_offset_bits 给出了 eob_offset 二进制表示所需要的比特数。之后，AV1 使用语法元素 eob_extra 编码 eob_offset 二进制表示的最高有效位（Most Significant Bit，MSB）；使用语法元素 eob_extra_bit 编码 eob_offset 二进制表示剩余的位。假设 eob_offset 就是其二进制表示形式，那么 eob_extra 和 eob_extra_bit 计算如下：

$$eob\_extra = eob\_offset \& [1 << (eob\_offset\_bits - 1)]$$
$$eob\_extra\_bit[i] = eob\_offset \& [1 << (eob\_offset\_bits - 1 - i)]$$

其中，$i = 1, 2, \cdots, eob\_offset\_bits - 1$。

对于语法元素 eob_extra，AV1 定义了 90 个上下文模型 TileEobExtraCdf[5][2][9]。在上下文模型选择过程中，AV1 根据上下文 txSzCtx，ptype 和 eob_pt 来选择上下文模型。具体来讲，AV1 使用上下文模型 TileEobExtraCdf[txSzCtx][ptype][eob_pt-3] 来编码语法元素 eob_extra。其中，ptype = 0 表示亮度分量，ptype = 1 表示色度分量。txSzCtx 计算如下：

$$txSzCtx = (Tx\_Size\_Sqr[txSz] + Tx\_Size\_Sqr\_Up[txSz] + 1) >> 1$$

其中，txSz 是当前变换块的大小。表 7-7 所示为 AV1 中变换块大小 txSz 所对应的数值。

表 7-7　AV1 中变换块大小所对应的数值

| 变换块大小 | 数值 | 变换块大小 | 数值 | 变换块大小 | 数值 |
| --- | --- | --- | --- | --- | --- |
| TX_4×4（正方形） | 0 | TX_8×16 | 7 | TX_16×4 | 14 |
| TX_8×8（正方形） | 1 | TX_16×8 | 8 | TX_8×32 | 15 |
| TX_16×16（正方形） | 2 | TX_16×32 | 9 | TX_32×8 | 16 |
| TX_32×32（正方形） | 3 | TX_32×16 | 10 | TX_16×64 | 17 |
| TX_64×64（正方形） | 4 | TX_32×64 | 11 | TX_64×16 | 18 |
| TX_4×8 | 5 | TX_64×32 | 12 | | |
| TX_8×4 | 6 | TX_4×16 | 13 | | |

假设当前变换块的宽和高分别是 w 和 h，txSz 的形式对应 AV1 标准文档中的 TX_wXh。数组 Tx_Size_Sqr[txSz] 返回一个边长为 Min(w, h) 的正方形变换大小，而数组 Tx_Size_Sqr_Up[txSz] 返回一个边长为 Max(w, h) 的正方形变换大小。

最后，对于语法元素 eob_extra_bit，为了提高熵编码模块的数据吞吐率，AV1 使用等概率的算术编码方案编码 eob_extra_bit。

### 2. 变换量化系数

**（1）BR 符号的上下文建模过程**

由于当前待编码的变换系数和已经编码的变换系数之间存在统计相关性。比如，如果当前位置的空域相邻位置包含非零变换系数，那么当前位置处的变换系数很有可能也是非零系数 [28]。所以，在熵编码过程中，AV1 使用同一变换块中先前已经编码的变换系数作为当前变换系数的上下文。为此，AV1 以当前变换系数的位置为参考点，定义了一个局部模板。局部模板所覆盖的相邻变换系数作为当前变换系数的上下文来源。

当编码变换系数的 BR 符号时，当前变换系数最多允许使用 5 个相邻变换系数作为其上下文 [26]。由于 BR 符号是按照逆向扫描顺序来编码的，因此当前变换系数可以利用其右侧和下方的变换系数作为上下文。在不同变换核类型下，BR 符号所使用的局部模板如图 7-9 所示，其中深灰色标记的方块是当前变换系数的位置，浅灰色覆盖的方块是其上下文建模过程使用的相邻变换系数。

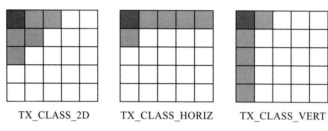

图 7-9　BR 符号所使用的局部模板示意图

假设 (x, y) 表示当前变换系数在变换块的位置坐标，并且 x_off[5] 和 y_off[5] 分别是 BR 符号的上下文所包含的相邻变换系数相对于当前变换系数的 x 和 y 偏移量。在不同变换核类型下，x_off[5] 和 y_off[5] 的定义如下：

- 当变换核类型是 TX_CLASS_2D 时，x_off[5] = {1, 0, 1, 2, 0}，y_off[5] = [0, 1, 1, 0, 2]。
- 当变换核类型是 TX_CLASS_HORIZ 时，x_off[5] = {1, 0, 2, 3, 4}，y_off[5] = [0, 1, 0, 0, 0]。
- 当变换核类型是 TX_CLASS_VERT 时，x_off[5] = [0, 1, 0, 0, 0]，y_off[5] = {0, 1, 2, 3, 4}。

众所周知，预测残差经过变换和量化之后，处在低频位置的变换系数的概率分布和处在高频位置的变换系数的概率分布是不同的 [28]。从统计特性上看，低频位置的变换系数的幅值往往要大于高频位置的变换系数的幅值，并且绝大部分的非零系数位于低频区域。为了利用变换系数与频域位置之间的统计相关性，AV1 把变换系数块按照频域位置 (x, y) 分成不同的区域。根据变换系数所处的频域位置，BR 符号的上下文模型被划分为多个不同的类别。同一类别的上下文模型组成了一个上下文模型集合。位于同一个区域之内的变换系数，它们的 BR 符号使用相同类型的上下文模型集合。

由于二维变换核、一维垂直变换核和一维水平变换核在变换系数与频域位置之间的统计相关性方面存在显著差异。所以，对于不同类型变换核，AV1 采用了不同的频域区域划分方案。具体来讲，如果变换块的变换类型是 TX_CLASS_2D，那么变换块的频域区域划分方案描述如下：

- 对于正方形变换块 TX_4×4、TX_8×8、TX_16×16、TX_32×32 和 TX_64×64，这

些变换块的区域划分方式如图 7-10 所示。为了便于显示，对于尺寸大于 4×4 的变换块，省略了其右侧和下方像素，以连通区域代表该区域内的变换系数。

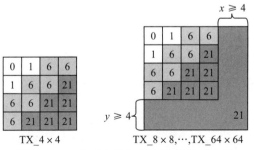

图 7-10　正方形变换块的频域划分示意图

❑ 对于大小等于 TX_4×8、TX_4×16、TX_8×16、TX_16×32、TX_32×64、TX_8×32 和 TX_16×64 的变换块，区域划分方式如图 7-11 所示。

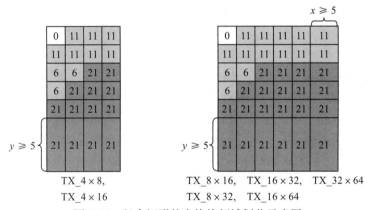

图 7-11　竖直矩形的变换块频域划分示意图

❑ 对于大小等于 TX_8×4、TX_16×4、TX_16×8、TX_32×16、TX_64×32、TX_32×8 和 TX_64×16 的变换块，区域划分方式如图 7-12 所示。

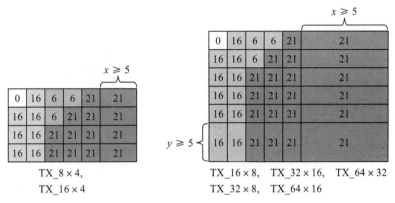

图 7-12　水平矩形的变换块频域划分示意图

当变换核类型为 TX_CLASS_HORIZ 和 TX_CLASS_VERT 时，对于不同大小的变换块，它们的频域区域划分方式是一样的。图 7-13 所示为 TX_CLASS_HORIZ 和 TX_CLASS_VERT 变换核类型变换块的频域区域划分方式。

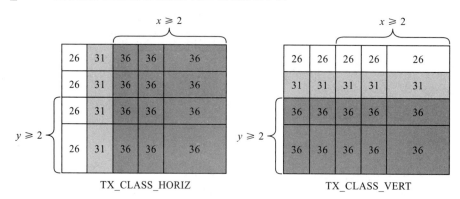

图 7-13 变换核类型为 TX_CLASS_HORIZ 和 TX_CLASS_VERT 的变换块频域划分方式

在上下文模型选择过程中，AV1 基于上面描述的局部模板所覆盖的相邻变换系数和频域位置划分方法，计算 BR 符号的上下文 ctx，其计算过程可以描述如下：

- 如果当前变换系数 q[idx] 是最后一个非零系数，即该系数的扫描索引 idx 是 eob-1，那么，AV1 使用语法元素 coeff_base_eob 编码该系数的 BR 符号。此时，AV1 仅使用扫描顺序 idx 计算上下文 ctx。其计算如下：
  - 如果 idx 等于 0，即 q[idx] 是 DC 系数，则 ctx = 38。
  - 如果 idx 小于或等于 $wh/8$，则 ctx=39。
  - 如果 idx 小于或等于 $wh/4$，则 ctx=40。
  - 否则，ctx=41。

- 否则，即当前变换系数 q[idx] 不是最后一个非零系数，那么 AV1 使用语法元素 coeff_base 编码该系数的 BR 符号。在上下文 ctx 的计算过程中，AV1 先计算局部模板所覆盖的相邻变换系数的绝对值累加和 mag。假设 q[y][x] 表示位置 (x, y) 处的变换量化系数，mag 的计算过程如下所示：

```
mag = 0;
for (i = 0; i < 5; i++) {
    // width 和 height 分别是变换块的宽度和高度。
    if (y + y_off[i] >= 0 && x + x_off[i] >= 0 &&
        y + y_off[i] < height && x + x_off[i] < width) {
        val = q[y + y_off[i]][x + x_off[i]];
        // 函数 Min(a,b) 取 a 和 b 最小值，abs(val) 是取绝对值操作。
        mag = mag + Min(abs(val), 3)
    }
}
```

- 基于变换核类型、mag 以及频域位置 (x, y)，计算语法元素 `coeff_base` 的上下文 `ctx`：
  - 如果变换核类型是 TX_CLASS_2D，那么：
    - 若 x 和 y 均为 0，即 q[idx] 是 DC 系数，则 ctx = 0。
    - 否则，ctx = Min((mag + 1) >> 1, 4) + Coeff_Base_Ctx_Offset[txSz][Min(y, 4)][Min(x, 4)]，其中 txSz 是当前变换块的大小，其数值如表 7-7 所示；数组 `Coeff_Base_Ctx_Offset` 存储了变换块在二维变换核下的频域区域分割方案，其数值如图 7-10～图 7-12 所示。
  - 如果变换核类型是 TX_CLASS_VERT，那么 ctx = Min((mag + 1) >> 1, 4) + Coeff_Base_Pos_Ctx_Offset[Min(y, 2)]。
  - 如果变换核类型是 TX_CLASS_HORIZ，那么 ctx = Min((mag + 1) >> 1, 4) + Coeff_Base_Pos_Ctx_Offset[Min(x, 2)]。

其中数组 `Coeff_Base_Pos_Ctx_Offset` 存储了变换块在一维垂直和水平变换核下的频域分割方案，其数组如图 7-13 所示，即数组 Coeff_Base_Pos_Ctx_Offset[3] = {26, 31, 36}。

从上面描述的上下文计算过程可以发现，对于语法元素 `coeff_base_eob`，其上下文 ctx 共有 4 个取值，即 38～41。而语法元素 `coeff_base` 的上下文 ctx 共有 41 个取值，即 0～40。这里强调一下：

- 当变换核类型是 TX_CLASS_2D 时，DC 系数的 `coeff_base` 上下文 ctx 恒等于 0。而对于 AC 系数，即使其相邻变换系数的 mag 等于 0，根据数组 `Coeff_Base_Ctx_Offset[txSz][Min(y, 4)][Min(x, 4)]` 的取值，可以发现 AC 系数的 `coeff_base` 的上下文 ctx 不可能是 0。这也就是说，DC 系数的 `coeff_base` 与 AC 系数的 `coeff_base` 使用不同的上下文模型，即 DC 系数的 `coeff_base` 的上下文是 0，而 AC 系数的 `coeff_base` 的上下文是 1~25。
- 当变换核类型是 TX_CLASS_VERT 或者 TX_CLASS_HORIZ 时，语法元素 `coeff_base` 的上下文 ctx 取值范围是 26～40。而且 DC 系数和 AC 系数的 `coeff_base` 可能会有相同的上下文 ctx。所以，DC 系数和 AC 系数可能会使用相同的上下文模型。

所以，语法元素 `coeff_base` 的上下文 ctx 共有 41 个取值，即 0～40。但是根据 AV1 标准文档，语法元素 `coeff_base` 的上下文 ctx 共有 42 个取值（即 AV1 标准文档中的符号 `SIG_COEF_CONTEXTS` 是 42）。然而，笔者并未发现语法元素 `coeff_base` 的上下文 ctx 能够取值到 41。

除了上面计算的上下文 ctx 之外，AV1 还把当前变换块大小 txSz 和当前变换块的 ptype 作为语法元素 `coeff_base_eob` 和 `coeff_base` 的上下文。所以，AV1 为 `coeff_base_eob` 定义了 40 个上下文模型 TileCoeffBaseEobCdf[5][2][4]。在上下文模

型的选择过程中，AV1 使用 `TileCoeffBaseEobCdf[txSzCtx][ptype][ctx]` 编码变换系数的语法元素 `coeff_base_eob`。对于语法元素 `coeff_base`，AV1 定义了 420 个上下文模型 `TileCoeffBaseCdf[5][2][42]`。在上下文模型的选择过程中，AV1 使用 `TileCoeffBaseCdf[txSzCtx][ptype][ctx]` 编码变换系数的语法元素 `coeff_base`。

这里需要注意的是，由于 AV1 使用不同的语法元素来编码最后一个非零系数的符号 BR（即语法元素 `coeff_base_eob`）和其他变换系数的符号 BR（语法元素 `coeff_base`）。使用不同的语法元素也意味着最后一个非零系数和其他位置变换系数的符号 BR 使用了不同的上下文模型集合。即使它们的上下文模型的索引相同，即 `txSzCtx`、`ptype` 和 `ctx` 都相同时，它们使用的上下文模型也是不一样的。

**（2）LR 符号的上下文建模过程**

AV1 使用语法元素 `coeff_br` 编码变换系数的 LR 符号。与 BR 符号不同，无论变换系数是否是最后一个非零系数，AV1 都使用语法元素 `coeff_br` 来编码 LR 符号。

与 BR 符号类似，在编码 LR 符号时，当前变换系数也是将其相邻变换系数作为上下文来源。但是在编码 LR 符号时，当前变换系数最多允许使用 3 个相邻变换系数作为其上下文。同理，由于 LR 符号的编码也按照逆向扫描顺序，所以当前变换系数的 LR 符号也把其右侧和下侧变换系数作为上下文。在不同的变换核类型下，LR 符号所使用的局部模板如图 7-14 所示，其中深灰色标记的方块是当前变换系数的位置，浅灰色覆盖的方块是其上下文建模过程使用的相邻变换系数。

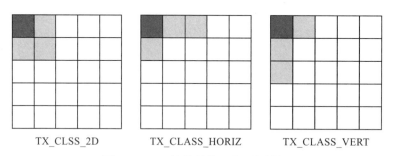

图 7-14 LR 符号所使用的局部模板

假设 $(x, y)$ 表示当前变换系数在变换块的位置坐标，x_off[3] 和 y_off[3] 分别是 LR 符号的上下文所包含的相邻变换系数相对于当前变换系数的 $x$ 和 $y$ 偏移量。那么，在不同的变换核类型下，x_off[3] 和 y_off[3] 定义如下：

❑ 当变换核类型是 TX_CLASS_2D 时，x_off[5] = {1, 0, 1}，y_off[5] = {0, 1, 1}。
❑ 当变换核类型是 TX_CLASS_HORIZ 时，x_off[5] = {1, 0, 2}，y_off[5] = {0, 1, 0}。
❑ 当变换核类型是 TX_CLASS_VERT 时，x_off[5] = [0, 1, 0]，y_off[5] = {0, 1, 2}。

在上下文 `ctx` 计算过程中，AV1 首先计算局部模板所覆盖的相邻变换系数的绝对值累加和 `mag`。假设 q[y][x] 表示位置 $(x, y)$ 处的变换量化系数，则 `mag` 的计算过程如下所示：

```
mag = 0;
for (i = 0; i < 3; i++) {
    if (y + y_off[i] >= 0 && x + x_off[i] >= 0 &&
        y + y_off[i] < height && x + x_off[i] < width) {
        val = q[y + y_off[i]][x + x_off[i]];
        mag = mag + Min(abs(val), 15);
    }
}
mag = Min((mag + 1) >> 1, 6)
```

为了利用变换系数与频域位置之间的统计相关性，在编码 LR 符号时，AV1 也按照频域位置 $(x, y)$ 把变换块分成不同的区域。对于不同类型变换核，AV1 采用了不同的频域区域划分方案，如图 7-15 所示。在图 7-15 中，方块代表一个变换系数，而矩形框代表变换系数区域。

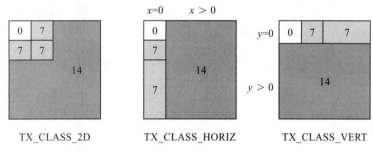

图 7-15　LR 符号编码过程中的变换块频域划分

对于位于不同区域的变换系数，AV1 让对应的 mag 加上频域位置 $(x, y)$ 对应的偏移量，来作为 LR 符号的上下文 ctx。假设 txClass 表示当前变换块的变换核类型，那么，当前变换系数的 LR 符号的上下文 ctx 的计算过程如下：

```
if (x == 0 && y == 0) {
    ctx = mag
} else if (txClass == TX_CLASS_2D) {
    if ((y < 2) && (x < 2)) {
        ctx = mag + 7
    } else {
        ctx = mag + 14
    }
} else {
    if (txClass == TX_CLASS_HORIZ) {
        if (x == 0) {
            ctx = mag + 7
        } else {
            ctx = mag + 14
```

```
            }
        } else {
            if (y == 0) {
                ctx = mag + 7
            } else {
            ctx = mag + 14
            }
        }
    }
```

从上面的上下文计算方式中可以发现：与 BR 符号不同，对于 LR 符号，不同变换核类型的变换系数块使用相同的上下文模型集合。比如：

- 当变换核类型是 TX_CLASS_2D 时，当频域位置 $(x, y)$ 满足 $y < 2$ 且 $x < 2$ 时，上下文 ctx 取值是 7～13。
- 当变换核类型是 TX_CLASS_HORIZ 时，当频域位置 $(x, y)$ 满足 $x=0$ 且 $y \neq 0$ 时，上下文 ctx 取值也是 7～13。
- 当变换核类型是 TX_CLASS_VERT 时，当频域位置 $(x, y)$ 满足 $x = 0$ 且 $x \neq 0$ 时，上下文 ctx 取值也是 7～13。

从上面描述的上下文计算过程可以发现，对于语法元素 coeff_br，其上下文 ctx 共有 21 个取值，即 0～20。除了上下文 ctx 之外，AV1 还把当前变换块大小 txSz 和当前变换块的 ptype 作为语法元素 coeff_br 的上下文。所以，AV1 为 coeff_br 定义了 168 个上下文模型 TileCoeffBrCdf[4][2][21]。在上下文模型的选择过程中，AV1 使用 TileCoeffBrCdf[Min(txSzCtx, TX_32X32)][ptype][ctx] 编码变换系数的语法 coeff_br。

**（3）DC 系数符号位的上下文建模过程**

在变换系数编码过程中，只有非零系数才需要编码符号位 sign。AC 系数的符号位 sign 以原始位的形式进行编码，即 AC 系数符号位的概率是 0.5。编码过程中，AV1 使用语法元素 sign_bit 编码 AC 系数的符号位。

另外，AV1 使用语法元素 dc_sign 来编码 DC 系数的符号位。在编码语法元素 dc_sign 时，AV1 采用基于上下文模型的算术编码方式。在上下文模型的选择过程中，AV1 根据当前变换块的上方相邻变换块和左侧相邻变换块中的 DC 系数符号位，来计算当前变换块的 DC 系数符号位的上下文 ctx。由于当前变换块可能有多个上方和左侧相邻变换块，所以，在计算上下文 ctx 的过程中，AV1 需要遍历所有与当前变换块相邻的上方、左侧变换块，如图 7-16 所示。

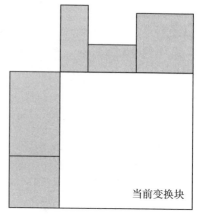

图 7-16　当前变换块的上方和左侧相邻变换块位置示意图

假设 AboveDcContext[plane] 和 LeftDcContext[plane] 是两个数组，它们以 4 个亮度像素为基本单位存储已经编码的 DC 系数的符号。数组 AboveDcContext[plane] 和 LeftDcContext[plane] 存储的数值是 0,1 或 2，其中 1 表示对应位置的 DC 系数是负数，2 表示对应位置的 DC 系数是正数，0 表示对应位置的 DC 系数是 0。x4 和 y4 分别表示当前变换块的起始坐标位置，w4 和 h4 是当前变换块的宽度和高度。这里的 x4, y4, w4 和 h4 都以 4 个亮度像素为基本单位。基于这些符号表示，DC 系数符号位的上下文 ctx 计算过程如下：

```
dcSign = 0
for (k = 0; k < w4; k++) {
    if (x4 + k < maxX4) {
        sign = AboveDcContext[plane][x4 + k]
        // sign = 1 表示相邻变换块的 DC 系数是负数，sign = 2 表示
        // 相邻变换块的 DC 系数是正数。
        if (sign == 1) {
            dcSign--
        } else if (sign == 2) {
            dcSign++
        }
    }
}
for ( k = 0; k < h4; k++ ) {
    if (y4 + k < maxY4) {
        sign = LeftDcContext[plane][y4 + k]
        // sign = 1 表示相邻变换块的 DC 系数是负数，sign = 2 表示
        // 相邻变换块的 DC 系数是正数。
        if (sign == 1) {
            dcSign--
        } else if (sign == 2) {
            dcSign++
        }
    }
}
if ( dcSign < 0 ) {
    ctx = 1
} else if ( dcSign > 0 ) {
    ctx = 2
} else {
    ctx = 0
}
```

所以，语法元素 `dc_sign` 的上下文 `ctx` 有 3 个取值，即 0～2。除了上下文 `ctx` 之外，AV1 还把当前变换块的 `ptype` 作为语法元素 `dc_sign` 的上下文。所以，AV1 为 `dc_sign` 定义了 6 个上下文模型 `TileDcSignCdf[2][3]`。在上下文模型的选择过程中，AV1 使用 `TileDcSignCdf[ptype][ctx]` 编码变换块 `dc_sign`。

**（4）语法元素 `all_zero`**

AV1 使用语法元素 `all_zero` 来表示变换系数块是否都是由零系数组成的。如果 `all_zero` 等于 1，则表示变换量化系数块中的所有系数都是零系数；如果 `all_zero` 等于 0，则表示当前变换系数块包含非零系数。

在编码 `all_zero` 时，AV1 采用基于上下文模型的算术编码方式。在上下文模型的选择过程中，AV1 使用当前变换块的上方相邻变换块和左侧相邻变换块中的变换系数绝对值累加和作为上下文。对于亮度分量，AV1 使用所有相邻变换块的变换系数绝对值累加和的最大值作为上下文。对于色度分量，除了相邻变换块的变换系数绝对值累加和之外，AV1 还把相邻变换块的 DC 系数符号位信息作为上下文。

假设 `AboveLevelContext[plane]` 和 `LeftLevelContext[plane]` 是两个数组，它们以 4 个亮度像素为基本单位存储已经编码的相邻变换块的变换系数绝对值累加和。数组 `AboveLevelContext[plane]` 和 `LeftLevelContext[plane]` 存储的数值是位于区间 [0, 63] 之内的整数。假设 `x4` 和 `y4` 分别表示当前变换块的起始坐标位置，`w4` 和 `h4` 是当前变换块的宽度和高度，其中 `x4`、`y4`、`w4` 和 `h4` 都以 4 个亮度像素为基本单位。

❑ 亮度分量的语法元素 `all_zero` 的上下文 `ctx` 计算如下：

```
// txSz 是变换块大小，其取值如表 7-7 所示。利用 txSz 可以得到变换块的宽度 w 和高度 h。
w = Tx_Width[txSz]
h = Tx_Height[txSz]
// bsize 是编码块的大小，一个编码块可以划分成多个变换块。利用 bsize
// 可以得到编码块宽度 bw 和高度 bh。
bw = Block_Width[bsize]
bh = Block_Height[bsize]
top = 0
left = 0
// 遍历所有的上方相邻变换块，计算最大的变换系数绝对值累加和 top。
for (k = 0; k < w4; k++) {
    if (x4 + k < maxX4)
        top = Max(top, AboveLevelContext[plane][x4 + k])
}
// 遍历所有的左侧相邻变换块，计算最大的变换系数绝对值累加和 left。
for (k = 0; k < h4; k++) {
    if (y4 + k < maxY4)
        left = Max(left, LeftLevelContext[plane][y4 + k])
```

```
}
top = Min( top, 255 )
left = Min( left, 255 )
if ( bw == w && bh == h ) {
    // bw == w && bh == h 表示编码块和变换块的大小相同。
    ctx = 0
} else {
    // 编码块和变换块的大小不相同,即编码块被划分成多个变换块。
    if (top == 0 && left == 0) {
        // 上方和左侧相邻变换块都是零系数块。
        ctx = 1
    } else if (top == 0 || left == 0) {
        // 上方或左侧相邻变换块是零系数块。
        ctx = 2 + (Max( top, left ) > 3)
    } else if (Max( top, left ) <= 3) {
        // 上方和左侧相邻变换块的系数绝对值累加和都不大于3。
        ctx = 4
    } else if ( Min( top, left ) <= 3 ) {
        // 上方或左侧相邻变换块的系数绝对值累加和,有一个大于3,另一个小于或等于3。
        ctx = 5
    } else {
        // 上方和左侧相邻变换块的系数绝对值累加和都大于3。
        ctx = 6
    }
}
```

- 对于色度分量,语法元素 all_zero 的上下文 ctx 计算如下:

```
above = 0
left = 0
// AboveDcContext[plane][i] 和 LeftDcContext[plane][i] 的可能取值是 0,1 和 2,
// 其中 0 表示对应的相邻块 DC 系数是 0, 1 表示对应的相邻块 DC 系数是负数,
// 2 表示对应的相邻块 DC 系数是正数。
// 遍历所有的上方相邻变换块
for (i = 0; i < w4; i++) {
    if (x4 + i < maxX4) {
        // 获取相邻变换块的变换系数绝对值累加和。
        above |= AboveLevelContext[plane][x4 + i]
        // 获取相邻变换块的 DC 系数符号位。
        above |= AboveDcContext[plane][x4 + i]
    }
}
```

```
// 遍历所有的左侧相邻变换块
for (i = 0; i < h4; i++) {
    if (y4 + i < maxY4) {
        // 获取相邻变换块的变换系数绝对值累加和。
        left |= LeftLevelContext[plane][y4 + i]
        // 获取相邻变换块的DC系数符号位。
        left |= LeftDcContext[plane][y4 + i]
    }
}
// ( above != 0 ) + ( left != 0 ) 由3种取值: 0, 1, 2
ctx = ( above != 0 ) + ( left != 0 )
ctx += 7
// bw和bh是色度编码块的宽度和高度, w和h是色度变换块的宽度和高度。
// bw * bh > w * h 表示色度编码块被分割成多个变换块。
if ( bw * bh > w * h )
    ctx += 3
```

所以，语法元素 `all_zero` 的上下文 ctx 有 13 个取值，即 $0 \sim 12$。除了上下文 ctx 之外，AV1 还把当前变换块大小 `txSz` 作为语法元素 `all_zero` 的上下文。所以，AV1 为 `all_zero` 定义了 65 个上下文模型 `TileTxbSkipCdf[5][13]`。在上下文模型的选择过程中，AV1 使用 `TileTxbSkipCdf[txSzCtx][ctx]` 编码变换块的语法元素 `all_zero`。

### 7.2.4　SVT-AV1 变换量化系数编码的实现方案

函数 `av1_write_coeffs_txb_1d` 是编码一个变换块中所有变换量化系数的熵编码方案的实现函数。该函数的函数调用关系如下所示：

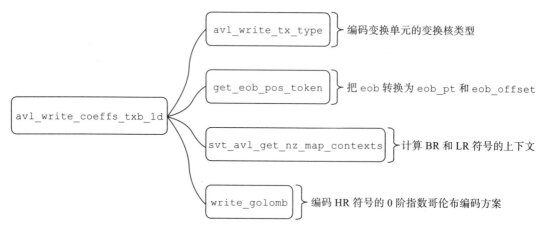

函数 `av1_write_coeffs_txb_1d` 的实现如下：

```
static int32_t av1_write_coeffs_txb_1d(PictureParentControlSet *ppcs,
FRAME_CONTEXT *frame_context, MbModeInfo *mbmi, AomWriter *ec_writer,
EcBlkStruct *blk_ptr, TxSize tx_size, uint32_t pu_index,
uint32_t txb_index, uint32_t intraLumaDir, int32_t *coeff_buffer_ptr,
const uint16_t coeff_stride, COMPONENT_TYPE component_type,
int16_t txb_skip_ctx, int16_t dc_sign_ctx, int16_t eob) {
    // txs_ctx是变换系数上下文建模过程中使用的上下文txSzCtx。
    const TxSize txs_ctx = (TxSize)((txsize_sqr_map[tx_size] +
        txsize_sqr_up_map[tx_size] + 1) >> 1);
    // tx_type是当前变换块使用变换核类型。
    TxType tx_type = blk_ptr->txb_array[txb_index].transform_type[
                     component_type];
    // 根据变换单元大小tx_size和变换核类型tx_type,选择合适的扫描方式。
    const ScanOrder *const scan_order = &av1_scan_orders
                     [tx_size][tx_type];
    // 数组scan把扫描顺序转化为光栅顺序,假设idx是扫描顺序,
    // pos是光栅顺序,那么scan[idx] = pos。
    const int16_t *const scan = scan_order->scan;
    int32_t  c;
    // 1 << bwl是变换块的宽度。
    const int16_t  bwl = (const uint16_t)get_txb_bwl_tab[tx_size];
    const uint16_t width = (const uint16_t)get_txb_wide_tab[tx_size];
    const uint16_t height = (const uint16_t)get_txb_high_tab[tx_size];
    ...
    // 编码语法元素all_zero,all_zero的取值是eob = 0,
    // txb_skip_cdf[txs_ctx][txb_skip_ctx]是上下文模型。
    aom_write_symbol(ec_writer, eob == 0,
        frame_context->txb_skip_cdf[txs_ctx][txb_skip_ctx], 2);
    if (component_type == 0 && eob == 0) {
        // 对于帧间预测编码块,色度变换块的变换核是对应亮度分量的第一个变换块的
        // 变换核,所以,当eob = 0时,亮度变换块的变换核设置为DCT_DCT。
        if (is_inter_mode(mbmi->block_mi.mode)) {
            tx_type =
            blk_ptr->txb_array[txb_index].transform_type[PLANE_TYPE_Y]
            = DCT_DCT;
            blk_ptr->txb_array[txb_index].transform_type[PLANE_TYPE_UV]
            = DCT_DCT;
        } else {
            tx_type =
            blk_ptr->txb_array[txb_index].transform_type[PLANE_TYPE_Y]
            = DCT_DCT;
```

```c
    }
}
if (eob == 0) // all_zero 等于 1 时, 退出
    return 0;
// 把 coeff_buffer_ptr 中的变换系数的绝对值复制至 levels。
svt_av1_txb_init_levels(coeff_buffer_ptr, width, height, levels);
if (component_type == COMPONENT_LUMA) {
    // 编码语法元素 inter_tx_type 或 intra_tx_type, 用于
    // 表示当前变换块的变换核类型。
    av1_write_tx_type(ppcs, frame_context, mbmi, ec_writer,
        blk_ptr, intraLumaDir, tx_type, tx_size);
}
int16_t eob_extra;
// 把 eob 转换为 eob_pt 和 eob_offset, 这里使用 eob_extra 表示 eob_offset。
const int16_t eob_pt = get_eob_pos_token(eob, &eob_extra);
// eob_multi_size 是 log2(w * h) - 4, w 和 h 是变换块的宽度和高度。
const int16_t eob_multi_size = txsize_log2_minus4[tx_size];
// tx_type_to_class[txtype] 把变换核 txtype 分为 3 种变换类型:
// TX_CLASS_2D, TX_CLASS_HORIZ, TX_CLASS_VERT。
const int16_t eob_multi_ctx =
    (tx_type_to_class[tx_type] == TX_CLASS_2D) ? 0 : 1;
// 根据变换块中总系数 eob_multi_size 编码对应的语法元素。
switch (eob_multi_size) {
case 0:
// 编码语法元素 eob_pt_16, eob_flag_cdf16[component_type]
// [eob_multi_ctx] 是上下文模型。
aom_write_symbol(..., eob_pt - 1,
        eob_flag_cdf16[component_type][eob_multi_ctx], 5);
break;
case 1:
// 编码语法元素 eob_pt_32, eob_flag_cdf32[component_type]
// [eob_multi_ctx] 是上下文模型。
aom_write_symbol(..., eob_pt - 1,
        eob_flag_cdf32[component_type][eob_multi_ctx], 6);
break;
case 2:
// 编码语法元素 eob_pt_64, eob_flag_cdf64[component_type]
// [eob_multi_ctx] 是上下文模型。
aom_write_symbol(..., eob_pt - 1,
        eob_flag_cdf64[component_type][eob_multi_ctx], 7);
break;
```

```
case 3:
// 编码语法元素 eob_pt_128, eob_flag_cdf128[component_type]
// [eob_multi_ctx] 是上下文模型。
aom_write_symbol(..., eob_pt - 1,
        eob_flag_cdf128[component_type][eob_multi_ctx], 8);
break;
case 4:
// 编码语法元素 eob_pt_256, eob_flag_cdf256[component_type]
// [eob_multi_ctx] 是上下文模型。
aom_write_symbol(..., eob_pt - 1,
        eob_flag_cdf256[component_type][eob_multi_ctx], 9);
break;
case 5:
// 编码语法元素 eob_pt_512, eob_flag_cdf512[component_type][0]
// 是上下文模型。
aom_write_symbol(..., eob_pt - 1,
    eob_flag_cdf512[component_type][eob_multi_ctx], 10);
break;
default:
// 编码语法元素 eob_pt_1024, eob_flag_cdf1024[component_type][0]
// 是上下文模型。
aom_write_symbol(..., eob_pt - 1,
    eob_flag_cdf1024[component_type][eob_multi_ctx], 11);
break;
}
// eob_offset_bits 是 eob_extra 的二进制表示形式的位数。
const int16_t eob_offset_bits = eb_k_eob_offset_bits[eob_pt];
if (eob_offset_bits > 0) {
    int32_t eob_shift = eob_offset_bits - 1;
    // bit 是 eob_extra 的最高有效位,也是语法元素 eob_extra 的取值。
    int32_t bit = (eob_extra & (1 << eob_shift)) ? 1 : 0;
    // 编码语法元素 eob_extra,上下文模型是:
    // eob_extra_cdf[txs_ctx][component_type][eob_pt]。
    aom_write_symbol(..., bit,
        eob_extra_cdf[txs_ctx][component_type] [eob_pt], 2);
    // 下面这个循环是使用语法元素 eob_extra_bit 编码 eob_extra 的剩余有效位。
    for (int32_t i = 1; i < eob_offset_bits; i++) {
        eob_shift = eob_offset_bits - 1 - i;
        bit = (eob_extra & (1 << eob_shift)) ? 1 : 0;
        // 概率等于 0.5 的算术编码方案。
        aom_write_bit(ec_writer, bit);
```

```
            }
        }
        // 计算扫描顺序在 eob 之前的所有变换系数的上下文, coeff_contexts[pos]
        // 存储光栅位置为 pos 的变换系数的上下文。
        svt_av1_get_nz_map_contexts(levels, scan, eob,
            tx_size, tx_type_to_class[tx_type], coeff_contexts);
        // 按照逆向扫描顺序,遍历每个变换系数的 BR 和 LR 符号。
        for (c = eob - 1; c >= 0; --c) {
            const int16_t pos = scan[c];
            const int32_t v = coeff_buffer_ptr[pos];
            const int16_t coeff_ctx = coeff_contexts[pos];
            int32_t level = ABS(v);
            if (c == eob - 1) {
                // 编码最后一个非零系数的 BR 符号,其取值范围是:
                // 1, 2, > 2, 共 3 种情况。
                // 使用语法元素 coeff_base_eob 最后一个非零系数的 BR 符号。
                // 上下文模型是:
                // coeff_base_eob_cdf[txs_ctx] [component_type][coeff_ctx]。
                aom_write_symbol(...,AOMMIN(level, 3) - 1,
                    coeff_base_eob_cdf[txs_ctx][component_type][coeff_ctx],
                    3);
            } else {
                // 其他系数的 BR 符号的取值范围是: 0,1,2,>2 共 4 种情况,
                // 使用语法元素 coeff_base 编码。
                // 上下文模型是:
                // coeff_base_cdf[txs_ctx] [component_type][coeff_ctx]
                aom_write_symbol(..., AOMMIN(level, 3),
                    coeff_base_cdf[txs_ctx][component_type][coeff_ctx],
                    4);
            }
            // level 大于 2 时候,需要使用语法元素 coeff_br 编码 LR 符号。
            if (level > NUM_BASE_LEVELS) {
                // base_range 从 0 开始,即从 level 减去 BR 已经编码的信息。
                int32_t base_range = level - 1 - NUM_BASE_LEVELS;
                // 函数 get_br_ctx 计算 LR 的上下文。
                int16_t br_ctx = get_br_ctx(levels, pos, bwl,
                                tx_type_to_class[tx_type]);
                // AV1 最多允许编码 4 个 LR 符号,即 LR0、LR1、LR2、LR3。
                for (int32_t idx = 0; idx < COEFF_BASE_RANGE;
                    idx += BR_CDF_SIZE - 1) {
                    const int32_t k = AOMMIN(base_range - idx,
```

```
                            BR_CDF_SIZE - 1);
                // 编码符号 LR_idx，上下文模型是:
                // coeff_br_cdf[AOMMIN(txs_ctx, TX_32X32)]
                // [component_type][br_ctx]。
                aom_write_symbol(..., k,
                        coeff_br_cdf[AOMMIN(txs_ctx, TX_32X32)]
                        [component_type][br_ctx], BR_CDF_SIZE);
                if (k < BR_CDF_SIZE - 1)
                    break;
            }
        }
} // end for (c = eob - 1...)
// cul_level 当前变换单元中所有系数幅值之和。
int32_t cul_level = 0;
// 按照正向扫描顺序变换系数的编码符号位 sign 和 HR。
for (c = 0; c < eob; ++c) {
    const int16_t pos = scan[c];
    const int32_t v = coeff_buffer_ptr[pos];
    int32_t level = ABS(v);
    // cul_level 是变换系数绝对值累加和。
    cul_level += level;
    // 获取系数符号位 sign。
    const int32_t sign = (v < 0) ? 1 : 0;
        if (level) {
            if (c == 0) {
            // c=0 表示 DC 系数，编码语法元素 dc_sign,
            // 以表示 DC 系数符号位。
            // 上下文模型是 dc_sign_cdf[component_type][dc_sign_ctx]。
                aom_write_symbol(..., sign,
                    dc_sign_cdf[component_type][dc_sign_ctx], 2);
            } else {
            // 编码 AC 系数的符号位，以等概率的算术编码方案编码。
            aom_write_bit(ec_writer, sign);
        }
        if (level > COEFF_BASE_RANGE + NUM_BASE_LEVELS) {
            // 用 0 阶指数哥伦布编码编码 HR 符号。
            write_golomb(ec_writer, level -
                COEFF_BASE_RANGE - 1 - NUM_BASE_LEVELS);
        }
    }
} // end for (c = 0; c < eob; ++c)
```

```
    // 对 cul_level 进行限制，即 cul_level = Min(63, cul_level)
    cul_level = AOMMIN(COEFF_CONTEXT_MASK, cul_level);
    //DC 系数是负数，01|xxxxxx;DC 是正数，10|xxxxxx。
    set_dc_sign(&cul_level, coeff_buffer_ptr[0]);
    return cul_level;
}
```

### 1. BR 符号的上下文计算

函数 svt_av1_get_nz_map_contexts_c 是计算扫描顺序在 eob 之前的所有变换系数 BR 符号的上下文，该函数实现如下：

```
void svt_av1_get_nz_map_contexts_c(const uint8_t* const levels,
const int16_t* const scan, const uint16_t eob, const TxSize tx_size,
const TxClass tx_class, int8_t* const coeff_contexts) {
    // 1 << bwl 是变换块宽度。
    const int bwl    = get_txb_bwl_tab[tx_size];
    // 变换块高度。
    const int height = get_txb_high_tab[tx_size];
    // 按照扫描顺序，设置每个变换系数的上下文 coeff_contexts[pos]
    for (int i = 0; i < eob; ++i) {
        // 把扫描顺序 i 转换为光栅顺序 pos。
        const int pos = scan[i];
        // 计算光栅位置 pos 的变换系数的上下文。
        coeff_contexts[pos] = get_nz_map_ctx(levels, pos, bwl, height,
            i, i == eob - 1, tx_size, tx_class);
    }
}
// 函数 get_nz_map_ctx 的实现
static INLINE int get_nz_map_ctx(const uint8_t* const levels,
const int coeff_idx, const int bwl, const int height, const int scan_idx,
const int is_eob, const TxSize tx_size, const TxClass tx_class) {
    if (is_eob) {
        // 如果当前系数是最后一个非零系数，则使用扫描位置 scan_idx 计算上下文。
        if (scan_idx == 0)
            return 0;
        if (scan_idx <= (height << bwl) / 8)
            return 1;
        if (scan_idx <= (height << bwl) / 4)
            return 2;
        return 3;
    }
```

```
    // 如果当前系数不是最后一个非零系数,则先调用函数 get_nz_mag 返回局部模板
    // 覆盖的相邻变换系数的绝对值累加和 stats。
    const int stats = get_nz_mag(levels + get_padded_idx(coeff_idx, bwl),
        bwl, tx_class);
    // 函数 get_nz_map_ctx_from_stats 利用相邻变换系数的绝对值累加和 stats、
    // 变换核类型以及位置 (x, y) 计算上下文。
    return get_nz_map_ctx_from_stats(stats, coeff_idx, bwl, tx_size,
        tx_class);
}
// 函数 get_nz_mag 实现
static AOM_FORCE_INLINE int get_nz_mag(const uint8_t *const levels,
const int bwl, const TxClass tx_class) {
    int mag;
    // 位置偏移量用 (y, x) 来表示。
    // 首先计算位置偏移量是 (0, 1) 和 (1, 0) 的变换系数累加和。
    mag = clip_max3[levels[1]]; // { 0, 1 }
    mag += clip_max3[levels[(1 << bwl) + TX_PAD_HOR]]; // { 1, 0 }
    if (tx_class == TX_CLASS_2D) {
        // 变换类型是 TX_CLASS_2D 时,计算位置偏移量是 (1, 1)、(2, 0) 和 (0, 2)
        // 的变换系数累加和。
        // { 1, 1 }
        mag += clip_max3[levels[(1 << bwl) + TX_PAD_HOR + 1]];
        // { 0, 2 }
        mag += clip_max3[levels[2]];
        // { 2, 0 }
        mag += clip_max3[levels[(2 << bwl) + (2 << TX_PAD_HOR_LOG2)]];
    } else if (tx_class == TX_CLASS_VERT) {
        // 变换类型是 TX_CLASS_VERT 时,计算位置偏移量是 (2, 0)、(3, 0) 和 (4, 0)
        // 的变换系数累加和。
        // { 2, 0 }
        mag += clip_max3[levels[(2 << bwl) + (2 << TX_PAD_HOR_LOG2)]];
        // { 3, 0 }
        mag += clip_max3[levels[(3 << bwl) + (3 << TX_PAD_HOR_LOG2)]];
        // { 4, 0 }
        mag += clip_max3[levels[(4 << bwl) + (4 << TX_PAD_HOR_LOG2)]];
    } else {
        // 变换类型是 TX_CLASS_HORIZ 时,计算位置偏移量是 (0, 2)、(0, 3) 和 (0, 4)
        // 的变换系数累加和。
        // { 0, 2 }
        mag += clip_max3[levels[2]];
        // { 0, 3 }
```

```c
        mag += clip_max3[levels[3]];
        // { 0, 4 }
        mag += clip_max3[levels[4]];
    }
    return mag;
}
// 函数 get_nz_map_ctx_from_stats 的实现。
static AOM_FORCE_INLINE int get_nz_map_ctx_from_stats(const int stats,
const int coeff_idx, const int bwl, const TxSize tx_size,
const TxClass tx_class) {
    if ((tx_class | coeff_idx) == 0)
        // 变换类型是 TX_CLASS_2D 并且当前系数 DC 系数。
        return 0;
    // (stats + 1)/2
    int ctx = (stats + 1) >> 1;
    // 最大不能超过 4。
    ctx = AOMMIN(ctx, 4);
    switch (tx_class) {
    case TX_CLASS_2D: {
        // 数组 eb_av1_nz_map_ctx_offset 存储 TX_CLASS_2D 下的变换块
        // 频域区域划分方式。利用变换单元尺寸和扫描系数位置作为上下文。
        return ctx + eb_av1_nz_map_ctx_offset[tx_size][coeff_idx];
    }
    case TX_CLASS_HORIZ: {
        // 数组 nz_map_ctx_offset_1d 存储 TX_CLASS_HORIZ 和 TX_CLASS_VERT 下的
        // 变换块频域区域划分方式。
        const int row = coeff_idx >> bwl;
        const int col = coeff_idx - (row << bwl);
        return ctx + nz_map_ctx_offset_1d[col];
    }
    case TX_CLASS_VERT: {
        const int row = coeff_idx >> bwl;
        return ctx + nz_map_ctx_offset_1d[row];
    }
    default: break;
    }
    return 0;
}
```

### 2. LR 符号的上下文计算

函数 `get_br_ctx` 是计算扫描顺序在 eob 之前的所有变换系数 LR 符号的上下文。该函数的实现如下：

```c
static AOM_FORCE_INLINE int get_br_ctx(const uint8_t *const levels,
const int c, const int bwl, const TxClass tx_class) {
    // c是系数的光栅扫描顺序，(row, col)是系数的坐标
    const int row = c >> bwl;
    const int col = c - (row << bwl);
    const int stride = (1 << bwl) + TX_PAD_HOR;
    const int pos = row * stride + col;
    // 计算(0, 1)和(1, 0)处的变换系数的绝对值累加和。
    int mag = levels[pos + 1];
    mag += levels[pos + stride];
    switch (tx_class) {
    case TX_CLASS_2D:
    // 当变换核类型是TX_CLASS_2D时，在把(1, 1)处的变换系数的绝对值加入mag
    mag += levels[pos + stride + 1];
    mag = AOMMIN((mag + 1) >> 1, 6);
    // DC系数时，用mag作上下文
    if (c == 0)
        return mag;
    // (0, 1)、(1, 0)和(1, 1)位置上的系数，用mag+7作上下文。
    if ((row < 2) && (col < 2))
        return mag + 7;
    break;
    case TX_CLASS_HORIZ:
    // 当变换核类型是TX_CLASS_HORIZ时，在把(0, 2)处的变换系数的绝对值加入mag
    mag += levels[pos + 2];
    mag = AOMMIN((mag + 1) >> 1, 6);
    // DC系数时，用mag作上下文
    if (c == 0)
        return mag;
    // col = 0位置上的系数，用mag+7作上下文。
    if (col == 0)
        return mag + 7;
    break;
    case TX_CLASS_VERT:
    // 当变换核类型是TX_CLASS_VERT时，在把(2, 0)处的变换系数的绝对值加入mag
    mag += levels[pos + (stride << 1)];
    mag = AOMMIN((mag + 1) >> 1, 6);
    // DC系数时，用mag作上下文
    if (c == 0)
        return mag;
```

```
            // row = 0 位置上的系数,用 mag+7 作上下文。
            if (row == 0)
                return mag + 7;
            break;
        default: break;
        }
        // 其余位置上的系数,用 mag+14 作上下文。
        return mag + 14;
    }
```

### 3. 语法元素 dc_sign 和 all_zero 的上下文计算

函数 `svt_aom_get_txb_ctx` 是计算 `all_zero` 的上下文,其实现如下:

```
void svt_aom_get_txb_ctx(PictureControlSet *pcs, const int32_t plane,
    NeighborArrayUnit *dc_sign_level_coeff_neighbor_array, uint32_t blk_org_x,
    uint32_t blk_org_y, const BlockSize plane_bsize, const TxSize tx_size,
    int16_t *const txb_skip_ctx, int16_t *const dc_sign_ctx) {
    // dc_sign_lvl_coeff_left_neighbor_idx 和
    // dc_sign_lvl_coeff_top_neighbor_idx 分别是上方相邻变换块
    // 和左侧相邻变换块的信息在缓冲区的位置索引。
    // txb_w_unit 和 txb_h_unit 分别是以 4 个亮度像素为基本单位的变换块宽度和高度。
    // top_array[i] 和 left_array[i] 的二进制表示形式是: 01|xxxxxx 和 10|xxxxxx。
    // 最高两位表示 DC 系数符号位,其取值是 0、1 和 2;低 6 位是变换单元中所有系数幅值之和。
    ...
    int16_t  dc_sign = 0;
    uint16_t k = 0;
    uint8_t sign;
    if (dc_sign_level_coeff_neighbor_array->top_array
        [dc_sign_lvl_coeff_top_neighbor_idx] != INVALID_NEIGHBOR_DATA) {
        // 上方相邻变换块的信息是有效时,遍历所有上方相邻变换块。
        do {
            // top_array[i] >> COEFF_CONTEXT_BITS 是相邻变换块的 DC 系数符号位。
            sign = ((uint8_t)top_array[k +
                dc_sign_lvl_coeff_top_neighbor_idx]
                >> COEFF_CONTEXT_BITS);
            dc_sign += signs[sign];
        } while (++k < txb_w_unit);
    }
    if (dc_sign_level_coeff_neighbor_array->left_array
        [dc_sign_lvl_coeff_left_neighbor_idx] != INVALID_NEIGHBOR_DATA) {
        // 左侧相邻变换块的信息是有效时,遍历所有左侧相邻变换块。
```

```
        k = 0;
        do {
            // left_array[i] >> COEFF_CONTEXT_BITS 是相邻变换块的 DC 系数符号位。
            sign = ((uint8_t)left_array[k +
                dc_sign_lvl_coeff_left_neighbor_idx]
                >> COEFF_CONTEXT_BITS);
            dc_sign += signs[sign];
        } while (++k < txb_h_unit);
    }
    // dc_sign_ctx 是语法元素 dc_sign 的上下文。
    if (dc_sign > 0)
        *dc_sign_ctx = 2;
    else if (dc_sign < 0)
        *dc_sign_ctx = 1;
    else
        *dc_sign_ctx = 0;
    // 下面是计算语法元素 all_zero 的上下文 txb_skip_ctx。
    if (plane == 0) {
        // plane_bsize == txsize_to_bsize[tx_size] 表示编码块和变换块的大小相同。
        if (plane_bsize == txsize_to_bsize[tx_size])
            *txb_skip_ctx = 0;
        else {
            // 编码块和变换块的大小不相同时
            static const uint8_t skip_contexts[5][5] = {
                {1, 2, 2, 2, 3}, {1, 4, 4, 4, 5}, {1, 4, 4, 4, 5},
                {1, 4, 4, 4, 5}, {1, 4, 4, 4, 6}};
            int32_t top  = 0;
            int32_t left = 0;
            k = 0;
            if (top_array[dc_sign_lvl_coeff_top_neighbor_idx] !=
                INVALID_NEIGHBOR_DATA) {
                // 遍历所有上方相邻变换块，读取相邻块的变换系数幅值累加和。
                do {
                    top |= (int32_t)(top_array[k +
                            dc_sign_lvl_coeff_top_neighbor_idx]);
                } while (++k < txb_w_unit);
            } // end if(top_array)
            top &= COEFF_CONTEXT_MASK;
            if (left_array[dc_sign_lvl_coeff_left_neighbor_idx] !=
                INVALID_NEIGHBOR_DATA) {
                k = 0;
```

```
            // 遍历所有左侧相邻变换块，读取相邻块的变换系数幅值累加和。
            do {
                left |= (int32_t)(left_array[k +
                        dc_sign_lvl_coeff_left_neighbor_idx]);
            } while (++k < txb_h_unit);
        } // end if (left_array)
        left &= COEFF_CONTEXT_MASK;
        // 计算top和left的最大和最小值，并据此计算上下文txb_skip_ctx。
        const int32_t max = AOMMIN(top | left, 4);
        const int32_t min = AOMMIN(AOMMIN(top, left), 4);
        *txb_skip_ctx = skip_contexts[min][max];
    } // end if (plane_bsize == txsize_to_bsize[tx_size]){} else {}
} else {
    int16_t ctx_base_left = 0;
    int16_t ctx_base_top  = 0;
    if (top_array[dc_sign_lvl_coeff_top_neighbor_idx] !=
        INVALID_NEIGHBOR_DATA) {
        k = 0;
        // 遍历所有上方相邻变换块，读取相邻块的DC系数符号信息和变换系数幅值累加和。
        do {
            ctx_base_top += (top_array[k +
                    dc_sign_lvl_coeff_top_neighbor_idx] != 0);
        } while (++k < txb_w_unit);
    } // end if (top_array)
    if (left_array[dc_sign_lvl_coeff_left_neighbor_idx] !=
        INVALID_NEIGHBOR_DATA) {
        k = 0;
        // 遍历所有左侧相邻变换块，读取相邻块的DC系数符号信息和变换系数幅值累加和。
        do {
            ctx_base_left += (left_array[k +
                    dc_sign_lvl_coeff_left_neighbor_idx] != 0);
        } while (++k < txb_h_unit);
    } // end if (left_array)
    const int32_t ctx_base   = ((ctx_base_left != 0) +
        (ctx_base_top != 0));
    const int32_t ctx_offset = (num_pels_log2_lookup[plane_bsize] >
        num_pels_log2_lookup[txsize_to_bsize[tx_size]]) ? 10 : 7;
    *txb_skip_ctx = (int16_t)(ctx_base + ctx_offset);
} // end if (plane == 0) {} else {}
}
```

CHAPTER 8

# 第 8 章

# 环 路 滤 波

AV1 标准定义了 3 种环路滤波器：去块效应滤波器、约束方向增强滤波器和环路恢复滤波器。AV1 编码框架如图 8-1 所示，这些滤波器应用于编码和解码的环路之内，即对重建图像（重建图像是指反量化和反变换之后得到的重构预测残差，加上预测图像得到的解码图像）进行滤波，滤波后的解码图像将保存至解码图像缓冲区，被用作参考图像以编码后续输入的视频图像。把环路滤波器放在编码和解码环路之内可以提高参考图像的质量，从而提高帧间预测准确性，进而提高压缩效率。

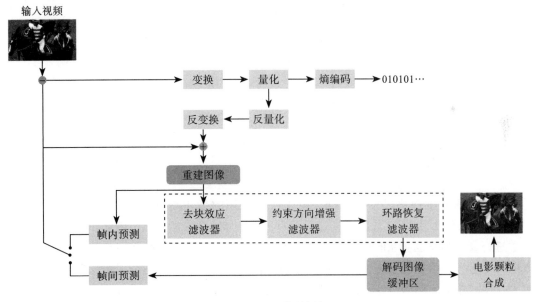

图 8-1　AV1 编码框架

在 AV1 标准的环路滤波阶段，编码器首先对重建后的图像进行去块效应滤波，目的是减少预测编码块和变换编码块之间的不连续性；接着，对经过去块效应滤波的图像应用约束方向增强滤波器，以减少锐利边缘附近的振铃效应和底层噪声；最终，约束方向增强滤波器处理过的图像将通过环路恢复滤波器，以恢复编码过程中丢失的图像信息。环路恢复滤波器的主要优势在于它能够提升解码后图像的主观质量。此外，经过环路滤波器处理过的解码图像将保存至解码图像缓冲区，用于帧间预测的参考帧。在帧间预测中，高质量的参考帧意味着较少的噪声和伪影，这有助于更准确地预测后续帧的内容。所以，在编码和解码过程中使用这些滤波器，不但提高了解码视频帧的主观质量，也改善了参考图像的质量，进而提高了帧间预测准确性。

## 8.1 去块效应滤波器

### 8.1.1 AV1 中的块效应

在 AV1 中，输入图像首先被分割成互不重叠的超级块。每个超级块可以继续被分割成不同尺寸的编码块。最大编码块的尺寸是 $128 \times 128$，最小编码块尺寸是 $4 \times 4$。除了正方形编码块之外，AV1 还支持长宽比为 1:2 或 2:1 以及 1:4 或 4:1 的矩形编码块。在编码过程中，编码块互相独立地进行编码。例如，在运动估计过程中，编码器通过最小化当前编码块与参考图像块之间的差异来选择最优的参考图像块。在当前块的运动估计过程中，编码器并没有考虑当前块的直接相邻块的运动信息和纹理特征。因此，如果当前图像中的两个相邻的编码块使用不同参考图像中的图像块作为参考图像块，那么这两个相邻编码块的边缘往往会出现不连续性，相邻编码块在运动补偿过程中的块效应如图 8-2 所示。

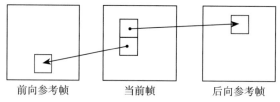

前向参考帧　　当前帧　　后向参考帧

图 8-2　相邻编码块在运动补偿过程中的块效应

为了充分挖掘预测残差的相关性，AV1 引入了不同形状和尺寸的变换块。变换块形状包括正方形变换块和长宽比为 1:2 或 2:1 以及 1:4 或 4:1 的矩形变换块。最大变换块尺寸是 $64 \times 64$，最小变换块尺寸是 $4 \times 4$。由于 AV1 使用的是非重叠块变换（Non-overlapping Block Transform），即当前块的变换过程没有考虑相邻图像块的影响，因而，使用较大量化参数进行量化操作也会在图像块边界产生不连续性。在高频内容较多的细节区域，这些块效应可能会被人类视觉系统掩盖。也就是说，在高频内容较多的细节区域，观众不容易观察到这些块效应。然而，在平滑区域，块之间的不连续性很容易被观众注意到，并可能导致感知视频质量的显著降低。

由于块效应在平滑和单一纹理区域易于被觉察，所以去块效应滤波器会减弱平滑和单一纹理区域的块效应。在高频内容较多的细节区域，编码器很难确定不连续的边缘是由编码失真引起的，还是属于原始信号。因此，在纹理复杂的区域，去块效应滤波器要避免过度滤波，以防止出现纹理模糊。为了避免模糊原始图像中的实际存在的边缘，AV1 的去块效应滤波器首先对重建图像进行边缘检测。对于包含高方差信号的边界，AV1 将禁用去块效应滤波器。图 8-3 所示为 AV1 编码过程中出现的块效应，以及去块效应后的视觉效果。

a）启用去块效应滤波器　　　　　b）关闭去块效应滤波器

图 8-3　AV1 编码过程中出现的块效应和去块效应后的视觉效果

### 8.1.2　去块效应滤波器滤波原理

AV1 的去块效应滤波器以变换块为单位，在每个变换块边界上进行垂直和水平两个方向的滤波，以消除由量化误差引起的块效应。在滤波过程中，去块效应滤波器首先对超级块的所有垂直边界进行滤波，然后对超级块的所有水平边界进行滤波。对于一个超级块，垂直边界的滤波是从最左边的垂直边界开始，向右进行，最右侧的垂直边界在下一个右侧超级块的滤波过程中处理；水平边界的滤波是从最上方的水平边界开始，向下进行，最下方的水平边界在下一个下侧超级块的滤波过程中处理。图 8-4 所示为一个超级块的变换块划分，以及该超级块的垂直和水平边界滤波。

a）超级块的变换块划分　　b）变换块的垂直边界滤波　　c）变换块的水平边界滤波

图 8-4　超级块的变换块划分，以及该超级块的垂直和水平边界滤波

在块边界进行滤波的过程主要包括选择滤波器长度，边界滤波条件检测和像素滤波处理三个步骤。接下来，本小节将详细介绍此过程。

#### 1. 滤波器长度选择

对于亮度分量，AV1 支持 3 种不同长度的滤波器，它们分别是长度为 4、8 和 14 的滤

波器。对于色度分量，AV1支持2种长度的滤波器，即长度为4和6滤波器。滤波器的长度由待滤波边界两侧的变换块尺寸决定。具体来讲，垂直滤波器的长度由待滤波边界两侧的最小变换块宽度决定；水平滤波器的长度由待滤波边界两侧的最小变换块高度决定。例如，图8-5所示为基于变换块宽度和高度的滤波器长度决策，在图8-5a中，编号为1的垂直边界的滤波器长度由变换块TB1和变换块TB2的最小宽度min(tb1_width, tb2_width)给出，而编号为2的垂直边界的滤波器2的长度由变换块TB1和变换块TB3的最小宽度min(tb1_width, tb3_width)给出。在图8-5b中，编号为1的水平边界的滤波器长度由变换块TB1和变换块TB2的最小高度min(tb1_height, tb2_height)给出，而编号为2的水平边界的滤波器2的长度由变换块TB3和变换块TB4的最小高度min(tb3_height, tb4_height)给出。

在AV1标准文档7.14.3节中，变量baseSize表示待滤波边界两侧的最小变换块宽度或高度，变量filterSize表示初始滤波器长度信息。对于亮度分量，filterSize = Min(16, baseSize)；对于色度分量，filterSize = Min(8, baseSize)，其中函数Min(x, y)表示取x和y的最小值。基于filterSize，如AV1标准文档7.14.6.2节所述，初始滤波器长度filterLen的设置如下：

- 如果filterSize等于4，则filterLen为4。
- 如果待滤波边界属于色度分量，则filterLen为6。
- 如果filterSize等于8，则filterLen为8。
- 否则，filterLen为16。

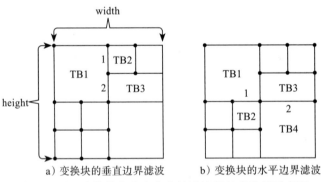

a）变换块的垂直边界滤波　　b）变换块的水平边界滤波

图8-5　基于变换块宽度和高度的滤波器长度决策示意图

这里需要注意的是，当filterLen等于16时，滤波过程实际使用的是长度为14的滤波器，因此，在下面的描述中，滤波器长度等于14对应于filterLen等于16。另外，上述过程选择的滤波器长度是最大允许的滤波器长度。最终使用的滤波器长度还取决于接下来讨论的待滤波边界的平坦度条件（Flatness Condition）。当待滤波边界不满足平坦度条件时，AV1将使用更小长度的滤波器来进行滤波。

### 2. 边界滤波条件

在去块效应滤波过程中，AV1使用边界检测算法来区分图像中真实存在的边界和那些因编码失真而产生的块边界。为了保持图像的原始信息,AV1 尽量避免对图像的真实边缘进行滤波。为此,在对块边界进行滤波之前,AV1 将评估待滤波边界上像素值的变化幅度,用以区分由编码失真产生的块边界和真实的图像边界,从而避免不必要的滤波处理。如果块边界两侧像素值的变化幅度超过预设的阈值,那么 AV1 会把待滤波边界视为真实的图像边界。在这种情况下,AV1 不再对这个边界进行滤波处理。

由于垂直边界和水平边界的滤波器选择流程类似。因此,本书以垂直边界的滤波器选择流程为例,来描述 AV1 中的边界滤波条件。待滤波的垂直边界两侧的像素点分布如图 8-6 所示,假设图 8-6 中符号 $p_0, \cdots, p_6$ 和 $q_0, \cdots, q_6$ 分别表示变换块边界两侧的像素点,并且虚线框内符号表示变换块边界附近像素点。

图 8-6 待滤波的垂直边界两侧的像素点分布

如果当前滤波器的长度是 4,AV1 将检测边界像素 $p_0, p_1, q_0, q_1$ 是否满足公式(8-1)所示的条件,以确定当前边界是图像的真实边界还是由编码失真而产生的块边界。

$$
\begin{aligned}
\text{mask} &= 0 \\
\text{mask} &|= |p_1 - p_0| > \text{limit} \\
\text{mask} &|= |q_1 - q_0| > \text{limit} \\
\text{mask} &|= 2|p_0 - q_0| + \frac{|p_1 - q_1|}{2} > \text{blimit} \\
\text{filterMask} &= (\text{mask} == 0)
\end{aligned}
\tag{8-1}
$$

对于亮度分量,如果当前滤波器的长度是 8 或者 14,AV1 将检测边界像素 $p_0, p_1, p_2, p_3$ 以及 $q_0, q_1, q_2, q_3$ 是否满足公式(8-2)所示的条件,以确定当前边界是图像的真实边界还是由编码失真而产生的块边界。

$$
\begin{aligned}
\text{mask2} &= 0 \\
\text{mask2} &|= |p_1 - p_0| > \text{limit} \\
\text{mask2} &|= |q_1 - q_0| > \text{limit} \\
\text{mask2} &|= 2|p_0 - q_0| + \frac{|p_1 - q_1|}{2} > \text{blimit} \\
\text{mask2} &|= |p_2 - p_1| > \text{limit} \\
\text{mask2} &|= |q_2 - q_1| > \text{limit} \\
\text{mask2} &|= |p_3 - p_2| > \text{limit} \\
\text{mask2} &|= |q_3 - q_2| > \text{limit} \\
\text{filterMask} &= (\text{mask2} == 0)
\end{aligned}
\tag{8-2}
$$

对于色度分量,如果当前滤波器的长度是 6,AV1 只需检测 $p_0, p_1, p_2$ 以及 $q_0, q_1, q_2$ 是否满足公式(8-3)所示的条件,以确定当前边界是图像的真实边界还是由编码失真而产生的块边界。

$$\begin{aligned}
\text{mask}2 &= 0 \\
\text{mask}2 &\mathrel{|}= |p_1 - p_0| > \text{limit} \\
\text{mask}2 &\mathrel{|}= |q_1 - q_0| > \text{limit} \\
\text{mask}2 &\mathrel{|}= 2|p_0 - q_0| + \frac{|p_1 - q_1|}{2} > \text{blimit} \\
\text{mask}2 &\mathrel{|}= |p_2 - p_1| > \text{limit} \\
\text{mask}2 &\mathrel{|}= |q_2 - q_1| > \text{limit} \\
\text{filterMask} &= (\text{mask}2 == 0)
\end{aligned} \qquad (8\text{-}3)$$

在公式（8-1）～公式（8-3）中，filterMask 等于 0（即边界像素的变换幅度超过给定阈值）表示当前边界是图像的真实边界，此时不需要滤波。

当待滤波像素与其相邻像素之间像素值差距较大时，长度越大的滤波器越容易产生振铃效应（振铃效应的描述请参考 8.2 节）。所以，对于长度为 6/8/14 的滤波器，为了避免这些滤波器在待滤波像素与其相邻像素之间差距较大时出现振铃效应，AV1 引入了边界平坦度条件。只有满足平坦度条件的边界，方能使用滤波器长度较大的滤波器。

对于长度等于 8 的滤波器（`filterSize` 等于 8 并且 `filterLen` 等于 8），其平坦度条件的定义如公式（8-4）所示。flatMask 等于 1 表示满足平坦度条件，这表明像素 $p_0$, ···, $p_3$ 是平坦区域，并且像素 $q_0$, ···, $q_3$ 也是平坦区域。flatMask 等于 0 表示不满足平坦度条件。

$$\begin{aligned}
\text{flat} &= 0 \\
\text{flat} &\mathrel{|}= |p_1 - p_0| > 1 \\
\text{flat} &\mathrel{|}= |q_1 - q_0| > 1 \\
\text{flat} &\mathrel{|}= |p_2 - p_0| > 1 \\
\text{flat} &\mathrel{|}= |q_2 - q_0| > 1 \\
\text{flat} &\mathrel{|}= |p_3 - p_0| > 1 \\
\text{flat} &\mathrel{|}= |q_3 - q_0| > 1 \\
\text{flatMask} &= (\text{flat} == 0)
\end{aligned} \qquad (8\text{-}4)$$

对于长度等于 14 的滤波器（`filterSize` 等于 16 并且 `filterLen` 等于 16），其平坦度条件由公式（8-4）和公式（8-5）联合定义。flatMask 和 flatMask2 均等于 1 表示满足平坦度条件，这表明像素 $p_0$, ···, $p_6$ 是平坦区域，并且像素 $q_0$, ···, $q_6$ 也是平坦区域。

$$\begin{aligned}
\text{flat} &= 0 \\
\text{flat} &\mathrel{|}= |p_6 - p_0| > 1 \\
\text{flat} &\mathrel{|}= |q_6 - q_0| > 1 \\
\text{flat} &\mathrel{|}= |p_5 - p_0| > 1 \\
\text{flat} &\mathrel{|}= |q_5 - q_0| > 1 \\
\text{flat} &\mathrel{|}= |p_4 - p_0| > 1 \\
\text{flat} &\mathrel{|}= |q_4 - q_0| > 1 \\
\text{flatMask2} &= (\text{flat} == 0)
\end{aligned} \qquad (8\text{-}5)$$

对于色度分量使用的长度为 6 的滤波器（`filterSize` 等于 8 并且 `filterLen` 等于 6），其平坦度条件由公式（8-6）定义。flatMask 等于 1 表示满足平坦度条件，这表明像素 $p_0, p_1, p_2$ 是平坦区域，并且像素 $q_0, q_1, q_2$ 也是平坦区域。

$$\begin{aligned}
\text{flat} &= 0 \\
\text{flat} &|= |p_1 - p_0| > 1 \\
\text{flat} &|= |q_1 - q_0| > 1 \\
\text{flat} &|= |p_2 - p_0| > 1 \\
\text{flat} &|= |q_2 - q_0| > 1 \\
\text{flatMask} &= (\text{flat} == 0)
\end{aligned} \qquad (8\text{-}6)$$

在滤波过程中，对于长度为 6，8 和 14 的滤波器，只有边界附近的像素满足平坦度条件才会使用当前长度的滤波器，否则编解码器将使用长度较短的滤波器来对该边界进行滤波。假设 Length 表示根据边界两侧的变换块大小选择的滤波器长度，那么亮度分量的滤波流程可以描述如下：

1）如果 Length 等于 4，则根据公式（8-1）计算 filterMask。

2）如果 Length 大于 4，则根据公式（8-2）计算 filterMask。

3）如果 filterMask 等于 0，则不需要对当前边界进行滤波。

4）否则，执行步骤 5。

5）如果 Length 等于 14，即根据边界两侧的变换块大小确定滤波器长度是 14，那么：

①若 flatMask 和 flatMask2 均等于 1，即满足长度等于 14 的滤波器的平坦度条件，则使用长度等于 14 的滤波器。

②若 flatMask 等于 1，即满足长度等于 8 的滤波器的平坦度条件，则使用长度等于 8 的滤波器。

③若 flatMask 等于 0，则使用长度等于 4 的滤波器。

6）如果 Length 等于 8，即根据边界两侧的变换块大小确定滤波器长度是 8，那么：

①若 flatMask 等于 1 时，即满足长度等于 8 的滤波器的平坦度条件，则使用长度等于 8 的滤波器。

②若 flatMask 等于 0，则使用长度等于 4 的滤波器。

7）如果根据边界两侧的变换块大小确定滤波器长度是 4，则使用长度等于 4 的滤波器。

简单来讲，在 filterMask 不为 0 的情况下，如果 Length 等于 4 或者 flatMask 等于 0，则使用长度等于 4 的滤波器；如果 Length 等于 8 或者 flatMask2 等于 0，则使用长度等于 8 的滤波器；否则，使用长度等于 14 的滤波器。图 8-7 所示为亮度分量的滤波器选择流程图，其中 Filter4/8/14 分别是长度为 4/8/14 的滤波器。

假设 Length 表示根据色度边界两侧的变换块大小选择的滤波器长度，色度分量的滤波流程可以描述如下：

1）如果 Length 等于 4，则根据公式（8-1）计算 filterMask。

2）如果 Length 等于 6，则根据公式（8-3）计算 filterMask。
3）如果 filterMask 等于 0，则不需要对当前边界进行滤波。
4）否则，执行步骤 5。
5）如果 Length 等于 4，则使用长度等于 4 的滤波器。
6）如果 Length 等于 6，则根据公式（8-6）计算 flatMask：

①若 flatMask 等于 1 时，即满足长度等于 6 的滤波器的平坦度条件，则使用长度等于 6 的滤波器；

②若 flatMask 等于 0 时，则使用长度等于 4 的滤波器。

图 8-8 所示为色度分量的滤波器选择流程图，其中 Filter4/6 分别是长度为 4/6 的滤波器。

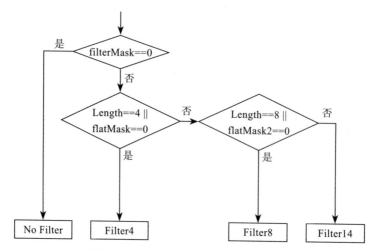

图 8-7 亮度分量的滤波器选择流程图

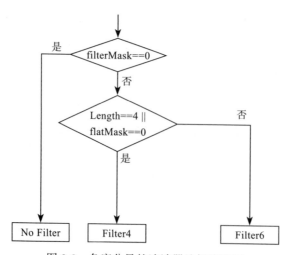

图 8-8 色度分量的滤波器选择流程图

### 3. 像素滤波处理

本书依然以垂直边界的滤波过程为例，来描述 AV1 中的像素滤波过程。变换块边界的像素分布如图 8-6 所示。

对于长度为 4 的滤波器，AV1 将利用边界像素 $p_0$，$p_1$，$q_0$ 和 $q_1$，按照公式（8-7）来决定需要滤波像素的个数。如果像素 $p_0$，$p_1$，$q_0$ 和 $q_1$ 满足公式（8-7）中的任何条件，这表明这些边界像素的方差较高，那么 AV1 只对像素 $p_0$ 和 $q_0$ 进行滤波，即 AV1 将按照公式（8-8）对像素 $p_0$ 和 $q_0$ 进行滤波。否则（$|p_1-p_0| \le$ thresh 且 $|q_1-q_0| \le$ thresh），那么 AV1 将对像素 $p_0$ 和 $q_0$ 以及像素 $p_1$ 和 $q_1$ 进行滤波。此时，AV1 将按照公式（8-9）对像素 $p_0$ 和 $q_0$ 以及像素 $p_1$ 和 $q_1$ 进行滤波。

$$|p_1 - p_0| > \text{thresh}$$
$$|q_1 - q_0| > \text{thresh} \qquad (8-7)$$

$$\begin{cases} D = [(p_1 - q_1) + 3(q_0 - p_0)] >> 3 \\ q_0 = q_0 - D \\ p_0 = p_0 + D \end{cases} \qquad (8-8)$$

$$\begin{cases} D = [3(q_0 - p_0)] >> 3 \\ q_0 = q_0 - D \\ p_0 = p_0 + D \\ q_1 = q_1 - D/2 \\ p_1 = p_1 + D/2 \end{cases} \qquad (8-9)$$

对于长度为 8 的滤波器，AV1 将按照公式（8-10）对像素 $p_0$，$p_1$，$p_2$ 以及 $q_0$，$q_1$，$q_2$ 进行滤波：

$$\begin{cases} p_2 = (p_3 + p_3 + p_3 + 2p_2 + p_1 + p_0 + q_0) >> 3 \\ p_1 = (p_3 + p_3 + p_2 + 2p_1 + p_0 + q_0 + q_1) >> 3 \\ p_0 = (p_3 + p_2 + p_1 + 2p_0 + q_0 + q_1 + q_2) >> 3 \\ q_0 = (p_2 + p_1 + p_0 + 2q_0 + q_1 + q_2 + q_3) >> 3 \\ q_1 = (p_1 + p_0 + q_0 + 2q_1 + q_2 + q_3 + q_3) >> 3 \\ q_2 = (p_0 + q_0 + q_1 + 2q_2 + q_3 + q_3 + q_3) >> 3 \end{cases} \qquad (8-10)$$

从中可见，长度为 8 的滤波器使用的是 7 抽头的滤波器进行插值，滤波权重是 [1, 1, 1, 2, 1, 1, 1]。

对于长度为 14 的滤波器，AV1 将按照公式（8-11）对像素 $p_0,\cdots,p_5$ 以及 $q_0,\cdots,q_5$ 进行滤波：

$$\begin{cases} p_5 = (p_6 + p_6 + p_6 + p_6 + p_6 + 2p_6 + 2p_5 + 2p_4 + p_3 + p_2 + p_1 + p_0 + q_0) >> 4 \\ p_4 = (p_6 + p_6 + p_6 + p_6 + p_6 + 2p_5 + 2p_4 + 2p_3 + p_2 + p_1 + p_0 + q_0 + q_1) >> 4 \\ p_3 = (p_6 + p_6 + p_6 + p_6 + p_5 + 2p_4 + 2p_3 + 2p_2 + p_1 + p_0 + q_0 + q_1 + q_2) >> 4 \\ p_2 = (p_6 + p_6 + p_6 + p_5 + p_4 + 2p_3 + 2p_2 + 2p_1 + p_0 + q_0 + q_1 + q_2 + q_3) >> 4 \\ p_1 = (p_6 + p_6 + p_5 + p_4 + p_3 + 2p_2 + 2p_1 + 2p_0 + q_0 + q_1 + q_2 + q_3 + q_4) >> 4 \\ p_0 = (p_6 + p_5 + p_4 + p_3 + p_2 + 2p_1 + 2p_0 + 2q_0 + q_1 + q_2 + q_3 + q_4 + q_5) >> 4 \\ q_0 = (p_5 + p_4 + p_3 + p_2 + p_1 + 2p_0 + 2q_0 + 2q_1 + q_2 + q_3 + q_4 + q_5 + q_6) >> 4 \\ q_1 = (p_4 + p_3 + p_2 + p_1 + p_0 + 2q_0 + 2q_1 + 2q_2 + q_3 + q_4 + q_5 + q_6 + q_6) >> 4 \\ q_2 = (p_3 + p_2 + p_1 + p_0 + q_0 + 2q_1 + 2q_2 + 2q_3 + q_4 + q_5 + q_6 + q_6 + q_6) >> 4 \\ q_3 = (p_2 + p_1 + p_0 + q_0 + q_1 + 2q_2 + 2q_3 + 2q_4 + q_5 + q_6 + q_6 + q_6 + q_6) >> 4 \\ q_4 = (p_1 + p_0 + q_0 + q_1 + q_2 + 2q_3 + 2q_4 + 2q_5 + q_6 + q_6 + q_6 + q_6 + q_6) >> 4 \\ q_5 = (p_0 + q_0 + q_1 + q_2 + q_3 + 2q_4 + 2q_5 + 2q_6 + q_6 + q_6 + q_6 + q_6 + q_6) >> 4 \end{cases} \quad (8\text{-}11)$$

长度为 14 的滤波器使用的是 13 抽头的滤波器进行插值，滤波权重是 [1, 1, 1, 1, 1, 2, 2, 2, 1, 1, 1, 1, 1, 1]。

对于色度分量使用的长度为 6 的滤波器，AV1 将按照公式（8-12）对像素 $p_0$, $p_1$ 以及 $q_0$, $q_1$ 进行滤波：

$$\begin{cases} p_1 = (p_2 + 2p_2 + 2p_1 + 2p_0 + q_0) >> 3 \\ p_1 = (p_2 + 2p_1 + 2p_0 + 2q_0 + q_1) >> 3 \\ q_0 = (p_1 + 2p_0 + 2q_0 + 2q_1 + q_2) >> 3 \\ q_0 = (p_0 + 2q_0 + 2q_1 + 2q_2 + q_2) >> 3 \end{cases} \quad (8\text{-}12)$$

长度为 6 的滤波器使用的是 5 抽头的滤波器进行插值，滤波权重是 [1, 2, 2, 2, 1]。

图 8-9 所示为待滤波的水平边缘两侧的像素点分布。水平边界和垂直边界的滤波器选择流程和像素滤波权重相同。

#### 4. 语法元素

在 AV1 中，公式（8-1）～公式（8-3）和公式（8-7）所使用的阈值 limit, blimit 和 thresh 是根据滤波强度推导得出的。强度越高，阈值越大，则越多的变换块边界被允许滤波。为了编码传输滤波器强度，AV1 引入了帧级语法元素 `loop_filter_level[0/1/2/3]` 和 `loop_filter_sharpness`。语法元素 `loop_filter_level[0/1/2/3]` 的取值范围是 [0, 63]，其中 0 表示关闭对应滤波器。语法元素 `loop_filter_sharpness` 的取值范围是 [0, 7]。另外，考虑到编码块在不同参考帧类型和预测模式下的预测残差的分布可能存在显著差异，这些统计分布差异较大的预测残差经过量化产生的块效应的严重程度可能不同。为了解决这个问题，AV1 允许编码器和解码器根据编码块所使用的参考帧类型和预测模式来调整滤波强度。为此，AV1 引入了帧级语法元素 `loop_filter_ref_deltas[ref]` 和 `loop_filter_mode_deltas[mode]`，以使得编码器和解码器能够为不同的参考帧类型 ref 和预测模式 mode 计算滤波强度偏移量。表 8-1 所示为与去块效应滤波器相关的帧级语法元素及其含义。

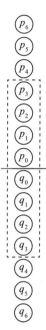

图 8-9　待滤波的水平边缘两侧的像素点分布

表 8-1　去块效应滤波器相关的帧级语法元素及其含义

| 语法元素 | 含义 |
| --- | --- |
| loop_filter_level[0] | 亮度分量的垂直边界的滤波强度 |
| loop_filter_level[1] | 亮度分量的水平边界的滤波强度 |
| loop_filter_level[2] | 色度分量 U 的边界的滤波强度 |
| loop_filter_level[3] | 色度分量 V 的边界的滤波强度 |
| loop_filter_sharpness | 滤波的锐化强度 |
| loop_filter_delta_enabled | 等于 1 表示滤波器强度取决于用于编码块的预测模式和参考帧<br>等于 0 表示滤波器级别不依赖编码块的预测模式和参考帧 |
| loop_filter_delta_update | 等于 1 表示存在额外的语法元素，指定哪些模式和参考帧的差值需要更新<br>等于 0 表示不存在额外的语法元素 |
| update_ref_delta | 等于 1 表示需要编码语法元素 loop_filter_ref_delta<br>等于 0 表示不需要编码语法元素 loop_filter_ref_delta |
| loop_filter_ref_deltas | loop_filter_ref_deltas[ref] 是基于选定参考帧类型 ref，来计算滤波强度偏移量所需要的模型参数<br>如果这个语法元素不存在，使用默认参数值，如表 8-2 所示 |

(续)

| 语法元素 | 含义 |
| --- | --- |
| update_mode_delta | 等于 1 表示需要编码 loop_filter_mode_deltas<br>等于 0 表示不需要编码 loop_filter_mode_deltas |
| loop_filter_mode_deltas | loop_filter_mode_deltas[mode] 是基于选定模式 mode，来计算滤波强度偏移量所需要的模型参数<br>如果这个语法元素不存在，使用默认参数值，如表 8-3 所示 |

**（1）超级块级的滤波参数推导**

为了支持不同的超级块使用不同的滤波器参数，AV1 引入了语法元素 delta_lf_present，用于指定超级块的滤波强度偏移量是否存在。当语法元素 delta_lf_present 等于 1 时，AV1 利用下面的语法元素来计算当前超级块的滤波强度偏移量：

- delta_lf_res、delta_lf_multi、delta_lf_abs、delta_lf_rem_bits、delta_lf_abs_bits 和 delta_lf_sign_bit。

AV1 标准文档使用数组变量 DeltaLF[FRAME_LF_COUNT] 存储当前超级块的滤波强度偏移量，其中 FRAME_LF_COUNT 等于 4。数组 DeltaLF[i]，$0 \leq i \leq 3$，初始值为 0。在编码过程中，对于每个超级块，AV1 标准文档调用函数 read_delta_lf() 来计算变量 DeltaLF[i]。其中，函数 parse(Symbol) 表示从码流中解析语法元素 symbol。

```
read_delta_lf() {
    sbSize = use_128x128_superblock ? BLOCK_128X128 : BLOCK_64X64;
    // MiSize 表示当前编码块的大小，MiSize = sbSize 表示当前编码块是一个超级块；
    // skip = 1 表示当前编码块没有非零的变换量化系数
    if (MiSize == sbSize && skip)
        return;
    // 根据 AV1 标准文档规定，只有在当前编码块是超级块的第一个编码块时，
    // ReadDeltas 才是非零值；
    // 否则，即当前编码块不是超级块中的第一个编码块，ReadDeltas 为 0，
    // 所以，每个超级块只能执行一次下面的操作。
    if (ReadDeltas && delta_lf_present) {
        frameLfCount = 1;
        // delta_lf_multi 等于 1 表示分别为水平亮度边缘、垂直亮度边缘、色度 U 边缘
        // 和色度 V 边缘分别编码传输不同的滤波强度偏移量；
        // delta_lf_multi 等于 0 表示所有边缘使用相同的滤波强度偏移量。
        if (delta_lf_multi) {
            frameLfCount = (NumPlanes > 1) ? FRAME_LF_COUNT :
                (FRAME_LF_COUNT - 2);
        }
        for (i = 0; i < frameLfCount; i++) {
            // 解析语法元素 delta_lf_abs。
```

```
            parse(delta_lf_abs)
        if (delta_lf_abs == DELTA_LF_SMALL) {
            // 解析语法元素 delta_lf_rem_bits。
            parse(delta_lf_rem_bits)
            n = delta_lf_rem_bits + 1;
            // 解析语法元素 delta_lf_abs_bits。
            parse(delta_lf_abs_bits)
            deltaLfAbs = delta_lf_abs_bits + ( 1 << n ) + 1;
        } else {
            deltaLfAbs = delta_lf_abs;
        }
        if (deltaLfAbs) {
            // 解析语法元素 delta_lf_sign_bit。
            parse(delta_lf_sign_bit)
            reducedDeltaLfLevel = delta_lf_sign_bit ? -deltaLfAbs :
                            deltaLfAbs;
            // 执行完下面的语句 DeltaLF[i] 即将成为下一个超级块的滤波强度
            // 偏移量的参考值。
            DeltaLF[i] = clip3(-MAX_LOOP_FILTER, MAX_LOOP_FILTER,
            DeltaLF[i] + (reducedDeltaLfLevel << delta_lf_res));
        }
    } // end for (i = 0; i < frameLfCount; i++)
} // if (ReadDeltas && delta_lf_present)
}
```

在上面的描述中，clip3(minVal, maxVal, x) 的定义如下：

$$\text{clip3}(\min\text{Val}, \max\text{Val}, x) = \begin{cases} \min\text{Val}, & x \leqslant \min\text{Val} \\ \max\text{Val}, & x \geqslant \max\text{Val} \\ x, & \text{其他} \end{cases}$$

其中，minVal 和 maxVal 分别是最小值和最大值。

**（2）编码块级的滤波参数推导**

AV1 使用 3 维数组变量 `DeltaLFs[row][col][i]` 以 4×4 大小的亮度像素块来存储编码块级别的滤波强度偏移量，其中 row 和 col 分别表示当前编码块的行索引和列索引。row 和 col 均以 4×4 亮度像素块为基本单位。每当解码完成一个编码块，AV1 把 `DeltaLF[i]` 赋值给 `DeltaLFs[row][col][i]`。

除了表 8-1 中的帧级语法元素外，AV1 还可以通过分割来传输滤波器相关语法元素，以使得不同编码块能够使用不同的阈值参数 limit, blimit 和 thresh。具体来讲，AV1 允许把一帧内的编码块分为不同的分割，其中每帧的分割总数不能超过 8 个。利用分割中的滤波器相关语法元素，AV1 支持每个分割拥有不同的滤波强度。为了使得每个编码块能够获取分割信息，AV1 在编码块级别编码语法元素 `segment_id` 中指明该编码块使用的分割信息。

基于数组 `DeltaLFs[row][col][i]` 和表 8-1 中的帧级语法元素以及编码块所处分割的滤波器强度，解码器按照 AV1 标准文档中 7.14.4 节和 7.14.5 节规定的流程即可计算得到编码块的滤波强度。假设 `plane` 等于 0/1/2 分别表示分量 Y/U/V，变量 `deltaLF` 表示当前编码块所在超级块的滤波强度偏移量，并且变量 `pass` 用于区分垂直边界滤波和水平边界滤波。其中，`pass=0` 表示垂直边界滤波，`pass=1` 表示水平边界滤波。那么 `deltaLF` 的推导方式如下：

- 如果语法元素 `delta_lf_multi` 等于 0，则 deltaLF=DeltaLFs[row][col][0]。
- 如果 `delta_lf_multi` 等于 1，那么：
  - 若 `plane` 等于 0，即亮度分量 Y，则 deltaLF=DeltaLFs[row][col][pass]。
  - 若 `plane` 等于 1/2，即色度分量 U/V，则 deltaLF=DeltaLFs[row][col][plane + 1]。

基于变量 `deltaLF` 和帧级语法元素 `loop_filter_level[0/1/2/3]`，计算变量 baseFilterLevel：

- 如果 `plane` 等于 0，即亮度分量，则变量 baseFilterLevel 计算如下：

> baseFilterLevel=clip3(0,63,deltaLF + loop_filter_level[pass])

- 如果 `plane` 等于 1/2，即色度分量 U/V，则 baseFilterLevel 计算如下：

> baseFilterLevel = clip3(0,63,deltaLF + loop_filter_level[plane + 1])

基于 baseFilterLevel 和当前编码块所属分割中的滤波器强度偏移量 $\Delta L_{seg}$，块级滤波强度 $\text{Level}_{blk}$ 按照公式（8-13）来计算：

$$\begin{aligned} \text{Level}_{blk} &= \text{clip3}(0,63,\text{lvlSeg} + \Delta L_{ref} + \Delta L_{mode}) \\ \text{lvlSeg} &= \text{clip3}(0,63,\text{baseFilterLevel} + \Delta L_{seg}) \end{aligned} \quad (8\text{-}13)$$

其中，$\Delta L_{ref}$ 和 $\Delta L_{mode}$ 分别表示参考帧类型 ref 和预测模式 mode 下的滤波器强度偏移量。$\Delta L_{ref}$ 和 $\Delta L_{mode}$ 的计算方式如下：

$$\begin{aligned} \text{scale} &= 1 << (\text{lvlSeg} >> 5) \\ \Delta L_{ref} &= \Delta_{ref} \cdot \text{scale} \\ \Delta L_{mode} &= \Delta_{mode} \cdot \text{scale} \end{aligned} \quad (8\text{-}14)$$

其中，$\Delta_{ref}$ 和 $\Delta_{mode}$ 分别表示帧级语法元素 `loop_filter_ref_deltas[ref]` 和 `loop_filter_mode_deltas[mode]` 的取值。表 8-2 和表 8-3 所示分别为语法元素 `loop_filter_ref_deltas[ref]` 和 `loop_filter_mode_deltas[mode]` 在不同参考帧类型 ref 和预测模式 mode 下的取值。

表 8-2 `loop_filter_ref_deltas[ref]` 的默认参数值

| 参考帧类型 ref | loop_filter_ref_deltas 的取值 |
|---|---|
| INTRA_FRAME | 1 |
| LAST_FRAME | 0 |
| LAST2_FRAME | 0 |
| LAST3_FRAME | 0 |
| BWDREF_FRAME | 0 |
| GOLDEN_FRAME | −1 |
| ALTREF2_FRAME | −1 |
| ALTREF_FRAME | −1 |

表 8-3 `loop_filter_mode_deltas[mode]` 的默认参数值

| 帧内预测模式 | loop_filter_mode_deltas 的取值 | 帧间预测模式 | loop_filter_mode_deltas 的取值 |
|---|---|---|---|
| DC_PRED | 0 | NEARESTMV | 1 |
| V_PRED | 0 | NEARMV | 1 |
| H_PRED | 0 | GLOBALMV | 0 |
| D45_PRED | 0 | NEWMV | 1 |
| D135_PRED | 0 | NEAREST_NEARESTMV | 1 |
| D113_PRED | 0 | NEAR_NEARMV | 1 |
| D157_PRED | 0 | NEAREST_NEWMV | 1 |
| D203_PRED | 0 | NEW_NEARESTMV | 1 |
| D67_PRED | 0 | NEAR_NEWMV | 1 |
| SMOOTH_PRED | 0 | NEW_NEARMV | 1 |
| SMOOTH_V_PRED | 0 | GLOBAL_GLOBALMV | 1 |
| SMOOTH_H_PRED | 0 | NEW_NEWMV | 1 |
| PAETH_PRED | 0 | | |

利用块级滤波强度 $Level_{blk}$ 和帧级语法元素 `loop_filter_sharpness`，编码器根据公式（8-15）即可推导滤波阈值参数 limit, blimit 和 thresh：

$$\begin{aligned} shift &= ((sharpness > 0) + (sharpness > 4)) \\ limit &= \begin{cases} clip3(1, 9 - sharpness, Level_{blk} >> shift), & sharpness > 0 \\ max(1, Level_{blk} >> shift), & 其他 \end{cases} \\ blimit &= 2 \times (Level_{blk} + 2) + limit \\ thresh &= Level_{blk} >> 4 \end{aligned} \quad (8\text{-}15)$$

其中，sharpness 表示 `loop_filter_sharpness` 的取值。

这种灵活的语法元素传输方式给 AV1 编码器提供了极大的自由度。编码器可以根据自身需求来搜索最优的滤波阈值，并把搜索得到的阈值传输给解码端。

## 8.2 约束方向增强滤波器

### 8.2.1 振铃效应

CDEF[注]旨在消除或减少重构图像中锐利边缘周围的振铃噪声（Ring Artifacts），同时保留图像的细节。振铃噪声是一种数字信号处理中常见的噪声类型，它通常出现在数字信号的重构过程。当使用低通滤波器对数字信号进行重构时，如果滤波器的截止频率过高，图像边缘附近就会出现振铃噪声。振铃噪声表现为重构信号中出现高频振荡的现象，这些振荡往往会在信号的边缘处出现，导致信号的边缘出现明显的振荡和锯齿状的形态。吉布斯现象（Gibbs Phenomenon）[注]可以用来解释图像和视频编码中为什么会出现振铃噪声。图 8-10 所示为跃变信号的吉布斯效应。在图 8-10 中，水平轴表示信号的样本位置，垂直轴表示信号的样本值。图 8-10 中的虚线表示原始跃变信号，而点实线表示丢弃高部分频变换系数后的重构信号。原始信号的跃变处类似于图像的边界，而跃变两侧部分类似于图片边缘附近的平滑区域。从图 8-10 可见信号的边缘附近出现明显的振荡和锯齿状的形态，进而形成了振铃噪声。

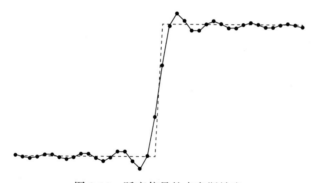

图 8-10　跃变信号的吉布斯效应

在 HEVC[3, 10] 中，样本自适应偏移（Sample Adaptive Offset，SAO）[29]算法通过为不同类别的像素定义不同的像素值偏移量来消除振铃噪声。与 SAO 不同，CDEF[30] 中采用非线性空间滤波器来消除振铃噪声。图 8-11 所示为 AV1 编码过程中出现的振铃噪声，以及 CDEF 去除振铃效应后的视觉效果。从图 8-11b 和图 8-11c 中可见，当关闭 CDEF 时，白色边界附件会出现振铃效应；打开 CDEF 时候，这种现象得到极大的减少。

在 AV1 中，CDEF 通过识别每个图像块中边缘的方向，然后沿着识别出的边缘方向进行自适应滤波。在滤波过程中，为了降低出现边缘模糊现象的风险，CDEF 还会沿着与识别出的方向成 ±45° 夹角的方向进行滤波。除此之外，CDEF 引入了多个滤波参数，以适应不同的图像特征。在编码过程中，编码器可以根据输入视频的特征，选择一组最优的滤波参数，并传输给解码器。解码器根据接收到的滤波参数，即可对重构图像进行滤波。

---

　⊖　https://hacks.mozilla.org/2018/06/av1-next-generation-video-the-constrained-directional-enhancement-filter/。

　⊖　https://en.wikipedia.org/wiki/Gibbs_phenomenon。

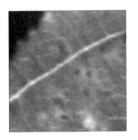  

a）原始图片　　　　　　　　b）关闭 CDEF　　　　　　　　c）打开 CDEF

图 8-11　CDEF 去除振铃效应的效果图

## 8.2.2　约束方向增强滤波器滤波原理

CDEF 是沿着特定的边缘方向对像素进行滤波的，因此，CDEF 需要确定图像的边缘方向。为了可靠地估计图像边缘，CDEF 以 8×8 块为基本处理单元，来识别图像边缘。对于每个 8×8 块，CDEF 处理流程包括下面两个主要步骤：

1）确定当前 8×8 块的边缘方向。

2）根据得到的边缘方向对当前 8×8 块进行滤波。

接下来，本小节将描述 CDEF 中的边缘方向检测算法和滤波处理过程。

### 1. 边缘方向检测

边缘方向检测以 8×8 块为基本处理单元。相比于更小的图像块（如 4×4 块），8×8 块具有足够多的像素，可以准确地检测到边缘。而相比于较大的图像块（如 16×16 块），由于 8×8 块没有过多的像素，因此，8×8 块中的边缘具有确定的方向。因此，边缘方向检测是在 8×8 块上进行的。CDEF 为 8×8 块预先定义了 8 个滤波方向，如图 8-12 所示，这些滤波方向用索引 $d$ 来表示，其中 $d=0, 1, 2, \cdots, 7$。对于每个滤波方向 $d$，CDEF 为 8×8 块中的每个像素分配了一个直线编号 $k$。编号相同的像素所组成的直线对应于给定方向下的图像边缘。比如，在 $d$ 等于 0 的方向块中，索引 $k$ 的直线均指向 45° 角方向。

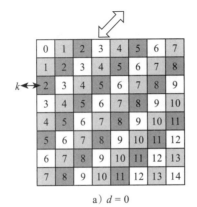

a）$d = 0$　　　　　　　　　b）$d = 1$

图 8-12　8×8 块的 8 个 CDEF 滤波方向

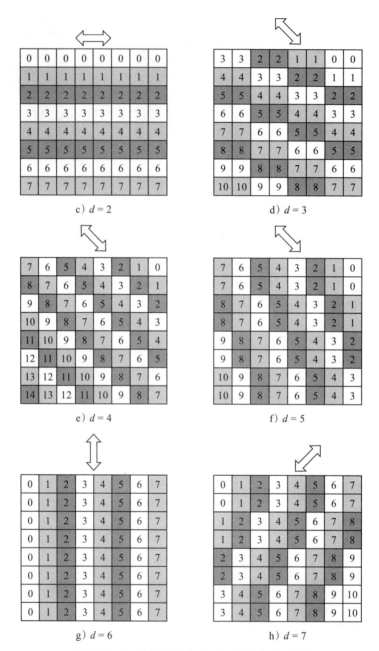

图 8-12　$8 \times 8$ 块的 8 个 CDEF 滤波方向（续）

在边缘方向检测中，CDEF 首先利用输入 $8 \times 8$ 块的像素值，为每个滤波方向 $d$ 生成一个**完全定向块**（Perfectly Directional Block）。完全定向块是指位于编号为 $k$ 的直线上的所有具有相同像素值的块。对于每个滤波方向 $d$，CDEF 按照公式（8-16）来计算编号为 $k$ 的直线上的像素平均值，并且把这个平均值作为完全定向块中的对应直线 $k$ 的像素值。

$$\mu_{d,k} = \frac{1}{N_{d,k}} \sum_{p \in P_{d,k}} x_p \qquad (8\text{-}16)$$

其中，$x_p$ 是像素 $p$ 的像素值，$P_{d,k}$ 是位于滤波方向为 $d$，索引为 $k$ 的直线上的像素集合，$N_{d,k}$ 是集合 $P_{d,k}$ 中的像素个数。例如，对于图 8-12a 中 $d$ 等于 0 的滤波方向，其中 $P_{d=0,k=0}$，$P_{d=0,k=2}$ 和 $P_{d=0,k=4}$ 分别表示直线 $k=0, 2, 4$ 所覆盖的像素集合，对应的 $N_{d=0,k=0}$，$N_{d=0,k=2}$ 和 $N_{d=0,k=4}$ 分别是 1，3 和 5。图 8-13 所示为一个输入 $8 \times 8$ 块的像素值及其各个滤波方向下的**完全定向块**像素值的示例。图 8-14 所示为图 8-13 中输入 $8 \times 8$ 块以及各个方向 $d$ 下的完全定向块的可视化效果。

| 250 | 248 | 251 | 250 | 120 | 150 | 180 | 210 |
|---|---|---|---|---|---|---|---|
| 250 | 252 | 252 | 120 | 150 | 180 | 210 | 240 |
| 254 | 254 | 120 | 150 | 180 | 210 | 240 | 241 |
| 248 | 120 | 150 | 180 | 210 | 240 | 241 | 249 |
| 120 | 150 | 180 | 210 | 233 | 241 | 244 | 249 |
| 150 | 180 | 210 | 240 | 242 | 247 | 250 | 254 |
| 180 | 210 | 240 | 239 | 249 | 246 | 252 | 255 |
| 210 | 232 | 238 | 248 | 246 | 255 | 255 | 255 |

a）输入 $8 \times 8$ 像素块

| 250 | 249 | 252 | 251 | 120 | 150 | 180 | 210 |
|---|---|---|---|---|---|---|---|
| 249 | 252 | 251 | 120 | 150 | 180 | 210 | 237 |
| 252 | 251 | 120 | 150 | 180 | 210 | 237 | 240 |
| 251 | 120 | 150 | 180 | 210 | 237 | 240 | 247 |
| 120 | 150 | 180 | 210 | 237 | 240 | 247 | 247 |
| 150 | 180 | 210 | 237 | 240 | 247 | 247 | 253 |
| 180 | 210 | 237 | 240 | 247 | 247 | 253 | 255 |
| 210 | 237 | 240 | 247 | 247 | 253 | 255 | 255 |

| 249 | 249 | 250 | 250 | 191 | 191 | 169 | 169 |
|---|---|---|---|---|---|---|---|
| 250 | 250 | 191 | 191 | 169 | 169 | 180 | 180 |
| 191 | 191 | 169 | 169 | 180 | 180 | 206 | 206 |
| 169 | 169 | 180 | 180 | 206 | 206 | 225 | 225 |
| 180 | 180 | 206 | 206 | 225 | 225 | 237 | 237 |
| 206 | 206 | 225 | 225 | 237 | 237 | 247 | 247 |
| 225 | 225 | 237 | 237 | 247 | 247 | 252 | 252 |
| 237 | 237 | 247 | 247 | 252 | 252 | 255 | 255 |

| 207 | 207 | 207 | 207 | 207 | 207 | 207 | 207 |
|---|---|---|---|---|---|---|---|
| 206 | 206 | 206 | 206 | 206 | 206 | 206 | 206 |
| 206 | 206 | 206 | 206 | 206 | 206 | 206 | 206 |
| 204 | 204 | 204 | 204 | 204 | 204 | 204 | 204 |
| 203 | 203 | 203 | 203 | 203 | 203 | 203 | 203 |
| 221 | 221 | 221 | 221 | 221 | 221 | 221 | 221 |
| 233 | 233 | 233 | 233 | 233 | 233 | 233 | 233 |
| 242 | 242 | 242 | 242 | 242 | 242 | 242 | 242 |

| 218 | 218 | 218 | 218 | 180 | 180 | 195 | 195 |
|---|---|---|---|---|---|---|---|
| 214 | 214 | 218 | 218 | 218 | 218 | 180 | 180 |
| 227 | 227 | 214 | 214 | 218 | 218 | 218 | 218 |
| 219 | 219 | 227 | 227 | 214 | 214 | 218 | 218 |
| 215 | 215 | 219 | 219 | 227 | 227 | 214 | 214 |
| 218 | 218 | 215 | 215 | 219 | 219 | 227 | 227 |
| 219 | 219 | 218 | 218 | 215 | 215 | 219 | 219 |
| 221 | 221 | 219 | 219 | 218 | 218 | 215 | 215 |

b）从左向右，从上往下，分别是 $d = 0 \sim 7$ 下的完全定向块

图 8-13 输入 $8 \times 8$ 块的像素值及其各个滤波方向下的完全定向块像素值的示例

| 223 | 229 | 214 | 220 | 197 | 200 | 210 | 210 |
|---|---|---|---|---|---|---|---|
| 229 | 223 | 229 | 214 | 220 | 197 | 200 | 210 |
| 216 | 229 | 223 | 229 | 214 | 220 | 197 | 200 |
| 218 | 216 | 229 | 223 | 229 | 214 | 220 | 197 |
| 197 | 218 | 216 | 229 | 223 | 229 | 214 | 220 |
| 199 | 197 | 218 | 216 | 229 | 223 | 229 | 214 |
| 206 | 199 | 197 | 218 | 216 | 229 | 223 | 229 |
| 210 | 206 | 199 | 197 | 218 | 216 | 229 | 223 |

| 218 | 214 | 226 | 219 | 215 | 219 | 220 | 225 |
|---|---|---|---|---|---|---|---|
| 218 | 214 | 226 | 219 | 215 | 219 | 220 | 225 |
| 218 | 218 | 214 | 226 | 219 | 215 | 219 | 220 |
| 218 | 218 | 214 | 226 | 219 | 215 | 219 | 220 |
| 178 | 218 | 218 | 214 | 226 | 219 | 215 | 219 |
| 178 | 218 | 218 | 214 | 226 | 219 | 215 | 219 |
| 195 | 178 | 218 | 218 | 214 | 226 | 219 | 215 |
| 195 | 178 | 218 | 218 | 214 | 226 | 219 | 215 |

| 207 | 205 | 205 | 204 | 203 | 221 | 234 | 244 |
|---|---|---|---|---|---|---|---|
| 207 | 205 | 205 | 204 | 203 | 221 | 234 | 244 |
| 207 | 205 | 205 | 204 | 203 | 221 | 234 | 244 |
| 207 | 205 | 205 | 204 | 203 | 221 | 234 | 244 |
| 207 | 205 | 205 | 204 | 203 | 221 | 234 | 244 |
| 207 | 205 | 205 | 204 | 203 | 221 | 234 | 244 |
| 207 | 205 | 205 | 204 | 203 | 221 | 234 | 244 |
| 207 | 205 | 205 | 204 | 203 | 221 | 234 | 244 |

| 250 | 250 | 191 | 170 | 179 | 206 | 225 | 239 |
|---|---|---|---|---|---|---|---|
| 250 | 250 | 191 | 170 | 179 | 206 | 225 | 239 |
| 250 | 191 | 170 | 179 | 206 | 225 | 239 | 247 |
| 250 | 191 | 170 | 179 | 206 | 225 | 239 | 247 |
| 191 | 170 | 179 | 206 | 225 | 239 | 247 | 252 |
| 191 | 170 | 179 | 206 | 225 | 239 | 247 | 252 |
| 170 | 179 | 206 | 225 | 239 | 247 | 252 | 255 |
| 170 | 179 | 206 | 225 | 239 | 247 | 252 | 255 |

b）从左向右，从上往下，分别是 $d=0\sim 7$ 下的完全定向块

图 8-13　输入 $8\times 8$ 块的像素值及其各个滤波方向下的完全定向块像素值的示例（续）

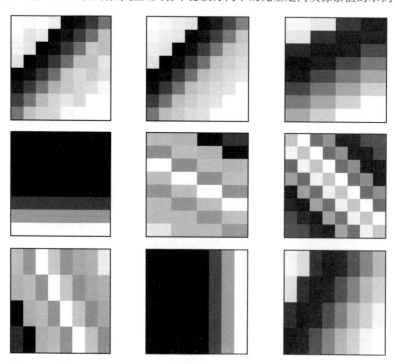

图 8-14　图 8-13 中各个方向下的完全定向块的可视化效果，从左往右，从上往下，分别是输入 $8\times 8$ 像素块和 $d=0\sim 7$ 下的完全定向块

然后，对于每个滤波方向 $d$，CDEF 按照公式（8-17）计算 $d$ 下的完全定向块与输入 $8\times 8$ 块之间的平方误差和（Sum of Square Errors，SSE）：

$$\begin{aligned} \text{SSE}_d &= \sum_k \left[ \sum_{p \in P_{d,k}} (x_p - \mu_{d,k})^2 \right] \\ &= \sum_p x_p^2 - \sum_k \frac{1}{N_{d,k}} \left( \sum_{p \in P_{d,k}} x_p \right)^2 \\ &= \sum_p x_p^2 - s_d \end{aligned} \quad (8\text{-}17)$$

最后，如公式（8-18）所示，CDEF 选择具有最小 SSE 的滤波方向 $d$ 则作为当前 $8\times 8$ 块的最优滤波方向。这个最优的滤波方向被称为当前 $8\times 8$ 块的边缘方向。由于公式（8-17）中的第一项与滤波方向 $d$ 无关，所以最小化 SSE 等价于最大化公式（8-17）中的第二项，如公式（8-18）所示。对于图 8-13 中的 $8\times 8$ 输入块，$d=0$ 是其最优的滤波方向。

$$\begin{aligned} d_{\text{opt}} &= \min_d (\text{SSE}_d) \\ &= \max_d (s_d) \end{aligned} \quad (8\text{-}18)$$

为了去除公式（8-18）中 $s_d$ 包含的除法操作，CDEF 在计算过程中把目标函数从 $s_d$ 换成了 $840 s_d$，如公式（8-19）所示。这是因为 $N_{d,k}$ 的取值范围是 $1 \sim 8$ 的整数，所以 $840 = 4\times 5\times 6\times 7$ 是 $N_{d,k}(1 \leqslant N_{d,k} \leqslant 8)$ 所有可能取值的最小公倍数，所以 $840/N_{d,k}$ 是整数，进而删除了计算过程中的除法运算。

$$\begin{aligned} d_{\text{opt}} &= \max_d (840 \cdot s_d) \\ &= \max_d \left( \sum_k \frac{840}{N_{d,k}} \left( \sum_{p \in P_{d,k}} x_p \right)^2 \right) \end{aligned} \quad (8\text{-}19)$$

为了降低公式（8-19）中计算过程的中间变量位宽，CDEF 将像素值 $x_p$ 减去 128，即 $x_p = x_p - 128$。此时，由于 $-128 \leqslant x_p \leqslant 127$，所以，公式（8-19）中的所有计算结果都可用 32 位的有符号整数来存储。

这里需要注意的是，对于位宽 BitDepth 大于 8 的视频，CDEF 首先会按照如下公式把 $x_p$ 下采样至 8 比特：

$$x_p = x_p >> (\text{BitDepth} - 8)$$

然后再执行 $x_p = x_p - 128$，以保证公式（8-19）中的所有计算结果都可用 32 位的有符号整数来存储。

## 2. 滤波处理

### （1）非线性低通滤波器

CDEF 使用非线性低通滤波器来消除图像边缘周围的振铃噪声，这是因为非线性低通滤波器能够降低与待滤波像素差异过大的参考像素的重要性。该滤波器在去除噪声的同时，还能保持图像的边缘。对于一维信号，非线性低通滤波器的表达式如公式（8-20）所示。

$$y(i) = x(i) + \sum_m \omega_m \cdot f(x(i+m) - x(i), S, D) \quad (8\text{-}20)$$

其中，$x(k)$ 是位置 $k$ 处的样本值，$x(i)$ 是待滤波样本值，$x(i+m)$ 是参考样本值；$\omega_m$ 是滤波器权重；$f(d, S, D)$ 是一个约束函数，参数 $d=x(i)-x(i+m)$ 表示待滤波样本 $x(i)$ 与参考样本 $x(i+m)$ 之间的差异；参数 $S$ 表示滤波强度，该变量控制函数允许的最大值和最小值；阻尼变量（Damping）$D$ 控制着 $f(d, S, D)=0$ 的位置。函数 $f(d, S, D)$ 的定义如公式（8-21）所示。从中可见，当 $d$ 较小时，有 $f(d, S, D)=d$，此时，公式（8-20）表示的滤波器是一个线性滤波器；当 $d$ 较大时，$f(d, S, D)=0$，表示滤波器忽略对应的参考样本。

$$f(d, S, D) = \begin{cases} \text{clip3}\left(0, d, S - \left\lfloor \dfrac{d}{2^{D-\lfloor \log_2 S \rfloor}} \right\rfloor\right), & d \geq 0 \\ \text{clip3}\left(d, 0, \left\lfloor \dfrac{-d}{2^{D-\lfloor \log_2 S \rfloor}} \right\rfloor - S\right), & d < 0 \end{cases} \quad (8\text{-}21)$$

图 8-15 所示为滤波强度 $S$ 和阻尼变量 $D$ 对函数 $f(d, S, D)$ 的影响。其中 $x$ 轴表示待滤波样本 $x(i)$ 与参考样本 $x(i+m)$ 之间的残差 $d$，$y$ 轴表示函数 $f(d, S, D)$ 的取值。从图 8-15a 中可见，当阻尼变量 $D$ 保持不变，$f(d, S, D)$ 的最大值随着滤波强度 $S$ 增大而变大，$f(d, S, D)$ 的最小值随着滤波强度 $S$ 增大而变小。从图 8-15b 中可见，当滤波强度 $S$ 保持不变，使 $f(d, S, D)=0$ 的位置 $d$ 与距离原点之间的距离随着阻尼变量 $D$ 增大而变大。

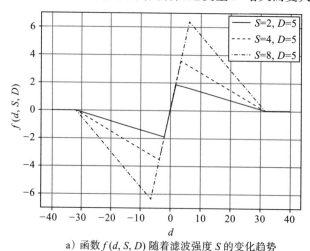

a）函数 $f(d, S, D)$ 随着滤波强度 $S$ 的变化趋势

图 8-15 滤波强度 $S$ 和阻尼变量 $D$ 对函数 $f(d, S, D)$ 的影响

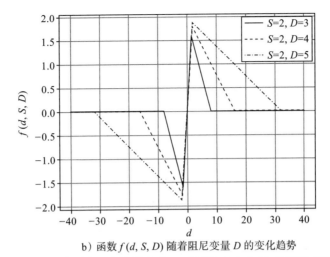

b）函数 $f(d, S, D)$ 随着阻尼变量 $D$ 的变化趋势

图 8-15　滤波强度 $S$ 和阻尼变量 $D$ 对函数 $f(d, S, D)$ 的影响（续）

### （2）方向滤波

在给定 $8 \times 8$ 块的滤波过程中，为了去除振铃噪声，同时保留图像边缘的方向，CDEF 将沿着检测到的边缘方向来选择滤波器的参考像素。然而，仅仅使用检测到的边缘方向上的参考像素有时可能会出现边缘模糊现象。因此，除了边缘方向上的参考像素之外，CDEF 还会选择边缘方向之外的某些像素作为参考像素。为了减少模糊的风险，CDEF 将更加保守地利用这些不在边缘方向的像素。因此，CDEF 定义了主要滤波器（Primary Tap）和次要滤波器（Secondary Tap）。每个滤波器由一组参考像素和对应权重组成。主要滤波器使用 $8 \times 8$ 块边缘方向上的参考像素进行滤波，而次要滤波器使用与边缘方向成 $\pm 45°$ 夹角方向上的参考像素进行滤波。图 8-16 所示为各个边缘方向 $d$ 下的主要滤波器和次要滤波器之间的方向，其中中间黑色正方形表示待滤波像素，箭头中间的粗体黑色直线表示主要滤波器的滤波方向，剩余的两条较细的黑色直线表示次要滤波器的滤波方向。

图 8-17 和图 8-18 所示分别为不同边缘方向 $d$ 下的主要滤波器和次要滤波器的参考像素位置分布和对应的权重。在图 8-17 和图 8-18 中，灰色方形块表示待滤波像素的位置，带有权重的方形块表示参考像素的位置。主要滤波器的权重随着滤波强度交替变化。当滤波强度是奇数时，权重变量 $a$ 和 $b$ 均等于 3；当滤波强度是偶数时，权重变量 $a$ 等于 2，而 $b$ 等于 4。相比于主要滤波器，次要滤波器的参考像素个数较多，并且权重较为平坦，因此，次要滤波器的滤波程度要弱于主要滤波器。

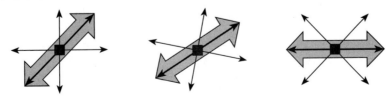

图 8-16　不同边缘方向 $d$ 下的主要滤波器和次要滤波器之间的方向，从左往右，从上往下，分别是 $d = 0 \sim 7$

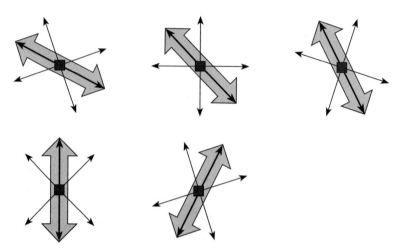

图 8-16　不同边缘方向 $d$ 下的主要滤波器和次要滤波器之间的方向，从左往右，从上往下，分别是 $d=0\sim7$（续）

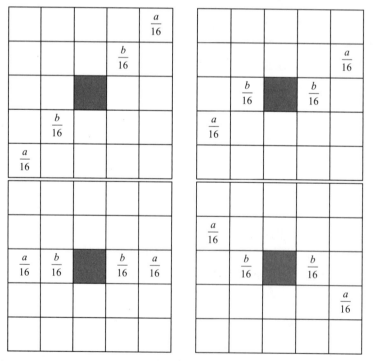

图 8-17　主要滤波器的参考像素位置分布及其对应滤波权重，从左往右，从上往下，分别是 $d=0\sim7$

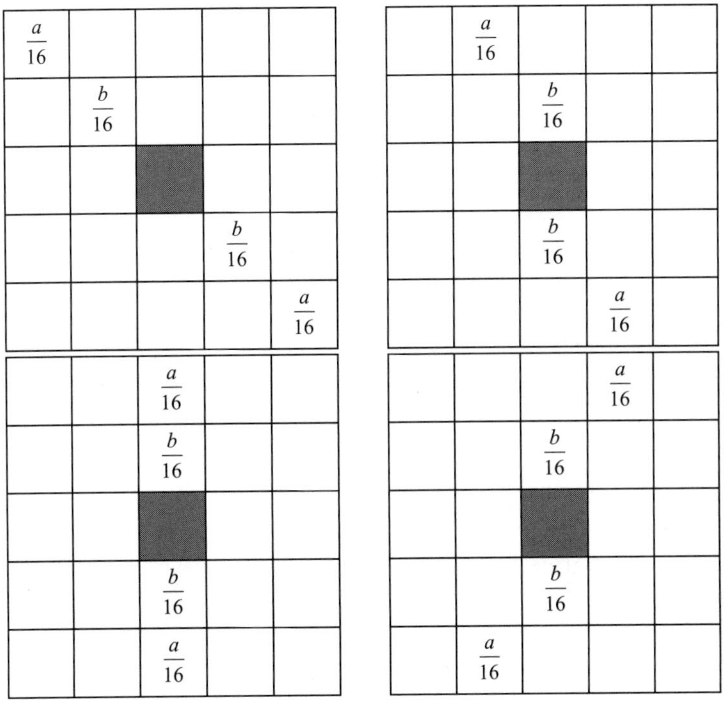

图 8-17　主要滤波器的参考像素位置分布及其对应滤波权重，从左往右，从上往下，分别是 $d=0\sim7$（续）

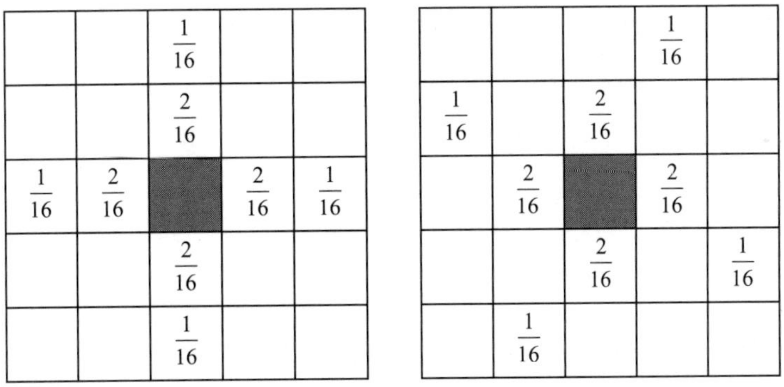

a) $d = 0, 4$　　　　b) $d = 1, 5$

图 8-18　次要滤波器的参考像素位置分布和对应的权重

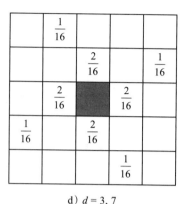

c) $d = 2, 6$　　　　　　　d) $d = 3, 7$

图 8-18　次要滤波器的参考像素位置分布和对应的权重（续）

基于上面描述的主要滤波器和次要滤波器，AV1 中的完整的 CDEF 滤波操作如公式（8-22）所示。

$$y(i,j) = x(i,j) + \text{round}(\\
\sum_{m,n} \omega_{d,m,n}^{P} \cdot f(x(i+m, j+n) - x(i,j), S^{(P)}, D) +\\
\sum_{m,n} \omega_{d,m,n}^{S} \cdot f(x(i+m, j+n) - x(i,j), S^{(S)}, D))$$

（8-22）

其中，$(m, n)$ 表示参考像素相对于待滤波像素的相对位置；$\omega_{d,m,n}^{P}$ 和 $S^{(P)}$ 分别表示主要滤波器的权重和滤波强度；$\omega_{d,m,n}^{S}$ 和 $S^{(S)}$ 分别表示次要滤波器的权重和滤波强度；round() 表示取整操作。

由于主要滤波器和次要滤波器的权重总和可能会超过 1，因此，在某些场景下，输入像素可能会被过度滤波，即输出像素 $y(i,j)$ 与输入像素 $x(i,j)$ 之间的像素差可能会超过输入像素 $x(i,j)$ 与其相邻像素 $x(i+m,j+n)$ 之间的最大的像素差。为了避免这种情况，CDEF 利用具有非零权重的相邻像素值，来显示地限制输出像素 $y(i,j)$ 的取值范围，如公式（8-23）所示。

$$y(i,j) = \min(y_{\max}, \max(y_{\min}, y(i,j)))\\
y_{\min} = \min\nolimits_{(m,n) \in R}(x(i+m, j+n))\\
y_{\max} = \max\nolimits_{(m,n) \in R}(x(i+m, j+n))\\
R = \{(m,n) \mid \omega_{d,m,n}^{(P)} + \omega_{d,m,n}^{(S)} \neq 0\}$$

（8-23）

其中，$R$ 为输入像素 $x(i,j)$ 的权重不为 0 的参考像素集合，$y_{\min}$ 和 $y_{\max}$ 是参考像素集合 $R$ 中最小和最大像素值。

CDEF 的滤波过程也是以 $8 \times 8$ 块为基本处理单元的。对于每个 $8 \times 8$ 块，边缘方向 $d$、滤波强度 $S$ 以及阻尼变量 $D$ 都是恒定的。在处理位置为 $(i, j)$ 的像素时，参考像素 $x(i+m, j+n)$ 可以位于当前 $8 \times 8$ 块之外。但是，当参考像素 $x(i+m, j+n)$ 位于图片帧之外，滤波器将忽略该参考像素，也就是说这个像素的 $f(d, S, D) = 0$。为了提高并行性，CDEF 仅仅使用未被滤波的参考像素,而不会使用滤波后的像素作为参考像素。

**(3)滤波强度和阻尼值**

为了在去除振铃噪声的同时保留图像边缘的方向,编码器需要为主要滤波器强度 $S^{(P)}$、次要滤波器强度 $S^{(S)}$ 以及阻尼值 $D$ 选择合适的取值。为了去除振铃噪声,$S^{(P)}$、$S^{(S)}$ 以及 $D$ 的取值需要设置得足够大。但是,当 $S^{(P)}$、$S^{(S)}$ 以及 $D$ 的取值过大时,滤波器将会模糊图像中的纹理细节。为此,AV1 为 $S^{(P)}$、$S^{(S)}$ 和以及 $D$ 预设多种不同的取值。编码器可以根据输入视频的特征来自适应地选取最优的取值。

具体来讲,对于位宽 BitDepth 等于 8 的输入视频,主要滤波器强度 $S^{(P)}$ 的取值范围是 0, 1, 2, 3, ⋯, 15,而次要滤波器强度 $S^{(S)}$ 的取值范围是 0, 1, 2 或 4。对于亮度分量,阻尼值 $D$ 的取值的范围为 3~6,而色度分量的阻尼值 $D$ 始终比亮度小 1。尽管如此,阻尼值 $D$ 的取值不能小于 $\log_2 S$,以保证公式(8-21)中的对应项 $D - \lfloor \log_2 S \rfloor$ 是非负值。比如,如果色度分量 $S^{(P)}$ 等于 15,并且亮度分量的阻尼值 $D$ 等于 3,由于 $\lfloor \log_2 S^{(P)} \rfloor = 3$,那么色度分量的阻尼值 $D$ 是 3,而不是 2。对于位宽 BitDepth 大于 8 的输入视频,$S^{(P)}$ 和 $S^{(S)}$ 需要根据额外的位宽进行缩放:$S = S << (\text{BitDepth} - 8)$,其中,$S$ 是主要滤波器强度 $S^{(P)}$ 或次要滤波器强度 $S^{(S)}$。同时,阻尼值 $D$ 则相应地进行偏移:$D = D + \text{BitDepth} - 8$。比如,如果输入视频的位宽是 12 比特,那么主要滤波器强度 $S^{(P)}$ 的取值是 0, 16, 32, 48, ⋯, 240。阻尼值 $D$ 的取值的范围为 7~10。

为了提高压缩效率,亮度和色度分量的主要滤波器强度 $S^{(P)}$ 和次要滤波器强度 $S^{(S)}$ 是独立选取的。对于每个 8×8 块,CDEF 可以根据当前 8×8 块在边缘方向 $d$ 的均方误差和 $\text{SSE}_d$ 与在与边缘方向 $d$ 垂直的方向 $(d+4)\%8$ 的均方误差和 $\text{SSE}_{(d+4)\%8}$ 之差 $v = \text{SSE}_d - \text{SSE}_{(d+4)\%8}$,按照公式(8-24)自适应调整主要滤波器强度,即把 $S^{(P)}$ 调整至 $S^{(P)}_{\text{adj}}$。简单来讲,当 $v$ 较大时,表示当前 8×8 块有一个高对比度的边缘,因此,滤波的程度可以强一些;当较 $v$ 小时,表示当前 8×8 块的边缘对比度较小,此时,滤波强度要弱一些,以防止出现模糊的现象。这种调整滤波强度的方法能够使得滤波器适应方向对比度的大小,而且不需要编码额外的语法元素。

$$S^{(P)}_{\text{adj}} = \begin{cases} \left\lfloor \dfrac{S^{(P)}\left(4 + \min\left(\left\lfloor \log_2 \left\lfloor \dfrac{v}{2^{16}} \right\rfloor \right\rfloor, 12\right)\right) + 8}{16} \right\rfloor, & v \geq 2^{10} \\ 0, & v < 2^{10} \end{cases} \quad (8\text{-}24)$$

### 8.2.3 语法元素

在 CDEF 滤波过程中,AV1 把图像帧分成多个尺寸等于 64×64 的滤波块(Filter Block)。因此,CDEF 的语法元素分为帧级语法元素和滤波块级语法元素。帧级语法元素包括亮度阻

尼值 $D$ 和多达 8 个不同的滤波器档位（Preset）。每个滤波器档位包括亮度的主要滤波器强度 $S_Y^{(P)}$，色度的主要滤波器强度 $S_{UV}^{(P)}$，亮度的次要滤波器强度 $S_Y^{(S)}$ 和色度的次要滤波器强度 $S_{UV}^{(S)}$。由于主要滤波器强度 $S_Y^{(P)}$ 和 $S_{UV}^{(P)}$ 的取值范围是 0～15，所以，每个主要滤波器强度需要 4 个二进制位来表示；而次要滤波器强度 $S_Y^{(S)}$ 和 $S_{UV}^{(S)}$ 的取值是 0，1，2 或 4，所以每个次要滤波器强度需要 2 个二进制位来表示。表 8-4 所示为 CDEF 的帧级语法元素及其含义。在表 8-4 中，索引等于 $i$ 的滤波器档位由以下语法元素组成：

- `cdef_y_pri_strength[i]`、`cdef_y_sec_strength[i]`、`cdef_uv_pri_strength[i]` 和 `cdef_uv_sec_strength[i]`。

表 8-4 CDEF 的帧级语法元素及其含义

| 语法元素 | 含义 |
| --- | --- |
| `cdef_damping_minus_3` | 亮度阻尼值 $D$ 减去 3 |
| `cdef_bits` | 表示滤波器档位总数的二进制比特数，(1<<cdef_bits) 表示滤波器档位的总数<br>cdef_bits 的取值范围是 0/1/2/3，分别对应的 1/2/4/8 个滤波器档位 |
| `cdef_y_pri_strength[i]` | 索引等于 $i$ 的滤波器档位中的亮度分量的主要滤波强度 $S_Y^{(P)}$ |
| `cdef_y_sec_strength[i]` | 索引等于 $i$ 的滤波器档位中的亮度分量的次要滤波强度 $S_Y^{(S)}$ |
| `cdef_uv_pri_strength[i]` | 索引等于 $i$ 的滤波器档位中的色度分量的主要滤波强度 $S_{UV}^{(P)}$ |
| `cdef_uv_sec_strength[i]` | 索引等于 $i$ 的滤波器档位中的色度分量的次要滤波强度 $S_{UV}^{(S)}$ |

在编码帧级语法元素时，AV1 首先编码 `cdef_damping_minus_3`；之后，编码 `cdef_bits`，以指明当前视频帧的滤波器档位的总数；最后，编码每个滤波器档位所包含的滤波器强度 `cdef_y_pri_strength[i]`、`cdef_y_sec_strength[i]`、`cdef_uv_pri_strength[i]` 和 `cdef_uv_sec_strength[i]`，其中变量 $i$ 的取值范围是 $0 \leq i < (1 << \text{cdef\_bits})$。

对于每个滤波块，CDEF 会编码一个滤波块级的语法元素 `cdef_idx`，以指明当前滤波块所使用的滤波器档位索引。这里需要注意的是，CDEF 只对具有编码残差的滤波块编码 `cdef_idx`。也就是说，只有当前滤波块包含语法元素 `skip` 等于 0 的编码块时（语法元素 `skip` 的定义见 AV1 标准文档 6.10.11 节），AV1 才需要为该滤波块编码语法元素 `cdef_idx`。如果当前滤波块中的所有编码块的语法元素 `skip` 都等于 1，那么该滤波块的语法元素 `cdef_idx` 默认为 −1，即 AV1 默认为该滤波块关闭 CDEF。如 AV1 标准文档 7.15.1 节所述，对于滤波块内部的 8×8 块，如果该 8×8 块所在的编码块的语法元素 `skip` 等于 1，则 AV1 也默认关闭 CDEF。

由于语法元素仅仅定义了 CDEF 的参数取值，并没有规定如何选取这些参数。所以，为了最大限度地提高压缩效率，编码器可以根据输入视频帧的特征，为当前帧选择最优的帧级滤波器参数：

1）滤波器档位的总数，即 cdef_bits 的取值。
2）每个滤波器档位的组成元素：
① cdef_y_pri_strength[i] 和 cdef_y_sec_strength[i]。
② cdef_uv_pri_strength[i] 和 cdef_uv_sec_strength[i]。
基于这些帧级滤波器参数，编码器为每个滤波块选择最优的 cdef_idx。

## 8.3 环路恢复滤波器

在 CDEF 之后，AV1 使用环路恢复滤波器[31]来恢复在压缩过程中丢失的一些信息，进而改善重建图像的质量。为此，环路恢复滤波器使用维纳滤波器（Wiener Filter）和基于子空间映射的自我导向滤波器（Self-Guided Restoration Filter with Subspace Projection，SGRPROJ）来恢复压缩过程丢失的信息。在滤波过程中，环路恢复滤波器以环路恢复单元（Loop Restoration Unit，LRU）为基本处理单元。由于图像帧内不同区域的统计特性不同，所以，AV1 提供了 3 种不同尺寸的恢复单元，它们分别是尺寸为 64×64 像素、128×128 像素或 256×256 像素的图像块。在滤波过程中，为了适应图像的局部纹理结构，每个 LRU 有三个滤波选项可供选择，分别是：

- 使用维纳滤波器进行滤波。
- 使用自我导向滤波器进行滤波。
- 不进行滤波。

此外，环路恢复滤波器的一个重要特点是它可以在编码器和解码器之间进行交互。也就是说，编码器可以通过分析视频的特征来确定最佳的滤波器参数，并将这些参数写入码流中。解码器可以从码流中解析滤波参数，并使用这些参数来恢复原始视频，从而减少重建视频的噪声和伪影。图 8-19 所示为环路恢复滤波器的效果图。由于环路恢复滤波器能够提升解码后图像的质量，所以，在图 8-19c 中，开启环路恢复滤波器减少了解码图片的块效应。

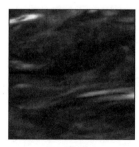 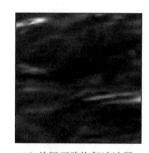 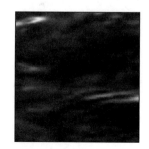

a）原始图片　　　　　　　b）关闭环路恢复滤波器　　　　　　c）打开环路恢复滤波器

图 8-19　环路恢复滤波器的效果图

### 8.3.1 维纳滤波器

维纳滤波器通过最小化期望输出信号与原始信号之间的均方误差，来推导滤波器系数。为了描述维纳滤波器，本书针对二维图像信号做以下假设：

1）待滤波像素位置用 $o=(x, y)$ 表示，该位置的重构像素值是 $t[o]$，该位置的原始像素值是 $s[o]$。

2）滤波过程所使用的参考像素位置是 $\{p_0, p_1, \cdots, p_{N-1}\}$，其中 $p_i=(\Delta x_i, \Delta y_i)$ 是参考像素 $i$ 相对于位置 $o$ 的偏移量。

3）参考像素的滤波权重是 $\{c_0, c_1, \cdots, c_{N-1}\}$。

4）维纳滤波器输出像素值 $\hat{s}[o]$ 的计算方式如公式（8-25）所示：

$$\hat{s}(o) = \sum_{n=0}^{N-1} c_n t[o + p_n] \tag{8-25}$$

基于上述假设，$\hat{s}[o]$ 与 $s[o]$ 之间的均方误差 $J$ 可由公式（8-26）来计算：

$$\begin{aligned} J &= E\{[s(o) - \hat{s}(o)]^2\} \\ &= E\left\{\left[s(o) - \sum_{n=0}^{N-1} c_n t[o + p_n]\right]\left[s(o) - \sum_{n=0}^{N-1} c_n t[o + p_n]\right]\right\} \\ &= E\{s^2(o)\} - 2\sum_{n=0}^{N-1} c_n E\{s(o)t(o + p_n)\} + \sum_{m=0}^{N-1}\sum_{n=0}^{N-1} c_m c_n E\{t(o + p_m)t(o + p_n)\} \end{aligned} \tag{8-26}$$

为了最小化 $\hat{s}[o]$ 与 $s[o]$ 之间的均方误差 $J$，对于每个滤波器系数 $c_n$，计算 $J$ 相对于 $c_n$ 的偏导数，并将其设置为 0。由此，便得到了公式（8-27）所示的维纳–霍普夫方程（Wiener-Hopf equation）。

$$\sum_{n=0}^{N-1} c_n E\{t(o + p_n)t(o + p_m)\} = E\{s(o)t(o + p_m)\} \tag{8-27}$$

其中，$0 \leq m \leq N-1$。

假设对于滤波区域 $\Omega=\{o_0, o_1, \cdots, o_{K-1}\}$ 中所有像素，滤波系数 $c_i(0 \leq i \leq N-1)$ 保持不变，则对于每个 $o_k \in \Omega$ 公式（8-27）均成立，因此，基于滤波区域 $\Omega$ 中的所有像素，公式（8-27）可写成公式（8-28）所示的矩阵形式：

$$\begin{aligned} \mathbf{HF} &= \begin{bmatrix} \sum_{k=0}^{K-1} t(o_k + p_0)t(o_k + p_0) & \cdots & \sum_{k=0}^{K-1} t(o_k + p_{N-1})t(o_k + p_0) \\ \sum_{k=0}^{K-1} t(o_k + p_0)t(o_k + p_1) & \cdots & \sum_{k=0}^{K-1} t(o_k + p_{N-1})t(o_k + p_1) \\ \vdots & \vdots & \vdots \\ \sum_{k=0}^{K-1} t(o_k + p_0)t(o_k + P_{N-1}) & \cdots & \sum_{k=0}^{K-1} t(o_k + p_{N-1})t(o_k + p_{N-1}) \end{bmatrix} \begin{bmatrix} c_0 \\ c_1 \\ \vdots \\ c_{N-1} \end{bmatrix} \\ &= \begin{bmatrix} \sum_{k=0}^{K-1} s(o_k)t(o_k + p_0) \\ \sum_{k=0}^{K-1} s(o_k)t(o_k + p_1) \\ \vdots \\ \sum_{k=0}^{K-1} s(o_k)t(o_k + p_{N-1}) \end{bmatrix} = \mathbf{M} \end{aligned} \tag{8-28}$$

其中，矩阵 $\boldsymbol{H}$ 是待滤波像素之间的自相关矩阵（Auto-Correlation Matrix），列向量 $\boldsymbol{F}=[c_0, c_1, \cdots, c_{N-1}]^{\mathrm{T}}$ 是滤波器系数组成的列向量，列向量 $\boldsymbol{M}$ 是待滤波像素与原始像素之间的互相关向量（Cross-Correlation Vector）。求解维纳–霍普夫方程组，即可确定维纳滤波器的滤波系数 $\{c_0, c_1, \cdots, c_{N-1}\}$，即 $\boldsymbol{F}=\boldsymbol{H}^{-1}\boldsymbol{M}$。

### 1. 可分离对称维纳滤波器

AV1 把以待滤波像素为中心的大小等于 $w \times w$ 的正方形窗口内所有像素作为其参考像素，其中 $w=2r+1$。对于亮度分量，$r$ 可以取值 1, 2 或 3；对于色度分量，$r$ 的取值是 1 或 2。AV1 中维纳滤波器的参考像素分布如图 8-20 所示，图中为 $r=3$ 时的滤波窗口，其中灰色方形块表示待滤波的像素位置，带有滤波权重 $c_{i,j}$ 的方形块表示参考像素位置。

| | | | | | | |
|---|---|---|---|---|---|---|
| $c_{0,0}$ | $c_{0,1}$ | $c_{0,2}$ | $c_{0,3}$ | $c_{0,4}$ | $c_{0,5}$ | $c_{0,6}$ |
| $c_{1,0}$ | $c_{1,1}$ | $c_{1,2}$ | $c_{1,3}$ | $c_{1,4}$ | $c_{1,5}$ | $c_{1,6}$ |
| $c_{2,0}$ | $c_{2,1}$ | $c_{2,2}$ | $c_{2,3}$ | $c_{2,4}$ | $c_{2,5}$ | $c_{2,6}$ |
| $c_{3,0}$ | $c_{3,1}$ | $c_{3,2}$ | $c_{3,3}$ | $c_{3,4}$ | $c_{3,5}$ | $c_{3,6}$ |
| $c_{4,0}$ | $c_{4,1}$ | $c_{4,2}$ | $c_{4,3}$ | $c_{4,4}$ | $c_{4,5}$ | $c_{4,6}$ |
| $c_{5,0}$ | $c_{5,1}$ | $c_{5,2}$ | $c_{5,3}$ | $c_{5,4}$ | $c_{5,5}$ | $c_{5,6}$ |
| $c_{6,0}$ | $c_{6,1}$ | $c_{6,2}$ | $c_{6,3}$ | $c_{6,4}$ | $c_{6,5}$ | $c_{6,6}$ |

a）原始权重矩阵

| | | | | | | |
|---|---|---|---|---|---|---|
| $a_0b_0$ | $a_0b_1$ | $a_0b_2$ | $a_0b_3$ | $a_0b_4$ | $a_0b_5$ | $a_0b_6$ |
| $a_1b_0$ | $a_1b_1$ | $a_1b_2$ | $a_1b_3$ | $a_1b_4$ | $a_1b_5$ | $a_1b_6$ |
| $a_2b_0$ | $a_2b_1$ | $a_2b_2$ | $a_2b_3$ | $a_2b_4$ | $a_2b_5$ | $a_2b_6$ |
| $a_3b_0$ | $a_3b_1$ | $a_3b_2$ | $a_3b_3$ | $a_3b_4$ | $a_3b_5$ | $a_3b_6$ |
| $a_4b_0$ | $a_4b_1$ | $a_4b_2$ | $a_4b_3$ | $a_4b_4$ | $a_4b_5$ | $a_4b_6$ |
| $a_5b_0$ | $a_5b_1$ | $a_5b_2$ | $a_5b_3$ | $a_5b_4$ | $a_5b_5$ | $a_5b_6$ |
| $a_6b_0$ | $a_6b_1$ | $a_6b_2$ | $a_6b_3$ | $a_6b_4$ | $a_6b_5$ | $a_6b_6$ |

b）可分离的权重矩阵

图 8-20　AV1 中维纳滤波器的参考像素分布

由于滤波器权重需要传输至解码器，因此，使用大小等于 $w \times w$ 的滤波窗口需要向解码端传输 $w^2$ 个滤波权重。传输如此多的滤波权重将消耗大量的码率。所以，为了减少滤波权重所需要的码率，AV1 对滤波权重施加了如下约束条件：

1）滤波器权重 $c_{i,j}$ 所组成的矩阵 $\boldsymbol{W}$ 是可分离的，即矩阵 $\boldsymbol{W}$ 可以表示为两个一维向量的乘积：

$$
\begin{aligned}
\boldsymbol{W} &= [c_{i,j}]_{(0 \leqslant i,\, j \leqslant w-1)} = \boldsymbol{a}\boldsymbol{b}^{\mathrm{T}} \\
&= \begin{bmatrix} a_0 \\ a_1 \\ \vdots \\ a_{w-1} \end{bmatrix} [b_0 \quad b_1 \quad \cdots \quad b_{w-1}]^{\mathrm{T}} \\
&= \begin{bmatrix} a_0b_0 & a_0b_1 & \cdots & a_0b_{w-1} \\ a_1b_0 & a_1b_1 & \cdots & a_1b_{w-1} \\ \vdots & \vdots & \ddots & \vdots \\ a_{w-1}b_0 & a_{w-1}b_1 & \cdots & a_{w-1}b_{w-1} \end{bmatrix}
\end{aligned}
$$

其中，$a$ 和 $b$ 是一维的列向量；$a_i$ 和 $b_i$ 分别是列向量 $a$ 和 $b$ 中索引为 $i$ 的元素。有时，向量 $a$ 被称为垂直滤波器系数，向量 $b$ 被称为水平滤波器系数。图 8-20 中为 $7\times 7$ 滤波窗口的滤波权重矩阵及其对应的可分离权重矩阵。

2）垂直和水平滤波器系数 $a$ 和 $b$ 是对称，即 $a_i=a_{w-1-i}$，$b_i=b_{w-1-i}$，其中，$i = 0, 1, \cdots, r-1$。

3）垂直和水平滤波器系数 $a$ 和 $b$ 是归一化的，即 $\sum_{i=0}^{w-1}a_i=1, \sum_{i=0}^{w-1}b_i=1$。

基于上述假设，可以发现：$a_r=1-2\cdot\sum_{j=0}^{r-1}a_j$，$b_j=1-2\cdot\sum_{j=0}^{r-1}b_j$。所以，AV1 只需要传输滤波系数向量 $a$ 和 $b$ 的前 $r$ 个滤波权重 $[a_0, a_1, \cdots, a_{r-1}]$ 和 $[b_0, b_1, \cdots, b_{r-1}]$，极大地降低了编码滤波权重所需要的码率。

#### 2. 滤波权重的估计

假设矩阵 $T$ 表示待滤波像素周围的 $w\times w$ 窗口内的重构像素：

$$T=[t_0, t_1, \cdots, t_{w-1}]=\begin{bmatrix} t_{0,0} & t_{0,1} & \cdots & t_{0,w-1} \\ t_{1,0} & t_{1,1} & \cdots & t_{1,w-1} \\ \vdots & \vdots & & \vdots \\ t_{w-1,0} & t_{w-1,1} & \cdots & t_{w-1,w-1} \end{bmatrix}$$

其中，列向量 $t_i$ 是矩阵中索引等于 $i$ 的列向量，$t_{j,i}$ 表示矩阵 $T$ 中的第 $j$ 行，第 $i$ 列的元素。

按照矩阵的列向量拼接方式，可以把重构像素矩阵 $T$ 转化为 $w^2\times 1$ 维的列项向量 $T_c$。此时，公式（8-28）中的矩阵 $H$ 是 $T_c$ 的自相关矩阵 $H=E[T_c T_c^T]$；$F$ 是按照列向量拼接形式，从权重矩阵 $W$ 得到的 $w^2\times 1$ 维的列项向量；列向量 $M$ 是待滤波像素 $t_{j,i}$ 与原始像素 $s_o$ 之间的交叉相关向量，即：

$$T_c\begin{bmatrix} t_0 \\ t_1 \\ \vdots \\ t_{w-1} \end{bmatrix}=\begin{bmatrix} t_{0,0} \\ t_{1,0} \\ \vdots \\ t_{w-1,0} \\ t_{0,1} \\ t_{1,1} \\ \vdots \\ t_{w-1,1} \\ \vdots \\ t_{0,w-1} \\ t_{1,w-1} \\ \vdots \\ t_{w-1,w-1} \end{bmatrix}, F=\begin{bmatrix} a_0b_0 \\ a_1b_0 \\ \vdots \\ a_{w-1}b_0 \\ a_0b_1 \\ a_1b_1 \\ \vdots \\ a_{w-1}b_1 \\ \vdots \\ a_0b_{w-1} \\ a_1b_{w-1} \\ \vdots \\ a_{w-1}b_{w-1} \end{bmatrix}, M=\begin{bmatrix} s_ot_{0,0} \\ s_ot_{1,0} \\ \vdots \\ s_ot_{w-1,0} \\ s_ot_{0,1} \\ s_ot_{1,1} \\ \vdots \\ s_ot_{w-1,1} \\ \vdots \\ s_ot_{0,w-1} \\ s_ot_{1,w-1} \\ \vdots \\ s_ot_{w-1,w-1} \end{bmatrix}$$

基于上述符号含义，公式（8-28）所表示的维纳-霍普夫方程可以表示成公式（8-29）的形式：

$$\sum_{j=0}^{w-1} b_j \cdot \boldsymbol{a}^\mathrm{T} \boldsymbol{t}_j \boldsymbol{t}_i^\mathrm{T} = \sum_{j=0}^{w-1} b_j \cdot \boldsymbol{a}^\mathrm{T} \boldsymbol{H}_{i,j} = \boldsymbol{M}_{(i)}, 0 \leq i \leq w-1 \quad (8-29)$$

其中，$b_j$是水平列向量$\boldsymbol{b}$中索引为$j$的元素；$\boldsymbol{a}^\mathrm{T}=[a_0,a_1,\cdots,a_{w-1}]$是垂直滤波器系数$\boldsymbol{a}$的转置；$\boldsymbol{t}_i$和$\boldsymbol{t}_j$分别是矩阵$\boldsymbol{T}$中索引等于$i$和$j$的列向量；$\boldsymbol{H}_{i,j}$表示列向量$\boldsymbol{t}_i$和$\boldsymbol{t}_j$之间的自相关矩阵；$\boldsymbol{M}_{(i)}$是由$\boldsymbol{M}$中的部分元素组成的行向量$\boldsymbol{M}_{(i)}=s_o\boldsymbol{t}_i^\mathrm{T}=[s_ot_{0,i},s_ot_{1,i},\cdots,s_ot_{w-1,i}]$，所以，$\boldsymbol{M}^\mathrm{T}=[\boldsymbol{M}_{(0)},\boldsymbol{M}_{(1)},\cdots,\boldsymbol{M}_{(w-1)}]$。

基于公式（8-29），AV1采用一种迭代算法来估计滤波权重$\boldsymbol{a}$和$\boldsymbol{b}$。首先，使用最新向量$\boldsymbol{b}$，更新向量$\boldsymbol{a}$；然后，使用最新向量$\boldsymbol{a}$，更新向量$\boldsymbol{b}$。由于向量$\boldsymbol{a}$和$\boldsymbol{b}$满足对称性和归一化条件，所以，参数估计过程引入矩阵$\boldsymbol{P}$，来把公式（8-29）中的向量$\boldsymbol{a}$和$\boldsymbol{b}$转化为向量$\boldsymbol{a}_\mathrm{half}=[a_0,a_1,\cdots,a_{r-1}]$和$\boldsymbol{b}_\mathrm{half}=[b_0,b_1,\cdots,b_{r-1}]$：

$$\boldsymbol{a}^\mathrm{T} = \boldsymbol{a}_\mathrm{half}^\mathrm{T}\boldsymbol{P}^\mathrm{T}+[0,\cdots,1,\cdots,0]$$
$$\boldsymbol{b}^\mathrm{T} = \boldsymbol{b}_\mathrm{half}^\mathrm{T}\boldsymbol{P}^\mathrm{T}+[0,\cdots,1,\cdots,0]$$

对于$r$等于1，2或3时，矩阵$\boldsymbol{P}$是一个$w \times r$矩阵，其定义分别是：

$$\boldsymbol{P}_{(r=1)} = \begin{bmatrix} 1 \\ -2 \\ 1 \end{bmatrix}, \boldsymbol{P}_{(r=2)} = \begin{bmatrix} 1 & 0 \\ 0 & 1 \\ -2 & -2 \\ 0 & 1 \\ 1 & 0 \end{bmatrix}, \boldsymbol{P}_{(r=1)} = \begin{bmatrix} 1 & 0 & 1 \\ 0 & 1 & 0 \\ 0 & 0 & 1 \\ -2 & -2 & -2 \\ 0 & 0 & 1 \\ 0 & 1 & 0 \\ 1 & 0 & 0 \end{bmatrix}$$

当使用向量$\boldsymbol{b}$，更新向量$\boldsymbol{a}$时，在公式（8-29）左右两侧乘以$b_i$，并对索引$i$进行累计求和，然后右乘矩阵$\boldsymbol{P}$，则可推导出公式（8-30）：

$$\boldsymbol{a}^\mathrm{T}\sum_{i=0}^{w-1}\sum_{j=0}^{w-1}b_ib_j\cdot\boldsymbol{H}_{i,j}\boldsymbol{P} = \sum_{i=0}^{w-1}b_i\boldsymbol{M}_{(i)}\boldsymbol{P} \quad (8-30)$$

由公式（8-30），可得公式（8-31）：

$$\boldsymbol{a}_\mathrm{half}^\mathrm{T}\boldsymbol{P}^\mathrm{T}\boldsymbol{U} = \boldsymbol{z}$$
$$\boldsymbol{U} = \sum_{i=0}^{w-1}\sum_{j=0}^{w-1}b_ib_j\cdot\boldsymbol{H}_{i,j}\boldsymbol{P} \quad (8-31)$$
$$\boldsymbol{z} = \sum_{i=0}^{w-1}b_i\boldsymbol{M}_{(i)}\boldsymbol{P}-\boldsymbol{U}_{(r)}$$

其中，$\boldsymbol{U}_{(r)}$是矩阵$\boldsymbol{U}$的第$r$行。求解公式（8-31）中的方程组，可以求得向量$\boldsymbol{a}_\mathrm{half}^\mathrm{T}$。

当使用向量 $\boldsymbol{a}$，更新向量 $\boldsymbol{b}$ 时，在公式（8-29）两侧乘以列向量 $\boldsymbol{a}$，则可得到公式（8-32）：

$$\sum_{j=0}^{w-1} b_j \cdot \boldsymbol{a}^{\mathrm{T}} H_{i,j} \boldsymbol{a} = \boldsymbol{M}_{(i)} \boldsymbol{a}_i, \quad 0 \leq i \leq w-1 \tag{8-32}$$

由于 $\boldsymbol{a}^{\mathrm{T}} H_{i,j} \boldsymbol{a}$ 和 $\boldsymbol{M}_{(i)} \boldsymbol{a}_i$ 都是标量，所以，对于所有 $i$ 和 $j$，公式（8-32）可以写成公式（8-33）所示的矩阵形式：

$$[b_0, b_1, \cdots, b_{w-1}] \begin{bmatrix} \boldsymbol{a}^{\mathrm{T}} H_{0,0} \boldsymbol{a} & \boldsymbol{a}^{\mathrm{T}} H_{1,0} \boldsymbol{a} & \cdots & \boldsymbol{a}^{\mathrm{T}} H_{w-1,0} \boldsymbol{a} \\ \boldsymbol{a}^{\mathrm{T}} H_{0,1} \boldsymbol{a} & \boldsymbol{a}^{\mathrm{T}} H_{1,1} \boldsymbol{a} & \cdots & \boldsymbol{a}^{\mathrm{T}} H_{w-1,1} \boldsymbol{a} \\ \vdots & \vdots & & \vdots \\ \boldsymbol{a}^{\mathrm{T}} H_{0,w-1} \boldsymbol{a} & \boldsymbol{a}^{\mathrm{T}} H_{1,w-1} \boldsymbol{a} & \cdots & \boldsymbol{a}^{\mathrm{T}} H_{w-1,w-1} \boldsymbol{a} \end{bmatrix}$$

$$= [\boldsymbol{M}_{(0)} \boldsymbol{a}, \boldsymbol{M}_{(1)} \boldsymbol{a}, \cdots, \boldsymbol{M}_{(w-1)} \boldsymbol{a}] \tag{8-33}$$

由公式（8-33）可得公式（8-34）：

$$\boldsymbol{b}_{\mathrm{half}}^{\mathrm{T}} \boldsymbol{P}^{\mathrm{T}} \boldsymbol{U} = \boldsymbol{z}$$

$$\boldsymbol{U} = \boldsymbol{V} \boldsymbol{P}$$

$$\boldsymbol{z} = [\boldsymbol{M}_{(0)} \boldsymbol{a}, \boldsymbol{M}_{(1)} \boldsymbol{a}, \cdots, \boldsymbol{M}_{(w-1)} \boldsymbol{a}] \boldsymbol{P} - \boldsymbol{U}_r$$

$$\boldsymbol{V} = \begin{bmatrix} \boldsymbol{a}^{\mathrm{T}} H_{0,0} \boldsymbol{a} & \boldsymbol{a}^{\mathrm{T}} H_{1,0} \boldsymbol{a} & \cdots & \boldsymbol{a}^{\mathrm{T}} H_{w-1,0} \boldsymbol{a} \\ \boldsymbol{a}^{\mathrm{T}} H_{0,1} \boldsymbol{a} & \boldsymbol{a}^{\mathrm{T}} H_{1,1} \boldsymbol{a} & \cdots & \boldsymbol{a}^{\mathrm{T}} H_{w-1,1} \boldsymbol{a} \\ \vdots & \vdots & & \vdots \\ \boldsymbol{a}^{\mathrm{T}} H_{0,w-1} \boldsymbol{a} & \boldsymbol{a}^{\mathrm{T}} H_{1,w-1} \boldsymbol{a} & \cdots & \boldsymbol{a}^{\mathrm{T}} H_{w-1,w-1} \boldsymbol{a} \end{bmatrix} \tag{8-34}$$

其中，$\boldsymbol{U}_r$ 是矩阵 $\boldsymbol{U}$ 的第 $r$ 行。求解公式（8-34）中的方程组，可以求得向量 $\boldsymbol{b}_{\mathrm{half}}^{\mathrm{T}}$。

基于公式（8-31）和（8-34），滤波器参数和的估计过程具体描述如下：

1）把向量 $\boldsymbol{a}$ 和 $\boldsymbol{b}$ 分别设置为初始向量 $\boldsymbol{a}_0$ 和 $\boldsymbol{b}_0$。

2）固定向量 $\boldsymbol{b}$，更新向量 $\boldsymbol{a}$：

①按照公式（8-31）计算 $\boldsymbol{U}$ 和 $\boldsymbol{z}$。

②求解 $\boldsymbol{a}_{\mathrm{half}}^{\mathrm{T}} = \boldsymbol{z}(\boldsymbol{P}^{\mathrm{T}} \boldsymbol{U})^{-1}$。

③使用最新 $\boldsymbol{a}_{\mathrm{half}}^{\mathrm{T}}$，更新向量 $\boldsymbol{a}$。

3）固定向量 $\boldsymbol{a}$，更新向量 $\boldsymbol{b}$：

①按照公式（8-34）计算 $\boldsymbol{U}$ 和 $\boldsymbol{z}$。

②求解 $\boldsymbol{b}_{\mathrm{half}}^{\mathrm{T}} = \boldsymbol{z}(\boldsymbol{P}^{\mathrm{T}} \boldsymbol{U})^{-1}$。

③使用最新 $\boldsymbol{b}_{\mathrm{half}}^{\mathrm{T}}$，更新向量 $\boldsymbol{b}$。

4）迭代执行步骤 2 和 3，直至达到给定的迭代次数。

### 8.3.2 基于子空间映射的自我导向滤波器

基于子空间映射的自我导向滤波器是在保留边缘的同时，对重建图像进行平滑。该滤波器由两个主要组成部分，即自我导向滤波器（Self-Guided Restoration Filter）和重建图像的子空间投影（Subspace Projection）。

自我导向滤波器是一种特殊的导向滤波器（Guided Filter）。导向滤波器[32]。是一种能够保留图像边缘的平滑滤波器。导向滤波器使用公式（8-35）所示的局部线性模型，把指导图像（Guided Image）中的特征转移到滤波器输出的图像中。

$$q_i = a_k I_i + b_k, \forall i \in \omega_k \quad (8\text{-}35)$$

其中，$q_i$ 是滤波器输出图像中索引为 $i$ 的像素值，$I_i$ 是指导图像中索引为 $i$ 的像素值，$a_k$ 和 $b_k$ 是滤波器参数，像素集合 $\omega_k$ 是由以像素 $k$ 为中心的窗口内的所有像素组成的集合。为了估计滤波器参数 $a_k$ 和 $b_k$，导向滤波器假设输出图像值 $q_i$ 是退化图像中对应位置像素 $p_i$ 的去噪版本，即 $q_i$ 与 $p_i$ 之间满足下述关系：

$$\begin{aligned} q_i &= p_i - n_i \\ n_i &= p_i - a_k I_i - b_k \end{aligned} \quad (8\text{-}36)$$

其中，$n_i$ 是输入图像中索引为 $i$ 的像素的噪声强度。

基于这个假设，导向滤波器定义了如公式（8-37）给出的代价函数：

$$E(a_k, b_k) = \sum_{i \in \omega_k} [(a_k I_i + b_k - p_i)^2 + \varepsilon a_k^2] \quad (8\text{-}37)$$

其中，参数 $\varepsilon$ 是正则项参数，以惩罚取值大的权重 $a_k$。最小化这个代价函数，即可推导出滤波系数 $a_k$ 和 $b_k$：

$$\begin{aligned} a_k &= \frac{\frac{1}{|\omega_k|} \sum_{i \in \omega_k} I_i p_i - \mu_k \bar{p}_k}{\sigma_k^2 + \varepsilon} \\ b_k &= \bar{p}_k - a_k \mu_k \\ \bar{p}_k &= \frac{1}{|\omega_k|} \sum_{i \in \omega_k} p_i \end{aligned} \quad (8\text{-}38)$$

其中，$\mu_k$ 和 $\sigma_k^2$ 分别是像素集合 $\omega_k$ 中的像素在**指导图像**对应像素集合的均值和方差，$|\omega_k|$ 是像素集合 $\omega_k$ 中的像素总数，$\bar{p}_k$ 是像素集合 $\omega_k$ 中的像素在**退化图像**对应像素集合的均值。

**1. 自我导向滤波器**

当退化图像和指导图像相同时，导向滤波器又被称为自我导向滤波器。此时滤波器系数 $a_k$ 和 $b_k$ 退化为公式（8-39）所示的简单形式：

$$\begin{aligned} a_k &= \frac{\sigma_k^2}{(\sigma_k^2 + \varepsilon)} \\ b_k &= \mu_k (1 - a_k) \end{aligned} \quad (8\text{-}39)$$

其中，$\mu_k$ 和 $\sigma_k^2$ 分别表示位于以像素 $k$ 为中心的窗口内的所有像素的均值和方差。也就是说，窗口的尺寸也会影响滤波参数 $a_k$ 和 $b_k$ 的计算结果。因此，滤波窗口的尺寸和正则项参数 $\varepsilon$ 共同影响着自我导向滤波器的性能。

为了方便描述，本书以矩阵形式来描述 AV1 使用的自我导向滤波器。假设退化图像以列向量形式表示为 $X$，输出图像以列向量形式表示为 $X_r$，滤波参数分别用矩阵 $F$ 和 $G$ 来表示，并且滤波窗口是大小为 $(2r+1)\times(2r+1)$ 的正方形窗口。那么，给定滤波窗口的半径 $r$ 和正则项参数 $\varepsilon$，AV1 使用的自我导向滤波器可以表示成公式（8-40）所示的矩阵形式：

$$X_r = FX + G \qquad (8\text{-}40)$$

AV1 使用下述过程来推导公式（8-40）中的矩阵 $F$ 和 $G$：

1）对于每个位置等于 $(x_c, y_c)$ 的像素 $k$，计算像素 $k$ 的滤波参数 $a_k$ 和 $b_k$：

①计算以像素 $k$ 为中心，大小为 $(2r+1)\times(2r+1)$ 的正方形窗口内所有像素的均值 $\mu_k$ 和方差 $\sigma_k^2$。

②按照公式（8-39）计算滤波参数 $a_k$ 和 $b_k$。

2）对于每个位置等于 $(x_c, y_c)$ 的像素 $k$，计算其周围 $3\times 3$ 窗口内滤波参数 $a_i$ 和 $b_i$ 值的加权平均值，作为计算公式（8-40）中使用矩阵 $F$ 和 $G$：

$$F_k = \sum_{i=-1}^{+1}\sum_{j=-1}^{+1} W[i+1][j+1]\cdot a_{x_c-i,\,y_c-j}$$

$$G_k = \sum_{i=-1}^{+1}\sum_{j=-1}^{+1} W[i+1][j+1]\cdot b_{x_c-i,\,y_c-j}$$

其中，$F_k$ 和 $G_k$ 分别表示矩阵 $F$ 和 $G$ 中，索引为 $k$ 的元素值，$W$ 是 $3\times 3$ 的权重矩阵。为了提高滤波效果，AV1 使用了两对不同滤波参数 $(r_0, \varepsilon_0)$ 和 $(r_1, \varepsilon_1)$ 来计算两组不同的滤波器参数 $(a_k^0, b_k^0)$ 和 $(a_k^1, b_k^1)$。对于滤波参数 $(r_0, \varepsilon_0)$，根据像素 $k$ 的列索引 $y_c$ 的奇偶性，权重矩阵 $W$ 有 2 种形式：

$$W = \frac{1}{16}\begin{bmatrix} 0 & 0 & 0 \\ 5 & 6 & 5 \\ 0 & 0 & 0 \end{bmatrix},\ 如果 y_c \,\&\, 1 == 1$$

$$W = \frac{1}{32}\begin{bmatrix} 5 & 6 & 5 \\ 0 & 0 & 0 \\ 5 & 6 & 5 \end{bmatrix},\ 如果 y_c \,\&\, 1 == 0$$

对于滤波参数 $(r_1, \varepsilon_1)$，权重矩阵 $W$ 只有 1 种形式：

$$W = \frac{1}{32}\begin{bmatrix} 3 & 4 & 3 \\ 4 & 4 & 4 \\ 3 & 4 & 3 \end{bmatrix}$$

基于滤波器参数 $(a_k^0, b_k^0), (a_k^1, b_k^1)$ 以及权重矩阵 $W$，AV1 即可计算得到滤波参数 $(r_0, \varepsilon_0)$

和 $(r_1, \varepsilon_1)$ 所对应的参数矩阵 $\boldsymbol{F}^0$、$\boldsymbol{G}^0$、$\boldsymbol{F}^1$ 和 $\boldsymbol{G}^1$。

### 2. 重构图像的子空间投影算法

单独使用自我导向滤波器通常不足以产生高质量的重建图像,所以,AV1 引入了重构图像的子空间投影算法来进一步提高重建图像的质量。具体来讲,AV1 首先使用上面所述的两对不同滤波参数 $(r_0, \varepsilon_0)$ 和 $(r_1, \varepsilon_1)$ 所对应的参数矩阵 $\boldsymbol{F}^0$、$\boldsymbol{G}^0$、$\boldsymbol{F}^1$ 和 $\boldsymbol{G}^1$,分别生成两个去噪图像 $\boldsymbol{X}_0$ 和 $\boldsymbol{X}_1$。然后,AV1 使用这两个去噪图像 $\boldsymbol{X}_0$ 和 $\boldsymbol{X}_1$ 与退化图像 $\boldsymbol{X}$ 之间的差值 $\boldsymbol{X}_0 - \boldsymbol{X}$ 和 $\boldsymbol{X}_1 - \boldsymbol{X}$ 来生成一个子空间。最后,如式(8-41)所示,AV1 把原始图像 $\boldsymbol{X}_s$ 与退化图像 $\boldsymbol{X}$ 之间的差值 $\boldsymbol{X}_s - \boldsymbol{X}$ 映射至该子空间。也就是说,AV1 把列向量 $\boldsymbol{X}_s - \boldsymbol{X}$ 在由列向量 $\boldsymbol{X}_0 - \boldsymbol{X}$ 和 $\boldsymbol{X}_1 - \boldsymbol{X}$ 组成的子空间中的投影,作为最终输出的重构图像 $\boldsymbol{X}_f$ 与退化图像 $\boldsymbol{X}$ 之间的差值 $\boldsymbol{X}_f - \boldsymbol{X}$。

$$\begin{aligned} \boldsymbol{X}_f - \boldsymbol{X} &= \alpha(\boldsymbol{X}_0 - \boldsymbol{X}) + \beta(\boldsymbol{X}_1 - \boldsymbol{X}) \\ \boldsymbol{X}_f &= \boldsymbol{X} + \alpha(\boldsymbol{X}_0 - \boldsymbol{X}) + \beta(\boldsymbol{X}_1 - \boldsymbol{X}) \end{aligned} \quad (8\text{-}41)$$

图 8-21 所示为 $\boldsymbol{X}_s - \boldsymbol{X}$ 在 $\boldsymbol{X}_0 - \boldsymbol{X}$ 和 $\boldsymbol{X}_1 - \boldsymbol{X}$ 所生成的子空间的投影示意图。从图 8-21 中可以发现,即使 $\boldsymbol{X}_0$ 和 $\boldsymbol{X}_1$ 与原始图像 $\boldsymbol{X}_s$ 之间的误差很大,参数 $\alpha$ 和 $\beta$ 也能够使得 $\boldsymbol{X}_f$ 朝着正确的方向逼近。

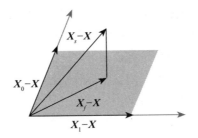

图 8-21 AV1 中自我导向滤波器的子空间投影示意图

给定原始图像 $\boldsymbol{X}_s$、退化图像 $\boldsymbol{X}$ 以及两个去噪图像 $\boldsymbol{X}_0$ 和 $\boldsymbol{X}_1$,编码器可以通过最小化 $\boldsymbol{X}_s$ 与 $\boldsymbol{X}_f$ 之间的误差 $|\boldsymbol{X}_s - \boldsymbol{X}_f|^2$ 来估计参数 $\alpha$ 和 $\beta$。使用最小二乘法,参数 $\alpha$ 和 $\beta$ 的计算方法如公式(8-42)所示:

$$\begin{aligned} \begin{bmatrix} \alpha \\ \beta \end{bmatrix} &= (\boldsymbol{A}^\mathrm{T}\boldsymbol{A})^{-1}\boldsymbol{A}^\mathrm{T}\boldsymbol{b} \\ \boldsymbol{A} &= [\boldsymbol{X}_0 - \boldsymbol{X}, \boldsymbol{X}_1 - \boldsymbol{X}] \\ \boldsymbol{b} &= \boldsymbol{X}_s - \boldsymbol{X} \end{aligned} \quad (8\text{-}42)$$

### 8.3.3 参考像素的取值

在硬件设计中,为了避免使用额外的线缓冲区(Line Buffer),对于每个 LRU,环路恢复滤波器引入了条带(Stripe),并以此作为参照,来选取参考像素值。具体来讲,条带是高度等于 64 亮度像素、宽度等于 LRU 宽度的区域。在滤波过程中,如果参考像素位于当前条带之内，则使用 CDEF 滤波器的输出值；如果参考像素位于当前条带之外，则使用去块效应滤波器的输出值。

为了使硬件流水线更加高效，每个条带将会向上偏移（8 >> subY）个亮度像素，其中 subY 表示当前颜色平面 plane 的垂直方向下采样因子。对于亮度分量，plane = 0 且 subY = 0；对于 4:2:0 格式的 YUV 序列，其色度分量 Cb/Cr 的 plane 分别是 1 和 2，它们的 subY 均是 1。给定待滤波块的坐标信息，AV1 标准文档 7.17.1 节给出了计算当前条带的起始像素行和终止像素行的方法。计算方法描述如下：假设变量 row 和 col 指定了当前待滤波块在亮度平面中以 4×4 块为单位的位置，那么当前待滤波块的左上角像素的像素行 lumaY = row << 2，所以，当前条带的索引 stripeNum=(lumaY + 8)/64，当前条带的起始像素行 stripeStartY 和终止像素行索引 stripeEndY 的计算方式如公式（8-43）所示：

$$\begin{aligned}stripeStartY &= (-8 + stripeNum \times 64) >> subY \\ stripeEndY &= stripeStartY + (64 >> subY) - 1\end{aligned} \quad (8\text{-}43)$$

对于亮度分量，索引 stripeNum 为 0 的条带的起始像素行和终止像素行索引分别是 -8 和 55；索引 stripeNum 为 1 的条带的起始像素行和终止像素行索引分别是 56 和 119。对于等于 1 的色度分量，索引 stripeNum 为 0 的条带的起始像素行和终止像素行索引分别是 -4 和 27；索引 stripeNum 为 1 的条带的起始像素行和终止像素行索引分别是 28 和 59。

给定当前条带的起始像素行 stripeStartY 和终止像素行索引 stripeEndY，AV1 标准文档 7.17.6 节给出了判断参考像素是否位于当前条带之内的方法。假设参考像素的坐标是 (x, y)，当前颜色平面 plane 的最大水平坐标和垂直坐标分别是 planeEndX 和 planeEndY，那么滤波过程所使用的参考像素值 c 的计算过程如下：

1) `x = Min(x,planeEndX),x = Max(x,0)`。
2) `y = Min(y,planeEndY),y = Max(0,y)`。
3) 如果 `y < stripeStartY`，那么：
① `y = Max(stripeStartY-2,y)`。
② `c = UpscaledCurrFrame[plane][y][x]`。
4) 如果 `y > stripeEndY`，那么：
① `y= Min(stripeEndY + 2,y)`。
② `c = UpscaledCurrFrame[plane][y][x]`。
5) 否则 `c = UpscaledCdefFrame[plane][y][x]`。

其中，`UpscaledCurrFrame[plane][y][x]` 是去块效应滤波器的输出值，`UpscaledCdefFrame[plane][y][x]` 是 CDEF 的输出值。由于 AV1 支持超分辨率模式，所以，经过去块效应滤波器和 CDEF 的重构帧可能需要经过上采样滤波器提高重构帧的分辨率。因此，标准文档使用 `UpscaledCurrFrame` 和 `UpscaledCdefFrame` 来分别表示去块效应滤波器和 CDEF 经过上采样滤波器之后的输出值。关于超分辨率模式的具体描述，请参考第 9 章。

这里需要注意的是，上面描述的参考像素 c 的获取过程使用了当前条带上方和下方三行的像素。但是，由于坐标被裁剪（步骤 3-①和 4-①），该过程只需要访问当前条带上方和下方的两行像素即可。这是因为上方第三行像素等于上方第二行像素，同时下方第三行像素也等于下方第二行像素。

### 8.3.4 语法元素

环路恢复滤波器的语法元素分为帧级语法元素和 LRU 级语法元素。帧级语法元素包含 `lr_type`、`lr_unit_shift`、`lr_unit_extra_shift` 和 `lr_uv_shift`。具体来讲，AV1 分别为亮度分量 Y 以及 2 个色度分量 U 和 V 编码语法元素 `lr_type`，以指明每个分量所使用的滤波器类型。表 8-5 所示为 `lr_type` 的取值及其含义。AV1 使用语法元素 `lr_unit_shift` 和 `lr_unit_extra_shift` 指明亮度 LRU 的大小。表 8-6 所示为 `lr_unit_shift`、`lr_unit_extra_shift` 与亮度 LRU 之间的对应关系。

表 8-5 语法元素 `lr_type` 的取值及其含义

| `lr_type` 的取值 | 含义 |
| --- | --- |
| 0 | RESTORE_NONE，整帧不进行环路恢复滤波 |
| 1 | RESTORE_SWITCHABLE，每个 LRU 使用维纳滤波器或自我导向滤波器进行滤波，或者不进行滤波；此时每个 LRU 需要额外使用语法元素 `restoration_type` 来指明 LRU 所使用的滤波类型 |
| 2 | RESTORE_WIENER，每个 LRU 使用维纳滤波器进行滤波，或者不进行滤波；此时每个 LRU 需要额外使用语法元素 `use_wiener` 来指明当前 LRU 是否需要滤波 |
| 3 | RESTORE_SGRPROJ，每个 LRU 使用自我导向滤波器进行滤波，或者不进行滤波；此时每个 LRU 需要额外使用语法元素 `use_sgrproj` 来指明当前 LRU 是否需要滤波 |

表 8-6 `lr_unit_shift`, `lr_unit_extra_shift` 与亮度 LRU 之间的对应关系

| 当前帧的超级块尺寸是 128×128 像素 | | 当前帧的超级块尺寸是 64×64 像素 | | |
| --- | --- | --- | --- | --- |
| lr_unit_shift=0 | lr_unit_shift=1 | lr_unit_shift=0 | lr_unit_shift=1 且 lr_unit_extra_shift=0 | lr_unit_shift=1 且 lr_unit_extra_shift=1 |
| 128×128 像素的 LRU | 256×256 像素的 LRU | 64×64 像素的 LRU | 128×128 像素的 LRU | 256×256 像素的 LRU |

对于 4:2:0 格式的视频，AV1 使用语法元素 `lr_uv_shift` 指明色度分量 LRU 的大小。当 `lr_uv_shift` 等于 0 时，色度分量 LRU 与亮度分量 LRU 具有相同的大小；当 `lr_uv_shift` 等于 1 时，色度分量 LRU 的宽度/高度是亮度分量 LRU 的宽度/高度的一半。而对于 4:2:2 和 4:4:4 格式的视频，色度分量 LRU 与亮度分量 LRU 具有相同的大小。

LRU 级语法元素包括语法元素 `restoration_type`、`use_wiener` 和 `use_sgrproj`。这些语法元素用于表示当前 LRU 所使用的滤波类型。在编码过程中，根据帧级语法元素 `lr_type` 的取值，AV1 使用语法元素 `restoration_type`、`use_wiener` 或 `use_sgrproj`，来指明当前 LRU 所使用的滤波类型。具体来讲：

- 如果 `lr_type` 是 RESTORE_WIENER，则使用 `use_wiener` 指明 LRU 的滤波类型；
- 如果 `lr_type` 是 RESTORE_SGRPROJ，则使用 `use_sgrproj` 指明 LRU 的滤波类型；
- 如果 `lr_type` 是 RESTORE_SWITCHABLE，则使用 `restoration_type` 指明 LRU 的滤波类型；

然后，根据当前 LRU 的滤波类型，AV 继续编码 LRU 对应的滤波器参数。

### 1. 维纳滤波器参数的编码方式

如前所述，由于滤波器系数向量 $a$ 和 $b$ 满足对称性和归一性，因此对于 7 个滤波器系数，编码器只需要编码传输 3 个系数 $[a_0, a_1, a_2]$ 和 $[b_0, b_1, b_2]$，其余 4 个系数 $[a_3, a_4, a_5, a_6]$ 和 $[b_3, b_4, b_5, b_6]$ 可以利用对称性和归一性推导获得。考虑到向量 $a$ 和 $b$ 的对称性和归一性，图 8-22 以 $[a_0, a_1, a_2]$ 和 $[b_0, b_1, b_2]$ 为基础，展示了图 8-20 中滤波窗口的权重分布。其中 $a_3 = 1 - 2a_2 - 2a_1 - 2a_0$。

| $a_0b_0$ | $a_0b_1$ | $a_0b_2$ | $a_0b_3$ | $a_0b_2$ | $a_0b_1$ | $a_0b_0$ |
|---|---|---|---|---|---|---|
| $a_1b_0$ | $a_1b_1$ | $a_1b_2$ | $a_1b_3$ | $a_1b_2$ | $a_1b_1$ | $a_1b_0$ |
| $a_2b_0$ | $a_2b_1$ | $a_2b_2$ | $a_2b_3$ | $a_2b_2$ | $a_2b_1$ | $a_2b_0$ |
| $a_3b_0$ | $a_3b_1$ | $a_3b_2$ | $a_3b_3$ | $a_3b_2$ | $a_3b_1$ | $a_3b_0$ |
| $a_2b_0$ | $a_2b_1$ | $a_2b_2$ | $a_2b_3$ | $a_2b_2$ | $a_2b_1$ | $a_2b_0$ |
| $a_1b_0$ | $a_1b_1$ | $a_1b_2$ | $a_1b_3$ | $a_1b_2$ | $a_1b_1$ | $a_1b_0$ |
| $a_0b_0$ | $a_0b_1$ | $a_0b_2$ | $a_0b_3$ | $a_0b_2$ | $a_0b_1$ | $a_0b_0$ |

图 8-22 基于对称性和归一性的图 8-20 中滤波窗口的权重分布示意图

从图 8-22 可见，$a_0, a_1$ 和 $a_2$ 以及 $b_0, b_1$ 和 $b_2$ 与待滤波像素之间的距离是不同的。具体来讲，$a_2$ 和 $b_2$ 距离待滤波像素最近，$a_1$ 和 $b_1$ 次之，$a_0$ 和 $b_0$ 距离待滤波像素最远。距离待滤波像素越近的权重，其重要性越高。所以，AV1 使用不同的位宽来编码 $a_0, a_1$ 和 $a_2$ 以及 $b_0, b_1$ 和 $b_2$。维纳滤波器参数的表示位宽如图 8-23 所示，AV1 使用 6 比特来编码 $a_2$ 和 $b_2$，5 比特来编码 $a_1$ 和 $b_1$，4 比特来编码 $a_0$ 和 $b_0$，并且 AV1 规定了每个系数的取值范围。具体来讲，$a_0$ 和 $b_0$ 的最小取值是 $-5$，最大值是 10，共有 16 个整数，需要 4 比特。$a_1$ 和 $b_1$ 的最小取值是 $-23$，最大值是 8，共 32 个整数，需要 5 比特。$a_2$ 和 $b_2$ 的最小取值是 $-17$，最大值是 46，共 64 比特，需要 6 比特。

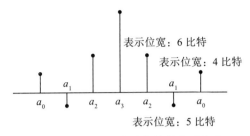

图 8-23　维纳滤波器参数的表示位宽

这里强调一下，对于亮度分量，AV1 需要编码传输所有滤波系数 $a_0,a_1$ 和 $a_2$ 以及 $b_0,b_1$ 和 $b_2$；对于色度分量，AV1 只需编码滤波系数 $a_1$ 和 $a_2$ 以及 $b_1$ 和 $b_2$。

### 2. 自我导向滤波器参数的编码方式

对于自我导向滤波器，编码器需要把滤波器参数 $\{r_0,\varepsilon_0,r_1,\varepsilon_1,\alpha,\beta\}$ 传输至解码端，以使得解码端能够重构出 $X_0$ 和 $X_1$，进而得到最终输出的重构图像 $X_f$。AV1 使用语法元素 lr_sgr_set 来指明当前 LRU 使用的是哪种参数集合 $\{r_0,\varepsilon_0,r_1,\varepsilon_1\}$。正如 AV1 标准文档中的数组 Sgr_Params[] 所示，AV1 共有 16 种参数集合 $\{r_0,\varepsilon_0,r_1,\varepsilon_1\}$，因此语法元素 lr_sgr_set 需要 4 比特来表示。

在编码 $\{\alpha,\beta\}$ 时，AV1 并不是直接编码 $\{\alpha,\beta\}$，而是编码 $\{w_0=\alpha,w_1=1-\alpha-\beta\}$，其中 $w_0$ 和 $w_1$ 的推导过程如公式（8-44）所示：

$$\begin{aligned}X_f &= X + \alpha(X_0 - X) + \beta(X_1 - X) \\ &= (1-\alpha-\beta)X + \alpha X_0 + \beta X_1 \\ &= w_1 X + w_0 X_0 + (1-w_0-w_1)X_1\end{aligned} \quad (8\text{-}44)$$

由于参数 $\{\alpha,\beta\}$ 对输出图像的质量影响较大，所以，AV1 分别使用 7 比特来编码 $w_0$ 和 $w_1$。另外，AV1 也规定了 $w_0$ 和 $w_1$ 的取值范围：$-96 \leq w_0 \leq 31$，$-32 \leq w_1 \leq 95$。

# CHAPTER 9
# 第 9 章

# 参考缩放模式和超分辨率模式

在低码率的情况下，为了满足码率的限制，编码器往往需要使用较大的量化步长对输入视频进行压缩。当视频内容过于复杂时，较大的量化步长会让视频帧出现严重的失真和模糊等问题，导致视频帧的视觉质量变差。为了在低码率下保持视频帧的视觉质量，AV1引入了参考缩放模式和超分辨率模式以使得同一个码流能够包含不同分辨率的视频帧。

在参考缩放模式下，AV1允许以较低分辨率对输入视频图像进行编码，然后以相同的低分辨率输出重建的视频帧和比特流。在编码端，使用参考缩放模式的编码过程包括以下步骤：首先，编码器使用下采样算法对输入视频帧的宽度和高度进行下采样，以得到较低分辨率视频帧；然后，低分辨率视频帧被送入编码器进行编码。在编码过程中，重构的低分辨率视频帧经过去块效应滤波器、约束方向增强滤波器和环路恢复滤波器之后，被保存至解码图像缓冲区，用作后续编码帧的参考图像。在解码器端，首先，接收的比特流被解码，以得到低分辨率图像；然后，在低分辨率图像上应用去块效应滤波器、约束方向增强滤波器和环路恢复滤波器。为了在视频质量和码率之间取得平衡，参考缩放模式下的降采样操作可以仅仅应用于输入视频中的某些帧，例如编码器可以只对那些图像内容过于复杂而码率消耗过大的视频帧使用参考缩放模式，而保持那些图像内容相对简单的视频帧的分辨率。除此之外，参考缩放模式允许输入视频中的不同帧使用不同的降采样因子，以提高码流的灵活性。

在超分辨率模式下，AV1允许以较低的分辨率对输入视频图像进行编码，然后在重建后将其超分至原始分辨率。为了减少硬件实现中行缓冲区的容量，超分和降采样操作仅应用于水平方向。在编码器端，使用超分辨率模式的编码过程包括以下步骤：首先，编码器只能对输入视频帧的宽度进行下采样，输入视频帧的高度保持不变，下采样后的视频帧被送入编码器进行编码；然后，重构视频经过去块效应滤波器和约束方向增强滤波器之后，被送入上采样滤波器，以将低分辨率视频上采样至原始分辨率；之后，编码器对全分辨率视频帧应用环路恢复滤波器，以恢复下采样过程和编码过程丢失的高频信息。环路恢复滤波器输出的全分辨率视频帧将被保存至解码图像缓冲区，被用作后续视频帧的参考图像。在解码器端，首先，比特流被解码成低分辨率图像；然后，对低分辨率图像应用去块效应滤波器和约束方向增强滤波器；之后，约束方向增强滤波器输出的低分辨率图像经上采样滤波器，被超分辨率至原始视频分辨率；最后，超分辨率之后的图像经环路恢复滤波器之后，被保存至解码图像缓冲区。与参考缩放模式类似，超分辨率模式下的降采样操作也可以只应用于输入视频中的某些帧，并且不同帧可以使用不同的降采样因子。由于环路恢复滤波器能够显著改善上采样视频帧的客观质量，所以，在超分辨率模式下，上采样滤波器和环路恢复滤波器必须一起使用，上采样滤波器和环路恢复滤波器被联合称为超分辨率。

根据上面的描述可以发现，参考缩放模式和超分辨率模式的区别在于：参考缩放模式能够对输入视频的宽度和高度进行下采样，并且解码端不需要使用上采样滤波器来提高重构视频帧的分辨率；而超分辨率模式只能对输入视频的宽度进行下采样，并且在解码端需要使用上采样滤波器来提高重构视频帧的分辨率。

图 9-1 所示为参考缩放模式和超分辨率模式下的编码器处理流程的架构。当使用超分辨率模式时，约束方向增强滤波器的输出指向上采样滤波器；否则，约束方向增强滤波器的输出将指向环路恢复滤波器。

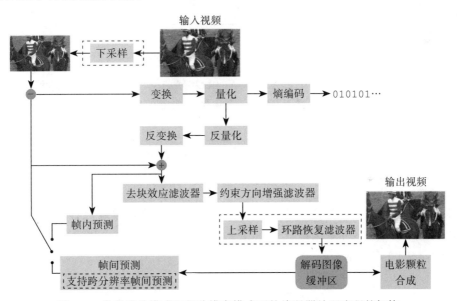

图 9-1　参考缩放模式和超分辨率模式下的编码器处理流程的架构

在 AV1 中，超分辨率的步骤是规范化的，也就是说 AV1 标准规定了超分辨率模块的实现流程。但是，下采样过程是非规范化的，即 AV1 标准没有规定下采样的实现过程，所以，编码器可以采用任何下采样算法将视频帧下采样至较低的分辨率。

## 9.1 采样过程中的位置映射关系

当使用参考缩放模式和超分辨率模式时，待编码帧的分辨率和参考帧的分辨率可能是不一样的。所以，为了获取待编码块在参考帧中的预测块，帧间预测模块需要根据参考帧和待编码帧之间的分辨率比例来进行位置映射，以确定待编码块在参考帧上的位置。由于像素行和像素列在采样过程中的像素位置映射关系相同，所以，本书仅以像素行为例，来描述采样过程中的像素位置映射关系。图 9-2 所示为高分辨率和低分辨率图片中的一行像素在采样过程中的像素位置映射关系[1]。在图 9-2 中，$B$ 是视频帧的宽度，低分辨率帧每一行中包含 $D$ 个像素，而高分辨率帧每一行中包含 $W$ 个像素。这里假设高分辨率图片的像素覆盖宽度和低分辨率图片的像素覆盖宽度是相同的，即它们中一行像素覆盖的宽度都是 $B$。低分辨率和高分辨率帧每一行像素的采样位置分别用 $P_k$ 和 $Q_m$ 表示，其中 $k \in \{0,1,2,\cdots,D-1\}$ 且 $m \in \{0,1,2,\cdots,W-1\}$。

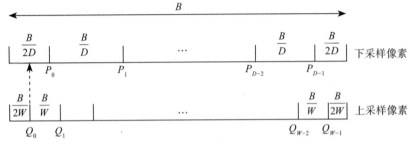

图 9-2 图片中一行像素在采样过程中的像素位置映射关系

这里需要注意的是，每一行的起始像素 $P_0$ 和 $Q_0$ 分别位于 $B/(2D)$ 和 $B/(2W)$ 位置。基于这些假设，低分辨率图片像素位置 $P_k$ 和高分辨率图片像素位置 $Q_m$ 可以表示如下：

$$P_k = P_0 + k\frac{B}{D}, P_0 \frac{B}{2D}$$

$$Q_m = Q_0 + m\frac{B}{W}, Q_0 = \frac{B}{2W}$$

所以，低分辨率图片像素位置 $P_k$ 与高分辨率图片行起始像素位置 $Q_0$ 之间的偏移量 $P_k - Q_0$ 以及高分辨率图片像素位置 $Q_m$ 与低分辨率图片的行起始位置 $P_0$ 之间的偏移量 $Q_m - P_0$ 可以用公式（9-1）来表示。

$$\begin{aligned} P_k - Q_0 &= \frac{B}{W}\left(\frac{W-D}{2D} + k\frac{W}{D}\right) \\ Q_m - P_0 &= \frac{B}{D}\left(\frac{D-W}{2W} + m\frac{D}{W}\right) \end{aligned} \quad (9\text{-}1)$$

其中，$B/W$ 对应高分辨率图片中整像素之间的距离，而 $B/D$ 则对应低分辨率图片中整像素之间的距离。因此，可以把 $P_k-Q_0$ 视为低分辨率图像中的像素向高分辨率图像的映射关系，而 $Q_m-P_0$ 是高分辨率图像的像素向低分辨率图像的映射关系。

在实现过程中，由于分辨率之间的比值 $D/W$ 或者 $W/D$ 不能具有无限的表示精度，所以，偏移量 $P_k-Q_0$ 和 $Q_m-P_0$ 在实现过程中存在舍入误差。以 $Q_m-P_0$ 为例，假设 $B/D$ 等于1，即低分辨率图片中整像素之间的距离是1，那么偏移量 $Q_m-P_0$ 在实现过程中的取值可以表示如下：

$$\begin{aligned} Q_m-P_0 &= \frac{D-W}{2W} + m \cdot \text{round}\left(\frac{D}{W}\right) \\ &= \frac{D-W}{2W} + m\left(\frac{D}{W} - e\right) \\ &= \frac{D-W}{2W} + m\frac{D}{W} - me \end{aligned} \qquad (9\text{-}2)$$

其中，$e$ 表示 $D/W$ 的舍入误差，即

$$e = \frac{D}{W} - \text{round}\left(\frac{D}{W}\right)$$

根据公式（9-2）可见，偏移量 $Q_m-P_0$ 的舍入误差随着像素索引 $m$ 的增大而增大。每个像素行中的最左边的像素（即 $m=0$）在偏移量计算中具有最小的舍入误差，而最右边的像素（$m=W-1$）具有最大的舍入误差。因此，帧间预测模块和上采样模块都需要采用不同的技术手段来减少这种舍入误差。

## 9.2 缩放预测模块

由于参考缩放模式和超分辨率模式会使得待编码帧和参考帧具有不同的分辨率，所以AV1的帧间预测模块需要支持跨分辨率的运动补偿能力。这种支持待编码帧和参考帧具有不同分辨率的帧间预测方式被称为缩放预测（Scaled Prediction）[33]。在缩放预测中，待编码块的运动向量是以待编码帧的分辨率为基本单位进行编码的。也就是说，待编码块的运动向量仍然是以待编码帧的1/8亮度像素精度来编码的。所以，在缩放预测中，首先，运动向量需要根据参考帧和待编码帧之间的分辨率比例进行缩放；然后，待编码块利用缩放后的运动向量即可在参考帧上获取对应的预测块，图9-3所示为利用更高分辨率的参考帧预测待编码块。当预测块位于子像素位置时，缩放预测需要使用插值滤波器来生成对应子像素。在子像素插值过程中，为了降低硬件设计复杂度，AV1使用了与正常帧间预测（正常帧间预测是指待编码帧和参考帧具有相同的分辨率的帧间预测）相同的8抽头1/16精度的插值滤波器。

在缩放预测中，根据公式（9-2）可知，高分辨率图像中的像素 $Q_m$ 在低分辨率图像中的位置计算如下：

$$Q_m = P_0 + \frac{D-W}{2W} + m\frac{D}{W} - me$$

也就是说，像素 $Q_m$ 在低分辨率图像中的相位（相位是指像素 $Q_m$ 的子像素位置）与像素索引 $m$ 有关。因此，同一行中不同位置像素的水平方向相位可能是不一样的；同理，同一列中不同位置像素的垂直方向相位可能也不相同。尽管如此，**同一列**中不同位置像素的**水平方向**相位是相同的；**同一行**中不同位置像素的**垂直方向**相位也是相同的。以图 9-3 为例，对于位于同一列的像素 4，5，6，7，它们的水平相位是相同的；而对于位于同一行的像素 1，2，3，4，它们的垂直相位是相同的。因此，通过使用适当的起始子像素偏移和子像素步长，缩放预测的子像素插值也可以使用可分离插值滤波器，来分别实现水平和垂直方向的子像素插值过程。

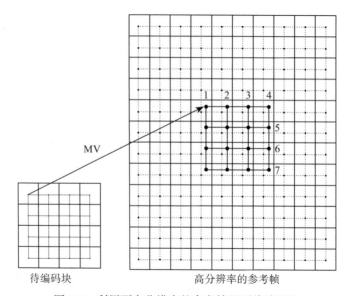

图 9-3　利用更高分辨率的参考帧预测待编码块

由于缩放预测需要在具有不同分辨率的图片之间进行位置映射，所以，为了降低公式（9-2）所表示的舍入误差，缩放预测对子像素插值过程进行了一些调整，以提高编码效率。假设，$Q$ 表示待编码帧，其水平方向分辨率是 $W$；$P$ 表示参考帧，其水平方向分辨率是 $D$。为了减少舍入误差的影响，AV1 使用 $1/2^{14}=1/16\,384$ 像素精度来表示分辨率之间的比值 round($D/W$)，并且用 $1/2^{10}=1/1024$ 像素精度来计算起始子像素偏移。对于待编码块的每个像素，缩放预测模块首先利用高精度的起始位置偏移量和映射步长，计算得到预测像素的位置偏移量。接着，把预测像素的位置偏移量向下舍入到最近的 1/16 精度的子像素位置，以获得要使用的滤波器相位。最后，根据计算得到的滤波器相位，选择对应的滤波器系数，插值生成预测块中的当前像素的预测值。以水平方向为例，该方向上的起始子像素偏移 subPel、子像素步长 subPelStep 以及滤波器相位索引 phaseIdx 的计算过程描述如下：

1）假如待编码块的宽度是 $W_{\text{blk}}$，其左上角像素位置是 $Q_m$，待编码块的运动向量是 MV，此时该运动向量是以待编码帧的 1/16 亮度像素精度来表示的，那么 $Q_m$+MV 则表示参考块的左上角像素 $Q_m^{\text{ref}}$ 的位置。这里需要注意，$Q_m^{\text{ref}}=Q_m$+MV 是以待编码帧的 1/16 亮度像素精度来表示的。

2）按照公式（9-2），以 $1/2^{18}=(1/2^{14})\cdot(1/2^4)$ 的像素精度计算 $Q_m^{\text{ref}}$ 在参考帧中的水平方向位置 $P_m'$：

$$P_m' = 2^{14}\cdot 2^4\cdot P_0 + 2^4\cdot m\cdot \frac{2^{14}\cdot D}{W} + \frac{2^{14}\cdot 2^4(D-W)}{2W}$$

$$= [Q_m^{\text{ref}}]_x\cdot \frac{2^{14}\cdot D}{W} + \frac{2^{14}\cdot 2^4(D-W)}{2W}$$

其中，$[Q_m^{\text{ref}}]_x$ 表示 $Q_m^{\text{ref}}$ 的水平分量。由于 $P_0$ 是起始参考点位置，所以，为了方便表示，$P_0$ 被设置为 0。由于 $Q_m^{\text{ref}}$ 是待编码帧的 1/16 亮度像素精度，所以，$[Q_m^{\text{ref}}]_x = 2^4\cdot m$。

3）以 $1/2^{10}$ 像素精度表示 $P_m'$，即 $P_m' = P_m' >> 8$。

4）利用 $P_m'$ 计算起始子像素偏移 subPel，即 subPel $= P_m'$ & $(2^{10}-1)$。

5）根据分辨率比值 $D/W$ 计算子像素步长 subPelStep，即 subPelStep $= [(2^{14}\cdot D)/W] >> 4$。

6）对于预测块内部像素 $P_{m+k}$，$k\in\{0,1,\cdots,W_{\text{bk}}-1\}$，其中 k 表示该像素距离左上角像素 $P_m'$ 的水平方向距离。该像素的滤波器相位索引 phaseIdx 计算如下：

$$\text{phaseIdx} = (\text{subPel} + k\cdot \text{subPelStep})$$
$$\text{phaseIdx} = \text{phaseIdx} \& (2^{10} - 1)$$
$$\text{phaseIdx} = \text{phaseIdx} >> 6$$

这里需要注意的是，根据 subPel 和 subPelStep 的计算方式可知，它们表示精度都是 $1/2^{10}$。

7）根据滤波器相位索引 phaseIdx，从子像素插值滤波器 Subpel_Filter[8, 16] 中选择对应的滤波器系数，计算 $P_{m+k}'$ 的像素值：

$$\text{pred}[m+k] = \sum_{i=-3}^{4}\text{Subpel\_Filter}[\text{phaseIdx}][i+3]\cdot \text{ref}[x+i]$$

其中，pred[m+k] 是 $P_{m+k}'$ 的像素值，$x = P_m' >> 10$ 表示与 $P_{m+k}'$ 对应的整像素位置，ref[.] 表示整像素位置的像素值。

## 9.3 采样比率约束

出于实际原因，AV1 对待编码帧和任何参考帧之间的分辨率比例施加了限制。如 AV1 标准文档 6.8.6 节所述，在任何维度上，参考帧的分辨率不能超过源分辨率的 2 倍或小于源分辨率的 1/16。假设参考帧的分辨率是 $W_{\text{ref}}\times H_{\text{ref}}$，待编码帧的分辨率是 $W\times H$，那么，AV1 要求待编码帧和任何参考帧之间的分辨率满足公式（9-3）所表示的全部条件。即使在一个帧内所有的块都使用帧内预测编码,该编码帧也需要满足这一个要求。

$$2 \times W \geq W_{ref}$$
$$2 \times H \geq H_{ref}$$
$$W \leq 16 \times W_{ref}$$
$$H \leq 16 \times H_{ref}$$
（9-3）

对于参考缩放模式,只要满足这个约束条件,序列中的任何帧都能够以任意分辨率进行编码。

对于超分辨率模式,为了实现经济高效的硬件解码,避免使用额外的行缓冲器,AV1要求只能对视频帧的宽度进行超分辨率操作。具体来讲,AV1定义了9个解码端的水平分辨率放大比率,该放大比率可以有9个可能取值$d/8$,其中$d \in \{8,9,10,\cdots,16\}$。$d=8$表示水平分辨率没有变化,解码端不需要对水平分辨率进行上采样;$d=16$表示水平分辨率要放大2倍,解码端需要调用上采样滤波器把水平分辨率放大2倍。由于解码端的放大比率是$d/8$,所以编码端的相应下采样比率是$8/d$。假设输出帧的分辨率是$W \times H$,给定参数$d$、编码器和解码器即可计算出低分辨率编码帧的尺寸,该尺寸为$w \times H$,其中$w = \lfloor (8 \cdot W + d/2)/d \rfloor$,$\lfloor \cdot \rfloor$表示向下取整操作。

需要注意的是,AV1比特流足够灵活,每个编码帧可以选择不进行分辨率缩放、单独使用参考缩放模式、单独使用超分辨率模式,或者同时使用参考缩放模式和超分辨率模式。当一个视频帧同时使用参考缩放模式和超分辨率模式时,假设输入视频帧的宽度和高度分别是$W$和$H$,那么,编码器首先按照参考缩放模式设置的采样比率,对选中的输入视频帧的宽度和高度进行下采样,以得到较低分辨率的视频帧,假设其分辨率是$W_0 \times H_0$;然后,对分辨率为$W_0 \times H_0$的视频帧的宽度继续按照超分辨率模式设置的采样比率进行下采样,而保持该低分辨率的视频帧的高度不变,进而得到分辨率为$W_1 \times H_0$的视频。之后,把分辨率为$W_1 \times H_0$视频帧送入编码器进行编码。最后,分辨率为$W_1 \times H_0$的重构视频通过去块效应滤波器和约束方向增强滤波器之后,被送入上采样滤波器,上采样至$W_0 \times H_0$大小的分辨率,经环路恢复滤波器,送至解码图像缓冲区。这些灵活的分辨率设置方法给编码器提供了极大的自由度。编码器可以根据所需的视频质量和比特率约束,来选择合适的编码分辨率。

## 9.4 上采样滤波器

对于超分辨率模式,AV1定义了8抽头1/64精度的插值滤波器(滤波器的具体信息请参考AV1标准文档定义的数组`Upscale_Filter[64][8]`),来插值高分辨率帧的每一行像素。这里假设高分辨率帧的水平分辨率是$W$,低分辨率帧的水平分辨率是$D$,那么,由于分辨率比值$D/W$的舍入误差,使得偏移量$Q_m - P_0$舍入误差随着像素索引$m$的增大而增大。最右边的像素具有最大的舍入误差$eW$,其中$e$表示分辨率比值$D/W$的舍入误差。为了降低这种舍入误差对像素位置的影响,AV1把偏移量$Q_m - P_0$向右移动$(eW)/2$,以将这种误差集中起来。所以，AV1 对公式（9-2）进行如下调整：

$$Q_m - P_0 = \frac{D-W}{2W} + m \cdot \text{round}\left(\frac{D}{W}\right) + \frac{eW}{2}$$

经过如此调整，高分辨率帧的最左侧和最右侧像素具有相同幅度的舍入误差，并且中间像素 $Q_{W/2}$ 的舍入误差幅度接近 0。这种调整将有助于插值操作。为了进一步减少舍入误差对偏移量 $Q_m - P_0$ 的影响，AV1 以 $1/2^{14} = 1/16\,384$ 像素精度来表示 $\text{round}(D/W)$，这时最大舍入误差 $eW$ 可以表示成如下形式：

$$eW = W \cdot \left\lfloor \frac{2^{14} D}{W} \right\rfloor - (2^{14} \cdot D)$$

基于这些设置，像素行的超分辨率过程描述如下：

1）以 $1/2^{14}$ 像素精度计算高分辨率帧的像素间步长：

$$\text{step} = \text{round}(D/W) = \left\lfloor \frac{2^{14} D}{W} \right\rfloor = \frac{2^{14} D + (W/2)}{W}$$

2）以 $1/2^{14}$ 像素精度计算高分辨率帧中每个像素行的起始像素位置 $Q_0$：

$$Q_0 = \frac{D-W}{2W} + \frac{eW}{2} = -\frac{(W-D) \cdot 2^{14} + W}{2W} + \frac{W \cdot \text{step} - (2^{14} \cdot D)}{2}$$

3）对于任意高分辨率帧的像素点 $Q_m = Q_0 + m \cdot \text{step}$，该像素的滤波器相位索引 phaseIdx 计算如下

$$\text{phaseIdx} = (Q_0 + m \cdot \text{step})$$
$$\text{phaseIdx} = \text{phaseIdx} \& (2^{14} - 1)$$
$$\text{phaseIdx} = \text{phaseIdx} >> 8$$

4）根据的相位索引 phaseIdx，从滤波器系数数组 Upscale_Filter[64][8] 选择对应的系数，来计算 $Q_m$ 的像素值：

$$HR[m] = \sum_{i=-3}^{4} \text{Upscale\_Filter}[\text{phaseIdx}][i+3] \cdot LR[x+i]$$

其中，$HR[m]$ 表示像素点 $Q_m$ 的像素值，$x = (Q_0 + m \cdot \text{step}) >> 14$ 表示与 $Q_m$ 对应的低分辨率像素位置，$LR[x+i]$ 是低分辨率帧中位置等于 $(x+i)$ 的像素值。

## 9.5 环路恢复滤波器

在 CDEF 之后，AV1 引入了环路恢复滤波器，以恢复视频帧在下采样过程和压缩过程丢失的信息。为此，编码器通过最小化输出帧和原始帧之间的失真来确定滤波器的系数，

并在比特流中传输这些滤波器系数,以使得解码器能够恢复视频帧在压缩过程丢失的信息。由于环路恢复滤波器能够显著改善上采样视频帧的客观质量,所以,在超分辨率模式下,上采样滤波器输出的上采样视频通常会经过环路恢复滤波器来恢复部分丢失的信息。在这种情况下,编码器将通过最小化上采样视频帧和原始视频帧之间的失真来确定环路恢复滤波器的最佳滤波系数。由于在参考缩放模式下,下采样重构视频帧不需要使用上采样滤波器来提高分辨率,环路滤波器的作用是使得下采样的重构帧和下采样的原始帧之间的失真最小;因此,编码器将通过最小化下采样的输出帧和下采样的原始帧之间的失真来确定环路恢复滤波器的最佳滤波系数。

## 9.6 语法元素

AV1 标准文档分别使用变量 FrameWidth 和 FrameHeight 指明解码器内核所使用的视频帧宽度和高度。对于超分辨率模式,AV1 使用帧级语法元素 `use_superres` 来指明当前帧是否使用超分辨率模式。语法元素 `use_superres` 等于 1 表示当前帧使用超分辨率模式。此时,AV1 继续编码语法元素 `coded_denom` 来指明当前帧的降采样因子 SuperresDenom,其中 SuperresDenom = `coded_denom` + SUPERRES_DENOM_MIN。由于语法元素 `coded_denom` 的取值范围是 0 ~ 7,所以降采样因子 SuperresDenom 的取值范围是 9 ~ 16,SUPERRES_DENOM_MIN 为常数,其值为 9。当使用超分辨率模式时,AV1 使用变量 UpscaledWidth 来表示超分后的视频帧宽度。根据 UpscaledWidth 和降采样因子 SuperresDenom,解码器即可得出要解码的低分辨率图片的宽度 FrameWidth:

$$\text{FrameWidth} = \frac{\text{UpscaledWidth} \cdot \text{SUPERRES\_NUM} + \text{SuperresDenom}/2}{\text{SuperresDenom}}$$

其中,SUPERRES_NUM 是常数,其值为 8。当没有开启超分辨率模式时,UpscaledWidth 等于 FrameWidth。

另外,为了指明显示分辨率,AV1 使用语法元素 `render_width_minus_1` 和 `render_height_minus_1` 来指明当前帧的渲染宽度 RenderWidth 和渲染高度 RenderHeight。在编码 `render_width_minus_1` 和 `render_height_minus_1` 之前,AV1 首先编码语法元素 `render_and_frame_size_different`,以指明是否可以使用 UpscaledWidth 和 FrameHeight 来推导渲染宽度和高度。语法元素 `render_and_frame_size_different` 等于 0 表示可以使用 UpscaledWidth 和 FrameHeight 来推导渲染宽度和高度;`render_and_frame_size_different` 等于 1 表示需要继续编码 `render_width_minus_1` 和 `render_height_minus_1`,以指明 RenderWidth 和 RenderHeight。这里需要注意的是,当 `render_and_frame_size_different` 等于 1 时,即使渲染宽度 RenderWidth 等于 UpscaledWidth 并且渲染高度 RenderHeight 等于 FrameHeight,AV1 也会编码 `render_width_minus_1` 和 `render_height_minus_1`。

为了计算视频帧的分辨率 FrameWidth 和 FrameHeight，AV1 首先在序列头引入语法元素 max_frame_height_minus_1 和 max_frame_width_minus_1 来指明整个序列的最大分辨率。之后，为了指明当前视频帧的 FrameWidth 和 FrameHeight 推导方式，AV1 引入了帧级语法元素 frame_size_override_flag。frame_size_override_flag 等于 0，表示当前视频帧的 FrameWidth 和 FrameHeight 等于序列头信息中传输的最大分辨率；frame_size_override_flag 等于 1，表示当前视频帧的分辨率可以继承自参考帧，或者通过语法元素 frame_width_minus_1 和 frame_height_minus_1 来计算得到。此时，AV1 继续通过语法元素 error_resilient_mode 来区分这两种情况，即：当语法元素 error_resilient_mode 等于 0 时，当前视频帧的分辨率可以继承自参考帧；而当语法元素 error_resilient_mode 等于 1 时，当前视频帧的分辨率通过语法元素 frame_width_minus_1 和 frame_height_minus_1 来计算得到。

当 frame_size_override_flag 等于 1 并且 error_resilient_mode 等于 0 时，AV1 引入帧级语法元素 found_ref，来指明当前视频帧的分辨率继承自哪个参考帧。在编码过程中，AV1 会为每个参考帧编码语法元素 found_ref。语法元素 found_ref 等于 1 的参考帧将把分辨率信息传递至当前视频帧。AV1 标准文档调用函数 frame_size_with_refs() 来为每个参考帧解析 found_ref，并据此设置当前视频帧的分辨率信息。

```
frame_size_with_refs() {
    // 遍历当前帧的所有参考帧。
    for (i = 0; i < REFS_PER_FRAME; i++) {
        // 解析语法元素 found_ref。
        parse(found_ref)
        // 如果 found_ref 等于 1，则把参考帧 i 的分辨率信息，赋值给当前视频帧。
        if (found_ref == 1) {
            UpscaledWidth = RefUpscaledWidth[ref_frame_idx[i]];
            FrameWidth = UpscaledWidth;
            FrameHeight = RefFrameHeight[ref_frame_idx[i]];
            RenderWidth = RefRenderWidth[ref_frame_idx[i]];
            RenderHeight = RefRenderHeight[ref_frame_idx[i]];
            break;
        }
    }
    if (found_ref == 0) {
        // found_ref 等于 0 表示无法从参考帧继承分辨率信息。此时，
        // 调用函数 frame_size 和 render_size 来设置当前视频帧分辨率信息。
        frame_size();
        render_size();
    } else {
        // 函数 superres_params 功能是根据解析超分辨率模式的相关语法元素，并
```

```
            // 计算降采样因子 SuperresDenom 和 FrameWidth。
            superres_params();
        }
    }
    // 函数 frame_size() 通过语法元素 frame_width_minus_1 和 frame_height_minus_1,
    // 或序列头信息来设置当前帧的分辨率。
    frame_size() {
        if (frame_size_override_flag) {
            n = frame_width_bits_minus_1 + 1;
            // 解析语法元素 frame_width_minus_1。
            parse(frame_width_minus_1);
            n = frame_height_bits_minus_1 + 1;
            // 解析语法元素 frame_height_minus_1。
            parse(frame_height_minus_1);
            FrameWidth = frame_width_minus_1 + 1;
            FrameHeight = frame_height_minus_1 + 1;
        } else {
            // 使用序列头信息中的视频帧分辨率。
            FrameWidth = max_frame_width_minus_1 + 1
            FrameHeight = max_frame_height_minus_1 + 1
        }
    }
    // 函数 render_size() 通过语法元素 render_width_minus_1 和 render_height_minus_1
    // 设置当前视频帧的渲染分辨率。
    render_size() {
        // 解析 render_and_frame_size_different。
        parse(render_and_frame_size_different);
        if (render_and_frame_size_different == 1) {
            // 解析 render_width_minus_1 和 render_height_minus_1。
            parse(render_width_minus_1);
            parse(render_height_minus_1);
            RenderWidth = render_width_minus_1 + 1;
            RenderHeight = render_height_minus_1 + 1;
        } else {
            RenderWidth = UpscaledWidth
            RenderHeight = FrameHeight
        }
    }
```

这里需要强调的是,如果当前帧语法元素 frame_type 等于 INTRA_ONLY_FRAME 或者 KEY_FRAME,那么当前帧是帧内编码帧,没有参考帧可用,所以只能使用序列头信息中传输的最大分辨率或者使用语法元素 `frame_width_minus_1` 和 `frame_height_minus_1` 传输新的分辨率。如果当前帧语法元素 `frame_type` 等于 `SWITCH_FRAME`，那么语法元素 `error_resilient_mode` 默认等于 1，此时，当前帧使用语法元素 `frame_width_minus_1` 和 `frame_height_minus_1` 传输新的分辨率。

## 9.7 参考缩放模式和超分辨率模式的实现

在 SVT-AV1 中，缩放模式和超分辨率模式的降采样因子被限制在 8/16 ~ 8/9 之间。由于降采样因子的分子固定为 8，因此只需要确定降采样因子的分母即可。SVT-AV1 分别引入了 4 种方法来设置参考缩放模式和超分辨率模式下每个视频帧的降采样因子的分母。用户可以通过命令行参数 resize-mode 和 superres-mode 分别为参考缩放模式和超分辨率模式选择合适的降采样因子设置模式。在超分辨率模式下，用户可以通过参数 superres-denom 和 superres-kf-denom 分别为非关键帧和关键帧设置降采样因子。在参考缩放模式下，用户可以通过参数 resize-denom 和 resize-kf-denom 分别设置非关键帧和关键帧的降采样因子。这里需要注意的是 uperres-denom、superres-kf-denom 以及 resize-denom、resize-kf-denom 的取值范围都是 8~16。读者可以通过参考文档⊖来查找参考缩放模式和超分辨率模式相关的命令行参数。文档⊜介绍了参考缩放模式的实现方案以及不同模式下降采样因子的选择方法。文档⊜介绍了超分辨率模式的实现方案以及不同模式下降采样因子的选择方法。

---

⊖ https://gitlab.com/AOMediaCodec/SVT-AV1/-/blob/master/Docs/Parameters.md。
⊜ https://gitlab.com/AOMediaCodec/SVT-AV1/-/blob/master/Docs/Appendix-Reference-Scaling.md。
⊜ https://gitlab.com/AOMediaCodec/SVT-AV1/-/blob/master/Docs/Appendix-Super-Resolution.md。

CHAPTER 10

# 第 10 章

# 电影颗粒合成

电影颗粒（Film Grain），又名胶片颗粒，广泛存在于电影和电视内容制作中，它们通常被认为是视频创意的一部分。在模拟电影胶片中，电影颗粒是由分散在照相乳剂中的银卤晶体的曝光和显影过程形成的。这使得颗粒在电影上随机出现。现在，数字视频摄像机不再产生电影颗粒。然而，电影颗粒通常作为数字视频后期制作的一部分，被添加至视频上，以给电影或电视内容带来所需的外观。因此，在编码电影和电视内容时，有必要保留电影颗粒，以保持内容创作者的创意意图。

电影颗粒由于其独有的信号特性而难以被高效压缩。首先，电影颗粒在视频帧空域中的位置是随机的，并且电影颗粒的尺寸可能超过一个像素样本。其次，电影颗粒在时间上是独立的，当前帧的电影颗粒分布不受其前后帧的影响。最后，颗粒强度会随信号强度的变化而变化。模拟电影胶片中的电影颗粒在红、绿、蓝三个通道中是独立的，并且在每个颜色通道中与信号强度成比例。然而，对于后期制作而添加的电影颗粒，在后期处理、颜色转换和色度分量降采样之后，三个颜色分量中的颗粒强度可能是相关的。由于典型的视频编码工具通过挖掘视频帧内的空域冗余或视频帧之间的时域冗余来减少视频数据量，所以，对于典型的视频编码工具来说，电影颗粒难以被高效压缩。因此，保留电影颗粒往往需要花费过多的码率。

为了降低电影颗粒所花费的码率，AV1 标准引入了电影颗粒合成工具。图 10-1 所示为电影颗粒合成在编码端和解码端的框架。

在编码端，电影颗粒合成算法主要包括两个关键步骤。第一步，编码器对输入图像进行去噪处理，以去除其中的电影颗粒，并将去噪之后的图像送入编码器内核进行编码。第二步，编码器通过分析输入图像与去噪之后的图像之间的差异，来估计输入图像中的电影颗粒模型参数，并将得到的电影颗粒模型参数写入码流之中，以便解码器能够重新合成电影颗粒并将其添加到解码图像中。由于电影颗粒模型参数的估计是在输入图片的平滑区域中进行的；所以，为了确保边缘和纹理不影响电影颗粒估计，编码器还需要使用图像内容分析模块来识别输入图片中的平滑区域。在解码端，解码器首先解码重构出没有电影颗粒的视频帧，然后根据码流中的电影颗粒模型参数生成电影颗粒。在视频输出之前，电影颗粒被添加到重建视频中。这里需要注意的是，电影颗粒仅仅被添加到输出视频帧上，而不会被添加至解码图像缓冲区中的参考帧，因为电影颗粒的随机性会降低参考帧的帧间预测效率。这也意味着电影颗粒合成是作为后处理技术而被使用的。所以，电影颗粒合成算法是独立于编码器/解码器的，它可以应用于任何编码标准。

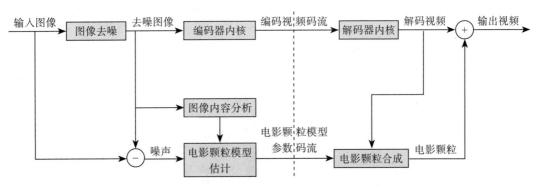

图 10-1　电影颗粒合成在编码端和解码端的框架

为了把电影颗粒模型参数传输至解码端，AV1 标准专门为电影颗粒模型定义了新的语法元素。除此之外，AOM 组织也在制定新的标准规范⊖，以使得电影颗粒模型参数能够作为 ITU-T T.35 AOMedia 注册元数据的有效载荷进行传输。这种方法使得那些支持 ITU-T T.35 AOMedia 元数据的编码器也能够使用电影颗粒合成技术。Andrey Norkin 在其技术博客⊖对 AOM 制定的电影颗粒模型标准规范进行了介绍。

本章参考了文献 [34-35]，并结合 SVT-AV1 中电影颗粒合成模块的实现代码，来详细介绍 AV1 的电影颗粒合成模块。

## 10.1　电影颗粒合成算法

在 AV1 中，电影颗粒合成算法可以分成以下几个部分：
1）对电影颗粒模板（Film Grain Pattern）进行建模。
2）对电影颗粒强度（Film Grain Intensity）和图像信号强度之间关系进行建模。
3）电影颗粒合成。该模块包括：
①生成电影颗粒。

---

⊖ https://github.com/AOMediaCodec/afgs1-spec。

⊖ https://norkin.org/research/afgs1/index.html。

②把生成的电影颗粒应用至重构视频上。
③位于块边界的电影颗粒的处理。

接下来，本节将依次描述 AV1 标准所定义的电影颗粒合成算法的各个部分。

### 10.1.1 电影颗粒模板模型

AV1 使用自回归模型（Auto-Regressive model，AR model）对电影颗粒模板进行建模。电影颗粒按照光栅扫描顺序生成。为了生成亮度分量中某位置的电影颗粒样本，AV1 使用该样本上方的 $(2L+1) \times L$ 个样本和左侧 $L \times 1$ 个样本。图 10-2 所示为该参考样本区域，其中深色方块表示当前待生成的电影颗粒。该参考样本区域共包含 $2L \times (L+1)$ 个样本。

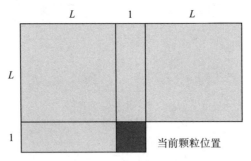

图 10-2　自回归模型中的参考样本区域

假设 $G(x, y)$ 是位于 $(x, y)$ 处的，均值等于 0 的电影颗粒样本，那么，描述电影颗粒模板图案的自回归模型可以表示如下：

$$G(x, y) = \sum_{(m, n) \in S_{\text{ref}}} a_{m,n} G(x-m, y-n) + z(x, y) \tag{10-1}$$

其中，$a_{m,n}$ 是自回归模型系数；$G(x-m, y-n)$ 表示参考样本区域 $S_{\text{ref}}$ 中的参考样本值；$z(x, y)$ 表示从均值为 0，方差为 1 的高斯分布中采样得到的样本值。在实现过程中，编码器和解码器预先对均值为 0、方差为 1 的高斯分布进行采样，并将采样值存储在一个数组中。在使用过程中，变量 $z$ 通过给定的数组索引从该数组中获取对应值。

由于色度分量和亮度分量中的电影颗粒可能存在相关性，所以，除了使用图 10-2 中的参考样本之外，色度分量的自回归模型还把对应位置的亮度分量的电影颗粒样本的均值作为额外的参考样本，以捕捉色度分量的电影颗粒和对应位置处亮度样本的电影颗粒之间的相关性。因此，对于色度分量，自回归模型的参考样本数量是 $2L \times (L+1)+1$。

在 AV1 中，$L$ 的取值是从 0 ～ 3，即 $L \in \{0, 1, 2, 3\}$。根据公式（10-1）可知，如果 $L=0$，则此时的电影颗粒就是高斯噪声。而当 $L$ 的取值增大时，电影颗粒可能具有更大颗粒尺寸。图 10-3 所示为一个原始电影颗粒图片以及采用不同值合成的电影颗粒图片。

自回归模型系数 $a_{m,n}$ 可以通过求解 Yule-Walker 自回归方程组来估计。为了推导 Yule-Walker 自回归方程组，这里把公式（10-1）中的二维自回归模型改写为如下一维形式：

$$G_{i+1} = a_1 G_i + a_2 G_{i-1} + \cdots + a_p G_{i-p+1} + z_{i+1}$$
$$= \sum_{j=1}^{p}(a_j G_{i-j+1}) + z_{i+1} \qquad (10\text{-}2)$$

a）原始图片　　　　b）从左往右，从上往下，分别是 $L=3/2/1/0$

图 10-3　不同 $L$ 取值下的电影颗粒合成

在公式（10-2）左右两侧分别乘以 $G_{i-k+1}$ 之后取期望，可得如下公式：

$$\mathrm{E}(G_{i-k+1} G_{i+1}) = \sum_{j=1}^{p}[a_j \mathrm{E}(G_{i-k+1} G_{i-j+1})] + \mathrm{E}(G_{i-k+1} z_{i+1})$$
$$= \sum_{j=1}^{p}[a_j \mathrm{E}(G_{i-k+1} G_{i-j+1})] \qquad (10\text{-}3)$$

其中，$\mathrm{E}(.)$ 表示求期望操作符。由于 $z_{i+1}$ 是均值为 0，方差为 1 的高斯噪声，如果 $z_{i+1}$ 和 $G_{i-k+1}$ 可以视为互相独立的随机变量，那么，$\mathrm{E}(z_{i+1} G_{i-k+1}) = \mathrm{E}(z_{i+1}) \cdot \mathrm{E}(G_{i-k+1}) = 0$。

假设 $\gamma_k$ 是距离为 $k$ 的两个随机变量的自协方差 $\gamma_k = \mathrm{E}(G_{l-k} G_l)$，并且所有距离为 $k$ 的两个随机变量的自协方差都相等，即 $\gamma_k = \mathrm{E}(G_{l-k} G_l) = \mathrm{E}(G_{m-k} G_m)$，那么公式（10-3）等价于公式（10-4）：

$$\gamma_k = \sum_{j=1}^{p}[a_j \gamma_{k-j}] \qquad (10\text{-}4)$$

对于 $k=1, 2, 3, \cdots, p$，利用公式（10-4），即可得到下面的方程组：

$$\begin{cases} \gamma_1 = a_1 \gamma_0 + a_2 \gamma_1 + \cdots + a_p \gamma_{p-1} \\ \gamma_2 = a_1 \gamma_1 + a_2 \gamma_0 + \cdots + a_p \gamma_{p-2} \\ \vdots \qquad \qquad \vdots \\ \gamma_p = a_1 \gamma_{p-1} + a_2 \gamma_{p-2} + \cdots + a_p \gamma_0 \end{cases} \qquad (10\text{-}5)$$

公式（10-5）中的方程组便是自回归模型（10-2）的 Yule-Walker 自回归方程。

### 10.1.2 电影颗粒强度模型

由于电影颗粒的强度往往会随着像素值的变化而变化，所以，电影颗粒强度在图片的不同区域之间会有所变化。为此，AV1 使用分段线性函数来对电影颗粒强度与像素值之间的关系进行建模。具体来讲，当向亮度分量添加电影颗粒时，AV1 使用公式（10-6）来计算最终的亮度分量像素值。

$$Y' = Y + f(Y) \cdot G_L \tag{10-6}$$

其中，$Y$ 和 $Y'$ 分别是添加电影颗粒之前和之后的亮度分量像素值，$G_L$ 是亮度分量的电影颗粒样本值。$f(Y)$ 是描述电影颗粒强度与像素值之间关系的分段线性函数，其示意图如图 10-4 所示，该函数根据亮度分量像素值对电影颗粒强度进行缩放。

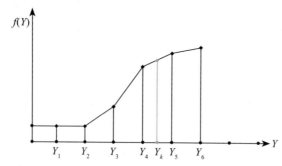

图 10-4　表示电影颗粒强度与像素值之间关系的分段线性函数示意图

对于色度分量，AV1 使用公式（10-7）向色度分量添加电影颗粒。

$$\begin{aligned} U' &= U + f(u) \cdot G_U \\ u &= bU + d \cdot Y_{\text{avg}} + h \end{aligned} \tag{10-7}$$

其中，$U'$ 和 $U$ 分别表示添加电影颗粒之前和之后的色度分量像素值；$G_U$ 是色度分量的电影颗粒样本值。$f(u)$ 是描述电影颗粒强度与色度分量像素值之间关系的分段线性函数。与亮度分量不同，色度分量的分段线性函数是根据色度像素的索引值 $u$ 来对电影颗粒强度进行缩放。如公式（10-7）所示，该索引值 $u$ 不但依赖色度重建像素值 $U$，还依赖与该色度像素对应的亮度像素平均值 $Y_{\text{avg}}$。具体来讲，对于 4:2:0 的 YUV 视频，$Y_{\text{avg}} = (Y_1 + Y_2 + 1) >> 1$，其中 $Y_1$ 和 $Y_2$ 是位于偶数行（偶数行的编号是从 0 开始）的相邻亮度分量像素值。假设 subX 和 subY 分别表示色度分量的水平和垂直方向采样因子，并且 $h$ 和 $w$ 分别是视频帧的高度和宽度。对于 4:2:0 的 YUV 视频，subX 和 subY 均为 1，所以色度分量的高度和宽度分别是 (h+subY) >> subY 和 (w+subX) >> subX。如果给定色度像素坐标 $(x, y)$，那么 $Y_{\text{avg}}$ 计算方式如下：

```
// x 和 y 满足: 0 ≤ x < ((w+subX >> subX) 并且 0 ≤ y < ((h+subY) >> subY);
// 根据 x 和 y 计算对应亮度像素起始坐标, lumaY 是偶数。
lumaX = x << subX;
lumaY = y << subY;
lumaNextX = Min(lumaX + 1, w - 1)
// 二维数组 OutY[h][w] 存储重构亮度像素值的数组。
if (subX) // 偶数行的两个相邻像素的均值。
    Yavg = Round2(OutY[lumaY][lumaX] + OutY[lumaY][lumaNextX], 1)
else
    Yavg = OutY[lumaY][lumaX]
```

其中，函数 Round2($x, n$) 的定义如下：

$$\text{Round2}(x, n) = \left[ \frac{x + 2^{n-1}}{2^n} \right]$$

编码器需要把分段函数 $f(Y), f(u)$ 以及公式（10-7）中的参数 $b, d$ 和 $h$ 传输至解码端，以使得解码器能够向重建像素上添加电影颗粒。为了降低 $f(Y)$ 和 $f(u)$ 所消耗的码率，对应亮度分量，AV1 最多允许传输 14 个二元组 $(Y_i, f(Y_i))$；而对于色度分量，AV1 最多允许传输 10 个二元组 $(u_i, f(u_i))$。

在实现过程中，AV1 使用三个表格来分别表示亮度分段线性函数 $(Y_i, f(Y_i))$ 和两个色度分量 UV 的分段线性函数 $(u_i, f(u_i))$。每个表格有 256 个条目，每个条目存储的是一个像素值及其对应的缩放因子，即 $(Y_i, f(Y_i)), 0 \leq Y_i \leq 255$ 且 $(u_i, f(u_i)), 0 \leq u_i \leq 255$。由于传送至解码端的二元组 $(Y_i, f(Y_i))$ 最多是 14 个，所以，对于表格中其余二元组 $(Y_k, f(Y_k)), k \neq i$，AV1 使用线性插值来计算得到二元组 $(Y_k, f(Y_k))$。比如，对于图 10-4 中灰色直线表示的 $Y_k$，这个像素值所对应的缩放因子 $f(Y_k)$ 是根据其左右两侧的条目 $(Y_4, f(Y_4))$ 和 $(Y_5, f(Y_5))$ 使用下面的线性插值来计算：

$$\frac{f(Y_k) - f(Y_4)}{Y_k - Y_4} = \frac{f(Y_5) - f(Y_4)}{Y_5 - Y_4}$$

同理，由于传送至解码端的二元组 $(u_i, f(u_i))$ 最多是 10 个，因此，AV1 也将使用线性插值来计算得到剩余二元组 $(u_k, f(u_k)), k \neq i$。

对于位宽 BitDepth 大于 8 比特的输入视频，其像素值取值范围超过了 256。所以，AV1 仍然使用线性插值来获取两个条目之间的缩放因子。假设 index 表示这种情况下的索引值，那么 $f$(index) 可以根据下面公式来计算：

$$\frac{f(\text{index}) - f(\text{index} >> \text{shift})}{\text{index} - [(\text{index} >> \text{shift}) << \text{shift}]} = f[(\text{index} >> \text{shift}) + 1] - f(\text{index} >> \text{shift})$$

其中，shift=BitDepth−8。假设 $x$=index>>shift，$0 \leq x \leq 255$ 并且 rem = index − [(index >> shift)

<<shift]，那么 f(x) 和 f(x+1) 是已知条目，所以 f(index) 计算公式如下：

$$f(\text{index}) = f(x) + \text{Round2}([f(x+1) - f(x)] \cdot \text{rem}, \text{shift})$$

### 10.1.3 电影颗粒合成的实现

为了在解码端合成电影颗粒，编码器需要向解码器发送以下参数：
- 自回归模型参数 $L$ 和模型系数 $a_{m,n}$。
- 每个颜色分量的分段线性函数 $f(Y)$ 和 $f(u)$，以及计算色度分量 Cb 和 Cr 索引 $u$ 的参数 $b$, $d$ 和 $h$。
- 生成随机数的种子 seed。

在参数估计过程中，这些参数可能是以浮点数形式来表示的。但是，在编码传输之前，这些参数需要被量化为整数，之后再传输至解码器。AV1 支持为每个视频帧都传输一组模型参数，也支持多个视频帧使用相同的模型参数。当电影颗粒的特征随着时间逐渐发生变化时，为每个视频帧发送一组模型参数可以保持电影颗粒在时域上的一致性。

**1. 电影颗粒的生成和应用**

根据接收的模型参数，AV1 解码器利用自回归模型生成一个 64×64 的亮度电影颗粒模板和两个 32×32 的色度电影颗粒模板。为了使自回归模型更加稳定，AV1 解码器将会对亮度和色度模板进行扩展填充。具体来讲，对于亮度分量，AV1 使用一个宽为 82 个像素，高为 73 个像素的模板；对于 4:2:0 YUV 视频的色度分量，AV1 使用一个宽为 44 个像素，高为 38 个像素的模板。图 10-5 所示为亮度分量和色度分量的电影颗粒模板。

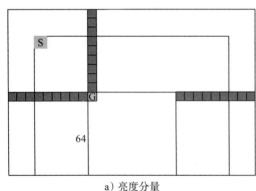 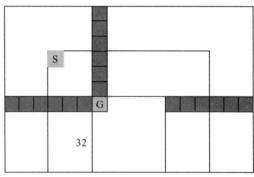

a）亮度分量    b）色度分量

图 10-5　填充之后的电影颗粒模板

在图 10-5 中，每个浅灰色和深灰色小方块表示一个像素；最外层矩形区域表示整个扩展填充后的电影颗粒模板，中间矩形区域是 AV1 利用自回归模型生成的电影颗粒区域，最内层的 64×64/32×32 区域表示最终使用的电影颗粒模板。假设图 10-5 中左上角像素的坐标是 (0, 0)，那么标记为 S 的像素位置是 (3, 3)，对于亮度分量，标记为 G 的像素位置是 (9, 9)；

对于色度分量，标记为 G 的像素位置是 (6, 6)。

基于填充后的电影颗粒模板，电影颗粒合成过程可以描述如下：

1）利用接收的随机数种子和存储的高斯噪声数组，对整个电影颗粒模板（图10-5中最外层矩形区域）的每个位置进行初始化，初始值为高斯噪声。

2）利用自回归模型参数 $L$ 和模型系数 $a_{m,n}$，AV1 解码器对中间矩形区域（以图10-5中标记为 S 的像素位置为起始位置），按照光栅扫描顺序依次生成亮度或色度电影颗粒模板中每个位置处的电影颗粒 $G_Y(x, y)$，$G_U(x, y)$ 和 $G_V(x, y)$。

AV1 标准文档使用二维数组变量 LumaGrain[73][82]，CbGrain[38][44] 和 CrGrain[38][44] 分别存储 YUV 分量的电影颗粒模板。对于亮度分量，最终使用的电影颗粒是 LumaGrain[y][x]，$9 \leq x, y \leq 72$；对于色度分量，最终使用的电影颗粒是 CbGrain[y][x] 和 CrGrain[y][x]，$6 \leq x, y \leq 37$。下面描述使用 $G_Y(x, y), G_U(x, y)$ 和 $G_V(x, y)$ 来表示 YUV 分量最终使用的电影颗粒值。这里的 $(x, y)$ 是像素相对于图10-5中标记为 G 的像素位置的坐标，所以 $G_Y(x, y)$=LumaGrain[y+9][x+9]，$0 \leq x, y \leq 63$；$G_U(x, y)$=CbGrain[y+6][x+6]，$G_V(x, y)$=CrGrain[y+6][x+6]，$0 \leq x, y \leq 31$。

如上所述，在生成色度分量的电影颗粒时，对应位置的亮度分量的电影颗粒样本的均值 avgLuma 被用作额外的参考样本。给定色度分量的水平和垂直方向采样因子 subX 和 subY，变量 avgLuma 的计算方式如下：

```
avgLuma = 0;
// 图 10-5 中左上角像素的坐标是 (0,0),(x,y) 是色度分量像素相对于左上角像素的坐标。
lumaX = ((x - 3) << subX) + 3;
lumaY = ((y - 3) << subY) + 3;
for ( i = 0; i <= subY; i++ )
    for ( j = 0; j <= subX; j++ )
        // LumaGrain[lumaY + i][lumaX + j] 是亮度分量对应位置的电影颗粒值。
        // LumaGrain[0][0] 是图 10-5 左上角亮度像素的电影颗粒值。
        avgLuma += LumaGrain[lumaY + i][lumaX + j];
avgLuma = Round2(avgLuma, subsX + subY);
```

当亮度和色度的电影颗粒模板生成之后，AV1 解码器以 32×32 块为单位，向亮度分量添加电影颗粒；以 16×16 块为单位，为色度分量添加电影颗粒。为此，AV1 解码器将从亮度 64×64 的电影颗粒模板中，随机选择 32×32 的亮度颗粒块，然后使用亮度分量的分段线性函数 $f(Y)$ 对颗粒样本进行缩放，并将其添加到重建样本值 $Y$ 上。对于色度分量，AV1 解码器将在色度 32×32 的电影颗粒模板上，随机选择 16×16 的色度颗粒块；然后利用分段线性函数 $f(u)$ 对颗粒样本进行缩放，并将其添加到色度重建样本值上。

在亮度电影颗粒块的选择过程中，AV1 解码器首先根据接收到的随机数种子，随机地生成一个位置偏移量 $(s_x, s_y)$。之后，AV1 解码器将以电影颗粒模板 $G_Y(x, y)$ 左上角像素为参考点（图10-5a 中的标记为 G 的像素位置），偏移量是 $(s_x, s_y)$ 的像素点为起始点，大小是

$32 \times 32$ 的电影颗粒块将作为选中的亮度颗粒块。图 10-6 所示为从 $64 \times 64$ 模板中随机选择 $32 \times 32$ 的亮度颗粒块,其中黑色方形框是选中的 $32 \times 32$ 的电影颗粒块。

在色度电影颗粒块的选择过程中,给定位置偏移量 $(s_x, s_y)$,AV1 解码器以 $G_U(x, y) / G_V(x, y)$ 左上角像素为参考点(图 10-5b 中的标记为 G 的像素位置),偏移量是 $(s_x, s_y)$ 的像素点为起始点,大小是 $16 \times 16$ 的颗粒块将作为选中的色度 U/V 电影颗粒块。

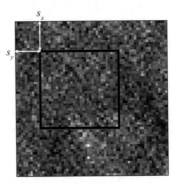

图 10-6 从 $64 \times 64$ 模板中随机选择一个 $32 \times 32$ 的电影颗粒块

在生成公式(10-1)的高斯噪声 $z(x, y)$ 和生成位置偏移量 $(s_x, s_y)$ 的过程中,AV1 解码器需要根据接收的随机数种子 seed 来生成随机数。这里使用的伪随机生成器是一种长度为 16 比特的异或移位线性反馈移位寄存器(Linear-Feedback Shift Register, LFSR)⊖。随机数生成过程使用的异或运算的值是 0,1,3 和 12,它们对应的抽头数是 16,15,13 和 4,反馈多项式是 $x^{16} + x^{15} + x^{13} + x^4 + 1$。偏移量 $s_x$ 和 $s_y$ 使用寄存器上的四个最高有效位和接下来的四个最高有效位生成。假设变量 rand 是根据随机数种子 seed 生成的 8 比特随机数,那么 offsetX = rand >> 4, offsetY = rand & 15。对于亮度分量,偏移量 $s_x = 2 \cdot$ offsetX,$s_y = 2 \cdot$ offsetY,所以它们的取值范围是 0 ~ 30;而对于色度分量,偏移量 $s_x =$ offsetX,$s_y =$ offsetY,因此它们的取值范围是 0 ~ 15。为了实现并行处理,随机数生成器在每个 $32 \times 32$ 亮度块行的起始位置,使用公式(10-8)来初始化该寄存器。

$$\text{register} = \text{register} \oplus \{[(\text{luma\_num} \cdot 37 + 178) \& 255] << 8\}$$
$$\text{register} = \text{register} \oplus [(\text{luma\_num} \cdot 173 + 105) \& 255]$$
(10-8)

其中,⊕ 表示异或操作;register 的初始值依赖于随机数种子 seed;luma_num 依赖于当前 $32 \times 32$ 亮度分量块的左上角像素行 luma_line。它们的计算方式如下:

$$\text{msb} = (\text{seed} >> 8) \& 255$$
$$\text{lsb} = \text{seed} \& 255$$
$$\text{register} = (\text{msb} << 8) + \text{lsb}$$
$$\text{luma\_num} = \text{luma\_line} >> 5$$

---

⊖ https://en.wikipedia.org/wiki/Linear-feedback_shift_register。

给定电影颗粒模板 $G_Y(x,y)$, $G_U(x,y)$ 和 $G_V(x,y)$ 和位置偏移量 $(s_x, s_y)$，将电影颗粒添加至不同分量像素的操作如下：

$$Y' = Y(x,y) + [G_Y(x+s_x, y+s_y) \cdot f(Y(x,y)) + 2^{\text{shift}-1}] \gg \text{shift}$$
$$Y'(x,y) = \text{clip3}(Y', \text{minVal}, \text{maxLuma})$$

$$u = b \cdot U + d \cdot Y_{\text{avg}} + h$$
$$U' = U(x,y) + [G_U(x+s_x, y+s_y) \cdot f(u) + 2^{\text{shift}-1}] \gg \text{shift}$$
$$U'(x,y) = \text{clip3}(U', \text{minVal}, \text{maxChroma})$$

$$v = b \cdot V + d \cdot Y_{\text{avg}} + h$$
$$V' = V(x,y) + [G_V(x+s_x, y+s_y) \cdot f(v) + 2^{\text{shift}-1}] \gg \text{shift}$$
$$V'(x,y) = \text{clip3}(V', \text{minVal}, \text{maxChroma})$$

（10-9）

其中，对于亮度分量 $Y$，$x$ 和 $y$ 是当前像素在 $32 \times 32$ 块内的位置坐标；对于色度分量 $U$ 和 $V$，$x$ 和 $y$ 是当前像素在 $16 \times 16$ 块内的位置坐标；参数 minVal 和 maxLuma 以及 maxChroma 定义了亮度和色度分量像素值合法范围；shift 控制电影颗粒的缩放。函数 clip3($x$, min, max) 定义如下：

$$\text{clip3}(x, \min, \max) = \begin{cases} x, & \max \geq x \geq \min \\ \min, & x < \min \\ \max, & x > \max \end{cases}$$

### 2. 电影颗粒块的边界处理

当电影颗粒模板包含频率相对较低的电影颗粒时，以 $32 \times 32$ 的块为单位向亮度分量添加电影颗粒，可能会产生人眼可见的块效应。为了减少这种影响，AV1 允许用户对电影颗粒块进行重叠操作。对于亮度分量，重叠区域包含 2 个电影颗粒样本。而对于颜色格式为 4:2:0 的 YUV 视频，其中的色度块之间的重叠区域包含 1 个电影颗粒样本。在这种情况下，亮度电影颗粒块的大小是 $34 \times 34$，而色度电影颗粒块的大小是 $17 \times 17$。大小为 $34 \times 34$ 的亮度电影颗粒块的最后两行是当前电影颗粒块在模板中的下方两行的电影颗粒样本，而最后两列是当前电影颗粒块在模板中的右侧两列的电影颗粒样本。而大小为 $17 \times 17$ 的色度电影颗粒块的最后一行和一列分别是当前电影颗粒块在模板中的下方一行和右侧一列的电影颗粒样本。图 10-7 为亮度分量和色度分量的电影颗粒块重叠区域在电影颗粒模板中的位置示意图，其中灰色方形块覆盖的区域是重叠区域。为了防止重叠区域超出电影颗粒模板的边界，AV1 对电影颗粒块的位置偏移量 $s_x$ 和 $s_y$ 的取值进行限制，即 $0 \leq s_x, s_y \leq 30$。

当用户对电影颗粒块进行重叠操作时，当前亮度块/色度块的电影颗粒块将会影响其右侧、下方或右下方的亮度块/色度块的电影颗粒强度。图 10-8 所示为不同亮度块之间的重叠区域像素，其中灰色方形框覆盖的区域是重叠区域。从图 10-8 中可见，重叠区域涵盖了当前块的下方和右侧,以及右下方块内的某些像素。若当前待处理的亮度块位于当前亮度块的右侧、下方或右下方,那么在重叠区域内的像素将采用所有重叠颗粒样本的加权平均值作为其电影颗粒值。

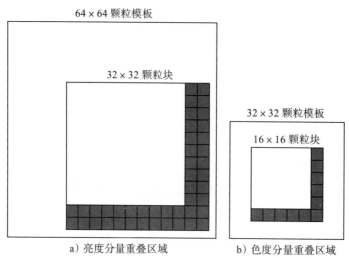

图 10-7  亮度分量和色度分量的电影颗粒块重叠区域在电影颗粒模板中的位置示意图

在亮度分量中,位于水平边界重叠区域的电影颗粒计算如下:

$$G_{cur}(x,0) = [27 \cdot G_{up}(x,32) + 17 \cdot G_{cur}(x,0) + 16] >> 5$$
$$G_{cur}(x,0) = \text{clip3}(G_{cur}(x,0), \text{GrainMin}, \text{GrainMax})$$
$$G_{cur}(x,1) = [17 \cdot G_{up}(x,33) + 27 \cdot G_{cur}(x,1) + 16] >> 5$$
$$G_{cur}(x,1) = \text{clip3}(G_{cur}(x,1), \text{GrainMin}, \text{GrainMax})$$

(10-10)

其中,$G_{cur}(x,0)$ 和 $G_{cur}(x,1)$ 是当前待处理亮度块所使用的电影颗粒块的第 0 行和第 1 行的颗粒样本值;$G_{up}(x,32)$ 和 $G_{up}(x,33)$ 分别是当前待处理亮度块的上方亮度块所使用的电影颗粒块的最后两行的颗粒样本值。参数 GrainMin 和 GrainMax 分别定义了电影颗粒样本值的最小和最大值。假设视频位宽是 BitDepth,那么参数 GrainMin 和 GrainMax 的计算方式如下:

$$\text{GrainMin} = -\text{GrainCenter}$$
$$\text{GrainMax} = [256 << (\text{BitDepth} - 8)] - 1 - \text{GrainCenter}$$
$$\text{GrainCenter} = 128 << (\text{BitDepth} - 8)$$

类似地,位于垂直边界区域的电影颗粒计算如下:

$$G_{cur}(0,y) = [27 \cdot G_{left}(32,y) + 17 \cdot G_{cur}(0,y) + 16] >> 5$$
$$G_{cur}(0,y) = \text{clip3}(G_{cur}(0,y), \text{GrainMin}, \text{GrainMax})$$
$$G_{cur}(1,y) = [17 \cdot G_{left}(33,y) + 27 \cdot G_{cur}(1,y) + 16] >> 5$$
$$G_{cur}(1,y) = \text{clip3}(G_{cur}(1,y), \text{GrainMin}, \text{GrainMax})$$

(10-11)

其中，$G_{cur}(0, y)$ 和 $G_{cur}(1, y)$ 是当前待处理亮度块所使用的电影颗粒块的第 0 列和第 1 列的颗粒样本值；$G_{left}(32, y)$ 和 $G_{left}(33, y)$ 分别是当前待处理亮度块的左侧亮度块所使用的电影颗粒块的最后两列的颗粒样本值。假设当前待处理亮度块位于当前亮度块的右下方，图 10-8 展示了当前待处理图像块的 $G_{cur}(x, 0)$、$G_{cur}(x, 1)$ 以及 $G_{cur}(0, y)$、$G_{cur}(1, y)$ 的位置。

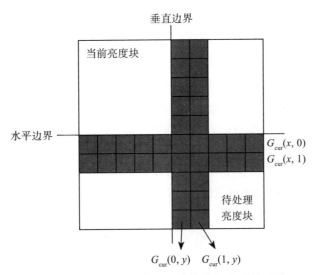

图 10-8 电影颗粒添加过程中亮度块的重叠区域

如果某些像素既位于水平边界区域，又位于垂直边界区域，那么，在这些像素的电影颗粒计算过程中，AV1 首先使用按照公式（10-11）所示的方法计算 $G_{cur}(0, y)$ 和 $G_{cur}(1, y)$；然后，按照公式（10-10）所示的方法计算 $G_{cur}(x, 0)$ 和 $G_{cur}(x, 1)$。这里需要注意的是，对于某些位置的电影颗粒，公式（10-10）是在公式（10-11）输出值的基础上再做加权平均。

对于色度分量，位于水平边界重叠区域和垂直边界重叠区域的电影颗粒计算如下：

$$G_{cur}(x, 0) = [23 \cdot G_{up}(x, 16) + 22 \cdot G_{cur}(x, 0) + 16] >> 5$$
$$G_{cur}(x, 0) = \text{clip3}(G_{cur}(x, 0), \text{GrainMin}, \text{GrainMax})$$

$$G_{cur}(0, y) = [23 \cdot G_{left}(16, y) + 22 \cdot G_{cur}(0, y) + 16] >> 5$$
$$G_{cur}(0, y) = \text{clip3}(G_{cur}(0, y), \text{GrainMin}, \text{GrainMax})$$

可以注意到，重叠区域的电影颗粒计算过程中的权重之和不等于 1。这样做的目的是保持电影颗粒的方差恒定，所以加权系数的平方和应该接近 1：

$$\left(\frac{27}{32}\right)^2 + \left(\frac{17}{32}\right)^2 = \frac{1018}{1024} \approx 1$$

$$\left(\frac{23}{32}\right)^2 + \left(\frac{22}{32}\right)^2 = \frac{1013}{1024} \approx 1$$

AV1 使用重叠的电影颗粒窗口来去除块效应，而不是使用去块效应滤波器来去除块效应。这是因为重叠窗口有助于保留电影颗粒的高频信息，这可能会使得电影颗粒具有更高的主观视觉质量。

### 3. 语法元素

编码器需要把生成电影颗粒的模型参数编码传输至解码端，以便解码器合成电影颗粒，并将合成的电影颗粒应用于输出帧。目前，有两种传输电影颗粒模型参数的方式：第一种，利用 AV1 定义的语法元素来传输电影颗粒模型参数；第二种，使用 AOM 制定的电影颗粒合成规范[47-48]来传输电影颗粒模型参数。下面，本小节将描述 AV1 自身所定义的语法元素。关于电影颗粒合成规范，读者可以参考文献 [47-48]。

在 AV1 中，电影颗粒模型参数通过视频帧头信息来传输。AV1 引入语法元素 apply_grain，用于指示当前帧是否使用电影颗粒合成算法。如果 apply_grain 等于 1，则需要为当前帧生成电影颗粒。在这种情况下，AV1 编码器将编码语法元素 grain_seed，该语法元素用于初始化伪随机数生成器。

如果当前帧是帧间预测帧，则 AV1 编码器将为其编码语法元素 update_grain。如果 update_grain 等于 1，则 AV1 编码器继续为当前帧编码新的电影颗粒模型参数；否则（即 update_grain 等于 0），AV1 编码器将编码语法元素 film_grain_params_ref_idx，该语法元素用于指向包含应用于当前帧的一组电影颗粒模型参数的参考帧。然后，AV1 编码器将把这些参数与当前帧关联起来，以便未来的帧可以从当前帧引用这些电影颗粒模型参数。此处的参考帧参数的限制条件与帧间预测中的参考帧参数的限制条件相同。

当需要为当前帧传输新的电影颗粒模型参数时（即 update_grain 等于 1），AV1 使用语法元素 num_y_points，来指明存储亮度分量分段线性函数的表格所包含二元组 $(Y_i, f(Y_i))$ 的个数。然后，AV1 使用语法元素 point_y_value[i] 和 point_y_scaling[i] 表示二元组 $(Y_i, f(Y_i))$。当需要为色度分量传输电影颗粒模型参数时，AV1 使用语法元素 num_cb_points 和 num_cr_points 分别指明色度分量 Cb 和 Cr 的分段线性函数所包含二元组 $(u_i, f(u_i))$ 的个数。之后，使用语法元素 point_cb_value[i]、point_cb_scaling[i] 以及 point_cr_value[i]、point_cr_scaling[i] 表示 Cb 和 Cr 的二元组 $(u_i, f(u_i))$。另外，AV1 使用语法元素 cb_mult、cb_luma_mult、cb_offset 以及 cr_mult、cr_luma_mult、cr_offset 分别表示用于计算 Cb 和 Cr 索引 u 的参数 b、d 和 h。

为了传输自回归模型中的参数 L 和自回归模型系数 $a_{m,n}$，AV1 使用语法元素 ar_coeff_lag 指明自回归模型参数 L，使用语法元素 ar_coeffs_y_plus_128[i]、ar_coeffs_cb_plus_128[i] 和 ar_coeffs_cr_plus_128[i] 分别表示 Y、Cb 和 Cr 的自回归模型系数 $a_{m,n}$。另外，AV1 使用语法元素 ar_coeff_shift_minus_6 定义了自回归模型系

数的取值范围。`ar_coeff_shift_minus_6` 取值为 0、1、2 和 3，分别对应于自回归系数范围为 [−2, 2)、[−1, 1)、[−0.5, 0.5) 和 [−0.25, 0.25)。

AV1 引入语法元素 `overlap_flag` 来指明是否使用重叠窗口来处理位于块边界的颗粒样本。当 `overlap_flag` 等于 1 时，表示应用电影颗粒块之间的重叠操作；当 `overlap_flag` 等于 0 时，表示不应用电影颗粒块之间的重叠操作。

除了上述语法元素之外，用于描述电影颗粒合成模型参数的语法元素还包括 `grain_scaling_minus_8`、`grain_scale_shift` 以及语法元素 `clip_to_restricted_range`。语法元素 `grain_scaling_minus_8` 表示应用于色度分量值的移位减去 8。语法元素 `grain_scaling_minus_8` 的取值可以是 0、1、2 和 3，该值确定电影颗粒标准差的范围和量化步长。语法元素 `grain_scale_shift` 用于指定在电影颗粒合成过程中高斯随机数的缩放幅值。语法元素 `clip_to_restricted_range` 用于指明采用哪种方式对添加电影颗粒之后的像素值进行限制，即用于设置公式（10-9）中的参数 minVal、maxLuma 以及 maxChroma。当 `clip_to_restricted_range` 等于 1 时，AV1 编码器根据语法元素 `matrix_coefficients` 的取值来限制添加电影颗粒之后的像素值的取值范围；否则，AV1 编码器根据输入视频的像素位宽来限制添加电影颗粒之后的像素值的取值范围。

基于上述语法元素的取值，AV1 标准文档使用变量 `noiseImage[3][y][x]` 存储整个视频帧中的所有亮度和色度像素的电影颗粒值，使用函数 `scale_lut(plane, index)` 计算对应颜色分量平面 plane 和索引值 index 的分段线性函数值 $f(index)$，这里索引值 index 对应于公式（10-6）和公式（10-7）中的亮度像素值 $Y$ 和色度索引 $u$。那么，公式（10-9）所示的电影颗粒添加流程可以描述如下：

$$noise = noiseImage[plane][y][x]$$
$$noise = Round2(scale\_lut(plane, index) \times noise, ScalingShift)$$
$$Out[plane][y][x] = Clip3(minValue, maxValue, orig + noise)$$

其中，对于亮度像素 plane=0，变量 index 等于原始重构像素值 orig；对于色度像素 plane=1/2，变量 index 等于原始重构像素值 orig 与对应亮度像素平均值的加权平均。变量 ScalingShift= `grain_scaling_minus_8` + 8，变量 minValue 和 maxValue 是根据语法元素 `clip_to_restricted_range` 计算得到的，用于限制添加电影颗粒之后的像素值的取值范围。

## 10.2 电影颗粒模型估计

本节描述了 SVT-AV1 中电影颗粒模型估计模块的实现方式。如图 10-1 所示，电影颗粒模型估计模块包括：图像内容分析、图像去噪和电影颗粒模型参数估计。图像内容分析的主要功能是识别图片中的平滑区域。图像去噪是为了去除图像中的电影颗粒。电影颗粒模型参数估计是为了计算自回归模型系数 $a_{m,n}$，以及分段线性函数 $f(Y)$ 和 $f(u)$。

### 10.2.1 图像内容分析

在图像内容分析中，SVT-AV1 是以大小为 32×32 像素的图像块为单位来识别输入图片的平滑区域。为了检测图片中的平滑区域，SVT-AV1 采用了文献 [36] 描述的方法。具体来讲，为了减少纹理区域的影响，对于每个 32×32 亮度块 $h(x,y)$，$0 \leq x, y \leq 31$，SVT-AV1 首先利用公式（10-12）所示的平面模型（Planar Model）对该位置的像素值进行拟合：

$$\hat{h}(x,y) = a_0 x + a_1 y + a_2 = [a_0, a_1, a_2] \begin{bmatrix} x \\ y \\ 1 \end{bmatrix} \quad (10\text{-}12)$$

其中，$(x,y)$ 表示拟合像素位置坐标；$\hat{h}(x,y)$ 是位置是 $(x,y)$ 的拟合像素值；$a_0, a_1$ 和 $a_2$ 是平面模型参数。

然后，SVT-AV1 通过计算残差块 $E = [e(x,y)]_{0 \leq x, y \leq 31}$ 的梯度协方差矩阵（Gradient Covariance Matrix）$C_{gg}$ 来识别当前 32×32 亮度块是否是平滑区域，其中 $e(x,y)$ 表示输入像素值 $h(x,y)$ 与拟合像素值 $\hat{h}(x,y)$ 之间的残差 $e(x,y) = h(x,y) - \hat{h}(x,y)$；梯度协方差矩阵 $C_{gg}$ 的计算方式如公式（10-13）所示：

$$C_{gg} = \begin{bmatrix} C_{x,x} & C_{x,y} \\ C_{x,y} & C_{y,y} \end{bmatrix} \quad (10\text{-}13)$$

其中，$C_{x,x}$ 是残差块 $E(x,y)$ 在水平方向梯度的方差，$C_{x,y}$ 是残差块 $E(x,y)$ 的水平方向梯度和垂直方向梯度的协方差，$C_{y,y}$ 是残差块 $E(x,y)$ 在垂直方向梯度的方差。它们的计算方式如下：

$$C_{x,x} = \sum_{y=1}^{30} \sum_{x=1}^{30} \frac{[E(x+1,y) - E(x-1,y)]^2}{4}$$

$$C_{x,y} = \sum_{y=1}^{30} \sum_{x=1}^{30} \frac{[E(x+1,y) - E(x-1,y)][E(x,y+1) - E(x,y-1)]}{4}$$

$$C_{y,y} = \sum_{y=1}^{30} \sum_{x=1}^{30} \frac{[E(x,y+1) - E(x,y-1)]^2}{4}$$

如果当前 32×32 亮度块满足公式（10-14）所示的条件，那么该 32×32 亮度块是平滑区域。

$$\begin{array}{l} \text{Tr}(C_{gg}) < T_g \\ \text{ratio} < T_l \\ \lambda_1 < T_n \\ \text{var} < T_v \end{array} \quad (10\text{-}14)$$

其中，$\text{Tr}(C_{gg})$ 是当前 32×32 亮度块的梯度协方差矩阵 $C_{gg}$ 的迹（trace）；$\lambda_1$ 和 $\lambda_2$ 分别是

矩阵 $C_{gg}$ 的最大特征值和最小特征值，最大特征值 $\lambda_1$ 也被称为矩阵 $C_{gg}$ 的谱范数（Spectral Norm）；ratio 是最大特征值 $\lambda_1$ 与最小特征值 $\lambda_2$ 之间的比值，即 ratio = $\lambda_1 / \lambda_2$；var 是残差块 $E(x, y)$ 的方差。参数 $T_g, T_l, T_n$ 和 $T_v$ 是给定的阈值。

公式（10-14）背后的物理意义可以简单描述如下：位于平坦区域的亮度块在任何方向上都不应该有主导纹理（ratio = $\lambda_1 / \lambda_2 < T_l$），应该具有有限的梯度能量（Tr($C_{gg}$)<$T_g$），并且块内部像素之间的相关性较弱，方差较小，像素值波动较小（谱范数 $\lambda_1$ 和方差 var 较小）。

除了公式（10-14）所定义的规则之外，SVT-AV1 还利用公式（10-15）为每个 32×32 亮度块定义一个分数 score。分数 score 越小，亮度块越平滑。按照从小到大排序之后，得分结果前 10% 的亮度块也被识别为平滑区域。

$$\text{score} = \frac{1.0}{1 + e^{-(w_0 \cdot \text{var} + w_1 \cdot \text{ratio} + w_2 \cdot \text{Tr}(C_{gg}) + w_3 \cdot \lambda_1 + w_4)}} \qquad (10\text{-}15)$$

### 10.2.2 图像去噪

假设电影颗粒之间存在相关性，并且这种相关性可以通过其功率谱密度来表示。基于这种假设，SVT-AV1 采用基于重叠块的维纳滤波器在频域中进行去噪。具体来讲，在进行去噪时，SVT-AV1 以 32×32 块为单位对图像进行处理。为了避免删除图像的真实纹理，首先，SVT-AV1 对于每个 32×32 亮度块或 16×16 色度块利用公式（10-12）中的平面模型生成当前块的拟合像素值。然后，SVT-AV1 使用基于重叠块的维纳滤波器对输入图片和拟合图片之间的残差进行去噪。最后，SVT-AV1 将去噪后的残差加上拟合像素，以得到去噪后的图片。

基于重叠块的维纳滤波器是一种常用的图像去噪滤波器。在滤波过程中，待滤波图像被分割为互相重叠的图像块。图像块重叠区域如图 10-9 所示，灰色区域是 4 个图像块 A, B, C 和 D 的重叠区域。对于每个图像块，SVT-AV1 对图像块进行离散傅里叶变换，得到图像块的傅里叶变换系数。由于离散信号的功率谱密度就是其傅里叶变换系数幅值的平方；因此，假设 $P$ 表示图像块的功率谱密度，那么功率谱密度在频域位置 $(r, s)$ 的幅值 $P(r, s) = |X(r, s)|^2$，其中 $X(r, s)$ 表示频域位置 $(r, s)$ 的傅里叶变换系数。

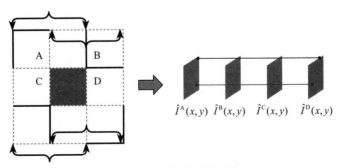

图 10-9　图像块重叠区域

给定残差块 $E=[e(x,y)]_{0\leq x,y\leq 31}$ 的功率谱密度 $P^E(r,s)$ 和残差块中噪声的功率谱密度 $P^N(r,s)$，那么去噪维纳滤波器 $H(r,s)$ 表示如下：

$$H(r,s) = \frac{f[P^E(r,s) - P^N(r,s)]}{P^E(r,s)} \quad (10\text{-}16)$$

其中，$f(x)$，$x = P^E(r,s) - P^N(r,s)$ 的计算方式如下：

$$f(x) = \begin{cases} P^E(r,s) - P^N(r,s), & P^E(r,s) > \beta P^N(r,s) \\ \dfrac{\beta - 1}{\beta} P^N(r,s), & \text{其他} \end{cases}$$

此处 $\beta = 1.1$ 可以防止滤波后输出信号的频谱出现不连续性。

在 SVT-AV1 中，残差块中噪声的功率谱密度按照公式（10-17）来计算：

$$P^N(r,s) = \frac{\text{noise\_level}^2}{10^6} \times \frac{\text{block\_size} \cdot \text{block\_size}}{8} \quad (10\text{-}17)$$

其中，noise_level 是用户输入的噪声强度；block_size 表示残差块的大小。在 SVT-AV1 中，block_size=32。

之后，SVT-AV1 将根据公式（10-18）利用 $H(r,s)$ 对输入图片的傅里叶变换系数 $X(r,s)$ 进行滤波。

$$\hat{X}(r,s) = H(r,s) \cdot X(r,s) \quad (10\text{-}18)$$

其中，$\hat{X}(r,s)$ 是滤波之后的傅里叶变换系数。接着，SVT-AV1 将对 $\hat{X}(r,s)$ 进行逆向傅里叶变换，进而得到去噪之后的残差块 $\hat{E}(x,y)$。最后，去噪之后的残差块 $\hat{E}(x,y)$ 加上拟合像素 $\hat{h}(x,y)$，便得到去噪后的图片 $\hat{I}(x,y) = \hat{h}(x,y) + \hat{E}(x,y)$。

由于图像块是重叠的，某些位置的像素将有多个不同的估计像素值。在图 10-9 中，对于每个图像块 $X(X \in \{A,B,C,D\})$ 执行上面的去噪过程，坐标为 $(x,y)$ 的像素都会得到一个像素估计值 $\hat{I}^X(x,y)$。如图 10-9 右侧所示，每条直线串联起来的位置就是相同位置像素的不同估计值。对于坐标为 $(x,y)$ 的像素，它的最终去噪之后的像素值是这些像素估计值 $\hat{I}^X(x,y)$，$X \in \{A,B,C,D\}$ 的加权平均。如下述公式所示：

$$\hat{I}(x,y) = \frac{\sum_{X \in \{A,B,C,D\}} \hat{I}^X(x,y)}{4}$$

这里需要注意的是，在进行上述计算之前，SVT-AV1 把输入位宽等于 BitDepth 的图像像素值区间 $0 \sim (2^{\text{BitDepth}} - 1)$ 映射至浮点数区间 $[0.0, 1.0]$。因此，上述去噪过程是在浮点数区间 $[0.0, 1.0]$ 执行的。所以，SVT-AV1 将把去噪后的像素值 $\hat{I}(x,y)$ 从浮点数区间 $[0.0, 1.0]$ 重新量化为 $0 \sim (2^{\text{BitDepth}} - 1)$ 之间的整数。为了减少这个量化过程带来的失真，SVT-AV1 使用抖动量化方法（Dither Quantization）。该方法将在量化过程中向 $\hat{I}(x,y)$ 添加一个低水平的噪声信号，使得量化误差在噪声信号的作用下变得更加随机化，从而减少失真。具体来讲，假设 $\hat{I}(x, y)$ 的量化失真是 $d(x, y)$，那么其计算方式如下：

$$d(x, y) = \frac{\lfloor \hat{I}(x, y) \cdot (2^{\text{BitDepth}} - 1) + 0.5 \rfloor}{2^{\text{BitDepth}} - 1} - \hat{I}(x, y)$$

根据 $d(x, y)$，SVT-AV1 将对还未量化的像素值 $\hat{I}(x+1, y)$，$\hat{I}(x-1, y+1)$，$\hat{I}(x, y+1)$ 和 $\hat{I}(x+1, y+1)$ 进行修正：

$$\hat{I}(x+1, y) = \hat{I}(x+1, y) + d(x, y) \cdot \frac{7.0}{16.0}$$

$$\hat{I}(x-1, y+1) = \hat{I}(x-1, y+1) + d(x, y) \cdot \frac{3.0}{16.0}$$

$$\hat{I}(x, y+1) = \hat{I}(x, y+1) + d(x, y) \cdot \frac{5.0}{16.0}$$

$$\hat{I}(x+1, y+1) = \hat{I}(x+1, y+1) + d(x, y) \cdot \frac{1.0}{16.0}$$

### 10.2.3 分段线性函数估计

AV1 使用分段线性函数 $f(Y)$ 和 $f(u)$ 来对电影颗粒强度与像素值之间的关系进行建模。为了得到合适的分段线性函数，SVT-AV1 根据平坦区域的方差以及使用自回归模型计算得到的电影颗粒样本值，来拟合分段线性函数 $f(Y)$ 和 $f(u)$。由于 $f(Y)$ 和 $f(u)$ 的估计流程类似，所以本小节以 $f(Y)$ 为例，介绍 SVT-AV1 中分段线性函数的估计方法。SVT-AV1 是以大小为 $32 \times 32$ 的块为单位来估计函数 $f(Y)$。对于每个 $32 \times 32$ 块，利用公式（10-6），$f(Y)$ 可以表示成如下形式：

$$\begin{aligned} f(Y_{\text{mean}}) &= \sqrt{\frac{\text{var}_{\text{Res}}}{\text{var}_{\text{AR}}}} \\ \text{var}_{\text{Res}} &= E(\text{Res}^2) - E(\text{Res}) \cdot E(\text{Res}) \\ \text{var}_{\text{AR}} &= E[G_0^2 + G_1^2 + \cdots G_{n-1}^2] \\ E(\text{Res}^2) &= E[(Y' - Y)^2] \\ E(\text{Res}) &= E[(Y' - Y)] \end{aligned} \qquad (10\text{-}19)$$

其中，$Y_0, Y_1, \cdots, Y_{n-1}$ 是去噪图片中 $32 \times 32$ 块的亮度像素，$Y_{\text{mean}}$ 是其均值；$Y'_0, Y'_1, \cdots, Y'_{n-1}$ 是输入图片中（即带有电影颗粒的图片）$32 \times 32$ 块的亮度像素；$G_0, G_1, \cdots, G_{n-1}$ 是该 $32 \times 32$ 块利用自回归模型拟合得到的电影颗粒样本值。所以，$\text{var}_{\text{Res}}$ 可以视为输入图片 $Y'$ 与去噪之后图片 $Y$ 之间的残差块的方差，即真实电影颗粒的方差；$\text{var}_{\text{AR}}$ 则是利用自回归模型拟合得到的电影颗粒样本值的方差。

众所周知，如果给定每一个直线段两端的坐标，那么就可以确定这个直线段的方程。

假设某一直线段两端是 $(Y_i, f(Y_i))$ 和 $(Y_{i+1}, f(Y_{i+1}))$，那么该直线段的方程是：

$$\frac{f(Y) - f(Y_i)}{Y - Y_i} = \frac{f(Y_{i+1}) - f(Y)}{Y_{i+1} - Y}$$

假设 $Y_{i+1} - Y_i = 1$ 和 $Y - Y_i = a$，那么 $Y_{i+1} - Y = 1 - a$，此时 $f(Y)$ 可以表示成如下形式：

$$f(Y) = (1-a) \cdot f(Y_i) + a \cdot f(Y_{i+1})$$

需要注意的是，此处 $f(Y_i)$ 和 $f(Y_{i+1})$ 是待估计的变量。

假设分段线性函数 $f(Y)$ 包含 $K$ 个直线段并且 $\{Y_0, Y_1, \cdots, Y_K\}$ 均匀地分布在像素值区间 $[0, 2^{BitDepth} - 1]$ 上，那么 $f(Y)$ 可以写成如下形式：

$$\begin{aligned} f(Y) &= (1-a) \cdot f(Y_i) + a \cdot f(Y_{i+1}) \\ &= \sum_{k=0}^{i-1} 0 \cdot f(Y_k) + (1-a) \cdot f(Y_i) + a \cdot f(Y_{i+1}) + \sum_{k=i+2}^{K} 0 \cdot f(Y_k) \end{aligned} \qquad (10\text{-}20)$$

其中，$0 \leq i \leq K$。假设有 $N$ 个观察值 $(\hat{Y}_j, f(\hat{Y}_j))$，$0 \leq j < N$，其中 $\hat{Y}_j$ 是某个 $32 \times 32$ 块的平均亮度像素值，$f(\hat{Y}_j)$ 是利用公式（10-19）计算的值。那么公式（10-20）可以写成矩阵形式 $\boldsymbol{b} = \boldsymbol{A}\boldsymbol{x}$，其中 $\boldsymbol{b}$ 是由 $f(\hat{Y}_j)$ 组成的列向量；矩阵 $\boldsymbol{A}$ 是由观察值 $\hat{Y}_j$ 到其所在直线段左右两个端点 $Y_i$ 和 $Y_{i+1}$ 的距离所组成的矩阵，即 $\hat{Y}_j - Y_i = a_j$ 和 $Y_{i+1} - \hat{Y}_j = 1 - a_j$；$\boldsymbol{x}$ 是 $f(Y_i)$ 组成的列向量：

$$\boldsymbol{b} = \begin{bmatrix} f(\hat{Y}_0) \\ f(\hat{Y}_1) \\ \vdots \\ f(\hat{Y}_{N-1}) \end{bmatrix}, \boldsymbol{A} = \begin{bmatrix} (1-a_0) & a_0 & 0 & 0 & 0 & \cdots & 0 \\ 0 & (1-a_1) & a_1 & 0 & 0 & \cdots & 0 \\ 0 & 0 & (1-a_2) & a_2 & 0 & \cdots & 0 \\ \vdots & \vdots & \vdots & \vdots & \vdots & & \vdots \end{bmatrix}_{N \times K}, \boldsymbol{x} = \begin{bmatrix} f(Y_0) \\ f(Y_1) \\ \vdots \\ f(Y_{K-1}) \end{bmatrix}$$

这里需要注意的是，矩阵 $\boldsymbol{A}$ 的形式与观测值 $(\hat{Y}_j, f(\hat{Y}_j))$ 所处直线的位置有关。如果 $(\hat{Y}_0, f(\hat{Y}_0))$ 和 $(\hat{Y}_1, f(\hat{Y}_1))$ 都位于第 0 条直线段上，那么矩阵 $\boldsymbol{A}$ 的第二行和第一行是相同的，即：

$$\boldsymbol{A} = \begin{bmatrix} (1-a_0) & a_0 & 0 & 0 & 0 & \cdots & 0 \\ (1-a_1) & a_1 & 0 & 0 & 0 & \cdots & 0 \\ 0 & 0 & (1-a_2) & a_2 & 0 & \cdots & 0 \\ \vdots & \vdots & \vdots & \vdots & \vdots & & \vdots \end{bmatrix}_{N \times K}$$

在求解 $\boldsymbol{x}$ 的过程中，为了保证解的稳定性，SVT-AV1 引入了一个正则项 $|\nabla \boldsymbol{x}|^2$。通过正则化，可以最小化以下目标函数来求解 $\boldsymbol{x}$：

$$\min_s |\boldsymbol{A}\boldsymbol{x} - \boldsymbol{b}|^2 + \beta |\nabla \boldsymbol{x}|^2 \qquad (10\text{-}21)$$

其中，参数 $\beta$ 用于控制正则项的影响，该参数依赖于观察样本个数 $N$ 与未知变量个数 $K$；$\nabla \boldsymbol{x}$ 表示列向量 $\boldsymbol{x}$ 的梯度。公式（10-21）所示正则化问题的解是以下方程组的解：

$$A^{\mathrm{T}}Ax - \beta \nabla^2 x = A^{\mathrm{T}}b \qquad (10\text{-}22)$$

其中，$\nabla^2 x$ 表示列向量 $x$ 的二阶梯度。

由于 AV1 对分段线性函数中的直线段个数进行了限制（亮度分量最多允许有 14 个二元组 $(Y_i, f(Y_i))$，色度分量最多允许有 10 个二元组 $(u_i, f(u_i))$），所以 SVT-AV1 将会根据相邻直线段之间的差异来决定是否合并相邻的直线段。直线段合并如图 10-10 所示。

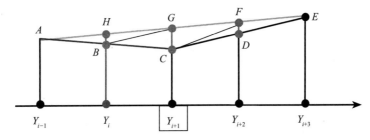

图 10-10　直线段合并

在图 10-10 中，当要合并端点 $Y_{i+1}$ 时，即如果直线段 $AC$ 与 $CE$ 的差异较小，则将直线 $AC$ 和 $CE$ 合并为直线段 $AE$。此时，直线 $AE$ 与直线 $AC$ 和 $CE$ 之间的区域三角形 $\triangle ACE$ 的面积可用于衡量合并直线段 $AC$ 和 $CE$ 所带来的表示误差。

$$\begin{aligned}
S_{\triangle ACE} &= S_{\triangle ABG} + S_{\text{四边形}BCFG} + S_{\triangle CEF} \\
&= (S_{\triangle ABH} + S_{\triangle BHG}) + (S_{\triangle BCG} + S_{\triangle CGF}) + (S_{\triangle CDF} + S_{\triangle DEF}) \\
&= (|BH| + |CG| + |DF|) \cdot \mathrm{d}x
\end{aligned} \qquad (10\text{-}23)$$

其中，$H$，$G$ 和 $F$ 分别是利用直线段 $AE$ 计算得到的 $f(Y_i)_{AE}$，$f(Y_{i+1})_{AE}$ 和 $f(Y_{i+2})_{AE}$；$|BH|$，$|CG|$ 和 $|DF|$ 分别是 $f(Y_i)_{AE} - f(Y_i)$，$f(Y_{i+1})_{AE} - f(Y_{i+1})$ 和 $f(Y_{i+2})_{AE} - f(Y_{i+2})$；$|\mathrm{d}x|$ 是相邻端点之间的距离 $Y_i - Y_{i-1} = Y_{i+1} - Y_i = \cdots$。

为了在最小表示误差下达到所需要的端点数量，SVT-AV1 通过贪心算法来合并分段函数中的端点 $(Y_k, f(Y_k))$，$0 \le k \le K$。也就是说，SVT-AV1 每次从 $(Y_k, f(Y_k))$，$0 \le k \le K$ 中选取表示误差最小的端点 $(Y_{\min}, f(Y_{\min}))$ 进行合并；如此迭代多次，直至达到所需要的端点数量。

# 第 11 章

# 屏幕视频编码工具

近年来，由于游戏直播和视频会议等应用越来越流行，屏幕内容（Screen Content，SC）视频（包括计算机生成的文本、图形和动画）越来越受到人们的关注。为了提高屏幕内容视频的编码效率，AV1 整合了下面 2 种编码工具：帧内块拷贝（Intra Block Copy，IntraBC）和调色板模式（Palette mode）。本章将介绍 AV1 标准中的帧内块拷贝和调色板模式。

## 11.1 帧内块拷贝

IntraBC 主要用于处理屏幕图像中重复出现的图案。它的处理机制类似于帧间预测的运动补偿模块。与帧间预测不同的是，IntraBC 的参考像素是当前帧中已经重构的像素。在编码过程中，编码器将搜索当前帧中已经重构的像素区域，以寻找当前图像块的预测块。之后，编码器通过编码当前图像块与参考图像块之间的预测残差来减少编码所需的数据量，从而提高编码效率。

### 11.1.1 运动向量和参考像素区域

IntraBC 技术可以视为一种在当前图像帧内部进行运动估计和运动补偿的技术。在 IntraBC 中，编码块的参考帧是当前帧中已经重构的像素区域，并且也需要使用一个向量从当前编码块指向重构像素区域中的预测块。在一些参考文献中，这个向量被称为位移向量（Displacement Vector，DV）或块向量（Block Vector，BV）。但是，这个向量在本质上与运动向量 MV 是相同的。它们都定义了预测块相对于当前编码块的位置偏移量。因此，下面仍然使用运动向量 MV 来表示预测块相对于当前编码块的位置偏移量。

在 HEVC 中，IntraBC 技术既可以用于帧内预测帧，也可以用于帧间预测帧。但是，

AV1 只允许 IntraBC 技术应用于关键帧和仅包含帧内预测模式的非关键帧，而不能用于帧间预测帧。也就是说，IntraBC 技术只能应用于帧级语法元素 `frame_type` 等于 `KEY_FRAME` 或者 `INTRA_ONLY_FRAME` 的视频帧。对于语法元素 `frame_type` 等于 `KEY_FRAME` 或者 `INTRA_ONLY_FRAME` 的视频帧，其语法元素 `force_integer_mv` 等于 1。这也意味着 IntraBC 的运动向量只能是整数精度的运动向量。当运动向量是奇数时，对于 4:2:2 或 4:2:0 格式的视频，其色度分量编码块的预测块可能位于分像素位置。这时，AV1 将使用双线性插值（Bilinear Interpolation）生成色度编码块的预测像素块。

为了降低 IntraBC 的硬件设计复杂度，AV1 对 IntraBC 的参考像素区域进行了限制。具体来讲，紧邻当前 64×64 块的左侧宽度为 256、高度为 64 的区域不能作为当前编码块的参考像素区域。通过这种限制，解码器将有足够的时间在 IntraBC 访问参考像素之前，把新重构的参考像素写入缓冲区。除此之外，为了支持波前并行处理（Wavefront Parallel Processing，WPP），位于当前 64×64 块的右上方的某些区域也不能作为当前编码块的参考像素区域。

假设当前编码块左上角像素的位置是 $(x, y)$，编码块的宽度和高度分别是 $w$ 和 $h$，其运动向量是 MV=(MV$x$, MV$y$)。所以，预测块的左上角像素位置是 $(x+\text{MV}x, y+\text{MV}y)$，预测块的右下角像素位置是 $(x+\text{MV}x+w-1, y+\text{MV}y+h-1)$。AV1 通过比较 $(x, y)$ 与 $(x+\text{MV}x+w-1, y+\text{MV}y+h-1)$ 之间的距离来检查预测块 $(x+\text{MV}x, y+\text{MV}y)$ 是否有效。检查规则如下所示：

```
// 获取超级块的大小，AV1 支持 128×128 的超级块，或 64×64 的超级块。
sbSize = use_128x128_superblock ? BLOCK_128X128 : BLOCK_64X64;
// sbH 是超级块的高度。
sbH = Block_Height[ sbSize ];
// activeSbRow 是当前编码块左上角像素的行索引，activeSbRow 以
// 超级块的高度为基本单位。
activeSbRow = y / sbH;
// activeSb64Col 是当前编码块左上角像素的列索引，activeSb64Col 以
// 64 为基本单位。
activeSb64Col = x >> 6;
// srcSbRow 是预测块右下角像素的行索引，该行索引也以超级块的高度为基本单位。
srcSbRow = (y + MVy + h - 1) / sbH;
// srcSb64Col 是预测块右下角像素的列索引，该列索引以 64 为基本单位。
srcSb64Col = (x + MVx + w - 1) >> 6;
// totalSb64PerRow 是以 64 为基本单位来衡量的 Tile 宽度的。
totalSb64PerRow = ((MiColEnd - MiColStart - 1) >> 4) + 1;
// activeSb64 是当前编码块的左上角像素的光栅扫描顺序索引。
activeSb64 = activeSbRow * totalSb64PerRow + activeSb64Col;
// srcSb64 是预测块右下角像素的光栅扫描顺序索引。
srcSb64 = srcSbRow * totalSb64PerRow + srcSb64Col;
```

```
// INTRABC_DELAY_SB64 = 4。
if ( srcSb64 >= activeSb64 - INTRABC_DELAY_SB64 ) {
    // 当前 64×64 块的左侧宽度为 256、高度为 64 的区域不能作为当前编码块的参考像素区域。
    return 0
}
// 当 use_128x128_superblock 等于 1 时，gradient 等于 6；否则，gradient 等于 5。
gradient = 1 + INTRABC_DELAY_SB64 + use_128x128_superblock
wfOffset = gradient * (activeSbRow - srcSbRow)
if ( srcSbRow > activeSbRow ||
    srcSb64Col >= activeSb64Col - 4 + wfOffset ) {
    // 行索引大于当前编码块行索引的区域不能用在参考像素区域；
    // 列索引与编码块列索引的偏移量大于 wfOffset - 4 的区域不能用作参考像素区域。
    return 0
}
```

图 11-1 所示为 IntraBC 可用参考区域。

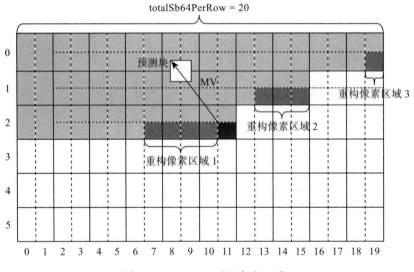

图 11-1  IntraBC 可用参考区域

在图 11-1 中，超级块大小是 128×128，当前 Tile 共包含 10×6=60 个超级块，每个实线方格表示一个超级块，每个超级块被虚线分成了 4 个 64×64 大小块。黑色方形框表示当前编码块，它的行索引 activeSbRow = 2，列索引 activeSb64Col = 11。标记为"重构像素区域 1""重构像素区域 2"和"重构像素区域 3"的是当前编码块（黑色方形块）禁止使用的参考像素区域。具体来讲，"重构像素区域 1"是位于当前编码块左侧的重构像素区域中不能被使用的参考像素区域；"重构像素区域 2"是位于当前编码块的上方超级块行中不能被使用的参考像素区域；"重构像素区域 3"是位于当前 Tile 的第一个超级块行中不能被使用的参考像素区域。

## 11.1.2 禁用环路滤波器

在硬件设计中，硬件解码器通常把像素重构过程和环路滤波过程进行流水线处理。这种流水线处理方式使像素重构过程与环路滤波过程能够并行执行。当一个超级块正处于环路滤波阶段时，同一视频帧内的后续超级块可以同时被解码重构。因此，当启用环路滤波器时，IntraBC 所使用的参考像素是经过环路滤波器处理过的像素值。

相比之下，在编码端，当启用环路滤波器时，编码器首先编码帧内所有的编码块；然后，基于编码得到的重构图片，通过最小化重建图片与原始图片之间的误差来确定一组环路滤波器参数；最后，利用选择的最优滤波器参数对解码重构图像进行滤波处理。

综合考虑上述硬件解码流程和编码流程可以发现，当启用环路滤波器时，硬件解码器中的 IntraBC 模块所使用的参考像素是经过环路滤波器处理过的像素值。为了保持编码器和解码器的输出像素一致，编码器中的 IntraBC 模块需要在率失真过程中访问经过环路滤波器处理过的像素值。这种操作会极大地增加编码器的设计复杂度。为了解决这个问题，AV1 规定：当使用 IntraBC 时，整帧禁止使用环路滤波器，包括去块效应滤波器、约束方向增强滤波器和环路恢复滤波器。因此，预测像素块是通过解码重构像素得到的，并且解码重构像素不再经过环路滤波器处理。

由于屏幕内容视频包含大量文本内容或类似重复图案的图像，对于这种图像，环路滤波器可能不会带来太多的质量提升，甚至可能因为滤波器的平滑效果而损失重要的细节信息。然而，对于自然图像，由于自然场景的连续性和平滑变化特性，自然图像中的物体边缘、色彩和纹理通常都是缓慢变化的，而不是突变的。在这种情况下，当前像素值在很大程度上依赖于其邻近像素值。因此，在自然图像的编码过程中，缺少环路滤波器可能会在粗糙量化时引发视觉伪影。

因此，编码器在决定是否使用 IntraBC 模式时，需要权衡其带来的编码效率提升与可能引入的视觉质量损失。在某些情况下，使用 IntraBC 模式并禁用环路滤波器可能会提供更好的编码效率，然而在其他情况下，保持环路滤波器以确保图像质量可能是更合理的选择。所以，在开始编码之前，编码器需要根据图像内容特点和编码目标来动态地决定视频帧是否使用 IntraBC 技术。

## 11.1.3 语法元素

AV1 定义了帧级语法元素 allow_intrabc，用于指示当前帧是否使用 IntraBC 技术。allow_intrabc = 1 表示当前帧可以使用 IntraBC 技术；allow_intrabc = 0 表示当前帧不能使用 IntraBC 技术。AV1 支持超分辨率模式，即将源视频帧缩放到较低分辨率以进行压缩，并在解码端将重建帧重新缩放到原始帧的分辨率。由于使用 IntraBC 技术时，整帧禁止使用环路滤波器，而在超分辨率模式下，将默认开启环路恢复滤波器；所以，如果当前视频帧使用了超分辨率模式，那么该帧将禁止使用 IntraBC 技术。

当 allow_intrabc = 1 时，AV1 定义了块级语法元素 use_intrabc 来表示当前

编码块是否使用 IntraBC 模式。use_intrabc = 0 表示当前编码块没有使用 IntraBC 模式；use_intrabc = 1，表示当前编码块使用了 IntraBC 模式。当 use_intrabc = 1 时，语法元素 is_inter、YMode、UVMode、motion_mode、compound_type 和 interp_filter[2] 的取值设置如下：

❏ is_inter = 1、YMode = DC_PRED、UVMode = DC_PRED、motion_mode = SIMPLE、compound_type = COMPOUND_AVERAGE、interp_filter[0/1] = BILINEAR。

所以，使用 IntraBC 模式的编码块可以视为采用单一参考帧的帧间预测模式，并且运动类型是平移运动。

在构建动态运动向量参考列表时，AV1 按照单一参考帧的帧间预测模式来为当前编码块构建动态运动向量参考列表。在编码运动向量时，AV1 把变量 compMode 设置为 NEWMV，这意味着需要为 IntraBC 模式编码运动向量残差。为了计算运动向量残差，AV1 按照下面的流程设置运动向量预测值：

```
// 首先检查 RefStackMv[idx][0] 中的 NEAREST 运动向量，即索引 idx 等于 0 的运动向量。
PredMv[0] = RefStackMv[0][0]
if (PredMv[0][0] == 0 && PredMv[0][1] == 0) {
    // 如果 PredMv[0] 是 0 向量时，检查 RefStackMv[idx][0] 中的 NEAR 运动向量，
    // 即索引 idx 等于 1 的运动向量。
    PredMv[0] = RefStackMv[1][0]
}
if (PredMv[0][0] == 0 && PredMv[0][1] == 0) {
    // 此时 PredMv[0] 仍然是 0 向量，则根据当前块的位置和超级块大小设置 MVP。
    sbSize = use_128x128_superblock ? BLOCK_128X128 : BLOCK_64X64
    sbSize4 = Num_4x4_Blocks_High[sbSize]
    if (MiRow - sbSize4 < MiRowStart) {
        // 当前编码块位于 Tile 的第一个超级块行。
        PredMv[0][0] = 0
        // 下面乘以 8 代表是整像素精度。
        PredMv[0][1] = -(sbSize4 * MI_SIZE + INTRABC_DELAY_PIXELS) * 8
    } else {
        // 当前编码块没有处于第一个超级块行。
        PredMv[0][0] = -(sbSize4 * MI_SIZE * 8)
        PredMv[0][1] = 0
    }
}
```

其中 RefStackMv[idx][list] 表示方向索引为 list 的动态运动向量参考列表中索引等于 idx 的运动向量。由于 IntraBC 模式是单一参考帧的帧间预测模式，所以 list =0。（PredMv[0]，PredMv[1]）是运动向量预测值。

## 11.1.4 基于哈希的运动估计

为了决定是否对一个编码块使用 IntraBC 模式，编码器需要计算该编码块使用 IntraBC 模式的率失真代价。为此，编码器需要执行块匹配算法（Block Matching，BM）以找到该编码块的最优运动向量。在屏幕内容视频中，经常会发现画面中有大幅度的运动。为了寻找最优的运动向量，传统的运动搜索算法需要遍历大量的像素，使得编码器时间复杂度大幅增加。

幸运的是，由于屏幕内容通常是通过数字方式捕获的，并且通常不包含噪声，因此可以在编码过程中采用更高效的搜索技术，来定位预测块在参考帧中的位置。SVT-AV1 采用了基于哈希技术的块匹配算法（Hash-based Block Matching Algorithm）来快速地从参考区域中定位预测块。由于屏幕内容视频通常包含大面积的重复或静态区域，这些区域在视频帧内部可能只有微小的变化。所以，这种基于哈希的块匹配算法能够有效地处理屏幕内容中的大幅度运动问题，因为它可以快速地在整个参考帧中查找与当前块高度相似或完全相同的块。接下来，本小节将介绍 SVT-AV1 中的基于哈希技术的块匹配算法。

### 1. 构建哈希表

哈希表（Hash Table）是一种高效的数据结构，它通过使用散列函数将输入键值（key value）映射到表中的一个位置来存储和检索数据。这种数据结构的核心优势在于它能够实现快速的数据插入、删除和查找操作。

SVT-AV1 使用的循环冗余校验（Cyclic Redundancy Check，CRC）计算器为散列函数。CRC 计算器将输入键值转换为一个索引值，这个索引值决定了数据在哈希表中的存储位置。SVT-AV1 使用二维链表表示哈希表。第一维链表中的节点称为"桶"（bucket）。每个桶使用链表来存储具有相同索引值的亮度块的哈希值和位置。图 11-2 所示为 SVT-AV1 中哈希表的存储结构。其中 $idx_k$ 表示桶的索引值，$val_{k,i}$ 表示亮度块的哈希值，$pos_{k,i}$ 表示亮度块的位置。

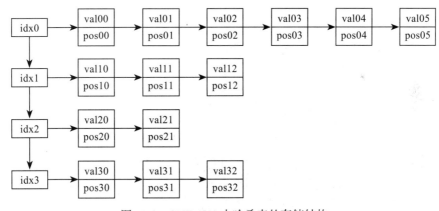

图 11-2　SVT-AV1 中哈希表的存储结构

这里需要注意的是，索引值和哈希值都是通过 CRC 计算器来生成的。为此，SVT-AV1 定义了 2 个 CRC 计算器，分别用于计算输入键值的索引值和哈希值。这 2 个 CRC 计算器使用不同生成多项式，把 32 位输入键值转化为 24 位 CRC 校验码。

由于 SVT-AV1 只对宽度和高度相等的方形编码块使用哈希搜索，所以，SVT-AV1 只为大小等于 $2 \times 2$、$4 \times 4$、$8 \times 8$、$16 \times 16$、$32 \times 32$、$64 \times 64$ 以及 $128 \times 128$ 的亮度块计算索引值和哈希值。在计算索引值和哈希值之前，SVT-AV1 使用如下的方式来确定不同大小的亮度块的输入键值：

1）对于参考帧中每个亮度像素周围的 $2 \times 2$ 块，其内部的 4 个像素值组成了 $2 \times 2$ 块的 32 位输入键值。

2）对于参考帧中每个亮度像素周围的 $4 \times 4$ 块，其内部 4 个 $2 \times 2$ 块的索引值/哈希值的低 8 位组成了该 $4 \times 4$ 块的索引值/哈希值的 32 位输入键值。

3）对于参考帧中每个亮度像素周围的 $8 \times 8$ 块，其内部 4 个 $4 \times 4$ 块的索引值/哈希值的低 8 位组成了该 $8 \times 8$ 块的索引值/哈希值的 32 位输入键值。

4）以此类推，对于参考帧中每个亮度像素周围的 $128 \times 128$ 块，其内部 4 个 $64 \times 64$ 块的索引值/哈希值的低 8 位组成了该 $128 \times 128$ 块的索引值/哈希值的 32 位输入键值。

图 11-3 所示为 $2 \times 2$、$4 \times 4$ 和 $8 \times 8$ 块之间的输入键值，其中黑色圆点表示像素。对于 $4 \times 4$ 块来说，方框区域是对应位置的 $2 \times 2$ 块的索引值/哈希值；对于 $8 \times 8$ 块来说，黑色粗体线框区域是对应位置的 $4 \times 4$ 块的索引值/哈希值。

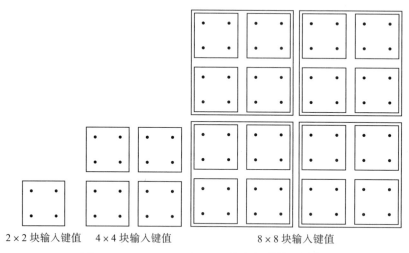

图 11-3 $2 \times 2$，$4 \times 4$ 和 $8 \times 8$ 块之间的输入键值

对于不同大小亮度块，给定其索引值/哈希值的输入键值，SVT-AV1 使用索引值/哈希值 CRC 计算器，即可计算得到该输入键值的索引值/哈希值。

由于索引值的功能是用于寻找与编码块近似的预测块在哈希表中的位置。所以，当编码块与预测块内容近似，但不完全相同时，编码块与预测块应该具有相同的索引值。除此之外，索引值还要能够区分不同大小的亮度块。为此，在计算索引值的时候，SVT-AV1 使用索引值 CRC 计算器输出的 CRC 校验码的低 16 位，以及额外 3 位表示块大小信息。索引值的计算方式如下面公式所示：

$$idx=(idx\_crc\ \&\ idx\_crc\_mask)+add\_val$$
$$idx\_crc\_mask=(1<<16)-1$$
$$add\_val=blk\_size\_idx<<16$$

其中，idx_crc 是索引值 CRC 计算器输出的 24 位 CRC 校验码；add_val 的取值依赖于编码块的大小；对于尺寸为 4×4/8×8/16×16/32×32/64×64/128×128 的编码块，blk_size_idx 分别是 0/1/2/3/4/5。从中可见，索引值的高 3 位用于表示亮度块的大小，剩余 16 位是索引值 CRC 计算器输出的 CRC 校验码的低 16 位。

**2. 帧间搜索**

在基于哈希值的运动估计算法中，SVT-AV1 首先计算参考帧中大小等于 2×2/4×4/8×8/16×16/32×32/64×64/128×128 的亮度块的索引值和哈希值，并利用这些索引值和哈希值构建哈希表。之后，在运动估计过程中，SVT-AV1 使用相同的索引值/哈希值 CRC 计算器，计算当前编码块的索引值/哈希值。在块匹配过程中，SVT-AV1 首先使用当前块的索引值，在哈希表中找到对应的桶。接着，SVT-AV1 将当前块的哈希值与桶中存储的哈希值进行比较。如果找到匹配的哈希值，那么 SVT-AV1 将利用桶中存储的参考块位置，读取参考像素值，之后计算该参考块的率失真代价。

为了减少哈希表的内存，在构建哈希表过程中，当亮度块的纹理十分简单时，SVT-AV1 不再把其哈希值添加至哈希表。因为纹理十分简单的块通过帧内预测即可取得很好的预测效果，因而不再需要进行复杂的块匹配搜索。比如，如果亮度块中每行像素或者每列像素都相同，那么，SVT-AV1 不再把该亮度块的哈希值添加至哈希表中。

## 11.2 调色板模式

在图像处理和压缩领域中，调色板（Palette）是一种用于表示图像块内部像素信息的方法，它特别适用于那些只包含少量不同颜色值的图像块。与传统的预测模式不同，调色板模式的基本原理是将图像中的每个像素点映射到一个固定的颜色表中。颜色表中的每个颜色都有一个唯一的索引值。在压缩过程中，编码器只需要存储颜色表和每个像素点对应的索引值，而不需要存储每个像素点的具体颜色值，从而大大减少了数据量。

### 11.2.1 调色板和颜色索引图

在 AV1 中，无论是亮度分量还是色度分量，都可以使用调色板模式进行编码。调色板模式适用于那些尺寸不小于 8×8 亮度像素，且其宽度和高度均不超过 64 亮度像素的编码块。此外，调色板模式的启用还需满足一个条件，即编码块必须是帧内预测模式且预测模式为 DC_PRED。只有在这些条件都得到满足的情况下，调色板模式才能够被应用到相应的编码块上。

当编码块采用调色板模式时，AV1 为亮度和两个色度分量分别生成了各自的调色板。

每个颜色分量的调色板至少包含 2 个基准像素值（Base Pixel Value），最多允许包含 8 个基准像素值。对于每个颜色分量的像素块，编码器首先从像素块内部的像素中选取一组代表性的像素值构成该像素块的调色板。这个调色板能够捕捉该像素块的主要纹理特征。然后，编码器将该像素块内部像素值转换成调色板中对应的基准像素值的索引值。这些索引值组成了该像素块的颜色索引图（Color Index Map），它指示了原始像素值在调色板中的位置。

对于每个颜色分量的像素块，利用调色板和颜色索引图，编码器即可生成当前像素块的预测像素块。接着，编码器计算当前像素块与预测像素块之间的预测残差。之后，与其他帧内预测模式一样，调色板模式的预测残差也将经过变换量化和熵编码模块，最终被写入码流之中。

为了让解码器能够重构出调色板模式的预测像素值，编码器需要将其调色板和颜色索引图写入码流中。在编码调色板模式的颜色索引图时，AV1 按照对角线扫描方式来编码颜色索引图中的索引值。对角线扫描方式沿着一条从右上角开始、向左下角结束的对角线方向。一旦沿着一条对角线上的所有索引值都被编码完成，扫描指针就会移动到下一条对角线的右上角像素处。假设像素块的宽度和高度分别是 $w$ 和 $h$，数组 `diag_scan[y][x]` 存储了位置是 $(x, y)$ 像素的对角线扫描顺序索引，$0 \leq y < h$，$0 \leq x < w$，那么 `diag_scan[y][x]` 可以按照下述方法来生成：

```
idx = 0
diag_scan[0][0] = idx;
idx++;
for (i = 1; i < onscreenHeight + onscreenWidth - 1; i++) {
    for (j = MIN( i, onscreenWidth - 1);
         j >= MAX(0, i - onscreenHeight + 1); j--) {
        diag_scan[i - j][j] = idx++;
    }
}
```

图 11-4 所示为 8×8 像素块在调色板模式下的调色板、颜色索引图及其扫描顺序。其中这个 8×8 像素块由 3 种像素值组成，所以它的调色板由 3 种基准像素值组成。

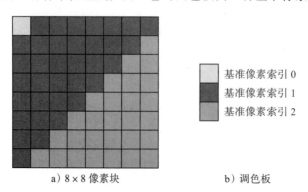

a) 8×8 像素块　　　　b) 调色板

图 11-4　8×8 像素块在调色板模式下的调色板、颜色索引图及其扫描顺序

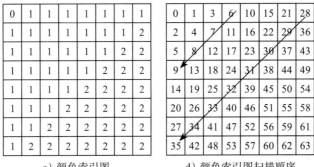

c）颜色索引图　　　　　　d）颜色索引图扫描顺序

图11-4　8×8像素块在调色板模式下的调色板、颜色索引图及其扫描顺序（续）

## 11.2.2 语法元素

AV1使用帧级语法元素 `allow_screen_content_tools` 指示当前帧是否允许使用调色板模式。`allow_screen_content_tools = 0` 表示当前帧不会使用调色板模式；否则，表示当前帧可以使用调色板模式编码。当 `allow_screen_content_tools` 等于1时，AV1定义了块级语法元素 `has_palette_y` 和 `has_palette_uv`，分别表示亮度像素块和色度像素块是否使用了调色板预测模式。当 `has_palette_y` 或 `has_palette_uv` 等于1时，表示亮度像素块或色度像素块使用了调色板预测模式。对于使用了调色板预测模式的像素块，AV1将编码对应的调色板和颜色索引图。

### 1. 调色板语法元素

#### （1）亮度调色板

为了编码亮度像素块的调色板，AV1首先编码调色板的大小，即调色板包含多少基准像素值。之后，编码调色板中的每个基准像素值。AV1使用语法元素 `palette_size_y_minus_2` 来表示亮度像素块的调色板的大小。AV1标准文档使用变量 `PaletteSizeY` 表示亮度像素块的调色板大小，因此 `PaletteSizeY = palette_size_y_minus_2 + 2`。

为了高效编码调色板中的基准像素值，AV1首先根据当前编码块的左侧和上方编码块的亮度调色板生成一个参考调色板 `PaletteCache[cacheN]`，其中 `cacheN` 是参考调色板中基准像素值的个数。参考调色板 `PaletteCache[cacheN]` 中的像素值各不相同，并且按照升序排列，即 `PaletteCache[0] < PaletteCache[1] <…< PaletteCache[cacheN - 1]`。假设左侧编码块的亮度调色板是 {10, 50, 100} 并且上方编码块的调色板是 {15, 75, 100}，那么参考调色板 `PaletteCache[5]={10, 15, 50, 75, 100}`。基于参考调色板 `PaletteCache[cacheN]`，当前调色板中的基准像素值被分成两部分来进行编码：

1）存在于参考调色板 `PaletteCache[cacheN]` 的基准像素值：对于这部分基准像素值，AV1使用语法元素 `use_palette_color_cache_y` 来编码。具体来讲，对于参考调色板中的某个基准像素值 `PaletteCache[i]`，$0 \leq i <$ min (cacheN, PaletteSizeY)，

AV1 使用语法元素 `use_palette_color_cache_y` 来表示 `PaletteCache[i]` 是否也存在于当前调色板中。`use_palette_color_cache_y = 1` 表示 `PaletteCache[i]` 存在于当前调色板中。在解码端，如果对应于 `PaletteCache[i]` 的语法元素 `use_palette_color_cache_y` 等于 1，那么 AV1 将把 `PaletteCache[i]` 复制至当前调色板。

2）没有出现在参考调色板 `PaletteCache[cacheN]` 之中的基准像素值：对于这部分基准像素值，AV1 采用差分脉冲编码调制（Differential Pulse Code Modulation，DPCM）方式来编码。假设数组 colors[n] 存储了这部分基准像素值，由于调色板的基准像素是按升序排列的，所以，colors[0] < colors[1] < ⋯ < colors[n-1]。AV1 首先编码像素值 colors[0]；之后，对于 $1 \leqslant i < n$，AV1 编码 colors[i] 与 colors[i-1] 之间的差值 colors[i]-colors[i-1]。具体来讲，AV1 使用语法元素 `palette_colors_y[idx]` 编码像素值 colors[0]；之后，使用语法元素 `palette_num_extra_bits_y` 来计算存储差值 colors[i]-colors[i-1] 所需的比特数参数；最后，每个 i，AV1 使用语法元素 `palette_delta_y` 编码差值 colors[i]-colors[i-1] 的二进制存储形式。由于 colors[i]-colors[i-1] $\geqslant$ 1，所以 `palette_delta_y` 的取值是 colors[i]-colors[i-1]-1。

在解码端，假设数组 `palette_colors_y[PaletteSizeY]` 存储了当前调色板中的基准像素值并且函数 `parse(symbol)` 解析语法元素 symbol，那么调色板中的基准像素值的解码流程如下所示：

```
idx = 0
// 下面 for 循环用于解码存在于参考调色板 PaletteCache[cacheN] 的
// 基准像素值。
for (i = 0; i < cacheN && idx < PaletteSizeY; i++) {
    parse(use_palette_color_cache_y)
    if (use_palette_color_cache_y) {
        // use_palette_color_cache_y 不等于 0 表示 PaletteCache[i]
        // 存在于当前调色板之中。
        palette_colors_y[idx] = PaletteCache[i]
        idx++
    }
}
// 下面过程用于解码不存在于参考调色板 PaletteCache[cacheN] 的基准像素值。
if (idx < PaletteSizeY) {
    // 对应上面描述中的 colors[0]。
    parse(palette_colors_y[idx])
    idx++
}
if (idx < PaletteSizeY) {
    minBits = BitDepth - 3
    parse(palette_num_extra_bits_y)
```

```
    // paletteBits 是使用二进制表示方式存储基准像素之差所需要的比特数。
    paletteBits = minBits + palette_num_extra_bits_y
}
while (idx < PaletteSizeY) {
    parse(palette_delta_y)
    palette_delta_y++
    // 由于 palette_delta_y = colors[idx] - colors[idx - 1],
    // 所以根据 palette_delta_y 和 palette_colors_y[idx - 1]
    // 即可计算得到 palette_colors_y[idx]。
    palette_colors_y[idx] = Clip1(palette_colors_y[idx - 1] + palette_delta_y )
    // 根据解码得到 palette_colors_y[idx] 计算剩余基准像素之差的
    // 最大取值 range。
    range = (1 << BitDepth) - palette_colors_y[ idx ] - 1
    // 根据 range 取值更新 paletteBits。
    paletteBits = Min(paletteBits, CeilLog2(range))
    idx++
}
// 需要重新排序基准像素值，使之按照升序顺序排列。
sort( palette_colors_y, 0, PaletteSizeY - 1 )
```

**（2）色度调色板**

对于色度分量，AV1 使用语法元素 `palette_size_uv_minus_2` 表示调色板的大小。由于两个色度分量 *Cb* 和 *Cr* 共享语法元素 `palette_size_uv_minus_2`，所以色度像素块的调色板大小 PaletteSizeUV = `palette_size_uv_minus_2` + 2。但是，AV1 使用了不同的语法元素来编码色度分量 *Cb* 和 *Cr* 的调色板基准像素值。

与亮度分量类似，在编码 *Cb* 调色板基准像素值时，AV1 首先根据左侧和上方编码块的 *Cb* 分量调色板生成一个参考调色板 PaletteCache[cacheN]。之后，根据参考调色板，把待编码的 *Cb* 调色板中的基准像素值分成 2 部分来编码：

1）对于包含在参考调色板 PaletteCache[cacheN] 中的基准像素值，AV1 使用语法元素 `use_palette_color_cache_u` 来编码。

2）对于没有包含在参考调色板 PaletteCache[cacheN] 中的基准像素值 cb_colors[*n*]，AV1 采用 DPCM 方式来编码，即首先使用语法元素 `palette_colors_u[idx]` 编码像素值 cb_colors[0]；之后，使用语法元素 `palette_num_extra_bits_u` 和 `palette_delta_u` 来编码色度分量 *Cb* 的基准像素值之差 cb_colors[*i*] − cb_colors[*i* − 1]。

对于色度分量 *Cr*，AV1 提供了 2 种方式来编码其调色板基准像素值，并使用语法元素 `delta_encode_palette_colors_v` 指定使用哪种编码方式。假设数组 cr_colors[n] 存储了 *Cr* 调色板的所有基准像素值，那么：

1）当 `delta_encode_palette_colors_v` 等于 1 时，AV1 使用 DPCM 方式编码

cr_colors[n]；
- 使用语法元素 `palette_num_extra_bits_v` 来计算存储差值绝对值 |cr_colors[i]−cr_colors[i−1]| 所需的比特数参数，其取值范围是 0～4。存储差值绝对值所需比特数 paletteBits = `palette_num_extra_bits_v` + 4；
- 使用语法元素 `palette_colors_v[0]` 编码 Cr 调色板的第一个基准像素值 cr_colors[0]；
- 对于 i, 0 < i < n，使用语法元素 `palette_delta_v` 编码差值绝对值 |cr_colors[i]−cr_colors[i−1]|；当差值绝对值大于 0 时，使用语法元素 `palette_delta_sign_bit_v` 编码差值 cr_colors[i]−cr_colors[i−1] 的符号。

2）当 `delta_encode_palette_colors_v` 等于 0 时，AV1 直接编码 Cr 调色板中的基准像素值。对于 i, 0 < i < n，使用语法元素 `palette_colors_v[i]` 编码 Cr 调色板的基准像素值。

### 2. 编码颜色索引图

AV1 首先编码左上角像素位置的颜色索引。之后，沿着对角线扫描顺序来编码剩余位置的颜色索引。对于亮度像素块，AV1 使用语法元素 `color_index_map_y` 来编码位于左上角像素位置的颜色索引。编码语法元素 `color_index_map_y` 不需要上下文模型，因为 AV1 采用非对称（Non-Symmetric，NS）码编码这个语法元素。AV1 标准文档 4.10.10 节规定了 NS 码的解析流程。对于不超过 $n$ 的无符号整数 $v$，即 $v < n$，在编码端，NS 码的构造方式如下：

1）计算表示 $n$ 的二进制表示中需要的位数 $w$，即 w = `FloorLog2(n)` + 1。
2）$m=(1<<w)-n$。
3）如果 $v < m$，那么 $v$ 的二进制表示中的低 $w-1$ 位就是其 NS 码。
4）否则，$v$ 的 NS 码由两部分构成：
①高 $w-1$ 位是 $m+[(v-m)>>1]$ 的二进制表示中的低 $w-1$ 位组成。
②最后 1 位是 $v-m$ 的最低位，即 $(v-m)$ & 1。

假设 $n=5$，那么不超过 $n$ 的无符号整数 $v$ 的二进制表示码和 NS 码如表 11-1 所示。

表 11-1　无符号整数 0～4 的二进制码和 NS 码

| 无符号整数 v | 二进制码 | NS 码 |
| --- | --- | --- |
| 0 | 000 | 00 |
| 1 | 001 | 01 |
| 2 | 010 | 10 |
| 3 | 011 | 110 |
| 4 | 100 | 111 |

当使用 NS 码编码 `color_index_map_y` 时，由于亮度像素块的调色板大小是 PaletteSizeY，所以左上角像素位置的颜色索引值小于 PaletteSizeY，因此 n=PaletteSizeY。

在编码其余位置的颜色索引时，AV1 使用数组 `ColorOrder[8]` 来存储当前位置的所有可能的索引值。由于调色板最多包含8种基准像素值，所以当前位置的索引值共有8种可能取值，即0, 1, 2,…, 7，数组 ColorOrder 的大小是8。为了高效地编码其余位置的颜色索引，AV1将根据上下文信息，为每个可能的索引值分配一个分数，并使用数组 scores[8] 记录所有可能索引值的分数。之后，AV1将根据数组 scores[8]，对数组 ColorOrder[8] 进行排序，以使得索引值 ColorOrder[0] 的分数最高，索引值 ColorOrder[7] 的分数最低。具体来讲，AV1把上方相邻位置、左侧相邻位置以及左上方相邻位置的颜色索引值作为上下文信息。假设当前位置的坐标是 $(x, y)$，$n$ 是当前像素块的调色板中的基准像素总数，二维数组 colorMap[][] 是当前像素块的颜色索引图，那么数组 scores[8] 的设置过程以及数组 ColorOrder[8] 排序过程如下所示：

```
// 初始化数组 scores 和 ColorOrder。
for ( i = 0; i < 8; i++ ) {
    scores[ i ] = 0
    ColorOrder[i] = i
}
// 获取当前像素位置的上方相邻位置、左侧相邻位置以及左上方相邻位置的颜色索引值，
// 并设置数组 scores[8] 中的对应索引值的分数。
if (x > 0) {
    neighbor = colorMap[ y ][ x - 1 ]
    scores[ neighbor ] += 2
}
if ((y > 0) && (x > 0)) {
    neighbor = colorMap[ y - 1 ][ x - 1 ]
    scores[ neighbor ] += 1
}
if (y > 0) {
    neighbor = colorMap[ y - 1 ][ x ]
    scores[ neighbor ] += 2
}
// 将根据数组 scores[8]，对数组 ColorOrder[8] 进行排序；
// 由于上下文最多可能包含3个不同的索引值，所以只需使用 ColorOrder[0/1/2]
// 存储概率最高的3个索引值即可。
for (i = 0; i < 3; i++) {
    maxScore = scores[i]
    maxIdx = i
    // 记录分数最高的索引值在 ColorOrder[8] 中的索引 maxIdx。
    for (j = i + 1; j < n; j++) {
        if (scores[ j ] > maxScore) {
            maxScore = scores[ j ]
            maxIdx = j
```

```
            }
        }
        if (maxIdx != i) {
            maxScore = scores[maxIdx]
            maxColorOrder = ColorOrder[maxIdx]
            // 把位于 maxIdx 之前，并且在 i 之后的索引值后移一个位置。
            for (k = maxIdx; k > i; k--) {
                scores[k] = scores[k - 1]
                ColorOrder[k] = ColorOrder[k - 1]
            }
            // 把分数最高的索引值 ColorOrder[maxIdx] 放在 ColorOrder[i] 位置。
            scores[i] = maxScore
            ColorOrder[i] = maxColorOrder
        }
    }
```

基于数组 ColorOrder[8]，AV1 使用语法元素 palette_color_idx_y 来表示当前位置的索引值在数组 ColorOrder[8] 中的位置索引。在解码端，解析语法元素 palette_color_idx_y 之后，AV1 便把当前位置的索引值设置为 ColorOrder[palette_color_idx_y]。

对于色度像素块，AV1 使用语法元素 color_index_map_uv 来编码色度像素块左上角像素位置的颜色索引。color_index_map_uv 不需要上下文模型并且也采用 NS 码。在 AV1 使用 NS 码编码 color_index_map_uv 时，$n$ 等于色度像素块的调色板大小 PaletteSizeUV。与亮度分量一样，编码色度像素块其余位置的颜色索引时，AV1 也将根据上方相邻位置、左侧相邻位置以及左上方相邻位置的颜色索引值，生成数组 ColorOrder[8]。之后，使用语法元素 palette_color_idx_uv 来表示当前位置的索引值在数组 ColorOrder[8] 中的位置索引。

AV1 使用基于上下文模型的算术编码方法，来编码语法元素 palette_color_idx_y 和 color_index_map_uv。它们的上下文模型索引值依赖于数组 scores[8]。假设 ColorContextHash 表示当前像素位置的语法元素 palette_color_idx_y 或 color_index_map_uv 的上下文模型索引值，数组 scores[8] 是上述方法计算得到的分数，那么索引值 ColorContextHash 的计算方式如下所示：

```
// ColorContextHash 是编码语法元素 palette_color_idx_y 或者
// palette_color_idx_uv 的上下文模型索引值。
// 数组 Palette_Color_Hash_Multipliers[3] = { 1, 2, 2 }
ColorContextHash = 0
for (i = 0; i < PALETTE_NUM_NEIGHBORS; i++)
    ColorContextHash += scores[i] * Palette_Color_Hash_Multipliers[i]
```

# 参 考 文 献

[1] HAN J N, LI B H, MUKHERJEE D, et al. A technical overview of AV1[J]. Proceedings of the IEEE, 2021, 109(9): 1435-1462.

[2] MUKHERJEE D, HAN J N, BANKOSKI J, et al. A technical overview of vp9—the latest open-source video codec[J]. SMPTE Motion Imaging Journal, 2015, 124(1): 44-54.

[3] SULLIVAN G J, OHM J R, HAN W J, et al. Overview of the high efficiency video coding (HEVC) standard[J]. IEEE Transactions on circuits and systems for video technology, 2012, 22(12): 1649-1668.

[4] VALIN J M, TERRIBERRY T B, EGGE N E, et al. Daala: Building a next-generation video codec from unconventional technology[C]//2016 IEEE 18th International Workshop on Multimedia Signal Processing (MMSP), September 21-23, 2016, Montreal, QC, Canada. [s.l.]: IEEE, 2016: 1-6.

[5] MUKHERJEE D, SU H, BANKOSKI J, et al. An overview of new video coding tools under consideration for VP10: the successor to VP9[J]. Applications of Digital Image Processing XXXVIII, 2015, 9599: 474-485.

[6] BJØNTEGAARD G, DAVIES T, FULDSETH A, et al. The thor video codec[C]//2016 Data Compression Conference (DCC), March 30-April 1, 2016, Snowbird, UT, USA.[s.l.]: IEEE, 2016: 476-485.

[7] WIEGAND T, SULLIVAN G J, BJØNTEGAARD G, et al. Overview of the H. 264/AVC video coding standard[J]. IEEE Transactions on circuits and systems for video technology, 2003, 13(7): 560-576.

[8] The Alliance for Open Media. AV1 bitstream & decoding process specification[S/OL]. [2024-05-22]. https://aomediacodec.github.io/av1-spec/av1-spec.pdf.

[9] LIN W T, LIU Z, MUKHERJEE D, et al. Efficient AV1 video coding using a multi-layer framework[C]//2018 Data Compression Conference. IEEE, 2018: 365-373.

[10] SZE V, BUDAGAVI M, SULLIVAN G J. High efficiency video coding (HEVC)[M]//Integrated circuit and systems, algorithms and architectures. Berlin, Germany: Springer, 2014, 39: 40.

[11] ZHAO X, LIU S, GRANGE A, et al. Tool Description for AV1 and libaom[EB/OL]. [2024-05-22]. https://aomedia.org/docs/AV1_ToolDescription_v11-clean.pdf.

[12] PARKER S, CHEN Y, BARKER D, et al. Global and locally adaptive warped motion compensation in video compression[C]//2017 IEEE International Conference on Image Processing (ICIP). IEEE, 2017: 275-279.

[13] CHEN Y, MUKHERJEE D. Variable block-size overlapped block motion compensation in the next generation open-source video codec[C]//2017 IEEE International Conference on Image Processing (ICIP), September 17-20, 2017, Beijing, China.[s.l.]: IEEE, 2017: 938-942.

[14] LAN C, XU J Z, SULLIVAN G J, et al. Intra transform skipping[EB/OL].[2012-04]. http://phenix.int-evry.fr/jct/.

[15] OCHOA-DOMINGUEZ H, RAO K R. Discrete cosine transform[M]. New York: CRC Press, 2019.

[16] HAN J N, SAXENA A, MELKOTE V, et al. Jointly optimized spatial prediction and block transform for video and image coding[J]. IEEE Transactions on Image Processing, 2011, 21(4): 1874-1884.

[17] KAMISLI F, LIM J S. 1-D transforms for the motion compensation residual[J]. IEEE Transactions on Image Processing, 2010, 20(4): 1036-1046.

[18] PARKER S, CHEN Y, HAN J N, et al. On transform coding tools under development for VP10[C]//Applications of Digital Image Processing XXXIX, August 28, 2016, San Diego, California. [s.l.]: SPIE, 2016: 407-416.

[19] CHEN W H, SMITH C H, FRALICK S. A fast computational algorithm for the discrete cosine transform[J]. IEEE Transactions on communications, 1977, 25(9): 1004-1009.

[20] WANG Z D. Reconsideration of A Fast Computational Algorithm for the Discrete Cosine Transform[J]. IEEE Transactions on communications, 1983, 31(1): 121-123.

[21] WANG Z D. Fast algorithms for the discrete W transform and for the discrete Fourier transform[J]. IEEE Transactions on Acoustics, Speech, and Signal Processing, 1984, 32(4): 803-816.

[22] HAN J N, XU Y W, MUKHERJEE D. A butterfly structured design of the hybrid transform coding scheme[C]//2013 Picture Coding Symposium (PCS), December 8-11, 2013, San Jose, California. [s.l.]: IEEE, 2013: 17-20.

[23] 高文, 赵德斌, 马思伟. 数字视频编码技术原理[M]. 北京: 科学出版社, 2018.

[24] SAID A. Introduction to arithmetic coding：theory and practice[M]//SAYOODK. arXiv:2302.00819，2023.

[25] SOLE J，JOSHI R，NGUYEN N，et al. Transform coefficient coding in HEVC[J]. IEEE Transactions on Circuits and Systems for Video Technology，2012，22(12)：1765-1777.

[26] HAN J N，CHIANG C H，XU Y W. A level-map approach to transform coefficient coding[C]//2017 IEEE International Conference on Image Processing (ICIP)，September 17-20，2017，Beijing. [s.l.]：IEEE，2017：3245-3249.

[27] GOLOMB S. Run-length encodings (corresp.)[J]. IEEE transactions on information theory，1966，12(3)：399-401.

[28] 高敏. 视频图像压缩中熵编码技术研究 [D/OL]. 哈尔滨：哈尔滨工业大学，2016 [2024-05-22]. https://kns.cnki.net/kcms2/article/abstract?v=XEQRgWHfXDFn7gLV_7XuOmrI3GHsqEfN23SWHSFAFBawq53Pxc0LpGvxTTEyUO-E7y1145EUu1EaF2PGNHxACxASQ90rUz0cCSIGNIkhn0YbgLwttX7iOuwF2Lhgo901bn-koDEPU8ptJKc7pum3QA==&uniplatform=NZKPT&language=CHS.

[29] FU C M，ALSHINA E，ALSHIN A，et al. Sample adaptive offset in the HEVC standard[J]. IEEE Transactions on Circuits and Systems for Video technology，2012，22(12)：1755-1764.

[30] MIDTSKOGEN S，VALIN J M. The AV1 constrained directional enhancement filter (CDEF)[C]//2018 IEEE International Conference on Acoustics，Speech and Signal Processing (ICASSP)，April 15-20，2018，Calgary，AB，Canada.[s.l.]：IEEE，2018：1193-1197.

[31] MUKHERJEE D，LI S Y，CHEN Y，et al. A switchable loop-restoration with side-information framework for the emerging AV1 video codec[C]//2017 IEEE International Conference on Image Processing (ICIP)，September 17-20，2017，Beijing.[s.l.]：IEEE，2017: 265-269.

[32] HE K M，SUN J，TANG X O. Guided image filtering[J]. IEEE transactions on pattern analysis and machine intelligence，2012，35(6)：1397-1409.

[33] JOSHI U，MUKHERJEE D，CHEN Y，et al. In-loop frame super-resolution in AV1[C]//2019 Picture Coding Symposium (PCS)，November12-15，2018，Ningbo.[s.l.]：IEEE，2019：1-5.

[34] NORKIN A，BIRKBECK N. Film grain synthesis for AV1 video codec[C]//2018 Data Compression Conference，March 27-30，2018，Snowbird，UT. [s.l.]：IEEE，2018：3-12.

[35] NORKIN A,BIRKBECK N. Technical report on AOMedia film grain synthesis technology (draft)[R/OL]. [2024-05-22]. https://aomedia.org/docs/CWG-C051o_TR_AOMedia_film_grain_synthesis_technology_v2.pdf.

[36] KOKARAM A，KELLY D，DENMAN H，et al. Measuring noise correlation for improved

video denoising[C]//2012 19th IEEE International Conference on Image Processing (ICIP), September 30-October 3, 2012, Orlando, FL. [s.l.]: IEEE, 2012: 1201-1204.

[37] CHEN C, HAN J N, XU Y W. A non-local mean temporal filter for video compression [C]//2020 IEEE International Conference on Image Processing (ICIP), October 25-28, 2020, Abu Dhabi. [s.l.]: IEEE, 2020: 1142-1146.

[38] KOGA T, IINUMA T, HIRANO A, et al. Motion compensated Inter frame Coding for Video Conferencing[C]//1981 National Telecommunications Conference, November 29-December 3, 1981, New Orleans. [s.l.: s.n.], 1981: G5.3.1-G5.3.5.

[39] LI R, ZENG B, LIOU M L. A new three-step search algorithm for block motion estimation[J]. IEEE transactions on circuits and systems for video technology, 1994, 4(4): 438-442.

[40] PO L M, MA W C. A novel four-step search algorithm for fast block motion estimation [J]. IEEE transactions on circuits and systems for video technology, 1996, 6(3): 313-317.

[41] LIU L K, FEIG E. A block-based gradient descent search algorithm for block motion estimation in video coding[J]. IEEE Transactions on circuits and systems for Video Technology, 1996, 6(4): 419-422.

[42] THAM J Y, RANGANATH S, RANGANATH M, et al. A novel unrestricted center-biased diamond search algorithm for block motion estimation[J]. IEEE transactions on Circuits and Systems for Video Technology, 1998, 8(4): 369-377.

[43] ZHU C, LIN X, CHAU L P. Hexagon-based search pattern for fast block motion estimation [J]. IEEE transactions on circuits and systems for video technology, 2002, 12(5): 349-355.

[44] LOOKABAUGH T D, GRAY R M. High-resolution quantization theory and the vector quantizer advantage[J]. IEEE Transactions on Information Theory, 1989, 35(5): 1020-1033.

[45] SULLIVAN G J. Efficient scalar quantization of exponential and Laplacian random variables[J]. IEEE Transactions on information theory, 1996, 42(5): 1365-1374.

[46] WIEGAND T, SCHWARZ H. Video coding: Part II of fundamentals of source and video coding[J]. Foundations and Trends® in Signal Processing, 2016, 10(1-3): 1-346.

[47] ALSHIN A, ALSHINA E, PARK J H. High precision probability estimation for CABAC [C]//2013 Visual Communications and Image Processing (VCIP), November 17-20, 2013, Kuching, Malaysia.[s.l.]: IEEE, 2013: 1-6.

[48] SCHWARZ H, COBAN M, KARCZEWICZ M, et al. Quantization and entropy coding in the versatile video coding (VVC) standard[J]. IEEE Transactions on circuits and systems for video technology, 2021, 31(10): 3891-3906.

# 推荐阅读

# 推荐阅读